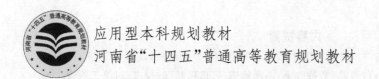

应用型本科规划教材

河南省"十四五"普通高等教育规划教材

高等数学(上册)

（第三版）

主　编　陆宜清　林大志
副主编　徐香勤　张思胜　薛春明　郑凤彩
参　编　王　茜　袁伯园　薛庆平　谢振宇
　　　　刘　宇　刘玉军

上海科学技术出版社

内容提要

　　本书是河南省"十四五"普通高等教育规划教材,是在应用型本科规划教材《高等数学(上、下册)》(第二版)基础上修订而成.本次修订,遵循"坚持改革,不断锤炼,打造精品"的要求,对第二版中个别概念定义、少量定理公式的证明做了一些修改,对部分内容的安排做了一些调整,习题进一步充实丰富,从而使本书更加完善,更好地满足应用型本科教学需要.

　　全书共 11 章,分为上、下两册.本书为上册,主要内容包括函数、极限与连续,导数与微分,导数的应用,不定积分,定积分及其应用,常微分方程 6 章.书末附有初等数学常用公式、基本初等函数的图像与性质、高等数学常用公式(一)、全国硕士研究生招生考试试题(一元函数微积分部分)、习题答案与提示.

　　本书可作为高等院校工科、理科(非数学专业)各专业高等数学课程教材和研究生入学考试的参考书,也可作为工程技术人员、科技工作者参考用书.

图书在版编目（ＣＩＰ）数据

　　高等数学. 上册 / 陆宜清, 林大志主编. -- 3版
. -- 上海 ： 上海科学技术出版社, 2021.5 (2024.7重印)
　　应用型本科规划教材
　　ISBN 978-7-5478-5323-8

　　Ⅰ. ①高… Ⅱ. ①陆… ②林… Ⅲ. ①高等数学－高等学校－教材 Ⅳ. ①O13

　　中国版本图书馆CIP数据核字(2021)第068488号

高等数学(上册)(第三版)
主编　陆宜清　林大志

上海世纪出版(集团)有限公司
上海 科 学 技 术 出 版 社　出版、发行
(上海市闵行区号景路 159 弄 A 座 9F - 10F)
邮政编码 201101　www.sstp.cn
上海雅昌艺术印刷有限公司印刷
开本 787×1092　1/16　印张 19.25
字数：470 千字
2011 年 7 月第 1 版
2015 年 7 月第 2 版
2021 年 5 月第 3 版　2024 年 7 月第 6 次印刷(总第 19 次)
ISBN 978 - 7 - 5478 - 5323 - 8/O・99
定价：56.00 元

第三版前言 Preface

由河南牧业经济学院、上海工程技术大学高等职业技术学院、河北师范大学职业技术学院编写的规划教材《高等数学(上、下册)》,自 2011 年出版以来,受到广大读者的关注,得到许多兄弟院校的大力支持.在此对支持、帮助、鼓励我们工作的有关部门的领导、专家和读者表示诚挚的谢意.

为了进一步提高教材的质量,在已有的基础上逐步完善,更好地适应迅猛发展的应用型本科教育的需要,使教材更符合应用型本科培养目标的要求,更具有应用型本科的特色,我们认真总结了第二版教材在使用过程中存在的问题,听取了有关兄弟院校对教材的意见,根据编者参与应用型本科教育实践的亲身体会和感受,以"联系实际,深化概念,加强计算,注重应用,适度论证,提高素质"为特色,遵循教育部制定的《应用型本科教育数学课程教学基本要求》,重新修订编写了这套应用型本科教材.

教材第三版是编者在第二版的基础上,根据多年的教学改革实践,按照"十四五"普通高等教育规划教材建设的精神,遵循以下原则进行修订:

1. 课程的基础性原则.以高等数学课程在总体培养方案中的地位和作用为依据,内容符合高等数学教学大纲的基本要求,满足学生学习本课程所必须获得的基本理论、基础知识和基本技能.

2. 教学的适应性原则.根据高等数学课程的性质和任务,精选经典内容,恰当、充分地反映本学科的最新成果.内容适用、够用,体现"少而精",文字通俗易懂,语言自然流畅,图表正确清晰、插图适当,与正文密切配合,便于组织教学.

3. 教材的针对性原则.注意解决现有教材的不足,考虑专业的特殊要求,以学生为本,注意理论联系实际,同时贯彻科学的思维方法,以利于培养学生的自学和创新能力.

4. 书稿的科学性原则.概念的阐述、原理的论证和公式的推导确保正确无误;数据的引用和现象的叙述有可靠的依据.注意基本内容的系统性、正确性及文字的准确精炼,版面设计体现知识性、趣味性.

5. 内容的系统性原则.根据高等数学课程的内在联系,使教材各部分之间前后呼应,配合紧密;注意课程体系间的联系与结合,与有关课程密切配合,注意与前修知识的衔接以及为后续课程做准备.

新版教材与第二版教材的区别是:增加了难度,加强了应用;易于教,便于学,更加贴近应用型本科学生的实际水平，但也不乏体现数学的文化修养和实际应用的双重功能.

新版教材继续保留第二版教材高等数学与初等数学紧密衔接；基本概念、基本定理与实际相联系；数学知识与实际问题紧密结合；教材与学习指导融为一体，便于滚动复习；基本要求与拓宽知识相结合，适应于不同要求和不同层次的教学；高等数学与数学实验相结合；深入浅出，论证简明，系统性强等特色.

新版教材主要增加和修订的部分是：

1. 极限概念是高等数学的重点和难点，是否理解极限概念对于学好高等数学至关重要. 为此，增加了数列极限、函数极限的精确性定义.

2. 为了强化教学效果，每一章开始有著名数学家名言，激励学生学习数学；有学习目标，让学生有目的地去学习.

3. 每一章最后除了原来的"演示与实验"一节，专门增加一节数学模型有关内容，及时融入数学建模的思想方法，进一步激发学生的创新潜能.

4. 每一章最后附有阅读材料，让学生了解有关数学史、数学家的故事，有机融入数学文化，加强课程思政.

5. 为了学生的后续发展，在附录中增加历年硕士研究生招生考试数学试题.

6. 对个别内容安排进行了适当调整，并增补少量内容，以便更好地适合教学的需要.

7. 对习题配置进一步充实、丰富，并做了一些必要的调整.

参加新版修订工作的有：河南牧业经济学院陆宜清、林大志、徐香勤、张思胜、薛春明、王茜、袁伯园、薛庆平，河北师范大学职业技术学院郑凤彩、谢振宇、刘宇、刘玉军。由省教学名师陆宜清教授负责总体规划及技术处理等工作，省教学标兵林大志副教授协助完成有关修订工作。

在教材每一版次的修订过程中，都得到了郑州大学、河南牧业经济学院、河北师范大学职业技术学院有关领导和教师的大力支持和帮助. 本次修订吸取了他们对前两版提出的建议，特别是首届国家级教学名师郑州大学李梦如教授逐章逐节详细审阅了全部书稿，提出了许多宝贵意见，在此一并表示诚挚的谢意.

由于编者水平有限，书中不足和考虑不周之处肯定不少，敬请各位专家、同行和读者批评指正，使本书在教学实践中不断完善.

编者

目录 Contents

第一章

函数、极限与连续

新的数学方法和概念，常常比解决数学问题本身更重要.

——华罗庚

学习目标

1. 理解函数的概念及特性，掌握函数的两要素，会求函数的定义域.
2. 了解函数的三种表示法及分段函数，熟练掌握基本初等函数的图像与性质.
3. 了解反函数、复合函数的概念，会求函数的反函数，掌握复合函数的复合和分解.
4. 理解初等函数的概念，能区分基本初等函数和初等函数.
5. 对简单的实际问题，会建立相应的函数关系.
6. 理解数列极限、函数极限的概念，掌握函数极限的性质与运算法则.
7. 了解极限存在的两个准则，掌握两个重要极限，并会用两个重要极限求某些函数的极限.
8. 了解函数左极限、右极限的概念及其与函数极限的关系.
9. 了解无穷小量、无穷大量的概念及无穷小量与无穷大量的关系，掌握无穷小量的比较.
10. 理解函数连续和间断的概念，会判断间断点的类型.
11. 了解初等函数的连续性，掌握闭区间上连续函数的性质(最值定理、介值定理).
12. 了解数学软件 MATLAB 的基本知识，会用 MATLAB 进行函数运算，求函数的极限.
13. 了解数学模型的基本知识，会利用函数、极限与连续建立数学模型，解决一些简单的实际问题.

初等数学的研究对象主要是常量,而高等数学的研究对象主要是变量. 变量之间的相互依赖关系,就是我们所说的函数关系. 函数是将实际问题数学化的基本工具;而极限是高等数学中最重要的概念之一,用以描述变量的变化趋势;极限的思想方法是高等数学中最重要的一种思想方法,极限理论贯穿于整个高等数学的全过程;连续是函数的一个重要性态.

本章将介绍函数、极限和函数连续性的基本概念、极限的运算以及它们的一些性质,这些知识是以后各章节的基础.

第一节　函数的概念与性质

一、函数的概念

1. 函数的定义

在工程技术、生产实践、自然现象以及人们的日常生活中,遇到的变量往往不止一个,并且这些变量之间存在着某种相互依赖的关系,且服从着一定的变化规律. 为了揭示这些变量之间的联系以及它们之间所服从的规律,先来考察下面几个例子(以两个变量为例).

例 1　空调普快列车的票价和里程之间的关系,见表 1-1(截取其中的一部分).

表 1-1　空调普快列车票价表

里程/km	⋯	81～90	91～100	101～110	111～120	121～130	131～140	141～150	⋯
票价/元	⋯	12	13	14	16	17	18	20	⋯

从上表可以看出里程和票价之间存在着确定的对应关系. 每给出一个里程,通过上表都可以找到唯一的一个票价与其对应,这一表格反映了空调普快列车票价与里程之间的关系.

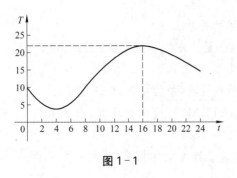

图 1-1

例 2　某气象观测站的气温自动记录仪,记录了气温 T 与时间 t 之间在某一昼夜的变化曲线,如图 1-1 所示.

由图可知,对于一昼夜内的每一时刻 t,都有唯一确定的温度 T 与之对应,这个图像反映了一昼夜中温度与时刻变化之间的关系.

以上两个例子虽然涉及的问题各不相同,但它们都表达了两个变量之间的一种对应关系,当一个变量在它的变化范围内任取一个确定的数值时,另一个变量按照一定法则就有一个确定的数值与之对应. 把这种变量之间确定的依赖关系抽象出来,就是函数的概念.

定义 1　设 x 和 y 是某一变化过程中的两个变量,D 是一个给定的数集. 如果对于 D 中的每一个 x,按照某种对应法则 f,都有唯一确定的数值 y 与之对应,则称 **y 是 x 的函数**,记

作 $y = f(x)$. x 称为**自变量**, y 称为**因变量**, 数集 D 称为函数的**定义域**.

当 x 在 D 中取某一定值 x_0 时, 与其对应的 y 的值, 称为函数在点 x_0 的**函数值**, 记作 $y\mid_{x=x_0}$ 或 $f(x_0)$. 当 x 取遍 D 中的所有值时, 与之对应的所有函数值的全体组成的集合称为**函数的值域**. 即 $M = \{y \mid y = f(x), x \in D\}$.

根据函数的定义, 例 1 中列车票价是里程的函数, 例 2 中气温是时间的函数.

对于函数的概念, 应注意以下几点:

(1) 函数的概念中包含五个要素, 即自变量、因变量、定义域、值域和对应法则, 但是确定函数的关键要素是定义域和对应法则. 因此, 对于两个函数来说, 当且仅当它们的定义域和对应法则都相同时, 这两个函数才是同一个函数, 与自变量及因变量用什么字母表示没有关系.

(2) 关于函数定义域的确定可分为两种情况, 对于实际问题, 函数的定义域是根据问题的实际意义确定的, 如例 2 中定义域为 $[0, 24]$; 未标明实际意义的函数, 其定义域是使函数表达式有意义的自变量的取值范围, 例如, 函数 $y = \sqrt{1 - x^2}$ 的定义域是 $[-1, 1]$.

(3) 这里给出的函数定义只有一个自变量, 因此称为**一元函数**, 并且对于自变量 x 在定义域内的每一个值, 因变量 y 总有唯一确定的值与其对应, 这样的函数称为**单值函数**. 以后, 在没有特别说明的情况下, 本书讨论的函数均为一元单值函数.

(4) 函数的表示方法常用的有三种, 即解析法、表格法 (例 1) 和图像法 (例 2). 这三种表示方法各有其特点: 解析法易于计算, 表格法和图像法直观明了. 在处理实际问题中可以综合使用.

例 3 求下列函数的定义域:

(1) $y = \dfrac{1}{x^2 - 3x - 4}$;　　　　　　　(2) $y = \sqrt{2 - x} + \log_2(x - 1)$.

解 (1) 要使函数表达式有意义, 分母不能为零.

令 $x^2 - 3x - 4 = 0$, 得 $x_1 = -1$, $x_2 = 4$, 所以函数的定义域为

$$D = (-\infty, -1) \bigcup (-1, 4) \bigcup (4, +\infty).$$

(2) 要使函数表达式有意义, x 必须满足 $\begin{cases} 2 - x \geqslant 0 \\ x - 1 > 0 \end{cases}$, 解之, 得 $1 < x \leqslant 2$, 所以函数的定义域为 $D = (1, 2]$.

例 4 下列各对函数是否相同? 为什么?

(1) $f(x) = \ln x^2$, $g(x) = 2\ln x$;　　　(2) $f(x) = \sqrt{1 - \cos^2 x}$, $g(x) = \sin x$;

(3) $f(x) = \sqrt{(x-1)^2}$, $g(x) = \mid x - 1 \mid$.

解 (1) 不相同. 因为函数的定义域不同, 前者的定义域是 $x \neq 0$, 而后者的定义域是 $x > 0$.

(2) 不相同. 因为函数的对应法则不同, $\sqrt{1 - \cos^2 x} = \mid \sin x \mid = \pm \sin x$.

(3) 相同. 因为函数的定义域和对应法则均相同.

例 5 一汽车租赁公司出租某种汽车的收费标准为每天的基本租金 180 元, 每千米收费 12 元. 写出租用这种汽车一天的租车费 (元) 与行车路程 (km) 之间的函数关系; 若某人一天交了 600 元租车费, 问他行驶了多少千米?

解 设一天的租车费用为 y 元,行程为 x km,则 $y = 180 + 12x$.

令 $y = 600$,解得 $x = 35$. 即若某人一天交了 600 元租车费,他行驶了 35 km.

例 6 生物学中在稳定的理想状态下,细菌的繁殖按指数模型增长: $Q(t) = ae^{kt}$,其中 $Q(t)$ 表示 t min 后细菌数量. 假设在一定的培养条件下,开始时有 1 000 个细菌,20 min 后已增加到 3 000 个,试问 1 h 后将有多少个细菌?

解 因为 $Q(0) = 1\,000$,所以 $a = 1\,000$,$Q(t) = 1\,000e^{kt}$. 又 $t = 20$ 时,$Q = 3\,000$,有 $3\,000 = 1\,000e^{k \cdot 20}$,$e^{20k} = 3$. $t = 60$ 时,

$$Q(60) = 1\,000e^{k \cdot 60} = 1\,000(e^{20k})^3 = 1\,000 \times 3^3 = 27\,000.$$

因此,在 1 h 后将有 27 000 个细菌.

例 7 当自然资源和环境条件对种群增长起阻滞作用时,Logistic 曲线是描述种群增长的相当准确的模型. 设一农场的某种昆虫从现在开始 t 周后的数量为

$$P(t) = \frac{20}{2 + 3e^{-0.06t}} \text{ 万个},$$

试问:现在昆虫数量是多少? 50 周后,昆虫的数量又是多少?

解 现在昆虫的数量为 $P(0) = \dfrac{20}{2 + 3} = 4$ 万个;50 周后,昆虫的数量为

$$P(50) = \frac{20}{2 + 3e^{-0.06 \times 50}} \approx 9.31 \text{ 万个}.$$

2. 反函数

在函数关系中,自变量与因变量的划分往往是相对的,从不同的角度看同一过程,自变量和因变量可能会互相转换.

例 8 自由落体运动规律 $s = \dfrac{1}{2}gt^2$ 中,t 是自变量,s 是因变量,由此可以算出经过时间 t 自由落体所下落的路程 s. 若已知落体下落的路程 s,求它所经过的时间 t,显然有 $t = \sqrt{\dfrac{2s}{g}}$,这时 s 是自变量,t 是 s 的函数. 这里称函数 $t = \sqrt{\dfrac{2s}{g}}$ 为函数 $s = \dfrac{1}{2}gt^2$ 的反函数. 两个函数反映了同一过程中两个变量之间的对应关系,称它们互为反函数.

定义 2 已知函数 $y = f(x)$,定义域为 D,值域为 M;若对于每一个 $y \in M$,通过 $y = f(x)$ 总有唯一的一个 $x \in D$ 与之对应,则称由此所确定的函数 $x = f^{-1}(y)$ 为 $y = f(x)$ 的**反函数**. 同时把 $y = f(x)$ 称为**直接函数**.

习惯上,用 x 表示自变量,用 y 表示因变量,因此常常将 $y = f(x)$ 的反函数 $x = f^{-1}(y)$ 写成 $y = f^{-1}(x)$. $y = f(x)$ 与 $y = f^{-1}(x)$ 互为反函数,例如 $y = \sqrt[3]{x+1}$ 与 $y = x^3 - 1$ 互为反函数.

注 (1) 并不是所有的函数都有反函数,只有严格单调的函数才存在反函数.

例如,$y = x^2$ 在定义域内不存在反函数,因为对于任意 $y \in [0, +\infty)$,与之对应的有两个 x 的值. 但如果限定自变量的变化范围为 $x \in [0, +\infty)$,则存在反函数 $y = \sqrt{x}$.

又如,正弦函数 $y = \sin x$ 在区间 $\left[-\dfrac{\pi}{2}, \dfrac{\pi}{2}\right]$ 上单调增加,于是定义正弦函数在区间 $\left[-\dfrac{\pi}{2}, \dfrac{\pi}{2}\right]$ 上的反函数为反正弦函数 $y = \arcsin x$.

类似地,定义在区间 $[0, \pi]$ 上的余弦函数 $y = \cos x$ 的反函数称为反余弦函数,记作 $y = \arccos x$;定义在区间 $\left(-\dfrac{\pi}{2}, \dfrac{\pi}{2}\right)$ 上的正切函数 $y = \tan x$ 的反函数称为反正切函数,记作 $y = \arctan x$;定义在区间 $(0, \pi)$ 上的余切函数 $y = \cot x$ 的反函数称为反余切函数,记作 $y = \operatorname{arccot} x$.

（2）根据反函数的定义,直接函数的定义域是反函数的值域,直接函数的值域是反函数的定义域.

（3）直接函数 $y = f(x)$ 与其反函数 $y = f^{-1}(x)$ 的图像关于直线 $y = x$ 对称.

（4）对于严格单调的函数,求其反函数的步骤是先从 $y = f(x)$ 解出 $x = f^{-1}(y)$,然后将 x 与 y 互换,便得到反函数 $y = f^{-1}(x)$.

例 9　求下列函数的反函数:

(1) $y = 1 + \ln x$; 　　　　　　　　 (2) $y = \dfrac{x+1}{x-1}$.

解　(1) 因为 $x = \mathrm{e}^{y-1}$,所以其反函数为 $y = \mathrm{e}^{x-1}$, $x \in (-\infty, +\infty)$.

(2) 因为 $x = \dfrac{y+1}{y-1}$,所以其反函数为 $y = \dfrac{x+1}{x-1}$, $x \in (-\infty, 1) \bigcup (1, +\infty)$.

3. 分段函数

例 10　当个人的月收入超出一定金额时,应向国家缴纳个人所得税,收入越高,征收的个人所得税的比例也越高. 自 2018 年 10 月 1 日起个人收入超过 5 000 元的部分为应纳税所得额(表 1-2 仅保留了原表中的前三级税率).

表 1-2　个人所得税税率表(工资、薪金所得适用)

级　数	全月应纳税所得额	税　率/%
1	不超过 3 000 元的部分	3
2	超过 3 000~12 000 元的部分	10
3	超过 12 000~25 000 元的部分	20

个人所得税一般在工资中直接扣除,若某单位所有员工的月收入都不超过 30 000 元,则月收入 x 与纳税金额 y 之间的函数关系为

$$y = \begin{cases} 0, & 0 \leqslant x \leqslant 5\,000, \\ 0.03(x - 5\,000), & 5\,000 < x \leqslant 8\,000, \\ 0.1(x - 8\,000) + 90, & 8\,000 < x \leqslant 17\,000, \\ 0.2(x - 17\,000) + 990, & 17\,000 < x \leqslant 30\,000. \end{cases}$$

该函数的定义域为 $[0, 30\,000]$,若某人的月收入为 13 000 元,则利用公式 $y = 0.1(x - 8\,000) + 90$ 可求得其缴纳所得税额为 $y\big|_{x=13\,000} = 0.1 \times 5\,000 + 90 = 590$ 元.

在函数的定义域内任给 x 一个确定的值,通过上述关系可以找到唯一确定的 y 值与之

对应,因此 y 是 x 的函数.

从例 10 中看到,有时一个函数要用几个式子表示. 这种在自变量的不同变化范围内,对应法则用不同式子来表示的函数,通常称为分段函数.

定义 3 若一个函数在自变量的不同变化范围内,对应法则不同,这样的函数称为**分段函数**.

例如,绝对值函数 $y = |x| = \begin{cases} x, & x \geqslant 0 \\ -x, & x < 0 \end{cases}$,取整函数 $y = [x]$(不超过 x 的最大整数),

符号函数 $y = \mathrm{sgn}(x) = \begin{cases} 1, & x > 0 \\ 0, & x = 0 \\ -1, & x < 0 \end{cases}$ 都是分段函数.

注 (1) 分段函数的定义域是其各段定义域的并集.

(2) 分段函数在其定义域上是一个函数,而不是几个函数.

用几个式子来表示一个(不是几个!)函数,不仅与函数定义不矛盾,而且有现实意义. 在自然科学、工程技术以及日常生活中,经常会遇到分段函数的情形.

例 11 写出如图 1-2 所示的矩形波函数 $f(x)$ 在一个周期 $[-\pi, \pi]$ 上的函数表达式.

解 $f(x) = \begin{cases} -1, & -\pi \leqslant x < 0, \\ 1, & 0 \leqslant x < \pi, \\ -1, & x = \pi. \end{cases}$

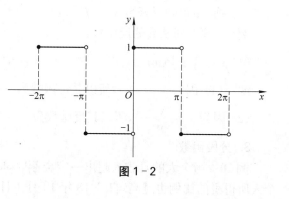

图 1-2

例 12 火车在起动后 10 min 内作匀加速运动,其加速度为 $\dfrac{1}{30}$ m/s². 以后 2 h 内作匀速运动,最后再作匀减速运动,10 min 后停下,求从起动到停止之间的任一时刻 t,火车走过的路程 s.

解 取 min 为时间单位、m 为长度单位,将时间区间 $[0, 140]$ 分成三段 $[0, 10]$, $(10, 130]$, $(130, 140]$ 来讨论:

(1) 当 $0 \leqslant t \leqslant 10$ 时,$a = \dfrac{1}{30}$ m/s² $= 120$ m/min²,$s = \dfrac{1}{2}at^2 = 60t^2$(m).

(2) 当 $10 < t \leqslant 130$ 时,速度 $v = at = 1\,200$(m/min),在这段时间之前已走过的路程为 $s_1 = 60 \times 10^2 = 6\,000$(m),所以

$$s = s_1 + v(t - 10) = 6\,000 + 1\,200(t - 10) = 1\,200t - 6\,000.$$

(3) 当 $130 < t \leqslant 140$ 时,速度 $v_0 = 1\,200$(m/min),$a = -v_0/10 = -120$(m/min²),在这段时间之前已走过的路程为 $s_2 = 1\,200 \times 130 - 6\,000 = 150\,000$(m),所以

$$s = s_2 + v_0(t - 130) + \frac{1}{2}a(t - 130)^2$$

$$= 150\,000 + 1\,200(t - 130) - \frac{1}{2} \times 120(t - 130)^2$$

$$=-60t^2+16\ 800t-1\ 020\ 000.$$

综上所述，$s=\begin{cases}60t^2, & 0\leqslant t\leqslant 10,\\ 1\ 200t-6\ 000, & 10<t\leqslant 130,\\ -60t^2+16\ 800t-1\ 020\ 000, & 130<t\leqslant 140.\end{cases}$

二、函数的几种特性

1. 有界性

定义 4 设函数 $f(x)$ 在区间 I 上有定义，如果存在一个常数 $M>0$，使得对于每一个 $x\in I$，都有 $|f(x)|\leqslant M$ 成立，则称函数 $f(x)$ 在区间 I 上**有界**，否则称函数 $f(x)$ 在区间 I 上**无界**.

例如，$y=\sin x$ 在 $(-\infty,+\infty)$ 内是有界的；$y=\dfrac{1}{x}$ 在 $(0,1)$ 内是无界的；$y=x^2$ 在 $(-\infty,+\infty)$ 内有下界而无上界.

注 （1）有的函数在它的定义域上无界，但在某个区间上有界. 例如，函数 $y=\dfrac{1}{x}$ 在其定义域上无界，但它在区间 $(1,2)$ 内是有界的. 因此，以后谈到函数的有界性时，要注意上下文所示的自变量的范围.

（2）定义 4 中的区间 I 不一定是函数的定义域，一般来讲是函数定义域的一个子集. 若函数 $f(x)$ 在定义域内有界，则称函数为**有界函数**，否则称为**无界函数**.

从几何图形上看，若函数 $f(x)$ 在区间 I 上的图形介于与 x 轴平行的两条直线之间，那么函数在区间 I 上一定有界（图 1-3）；若找不到两条与 x 轴平行的直线使得函数在 I 上的图形介于它们之间，那么函数在区间 I 上一定无界（图 1-4）.

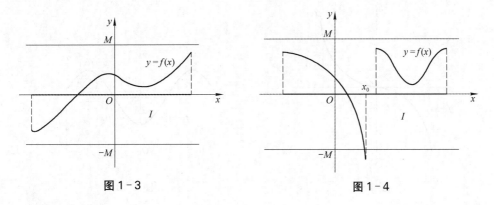

图 1-3   图 1-4

2. 单调性

定义 5 设函数 $f(x)$ 在区间 I 上有定义，任取 $x_1,x_2\in I$，当 $x_1<x_2$ 时，若恒有 $f(x_1)<f(x_2)$，则称函数 $f(x)$ 在 I 上是**单调增加**的；若恒有 $f(x_1)>f(x_2)$，则称函数 $f(x)$ 在 I 上是**单调减少**的. 区间 I 称为函数的**单调区间**. 单调增加和单调减少的函数统称**单调函数**.

从几何直观上看，单调增加的函数其图形是自左向右上升的（图 1-5），单调减少的函数其图形是自左向右下降的（图 1-6）.

同样地，定义 5 中的区间是函数定义域的一个子集. 若函数 $f(x)$ 在定义域内单调，则称函数为**单调函数**.

例如,函数 $y = x^2$ 在 $(0, +\infty)$ 内单调递增,在 $(-\infty, 0)$ 内单调递减,但在定义域内不是单调函数. 由此可见,函数的单调性还往往与一定的区间相关联.

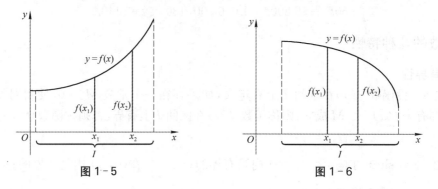

图 1-5　　　　　　　　　　　　图 1-6

3. 奇偶性

定义 6　设 $f(x)$ 是一给定的函数,其定义域 D 是关于原点对称的区间,如果对于每一个 $x \in D$,都有 $f(-x) = -f(x)$ 成立,则称函数 $f(x)$ 为**奇函数**. 如果对于每一个 $x \in D$,都有 $f(-x) = f(x)$ 成立,则称函数 $f(x)$ 为**偶函数**. 不是奇函数也不是偶函数的函数,称为**非奇非偶函数**.

例如,$y = \sin x$ 是奇函数;$y = \sqrt{1 - x^2}$ 是偶函数;而 $y = \dfrac{1-x}{1+x}$ 是非奇非偶函数.

从几何图形上看,奇函数的图形关于原点对称(图 1-7),偶函数的图形关于 y 轴对称(图 1-8).

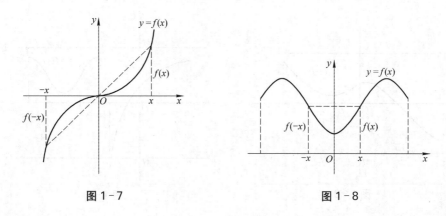

图 1-7　　　　　　　　　　　　图 1-8

4. 周期性

定义 7　对于给定的函数 $f(x)$,若存在非零常数 T,使得对于其定义域内的任一 x,都有 $f(x + T) = f(x)$ 成立,则称函数 $f(x)$ 为**周期函数**,T 为 $f(x)$ 的**周期**.

易见,若 T 是函数 $f(x)$ 的周期,则 $\pm nT (n \in \mathbf{N})$ 也是 $f(x)$ 的周期. 即若一个函数是周期函数,则其周期不止一个. 通常说周期函数的周期是指最小正周期.

例如,函数 $\sin x$,$\cos x$ 都是以 2π 为周期的周期函数;函数 $\tan x$,$\cot x$ 都是以 π 为周期的周期函数.

例 13　设函数 $f(x)$ 是以 T 为周期的周期函数,试证明函数 $f(ax+b)$ 是以 $\dfrac{T}{a}$ 为周期的周期函数,其中 a,b 为常数,且 $a>0$.

证　因为 $f(x)$ 以 T 为周期,所以 $f\left[a\left(x+\dfrac{T}{a}\right)+b\right]=f(ax+b+T)=f(ax+b)$.

由周期函数的定义,$f(ax+b)$ 是以 $\dfrac{T}{a}$ 为周期的周期函数.

例 13 的结论是用来求函数周期的一个极为有用的公式. 例如,$y=\sin(x-3)$ 是周期为 2π 的周期函数;$y=\tan\dfrac{x}{2}$ 是周期为 2π 的周期函数.

周期函数的图形可以通过其在一个周期上的图像延拓而得到(图 1-9).

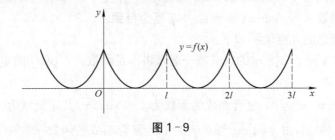

图 1-9

三、初等函数

1. 基本初等函数

以下几类函数统称**基本初等函数**.

(1) **常量函数**:$y=C$,这里 C 为一给定的常数.

(2) **幂函数**:$y=x^{\mu}$,这里 μ 是一给定的常数,且 $\mu\neq0$.

(3) **指数函数**:$y=a^{x}$,这里 a 是一给定的常数,且 $a>0$,$a\neq1$.

(4) **对数函数**:$y=\log_{a}x$,这里 a 是一给定的常数,且 $a>0$,$a\neq1$.

当 $a=10$ 时,为**常用对数函数**,记为 $y=\lg x$;

当 $a=\mathrm{e}(\mathrm{e}=2.718\,28\cdots)$ 时,为**自然对数函数**,记为 $y=\ln x$.

(5) **三角函数**:**正弦函数** $y=\sin x$;**余弦函数** $y=\cos x$;**正切函数** $y=\tan x=\dfrac{\sin x}{\cos x}$;**余切函数** $y=\cot x=\dfrac{\cos x}{\sin x}$;**正割函数** $y=\sec x=\dfrac{1}{\cos x}$;**余割函数** $y=\csc x=\dfrac{1}{\sin x}$.

(6) **反三角函数**:定义正弦函数在 $\left[-\dfrac{\pi}{2},\dfrac{\pi}{2}\right]$ 上的反函数为**反正弦函数** $y=\arcsin x$;定义余弦函数在 $[0,\pi]$ 上的反函数为**反余弦函数** $y=\arccos x$;定义正切函数在 $\left(-\dfrac{\pi}{2},\dfrac{\pi}{2}\right)$ 上的反函数为**反正切函数** $y=\arctan x$;定义余切函数在 $(0,\pi)$ 上的反函数为**反余切函数** $y=\operatorname{arccot}x$.

这里指数函数与对数函数(同底)互为反函数,每个反三角函数是相应三角函数在一个单调区间上的反函数.

2. 复合函数

在有些实际问题中，两个变量之间的联系有时不是直接的，而是通过另一个变量联系起来的.

例 14 某汽车每千米油耗为 a L，行驶速度为 v km/h. 汽车行驶的里程是其行驶时间的函数：$s = vt$，而汽车的油耗量又是其行驶里程的函数：$y = as$. 于是，汽车的油耗量与汽车行驶时间之间就建立了函数关系：$y = avt$. 这里，函数 $y = avt$ 是由 $y = as$ 与 $s = vt$ 复合而成的函数，称其为 $y = as$ 与 $s = vt$ 的复合函数.

定义 8 设函数 $y = f(u)$ 的定义域为 D，$u = \varphi(x)$ 的值域为 M，若 $D \bigcap M$ 非空，则 y 通过 u 的联系也是 x 的函数 $y = f[\varphi(x)]$，称此函数为 $y = f(u)$ 与 $u = \varphi(x)$ 复合而成的**复合函数**，其中 u 为**中间变量**.

交流电流可用函数 $y = A\sin(\omega t + \varphi)$ 来表示，它不是一个基本初等函数，但它可以看作由两个较简单的函数 $y = A\sin u$，$u = \omega t + \varphi$ 复合得到.

对复合函数概念的几点说明如下：

（1）复合函数 $y = f[\varphi(x)]$ 的定义域一般来讲不是函数 $u = \varphi(x)$ 的定义域 D_u，而是 D_u 的一个子集.

例如，$y = \sin u$，$u = \sqrt{x}$ 复合而成的函数为 $y = \sin\sqrt{x}$，其定义域为 $[0, +\infty)$，它也是 $u = \sqrt{x}$ 的定义域. 又如，由 $y = \sqrt{u}$ 与 $u = 1 - x^2$ 复合而成的函数 $y = \sqrt{1 - x^2}$，其定义域 $[-1, 1]$ 是函数 $u = 1 - x^2$ 定义域 $(-\infty, +\infty)$ 的一部分.

（2）中间变量可以不止一个. 也就是说，复合函数也可以由两个以上的函数经过复合构成.

例如，函数 $y = e^u$，$u = \sin v$，$v = \dfrac{1}{x}$ 复合而成的函数为 $y = e^{\sin\frac{1}{x}}$，这里有两个中间变量.

（3）并不是任意两个函数都能进行复合，两个函数能进行复合的条件是 $u = \varphi(x)$ 的值域 M 与函数 $y = f(u)$ 的定义域 D 的交集不是空集.

例如，函数 $y = \arcsin u$ 与 $u = x^2 + 3$ 就不能进行复合.

例 15 设 $f(x) = \dfrac{1}{1-x}$，求 $f[f(x)]$，$f\{f[f(x)]\}$.

解 $f[f(x)] = \dfrac{1}{1 - f(x)} = \dfrac{1}{1 - \dfrac{1}{1-x}} = \dfrac{x-1}{x}$，

$$f\{f[f(x)]\} = \dfrac{1}{1 - f[f(x)]} = \dfrac{1}{1 - \dfrac{x-1}{x}} = x.$$

例 16 将下列复合函数进行分解：

（1）$y = \sqrt{\ln(1 + x^2)}$；　　　　　　　　（2）$y = \cos^2(x^3 - 1)$.

解 将复合函数进行分解是分成若干个简单的函数，简单函数是指基本初等函数以及基本初等函数与常数进行四则运算的结果.

（1）$y = \sqrt{u}$，$u = \ln v$，$v = 1 + x^2$；　　（2）$y = u^2$，$u = \cos v$，$v = x^3 - 1$.

注 复合函数的分解过程与复合过程是相反的两个方向，把几个能够进行复合的函数进行复合，就是依次代入，也就是由内向外；把一个函数进行分解，就是引入一些中间变量，把函数分解为几个简单的函数，引入中间变量是由外向内.

要熟练地把一个复合函数分解为若干个简单的函数,这是日后函数求导的关键.

3. 初等函数

定义 9 由基本初等函数经过有限次四则运算与有限次函数复合构成的,并可以用一个式子表示的函数称为**初等函数**.

例如,$y = \ln(\sin x) + x^2$,$y = e^{\sqrt{\arctan x}} + \cos x$ 都是初等函数.

分段函数一般不是初等函数,但也有例外. 例如,分段函数 $y = |x|$ 就是初等函数,因为 $y = |x| = \sqrt{x^2}$ 可以看作由 $y = \sqrt{u}$,$u = x^2$ 复合而成的,符合初等函数的定义. 判断一个函数是否为初等函数,应根据初等函数的定义进行.

初等函数是以后讨论的主要对象.

四、建立函数关系

在用数学方法解决实际问题时,常须建立变量之间的函数关系式,就是建立这个问题的数学模型. 这时要先分清所研究的量是该系统的常量还是变量,分析变量之间的相依关系,再用适当的数学表达式描述这些关系,得到要求的函数关系式.

例 17 要设计一个容积为 $V = 20\pi\ \text{m}^3$ 的有盖圆柱形储油桶,已知上盖单位面积造价是侧面的一半,而侧面单位面积造价又是底面的一半. 设上盖的单位面积造价为 a 元/m^2,试将油桶的总造价 y 表示为油桶半径 r 的函数.

解 设油桶半径为 r m,则底面面积为 πr^2 m^2,于是桶高应为

$$h = \frac{V}{\pi r^2} = \frac{20}{r^2}\ \text{m}.$$

由题意,油桶的上盖造价为 $\pi a r^2$ 元,侧面造价为 $2\pi r h \cdot 2a = \dfrac{80\pi a}{r}$ 元,底面造价为 $4\pi a r^2$ 元,故总造价为

$$y = \pi a r^2 + \frac{80\pi a}{r} + 4\pi a r^2 = \left(5\pi a r^2 + \frac{80\pi a}{r}\right)\text{元}.$$

例 18 某运输公司规定货物的运价为:在 a km 以内每千米 k 元;超出 a km 时,超出部分的运费为每千米 $\dfrac{3}{5}k$ 元. 求运价 P 与里程 s 的函数关系.

解 当 $s \leqslant a$ 时,$P = ks$;当 $s > a$ 时,$P = ka + \dfrac{3}{5}k(s-a)$.

故所求函数关系为 $P = \begin{cases} ks, & 0 \leqslant s \leqslant a, \\ ka + \dfrac{3}{5}k(s-a), & s > a. \end{cases}$

练习题 1-1

1. 求下列函数的定义域:

(1) $y = \dfrac{3}{x^2 - 4x}$;　　　　　　　　　　(2) $y = \ln\dfrac{x-2}{3-x}$;

(3) $y = \sqrt{x^2 - 4}$； (4) $y = \dfrac{1}{\sqrt{3-x}} + \arcsin \dfrac{1-x}{3}$.

2. 下列各对函数是否相同？为什么？

(1) $f(x) = \dfrac{x}{x}$，$g(x) = 1$； (2) $f(x) = \sqrt[3]{x^4 - x^3}$，$g(x) = x \sqrt[3]{x-1}$.

3. 求下列函数的反函数，并指出定义域：

(1) $y = \sqrt{x^2 + 2}\,(x \geqslant 0)$； (2) $y = 3^x - 1$.

4. 判断下列函数的奇偶性：

(1) $f(x) = \dfrac{x - \sin x}{x \cos x}$； (2) $f(x) = \ln(\sqrt{x^2 + 1} + x)$；

(3) $f(x) = x(x-1)(x+1)$； (4) $f(x) = \dfrac{a^x + a^{-x}}{2}$.

5. 下列函数在指定区间内是否有界？

(1) $y = x^3$，$(-\infty, +\infty)$，$(-1, 1]$； (2) $y = \dfrac{2}{x-1}$，$(1, 2)$，$(2, +\infty)$.

6. 将下列复合函数进行分解：

(1) $y = \sin(3x + 2)$； (2) $y = \cos^3(2x - 1)$；

(3) $y = \ln \sqrt{\cos x}$； (4) $y = e^{\tan^2 x}$.

7. 已知 $f(x+1) = x^2 - 3x$，求 $f(x)$，$f(x-1)$.

8. 设 $f(x) = \begin{cases} 1, & |x| < 1 \\ 0, & |x| = 1 \\ -1, & |x| > 1 \end{cases}$，$g(x) = e^x$，求 $f[g(x)]$，$g[f(x)]$.

9. 在半径为 R 的球内嵌入一圆柱，试将圆柱的体积表示为高的函数，并说明定义域.

10. 火车站收取行李费的规定如下：当行李不超过 50 kg 时，按基本运费计算，如从上海到某地按 0.15 元/kg 收费；当超过 50 kg 时，超重部分按 0.25 元/kg 收费. 试求上海到该地的行李费 y(元)与重量 x(kg)之间的函数关系式，并画出这个函数的图像.

11. 某公司销售某种商品，规定：购买 3 kg 以下，每千克 10 元；超过 3 kg 者，超过的部分 7 折，试写出应付款 y 与购买量 x 之间的函数关系，并求出购买 10 kg 商品所需的款数.

12. 某城市的行政管理当局，在保证居民正常用水需要的前提下，为了节约用水，制定了如下收费方法：每户居民每月用水量不超过 4.5 t 时，水费按 2.4 元/t 计算；超过部分每吨以 2 倍价格收费. 试建立每月用水费用与用水量之间的函数关系，并计算每月用水分别为 4 t、5 t、6 t 的用水费用.

第二节 极限的概念与性质

极限是高等数学中最基本的概念之一，极限理论是高等数学的理论基础，高等数学中的一些重要概念，如连续、导数、定积分等都是利用极限来定义的. 因此掌握极限的思想与方法是学好高等数学的前提条件. 本节先给出数列极限的概念，然后讨论函数极限的概念和性质.

一、数列极限的概念

极限概念是由求某些实际问题的精确解答而产生的. 例如,我国古代数学家刘徽(公元 3 世纪)利用圆内接正多边形来推算圆的面积的方法——割圆术,就是极限思想在几何学上的应用:"割之弥细,所失弥小,割之又割,以至于不可割,则与圆合体而无所失矣."

设有一圆,首先作内接正六边形,把它的面积记为 A_1;再作内接正十二边形,其面积记为 A_2;再作内接正二十四边形,其面积记为 A_3;如此下去,每次边数加倍,一般地,把内接 $6 \times 2^{n-1}$ 正边形的面积记为 $A_n (n \in \mathbf{N})$. 这样,就得到一系列内接正多边形的面积

$$A_1, A_2, A_3, \cdots, A_n, \cdots,$$

它们构成一列有次序的数. 当 n 越大,内接正多边形与圆的差别就越小,从而以 A_n 作为圆面积的近似值也越精确. 但是无论 n 取得如何大,只要 n 取定了,A_n 终究只是多边形的面积,而不是圆的面积. 因此,设想 n 无限增大(记为 $n \to \infty$,读作 n 趋于无穷大),即内接正多边形的边数无限增加,在这个过程中,内接正多边形无限接近于圆,同时 A_n 也无限接近于某一确定的数值,这个确定的数值就理解为圆的面积. 这个确定的数值在数学上称为上面这列有次序的数(所谓数列)$A_1, A_2, A_3, \cdots, A_n, \cdots$ 当 $n \to \infty$ 时的极限. 可以看到,正是这个数列的极限才精确地表达了圆的面积.

下面对数列极限进行一般性的讨论,先定义数列的概念.

如果按照某一法则,对每个 $n \in \mathbf{N}$,对应着一个确定的实数 x_n,这些实数 x_n 按照下标 n 从小到大排列得到的一个序列 $x_1, x_2, x_3, \cdots, x_n, \cdots$ 就叫作**数列**,简记为 $\{x_n\}$. 数列中的每一个数叫作数列的**项**,第 n 项 x_n 叫作数列的**一般项**(或**通项**). 例如:

(1) $1, \dfrac{1}{2}, \dfrac{1}{3}, \cdots, \dfrac{1}{n}, \cdots$;

(2) $2, 4, 8, \cdots, 2^n, \cdots$;

(3) $1, -1, 1, \cdots, (-1)^{n+1}, \cdots$;

(4) $2, \dfrac{1}{2}, \dfrac{4}{3}, \cdots, \dfrac{n+(-1)^{n-1}}{n}, \cdots$

都是数列的例子,它们的一般项依次为 $\dfrac{1}{n}, 2^n, (-1)^{n+1}, \dfrac{n+(-1)^{n-1}}{n}$.

在几何上,数列 $\{x_n\}$ 可以看作数轴上的一个动点,它依次取数轴上的点 $x_1, x_2, x_3, \cdots, x_n, \cdots$.

按照函数定义,数列 $\{x_n\}$ 可以看作自变量取正整数 n 的函数:$x_n = f(n), n \in \mathbf{N}$. 它的定义域是正整数集. 当自变量 n 依次取 $1, 2, 3, \cdots$ 一切正整数时,对应的函数值就排列成数列 $\{x_n\}$.

关于数列,我们关心的主要问题是,当 n 无限增大时,x_n 的变化趋势是怎样的? 特别地,x_n 是否无限地接近于某个常数?

容易看到,在上面的四个数列中,当 n 无限增大时,数列(1)的一般项 $x_n = \dfrac{1}{n}$ 无限接近于零;类似地,数列(4)的一般项 $x_n = \dfrac{n+(-1)^{n-1}}{n} = 1 + \dfrac{(-1)^{n-1}}{n}$ 无限接近于常数 1. 但是,

数列(2)，(3)的情况则不同.数列(2)的一般项 $x_n = 2^n$，当 $n \to \infty$ 时，x_n 的值无限增大，并不接近于任何一个常数.数列(3)的一般项 $x_n = (-1)^{n+1}$，在 $n \to \infty$ 的过程中，x_n 始终交替地取得数值 1 和 -1，并不接近于某个确定的常数.因此我们说，数列(1)和(4)"有极限"，而数列(2)和(3)"没有极限".一般地有如下定义：

定义 1　对于数列 $x_1, x_2, x_3, \cdots, x_n, \cdots$，如果当 n 无限增大时，x_n 无限接近于某个确定的常数 a，则称 a 是**数列 x_n 的极限**，或称**数列 x_n 收敛**于 a，记作

$$\lim_{n \to \infty} x_n = a \quad \text{或} \quad x_n \to a(n \to \infty).$$

如果这样的常数不存在，则称**数列 x_n 没有极限**，或称**数列 x_n 发散**（习惯上也常表达为"$\lim_{n \to \infty} x_n$ 不存在"）.

按照此定义，在前面的四个数列中，有 $\lim_{n \to \infty} \dfrac{1}{n} = 0$，$\lim_{n \to \infty} \dfrac{n + (-1)^{n-1}}{n} = 1$，而 $\lim_{n \to \infty} 2^n$ 和 $\lim_{n \to \infty} (-1)^{n+1}$ 均不存在.

然而，"无限增大"和"无限接近"毕竟是一种描述性语言，为了用更确切的数学术语来表达极限的意义，下面再通过数列(1)来分析一下数列无限接近一个确定常数的含义.

表示两个数接近程度的度量是它们的距离，在这个例子中要考察的是数列的项 $x_n = \dfrac{1}{n}$ 与 0 的距离 $|x_n - 0|$，x_n 无限接近数 0 意味着距离 $|x_n - 0|$ 可以无限小或者任意小，即给出任意小的正数，$|x_n - 0|$ 必定可以小于这个正数，但并非每一项数 x_n 都能满足这一点，达到这种接近程度的条件则是 n 无限增大或者 n 充分大.

例如，给出一个小的正数 0.01，要 $|x_n - 0| < 0.01$，由于 $|x_n - 0| = \dfrac{1}{n}$，那么只要 $n > 100$ 就行了；如果给出一个更小的正数 0.0001，要 $|x_n - 0| < 0.0001$，就要求 $n > 10\,000$.显然，无论给出怎样小的正数 ε，要 $|x_n - 0| < \varepsilon$，只要 $n > \dfrac{1}{\varepsilon}$ 就行了；更具体一些，取 $N = \left[\dfrac{1}{\varepsilon}\right]$，那么在 N 项以后，即当 $n > N$ 时，就有 $|x_n - 0| < \varepsilon$.

下面给出数列极限的精确性定义.

定义 2　对于数列 $\{x_n\}$，如果存在常数 a，对于任意给定的正数 ε（不论它多么小），总存在正整数 N，使得当 $n > N$ 时，不等式 $|x_n - a| < \varepsilon$ 都成立，那么就称常数 a 是数列 $\{x_n\}$ 的**极限**，或称数列**收敛**于 a.记为 $\lim_{n \to \infty} x_n = a$ 或者 $x_n \to a(n \to \infty)$.

如果不存在这样的常数 a，就称数列 $\{x_n\}$ 没有极限，或称数列是**发散**的，习惯上也说 $\lim_{n \to \infty} x_n$ 不存在.

在上述定义中，正数 ε 给出了对 x_n 与常数 a 的接近程度 $|x_n - a|$ 的要求，而正整数 N 则相应地给出了 n 充分大的一个具体指标.正数 ε 是任意的，正整数 N 是与任意给定的正数 ε 有关的.

这里给出"数列 $\{x_n\}$ 的极限为 a"一个几何解释：将常数 a 及数列 $\{x_n\}$ 在数轴上用它们的对应点表示出来，再在数轴上作点 a 的 ε 邻域，即开区间 $(a - \varepsilon, a + \varepsilon)$.因不等式 $|x_n - a| < \varepsilon$ 与不等式 $a - \varepsilon < x_n < a + \varepsilon$ 等价，所以当 $n > N$ 时，所有的点 x_n 都落在开区间 $(a - \varepsilon, a + \varepsilon)$ 内，而只有有限个在这个区间以外.

例1　试证：当 $|q| < 1$ 时，$\lim\limits_{n \to \infty} q^n = 0$.

证　对任意给定的正数 ε（设 $\varepsilon < 1$），要使 $|q^n - 0| = |q|^n < \varepsilon$，只要 $n > \log_{|q|} \varepsilon$ 就行了．取 $N = [\log_{|q|} \varepsilon]$，当 $n > N$ 时，就有 $n > \log_{|q|} \varepsilon$，从而有 $|q^n - 0| = |q|^n < \varepsilon$. 故

$$\lim_{n \to \infty} q^n = 0.$$

二、函数极限的概念

实际问题除了要解决数列的极限外，还常常要解决函数在自变量的某个变化过程中，对应的函数值是否趋近于某个常数的问题．

函数 $y = f(x)$ 的自变量 x 有多种变化过程，通常自变量 x 的变化趋势有两种情形：一种是 x 的绝对值无限增大，也就是点 x 沿数轴的正向、负向无限远离原点；另一种是 x 无限接近有限值 x_0，也就是点 x 从数轴上点 x_0 的左右两侧无限接近于 x_0．

在研究函数 $y = f(x)$ 的极限问题时，为便于叙述，规定如下：

$x \to \infty$ 表示 $|x|$ 无限增大（读作 x 趋于无穷大）；

$x \to -\infty$ 表示 x 取负值且绝对值无限增大（读作 x 趋于负无穷大）；

$x \to +\infty$ 表示 x 取正值且绝对值无限增大（读作 x 趋于正无穷大）；

$x \to x_0$ 表示 x 从 x_0 的左右两侧无限接近于 x_0（读作 x 趋于 x_0）；

$x \to x_0^+$ 表示 x 从 x_0 的右侧无限接近于 x_0；

$x \to x_0^-$ 表示 x 从 x_0 的左侧无限接近于 x_0．

下面就各种不同情形分别讨论函数的极限．

（一）当 $x \to \infty$ 时函数 $f(x)$ 的极限

自变量趋于无穷大时函数的极限，直观地说，就是讨论当 x 沿 x 轴无限远离原点时，对应的函数值 $f(x)$ 的变化趋势问题．

例2　对函数 $f(x) = \dfrac{1+x}{x}$，考察当 $x \to \infty$ 时 $f(x)$ 的变化趋势．

从图 1-10 可以看出，当 $|x|$ 无限增大时，$f(x)$ 的值与常数 1 无限接近，所以 $f(x) = \dfrac{1+x}{x} \to 1 (x \to \infty)$．

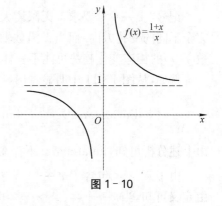

图 1-10

例3　已知冰在融化过程中温度与时间之间的函数关系为 $T = f(t)$．在一间室温恒为 $25\,^\circ\!\mathrm{C}$ 的房间里，放置一盆冰块，随着时间的变化，冰逐渐融化，融化后的冰水，其温度越来越接近于 $25\,^\circ\!\mathrm{C}$．

上面两个实例的共同点是，当自变量逐渐增大时，相应的函数值无限接近于一个确定的常数．

定义3　设函数 $y = f(x)$ 在 $|x| > M$（M 为某个正常数）时有定义，如果当自变量 x 的绝对值无限增大时，对应的函数值无限地接近于一个常数 A，则称 A 为 **$x \to \infty$ 时函数 $f(x)$ 的极限**，记作

$$\lim_{x \to \infty} f(x) = A \text{ 或 } f(x) \to A (x \to \infty).$$

根据定义 3,可以得到下列式子是成立的：

$$\lim_{x \to \infty} \frac{1}{x} = 0; \quad \lim_{x \to \infty} C = C \quad (C \text{ 为常数}).$$

下面用数学语言给出当自变量趋于无穷大时函数极限的精确性定义.

定义 4 设函数 $f(x)$ 当 $|x|$ 大于某一正数时有定义,如果存在常数 A,对于任意给定的正数 ε(不论它多么小),总存在正数 X,使得当 $|x| > X$ 时,不等式 $|f(x) - A| < \varepsilon$ 都成立,那么就称常数 A 是函数 $f(x)$ 当 $x \to \infty$ 时的**极限**,记为 $\lim\limits_{x \to \infty} f(x) = A$ 或者 $f(x) \to A(x \to \infty)$.

如果 $x > 0$ 且无限增大,那么只要把上述定义中的 $|x| > X$ 改为 $x > X$,就可得 $\lim\limits_{x \to +\infty} f(x) = A$ 的定义.同样,如果 $x < 0$ 且 $|x|$ 无限增大,那么只要把上述定义中的 $|x| > X$ 改为 $x < -X$,就可得 $\lim\limits_{x \to -\infty} f(x) = A$ 的定义.

从几何上来说,$\lim\limits_{x \to \infty} f(x) = A$ 的意义是,作直线 $y = A - \varepsilon$ 和 $y = A + \varepsilon$,则总有一个正数 X 存在,使得当 $x < -X$ 或 $x > X$ 时,函数 $y = f(x)$ 的图形位于这两条直线之间.

例 4 证明:$\lim\limits_{x \to \infty} \frac{1}{x} = 0$.

证 对任意给定的正数 ε(设 $\varepsilon < 1$),要使 $\left| \frac{1}{x} - 0 \right| = \frac{1}{|x|} < \varepsilon$,只要 $|x| > \frac{1}{\varepsilon}$ 就行了.

取 $X = \frac{1}{\varepsilon}$,当 $|x| > X = \frac{1}{\varepsilon}$ 时,不等式 $\left| \frac{1}{x} - 0 \right| < \varepsilon$ 恒成立,这就证明了 $\lim\limits_{x \to \infty} \frac{1}{x} = 0$.

在上述定义中,$|x|$ 无限增大包含两种情形,即 x 取正值且绝对值无限增大($x \to +\infty$),和 x 取负值且绝对值无限增大($x \to -\infty$).

定义 5 如果当 $x \to +\infty$(或 $x \to -\infty$)时,函数值 $f(x)$ 与一个常数 A 无限接近,则称 A **为函数** $f(x)$ **当** $x \to +\infty$(**或** $x \to -\infty$)**时的极限**,记作

$$\lim_{x \to +\infty} f(x) = A \quad (\text{或} \lim_{x \to -\infty} f(x) = A)$$

或 $$f(x) \to A(x \to +\infty) \quad (\text{或} f(x) \to A(x \to -\infty)).$$

记号"$x \to \infty$"要求 x 无限增大,此时 x 在数轴上有两个完全不同的变化方向.而当 x 沿数轴上不同方向趋于 ∞ 时,函数 $f(x)$ 的相应变化趋势可能不一样.

例如,从图 1-11 中明显看出,

$$\lim_{x \to +\infty} \arctan x = \frac{\pi}{2}, \quad \lim_{x \to -\infty} \arctan x = -\frac{\pi}{2}.$$

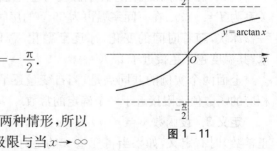

图 1-11

由上述分析可知,$\lim\limits_{x \to \infty} \arctan x$ 不存在.

由于 $x \to \infty$ 包含了 $x \to +\infty$ 与 $x \to -\infty$ 两种情形,所以由定义可知,当 $x \to +\infty$、$x \to -\infty$ 时函数的极限与当 $x \to \infty$ 时函数的极限之间存在如下关系:

定理 1 $\lim\limits_{x \to \infty} f(x) = A$ 的充分必要条件是 $\lim\limits_{x \to +\infty} f(x) = \lim\limits_{x \to -\infty} f(x) = A$.

例 5 求 $\lim\limits_{x \to +\infty} e^x$，$\lim\limits_{x \to -\infty} e^x$，$\lim\limits_{x \to \infty} e^x$.

解 作函数 $y = e^x$ 的图像，从图 1-12 中可以看出：

$$\lim\limits_{x \to +\infty} e^x = +\infty, \quad \lim\limits_{x \to -\infty} e^x = 0.$$

根据定理 1，$\lim\limits_{x \to \infty} e^x$ 不存在.

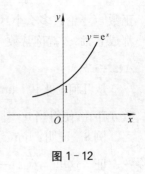

图 1-12

例 6 在一 RC 电路的充电过程中，电容器两端电压 $U(t)$ 与时间 t 之间的关系是 $U(t) = E(1 - e^{-\frac{t}{RC}})$ (E, R, C 都是常数). 讨论当 $t \to +\infty$ 时电压 $U(t)$ 的变化趋势.

解 根据指数函数 $y = e^x$ 的变化情况可知，当 $t \to +\infty$ 时 $e^{-\frac{t}{RC}} \to 0$. 所以当 $t \to +\infty$ 时电压 $U(t) \to E$，即当充电时间越来越长时，电容器两端的电压接近于一个常数(电源电压).

(二) 当 $x \to x_0$ 时函数 $f(x)$ 的极限

为了讨论问题叙述的方便，引入邻域的概念.

定义 6 设 x_0 与 δ 是两个实数，且 $\delta > 0$，开区间 $(x_0 - \delta, x_0 + \delta)$ 称为**点 x_0 的 δ 邻域**，记作 $U(x_0, \delta)$，简记为 $U(x_0)$. 点 x_0 称为**邻域的中心**，δ 称为**邻域的半径**.

在 $U(x_0, \delta)$ 中除去 x_0 而得到的区间 $(x_0 - \delta, x_0) \bigcup (x_0, x_0 + \delta)$ 称为**点 x_0 的去心邻域**，记作 $U^0(x_0, \delta)$，简记为 $U^0(x_0)$.

例如，$U(2, 1)$ 表示开区间 $(1, 3)$；$U^0(2, 1)$ 则表示 $(1, 2) \bigcup (2, 3)$.

例 7 讨论函数 $f(x) = x + 3$ 和 $f(x) = \dfrac{x^2 - 9}{x - 3}$ 当 x 趋近于 3 时的变化趋势.

解 作出函数的图像，观察图 1-13 可知，当 x 趋近于 3 时，$f(x) = x + 3$ 无限接近于 6；观察图 1-14 可以看出，当 x 趋近于 3 时，$f(x) = \dfrac{x^2 - 9}{x - 3}$ 也无限接近于 6. 显然这两个函数是不相同的，这就是说，当 $x \to 3$ 时，函数的极限是否存在，与函数在该点是否有定义没有关系.

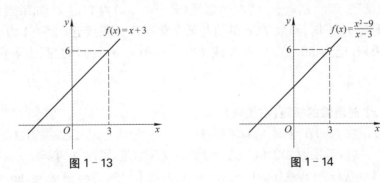

图 1-13   图 1-14

定义 7 设函数 $f(x)$ 在点 x_0 的某去心邻域 $U^0(x_0, \delta)$ 内有定义，如果当自变量 x 趋近于 x_0 时，函数 $f(x)$ 的值与某个常数 A 无限接近，则称 A 为**函数 $f(x)$ 当 $x \to x_0$ 时的极限**，记为 $\lim\limits_{x \to x_0} f(x) = A$ 或 $f(x) \to A (x \to x_0)$.

下面用数学语言给出当自变量趋于有限值时函数极限的精确性定义.

定义 8 设函数 $f(x)$ 在点 x_0 某个去心邻域内有定义，如果存在常数 A，对于任意给定的

正数 ε(不论它多么小),总存在正数 δ,使得当 $0<|x-x_0|<\delta$ 时,不等式 $|f(x)-A|<\varepsilon$ 都成立,那么就称常数 A 是函数 $f(x)$ 当 $x \to x_0$ 时的**极限**,记为 $\lim\limits_{x \to x_0} f(x) = A$ 或者 $f(x) \to A(x \to x_0)$.

从几何上来说,$\lim\limits_{x \to x_0} f(x) = A$ 的意义是,作直线 $y = A - \varepsilon$ 和 $y = A + \varepsilon$,则总有一个正数 δ 存在,使得当 $0<|x-x_0|<\delta$ 时,函数 $y = f(x)$ 的图形位于这两条直线之间.

例 8   证明: $\lim\limits_{x \to x_0} c = c$,$c$ 为一常数.

证   这里 $|f(x)-A|=|c-c|=0$,因此,对任意给定的正数 ε(设 $\varepsilon < 1$),可任取 $\delta > 0$,当 $0<|x-x_0|<\delta$ 时,不等式 $|f(x)-A|=|c-c|=0<\varepsilon$ 恒成立,所以,$\lim\limits_{x \to x_0} c = c$.

例 9   证明: $\lim\limits_{x \to x_0} x = x_0$.

证   这里 $|f(x)-A|=|x-x_0|$,因此,对任意给定的正数 ε(设 $\varepsilon < 1$),可取 $\delta = \varepsilon$,当 $0<|x-x_0|<\delta$ 时,不等式 $|f(x)-A|=|x-x_0|<\varepsilon$ 恒成立,所以,$\lim\limits_{x \to x_0} x = x_0$.

注   (1) 定义中的 δ 是一个比较小的正数,要求函数在 $U^0(x_0, \delta)$ 内有定义,意味着研究的只是 x 趋近于 x_0(但 $x \neq x_0$)时函数的变化趋势,不必考虑在 x_0 点函数是否有定义.

(2) $x \to x_0$ 包含了两种情形,即包含 x 从 x_0 的左侧趋近于 x_0 和 x 从 x_0 的右侧趋近于 x_0.

例 10   一人沿直线走向路灯,其终点是路灯下的一点,讨论其影子长度的变化问题.

根据生活常识知道,人距离目标越近,其影子长度越短,当人越来越接近终点时,其影子长度越来越短,并逐渐接近于 0.

(三) 函数在点 x_0 的左、右极限

上述 $x \to x_0$ 时函数 $f(x)$ 的极限概念中,x 是既从 x_0 的左侧也从 x_0 的右侧趋于 x_0 的.

在实际中有时需要考虑当自变量在 x_0 点的一侧变化时函数值的变化趋势问题,对这个问题的讨论,就是函数的单侧极限问题.

1. 当 $x \to x_0^-$ 时函数的极限(左极限)

定义 9   设函数 $f(x)$ 在点 x_0 的左半邻域 $(x_0-\delta, x_0)$ 内有定义,如果当自变量 x 在 $(x_0-\delta, x_0)$ 内趋近于 x_0 时,函数 $f(x)$ 的值与某个常数 A 无限接近,则称 A 为函数 $f(x)$ 当 $x \to x_0$ 时的**左极限**,记为 $\lim\limits_{x \to x_0^-} f(x) = A$ 或 $f(x) \to A(x \to x_0^-)$,也常记为 $f(x_0 - 0) = \lim\limits_{x \to x_0^-} f(x) = A$.

2. 当 $x \to x_0^+$ 时函数的极限(右极限)

定义 10   设函数 $f(x)$ 在点 x_0 的右半邻域 $(x_0, x_0+\delta)$ 内有定义,如果当自变量 x 在 $(x_0, x_0+\delta)$ 内趋近于 x_0 时,函数 $f(x)$ 的值与某个常数 A 无限接近,则称 A 为函数 $f(x)$ 当 $x \to x_0$ 时的**右极限**,记为 $\lim\limits_{x \to x_0^+} f(x) = A$ 或 $f(x) \to A(x \to x_0^+)$,也常记为 $f(x_0 + 0) = \lim\limits_{x \to x_0^+} f(x) = A$.

3. 单侧极限、极限之间的关系

根据 $x \to x_0$ 时函数 $f(x)$ 的极限的定义,以及左极限和右极限的定义,容易证明:

定理 2 $\lim\limits_{x \to x_0} f(x) = A$ 的充分必要条件是 $\lim\limits_{x \to x_0^+} f(x) = \lim\limits_{x \to x_0^-} f(x) = A$.

因此,即使左、右极限都存在,但若不相等,则 $\lim\limits_{x \to x_0} f(x)$ 不存在.

例 11 设函数 $f(x) = \begin{cases} x^2 + 1, & x < 0 \\ x, & x \geqslant 0 \end{cases}$，画出该函数的图形，求 $\lim\limits_{x \to 0^+} f(x)$，$\lim\limits_{x \to 0^-} f(x)$，并讨论 $\lim\limits_{x \to 0} f(x)$ 是否存在.

解 $f(x)$ 的图形如图 1-15 所示，根据图形可以看出，

$\lim\limits_{x \to 0^+} f(x) = \lim\limits_{x \to 0^+} x = 0$，$\lim\limits_{x \to 0^-} f(x) = \lim\limits_{x \to 0^-} (x^2 + 1) = 1$.

根据定理 2 知，$\lim\limits_{x \to 0} f(x)$ 不存在.

例 12 已知一电路中的电荷量

$$Q = \begin{cases} E, & t \leqslant 0, \\ Ee^{-\frac{t}{RC}}, & t > 0, \end{cases}$$

其中 R，C 为正的常数，求电荷 Q 在 $t \to 0$ 时的极限.

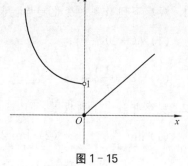

图 1-15

解 因为

$$\lim\limits_{t \to 0^-} Q = \lim\limits_{t \to 0^-} E = E,$$

$$\lim\limits_{t \to 0^+} Q = \lim\limits_{t \to 0^+} Ee^{-\frac{t}{RC}} = E,$$

所以，$\lim\limits_{t \to 0} Q = E$.

三、函数极限的性质

上面讨论了数列极限和函数极限的概念，下面将探讨极限的性质，其中绝大多数定理在叙述或证明中仅以 $x \to x_0$ 为限，但在 x 的其他趋势过程中，即在 $x \to x_0^-$，$x \to x_0^+$，$x \to \infty$，$x \to -\infty$，$x \to +\infty$ 情况下都有类似的结论，同时由于数列作为整序函数是函数的特例，因此结论对数列情况也适用，下面不再一一指出.

利用函数极限的定义，可以证明下列定理：

性质 1（唯一性） 如果 $\lim\limits_{x \to x_0} f(x)$ 存在，那么该极限值是唯一的.

性质 2（局部有界性） 如果 $\lim\limits_{x \to x_0} f(x) = A$，则存在 x_0 某一去心邻域，在此邻域内，函数 $f(x)$ 有界.

与函数极限的上述性质相对应，收敛数列具有有界性：**收敛数列必有界**. 即如果数列 $\{x_n\}$ 收敛，那么存在正常数 M，使得所有的 x_n 均满足 $|x_n| \leqslant M (n = 1, 2, 3, \cdots)$. 所不同的是，收敛数列的有界性结论更体现了定义域上的整体有界性.

这条性质的直接推论是：**无界数列必发散**. 但要注意，有界数列未必收敛. 例如数列 0，1，0，1，$\cdots$ 是有界的，但当 $n \to \infty$ 时，x_n 并不趋近于某个确定的常数，故该数列发散. 这说明数列有界是数列收敛的必要条件而非充分条件.

性质 3（局部保号性） 如果 $\lim\limits_{x \to x_0} f(x) = A > 0$（或 $A < 0$），则存在 x_0 的某一去心邻域，在此邻域内，函数 $f(x) > 0$（或 $f(x) < 0$）.

性质 4（保号性） 如果在 x_0 的某一去心邻域内 $f(x) \geqslant 0$（或 $f(x) \leqslant 0$），而且 $\lim\limits_{x \to x_0} f(x) = A$，那么 $A \geqslant 0$（或 $A \leqslant 0$）.

上面所讨论的函数极限的性质，虽然是以 $x \to x_0$ 时函数 $f(x)$ 的极限形式给出的，但结

论对单侧极限(当 $x \to x_0^-$，$x \to x_0^+$ 时函数 $f(x)$ 的极限)，$x \to \infty$ 时函数的极限也是成立的.

练习题 1-2

1. 观察下列数列的变化趋势，判别哪些数列有极限，如有极限，写出它们的极限：

(1) $\left\{(-1)^n \dfrac{1}{n}\right\}$；

(2) $\{1 + (-1)^n\}$；

(3) $\left\{2 - \dfrac{1}{n^2}\right\}$；

(4) $\left\{\dfrac{2^n - 1}{3^n}\right\}$.

2. 观察并写出下列极限：

(1) $\lim\limits_{x \to \infty} \dfrac{1}{x^2}$；　　　(2) $\lim\limits_{x \to -\infty} 2^x$；　　　(3) $\lim\limits_{x \to 1} \ln x$；　　　(4) $\lim\limits_{x \to 0}(1 + \cos x)$.

3. 设函数 $f(x) = \begin{cases} x^2 - 1, & x > 0 \\ 0, & x = 0 \\ 1 - x, & x < 0 \end{cases}$，求当 $x \to 0$ 时函数的左、右极限，并说明当 $x \to 0$ 时函数的极限是否存在.

4. 设函数 $f(x) = \dfrac{|x|}{x}$，求当 $x \to 0$ 时的左、右极限，并说明当 $x \to 0$ 时函数的极限是否存在.

5. 设函数 $f(x) = \begin{cases} x + 1, & x < 1 \\ 0, & x = 1 \\ x - 1, & x > 1 \end{cases}$，求 $\lim\limits_{x \to 0} f(x)$，$\lim\limits_{x \to 1} f(x)$，$\lim\limits_{x \to 3} f(x)$.

6. 设函数 $f(x) = \begin{cases} e^x, & x < 1 \\ 1 + x^2, & x \geqslant 1 \end{cases}$，求 $f(1^+)$，$f(1^-)$.

7. 用数列极限的定义证明：

(1) $\lim\limits_{n \to \infty} \dfrac{1}{n^2} = 0$；

(2) $\lim\limits_{n \to \infty} \sqrt[n]{a} = 1 \, (a > 1)$；

(3) $\lim\limits_{n \to \infty}(\sqrt{n+1} - \sqrt{n}) = 0$；

(4) $\lim\limits_{n \to \infty} \dfrac{n + (-1)^{n-1}}{n} = 0$.

8. 用函数极限的定义证明：

(1) $\lim\limits_{x \to \infty} \dfrac{\sin x}{x} = 0$；

(2) $\lim\limits_{x \to +\infty} a^x = 0 \, (0 < a < 1)$；

(3) $\lim\limits_{x \to +\infty} \arctan x = \dfrac{\pi}{2}$；

(4) $\lim\limits_{x \to 1} \dfrac{x^2 - 1}{x - 1} = 2$.

9. 试证：$\lim\limits_{n \to \infty} x_n = 0$ 的充要条件为 $\lim\limits_{n \to \infty} |x_n| = 0$.

第三节　极限的运算

一、极限的四则运算法则

为了方便，在以下问题的讨论中省去自变量的不同变化状态，用"lim"表示极限，但总是假设在同一问题中自变量的变化过程是相同的.

设 $\lim f(x) = A$，$\lim g(x) = B$，则有如下结论：

法则 1　　　$\lim[f(x) \pm g(x)] = \lim f(x) \pm \lim g(x) = A \pm B.$

法则 2　　　$\lim[f(x) \cdot g(x)] = \lim f(x) \cdot \lim g(x) = A \cdot B.$

特别地，　　　$\lim[C \cdot f(x)] = C \cdot \lim f(x) = C \cdot A.$

法则 3　若 $B \neq 0$，则 $\lim\left[\dfrac{f(x)}{g(x)}\right] = \dfrac{\lim f(x)}{\lim g(x)} = \dfrac{A}{B}.$

注　(1) 以上法则在极限号下未注明 x 的变化趋势，表示对上一节中介绍的各种极限都适用，但在同一个公式两端极限号下 x 的变化趋势必须相同；

(2) 这些法则只有在 $f(x)$ 和 $g(x)$ 均有极限时才可运用，且在法则 3 中，要求 $B \neq 0$；

(3) 法则 1、法则 2 可以推广到有限个具有极限的函数的情形.

利用这些法则，可以求某些函数的极限.

例 1　求下列各极限：

(1) $\lim\limits_{x \to 1}(2x^2 - x + 1)$；　　　　　　　(2) $\lim\limits_{x \to 2}\dfrac{x^2 - 3x + 5}{x + 1}.$

解　(1) $\lim\limits_{x \to 1}(2x^2 - x + 1) = \lim\limits_{x \to 1}2x^2 - \lim\limits_{x \to 1}x + \lim\limits_{x \to 1}1$

$$= 2(\lim\limits_{x \to 1}x)^2 - \lim\limits_{x \to 1}x + 1 = 2 \times 1^2 - 1 + 1 = 2.$$

(2) 因为 $\lim\limits_{x \to 2}(x + 1) = 3 \neq 0$，所以

$$\lim\limits_{x \to 2}\frac{x^2 - 3x + 5}{x + 1} = \frac{\lim\limits_{x \to 2}(x^2 - 3x + 5)}{\lim\limits_{x \to 2}(x + 1)} = \frac{4 - 6 + 5}{2 + 1} = 1.$$

从上面两个例子可以看出，求有理函数当 $x \to x_0$ 时的极限，只要把 x_0 代替函数中的 x 就行了；但是对于有理分式函数，这样代入后如果分母等于零，则没有意义. 必须注意，当分母在 x_0 处为 0 时，关于商的极限的运算法则不能应用，需要采用另外的方法处理. 请看下面的例子.

例 2　求下列各极限：

(1) $\lim\limits_{x \to 2}\dfrac{x^2 - 4}{x - 2}$；　　　　　　　(2) $\lim\limits_{x \to 0}\dfrac{\sqrt{1 + x} - 1}{x}.$

解　(1) 当 $x \to 2$ 时，分子、分母的极限均为 0，不能利用商的极限运算法则. 约去公因子 $(x - 2)$，得

$$\lim\limits_{x \to 2}\frac{x^2 - 4}{x - 2} = \lim\limits_{x \to 2}\frac{(x - 2)(x + 2)}{x - 2} = \lim\limits_{x \to 2}(x + 2) = 4.$$

(2) 当 $x \to 0$ 时，分子、分母的极限均为 0，同样不能利用商的极限运算法则. 由于式子中含有根式，因此可考虑先利用分子有理化的方法对式子进行变形：

$$\lim\limits_{x \to 0}\frac{\sqrt{1 + x} - 1}{x} = \lim\limits_{x \to 0}\frac{(\sqrt{1 + x} - 1)(\sqrt{1 + x} + 1)}{x(\sqrt{1 + x} + 1)} = \lim\limits_{x \to 0}\frac{1}{\sqrt{1 + x} + 1} = \frac{1}{2}.$$

例 3　求下列各极限：

(1) $\lim\limits_{x\to\infty} \dfrac{2x^3 - x + 1}{x^3 + 2x^2 - 3}$;　　　　(2) $\lim\limits_{x\to\infty} \dfrac{x^2 - 1}{x^3 + 2x}$;　　　　(3) $\lim\limits_{x\to\infty} \dfrac{2x^2 + 1}{x - 2}$.

解　(1) 当 $x \to \infty$ 时,分子、分母的绝对值都无限增大,所以不能直接应用商的极限运算法则.先用 x^3 同除以分子、分母,使分母极限存在且不为 0,然后利用商的极限运算法则,得

$$\lim\limits_{x\to\infty} \frac{2x^3 - x + 1}{x^3 + 2x^2 - 3} = \lim\limits_{x\to\infty} \frac{2 - \dfrac{1}{x^2} + \dfrac{1}{x^3}}{1 + \dfrac{2}{x} - \dfrac{3}{x^3}} = \frac{\lim\limits_{x\to\infty}\left(2 - \dfrac{1}{x^2} + \dfrac{1}{x^3}\right)}{\lim\limits_{x\to\infty}\left(1 + \dfrac{2}{x} - \dfrac{3}{x^3}\right)} = \frac{2 - 0 + 0}{1 + 0 - 0} = 2.$$

(2) 用 x^3 同除以分子及分母,

$$\lim\limits_{x\to\infty} \frac{x^2 - 1}{x^3 + 2x} = \lim\limits_{x\to\infty} \frac{\dfrac{1}{x} - \dfrac{1}{x^3}}{1 + \dfrac{2}{x^2}} = \frac{\lim\limits_{x\to\infty}\left(\dfrac{1}{x} - \dfrac{1}{x^3}\right)}{\lim\limits_{x\to\infty}\left(1 + \dfrac{2}{x^2}\right)} = \frac{0}{1} = 0.$$

(3) 用 x^2 同除以分子及分母,

$$\lim\limits_{x\to\infty} \frac{2x^2 + 1}{x - 2} = \lim\limits_{x\to\infty} \frac{2 + \dfrac{1}{x^2}}{\dfrac{1}{x} - \dfrac{2}{x^2}} = \infty.$$

归纳例 3,可以得出如下一般的结论:

对于有理函数

$$f(x) = \frac{a_0 x^m + a_1 x^{m-1} + \cdots + a_{m-1} x + a_m}{b_0 x^n + b_1 x^{n-1} + \cdots + b_{n-1} x + b_n} \quad (a_0, b_0 \neq 0),$$

当 $m = n$ 时,$\lim\limits_{x\to\infty} f(x) = \dfrac{a_0}{b_0}$;

当 $m < n$ 时,$\lim\limits_{x\to\infty} f(x) = 0$;

当 $m > n$ 时,$\lim\limits_{x\to\infty} f(x) = \infty$（不存在）.

例 4　求下列各极限:

(1) $\lim\limits_{x\to 1}\left(\dfrac{1}{x-1} - \dfrac{3}{x^3 - 1}\right)$;　　　　(2) $\lim\limits_{x\to +\infty}\left(\sqrt{x+1} - \sqrt{x}\right)$.

解　(1) 当 $x \to 1$ 时,$\dfrac{1}{x-1}$ 及 $\dfrac{3}{x^3 - 1}$ 的极限均不存在,不能利用差的极限运算法则.首先通分,再分解因式,求极限得

$$\lim\limits_{x\to 1}\left(\frac{1}{x-1} - \frac{3}{x^3 - 1}\right) = \lim\limits_{x\to 1}\frac{(x^2 + x + 1) - 3}{x^3 - 1} = \lim\limits_{x\to 1}\frac{(x-1)(x+2)}{(x-1)(x^2 + x + 1)}$$

$$= \lim\limits_{x\to 1}\frac{x+2}{x^2 + x + 1} = 1.$$

(2) 先进行分子有理化,再求商的极限:

$$\lim\limits_{x\to +\infty}\left(\sqrt{x+1} - \sqrt{x}\right) = \lim\limits_{x\to +\infty}\frac{1}{\sqrt{x+1} + \sqrt{x}} = \lim\limits_{x\to +\infty}\frac{\dfrac{1}{\sqrt{x}}}{\sqrt{1 + \dfrac{1}{x}} + 1} = 0.$$

注 （1）运用极限运算法则时,必须注意只有各项极限存在(对商还要求分母的极限不为零)时才能适用.

（2）如果所求极限不能直接用极限运算法则,必须先对原式进行恒等变形(约分、通分、有理化、变量代换等),然后再求极限.

二、极限存在的两个准则

下面介绍极限存在的两个准则.

1. 夹逼准则

夹逼准则分数列情形和函数情形,分别叙述如下.

关于数列收敛的夹逼准则　设数列 x_n, y_n, z_n 满足:

(1) $y_n \leqslant x_n \leqslant z_n (n = 1, 2, \cdots)$;

(2) $\lim\limits_{n \to \infty} y_n = \lim\limits_{n \to \infty} z_n = a$.

则 $\lim\limits_{n \to \infty} x_n$ 存在且等于 a.

关于函数收敛的夹逼准则　设函数 $f(x)$, $g(x)$, $h(x)$ 满足:

(1) 当 $x \in U^0(x_0, \delta)$ 或 $|x| > M$ 时,有 $g(x) \leqslant f(x) \leqslant h(x)$;

(2) $\lim\limits_{\substack{x \to x_0 \\ (x \to \infty)}} g(x) = \lim\limits_{\substack{x \to x_0 \\ (x \to \infty)}} h(x) = A$.

则 $\lim\limits_{\substack{x \to x_0 \\ (x \to \infty)}} f(x)$ 存在且等于 A.

这个事实直观上是很明显的.以 $x \to x_0$ 时的函数极限为例,由于当 $x \to x_0$ 时,$g(x)$,$h(x)$ 都趋近于常数 A,可知夹在中间的函数 $f(x)$ 也必定是趋近于常数 A 的.

2. 单调有界准则

如果数列 x_n 满足 $x_1 \leqslant x_2 \leqslant \cdots \leqslant x_n \leqslant \cdots$,就称它是**递增数列**;如果数列 x_n 满足 $x_1 \geqslant x_2 \geqslant \cdots \geqslant x_n \geqslant \cdots$,就称它是**递减数列**.递增或递减数列统称**单调数列**.

单调有界准则　单调有界数列必有极限.

本章第二节中指出,收敛数列必有界,但有界数列未必收敛.上述准则表明:如果数列不仅有界,并且是单调的,那么此数列一定收敛.

下面给出这个准则的几何解释.在数轴上,对应于单调数列的点 x_n 只可能向一个方向移动,所以只有两种可能情形:或者点 x_n 沿数轴移向无穷远($x_n \to +\infty$ 或 $x_n \to -\infty$),或者点 x_n 无限趋近于某一定点 A,也就是数列趋近于一个极限.但现在假定数列是有界的,而有界数列的点 x_n 都落在数轴上某一个区间 $[-M, M]$ 内,那么上述第一种情形就不可能发生了.这就表示这个数列必有极限,并且这个极限的绝对值不超过 M.

三、两个重要极限

1. 第一个重要极限 $\lim\limits_{x \to 0} \dfrac{\sin x}{x} = 1$

例 5　观察表 $1 - 3$,说明 $\dfrac{\sin x}{x}$ 的变化趋势.

表 1-3 $\dfrac{\sin x}{x}$的变化趋势

x	± 1	± 0.5	± 0.1	± 0.05	± 0.01	± 0.001	$\cdots$	$\to 0$
$\dfrac{\sin x}{x}$	0.841 47	0.958 85	0.998 33	0.999 58	0.999 98	0.999 99	$\cdots$	$\to 1$

从表 1-3 可以看出,当 $x \to 0$ 时,$\dfrac{\sin x}{x}$ 的值无限接近于 1.

同样地,也可以得到 $\lim\limits_{x \to 0} \dfrac{x}{\sin x} = 1$ 也是成立的.

作为夹逼准则的应用,下面证明第一个重要极限 $\lim\limits_{x \to 0} \dfrac{\sin x}{x} = 1$.

首先注意到,函数 $\dfrac{\sin x}{x}$ 对一切 $x \neq 0$ 都有定义.

如图 1-16 所示,作单位圆,设圆心角 $\angle AOB = x \in \left(0, \dfrac{\pi}{2}\right)$,点

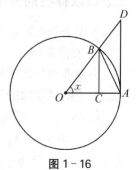

图 1-16

A 处的切线与 OB 的延长线相交于 D,又 $BC \perp OA$,则 $\sin x = BC$,$x = \overset{\frown}{AB}$,$\tan x = AD$. 因为 $\triangle AOB$ 的面积<扇形 AOB 的面积<$\triangle AOD$ 的面积,所以

$$\frac{1}{2} \sin x < \frac{1}{2} x < \frac{1}{2} \tan x,$$

即

$$\sin x < x < \tan x.$$

对不等式的每项取倒数并乘以 $\sin x$,就有 $\cos x < \dfrac{\sin x}{x} < 1$.

因为 $\cos x$,$\dfrac{\sin x}{x}$,1 均是偶函数,所以上面的不等式对于区间 $\left(-\dfrac{\pi}{2}, 0\right)$ 内的一切 x 也是成立的.

由于 $\lim\limits_{x \to 0} \cos x = 1$,$\lim\limits_{x \to 0} 1 = 1$,由上述不等式及夹逼准则,就得到 $\lim\limits_{x \to 0} \dfrac{\sin x}{x} = 1$.

第一个重要极限可进一步推广为 $\lim\limits_{\varphi(x) \to 0} \dfrac{\sin \varphi(x)}{\varphi(x)} = 1$.

事实上,令 $\varphi(x) = t$,当 $\varphi(x) \to 0$ 时,$t \to 0$,所以 $\lim\limits_{\varphi(x) \to 0} \dfrac{\sin \varphi(x)}{\varphi(x)} = \lim\limits_{t \to 0} \dfrac{\sin t}{t} = 1$.

注   第一个重要极限 $\lim\limits_{x \to 0} \dfrac{\sin x}{x} = 1$ 的适用对象主要是,式子中含有三角函数或反三角函数的"$\dfrac{0}{0}$"型的商的极限问题.

例 6   求下列各极限:

(1) $\lim\limits_{x \to 0} \dfrac{\sin 3x}{x}$;

(2) $\lim\limits_{x \to 0} \dfrac{1 - \cos x}{x^2}$.

解   (1) $\lim\limits_{x \to 0} \dfrac{\sin 3x}{x} = \lim\limits_{x \to 0} \left(\dfrac{\sin 3x}{3x} \cdot 3\right) = 3 \lim\limits_{x \to 0} \dfrac{\sin 3x}{3x}$.

令 $t = 3x$，则当 $x \to 0$ 时，$t \to 0$，

$$\lim_{x \to 0} \frac{\sin 3x}{x} = 3 \lim_{t \to 0} \frac{\sin t}{t} = 3 \times 1 = 3.$$

上述过程可以简写为

$$\lim_{x \to 0} \frac{\sin 3x}{x} = 3 \lim_{x \to 0} \frac{\sin 3x}{3x} = 3 \times 1 = 3.$$

(2) $\lim_{x \to 0} \frac{1 - \cos x}{x^2} = \lim_{x \to 0} \frac{2\sin^2 \frac{x}{2}}{x^2} = \lim_{x \to 0} \frac{1}{2}\left(\frac{\sin \frac{x}{2}}{\frac{x}{2}}\right)^2 = \frac{1}{2}\left(\lim_{x \to 0} \frac{\sin \frac{x}{2}}{\frac{x}{2}}\right)^2 = \frac{1}{2} \times 1^2 = \frac{1}{2}.$

例 7 求下列各极限：

(1) $\lim_{x \to \pi} \frac{\sin x}{\pi - x}$; (2) $\lim_{x \to 0} \frac{\arcsin x}{2x}$; (3) $\lim_{x \to 0} \frac{2x - \sin x}{2x + \sin x}$.

解 (1) 令 $t = \pi - x$，则当 $x \to \pi$ 时，$t \to 0$. 于是

$$\lim_{x \to \pi} \frac{\sin x}{\pi - x} = \lim_{t \to 0} \frac{\sin(\pi - t)}{t} = \lim_{t \to 0} \frac{\sin t}{t} = 1.$$

(2) 令 $\arcsin x = t$，则 $x = \sin t$ 且当 $x \to 0$ 时，$t \to 0$. 于是

$$\lim_{x \to 0} \frac{\arcsin x}{2x} = \lim_{t \to 0} \frac{t}{2\sin t} = \frac{1}{2} \lim_{t \to 0} \frac{t}{\sin t} = \frac{1}{2}.$$

(3) $\lim_{x \to 0} \frac{2x - \sin x}{2x + \sin x} = \lim_{x \to 0} \frac{2 - \frac{\sin x}{x}}{2 + \frac{\sin x}{x}} = \frac{\lim_{x \to 0}\left(2 - \frac{\sin x}{x}\right)}{\lim_{x \to 0}\left(2 + \frac{\sin x}{x}\right)} = \frac{2 - 1}{2 + 1} = \frac{1}{3}.$

2. 第二个重要极限 $\lim_{x \to \infty}\left(1 + \frac{1}{x}\right)^x = \mathrm{e}$

例 8 仅对 x 取正整数 n 时的情况，观察表 $1-4$，说明 $\left(1 + \frac{1}{x}\right)^x$ 的变化趋势.

表 $1-4$ $\left(1+\frac{1}{x}\right)^x$ 的变化趋势

x	1	5	10	100	1 000	10 000	100 000	⋯	$\to \infty$
$\left(1+\frac{1}{x}\right)^x$	2	2.488	2.594	2.705	2.717	2.718	2.718 27	⋯	$\to \mathrm{e}$

从上表可以看出，当 x 无限增大时，函数 $\left(1 + \frac{1}{x}\right)^x$ 的值越来越接近于无理数 e（$\mathrm{e} = 2.718\ 281\ 828\ 459\ 045\cdots$），即

$$\lim_{x \to \infty}\left(1 + \frac{1}{x}\right)^x = \mathrm{e}.$$

在上式中若令 $\frac{1}{x} = t$，则当 $x \to \infty$ 时，$t \to 0$，于是式子 $\lim_{x \to \infty}\left(1 + \frac{1}{x}\right)^x = \mathrm{e}$ 变化为

$$\lim_{t \to 0}(1 + t)^{\frac{1}{t}} = \mathrm{e}.$$

作为单调有界准则的应用,讨论第二个重要极限 $\lim\limits_{x \to \infty}\left(1+\dfrac{1}{x}\right)^{x}=\mathrm{e}$.

先考虑 x 取正整数 n 且趋向 $+\infty$ 的情形.

设 $x_n=\left(1+\dfrac{1}{n}\right)^{n}$,下面来证明数列 $\{x_n\}$ 单调增加并且有界.按牛顿二项公式,有

$$
\begin{aligned}
x_n &= \left(1+\frac{1}{n}\right)^{n} \\
&= 1+n\cdot\frac{1}{n}+\frac{n(n-1)}{2!}\cdot\frac{1}{n^2}+\frac{n(n-1)(n-2)}{3!}\cdot\frac{1}{n^3}+\cdots+ \\
&\quad \frac{n(n-1)(n-2)\cdot\cdots\cdot(n-n+1)}{n!}\cdot\frac{1}{n^n} \\
&= 1+1+\frac{1}{2!}\left(1-\frac{1}{n}\right)+\frac{1}{3!}\left(1-\frac{1}{n}\right)\left(1-\frac{2}{n}\right)+\cdots+ \\
&\quad \frac{1}{n!}\left(1-\frac{1}{n}\right)\left(1-\frac{2}{n}\right)\cdot\cdots\cdot\left(1-\frac{n-1}{n}\right),
\end{aligned}
$$

同样地,

$$
\begin{aligned}
x_{n+1} &= 1+1+\frac{1}{2!}\left(1-\frac{1}{n+1}\right)+\frac{1}{3!}\left(1-\frac{1}{n+1}\right)\left(1-\frac{2}{n+1}\right)+\cdots+ \\
&\quad \frac{1}{(n+1)!}\left(1-\frac{1}{n+1}\right)\left(1-\frac{2}{n+2}\right)\cdot\cdots\cdot\left(1-\frac{n}{n+1}\right).
\end{aligned}
$$

可见,除了前两项外,x_n 的每一项都小于 x_{n+1} 的对应项,而且 x_{n+1} 还多了最后的一个正项,因此 $x_n<x_{n+1}(n=1,2,\cdots)$,这说明数列 $\{x_n\}$ 是单调增加的.其次注意到 x_n 的展开式中的一般项

$$
\frac{1}{k!}\left(1-\frac{1}{n}\right)\left(1-\frac{2}{n}\right)\cdot\cdots\cdot\left(1-\frac{k-1}{n}\right)<\frac{1}{k!}\quad(2\leqslant k\leqslant n),
$$

又 $\dfrac{1}{2!}=\dfrac{1}{2^1},\dfrac{1}{k!}=\dfrac{1}{2\cdot3\cdot4\cdot\cdots\cdot k}<\dfrac{1}{2\cdot2\cdot2\cdot\cdots\cdot2}=\dfrac{1}{2^{k-1}}\quad(3\leqslant k\leqslant n)$,

于是　　$x_n<1+1+\dfrac{1}{2!}+\dfrac{1}{3!}+\cdots+\dfrac{1}{n!}<1+1+\dfrac{1}{2}+\dfrac{1}{2^2}+\cdots+\dfrac{1}{2^{n-1}}$

$$
=1+\frac{1-\dfrac{1}{2^n}}{1-\dfrac{1}{2}}=3-\frac{1}{2^{n-1}}<3,
$$

这说明数列 $\{x_n\}$ 是有界的.根据单调有界准则,这个数列的极限存在,通常用字母 e 来表示这个极限,即 $\lim\limits_{n \to \infty}\left(1+\dfrac{1}{n}\right)^{n}=\mathrm{e}$.

在此基础上,可以进一步证明,当 x 取实数且趋向 $+\infty$ 或 $-\infty$ 时,函数 $\left(1+\dfrac{1}{x}\right)^{x}$ 的极限存在且等于 e,即有

$$
\lim\limits_{x \to \infty}\left(1+\frac{1}{x}\right)^{x}=\mathrm{e}.
$$

在实际应用中，第二个重要极限 $\lim\limits_{x\to\infty}\left(1+\dfrac{1}{x}\right)^x = \mathrm{e}$ 更一般的形式为

$$\lim_{\varphi(x)\to\infty}\left[1+\frac{1}{\varphi(x)}\right]^{\varphi(x)} = \mathrm{e}.$$

注 第二个重要极限 $\lim\limits_{x\to\infty}\left(1+\dfrac{1}{x}\right)^x = \mathrm{e}$ 的主要适用对象为幂指函数 $f(x)^{g(x)}$ 极限为 "1^∞"型. 即对形如 $\lim f(x)^{g(x)}$ 的极限，如果 $\lim f(x) = 1$，$\lim g(x) = \infty$，可考虑变形为第二个重要极限的形式来求极限.

例9 求下列各极限：

(1) $\lim\limits_{x\to\infty}\left(1+\dfrac{2}{x}\right)^{3x}$；　　　　(2) $\lim\limits_{x\to0}(1-3x)^{\frac{1}{x}}$.

解 (1) $\lim\limits_{x\to\infty}\left(1+\dfrac{2}{x}\right)^{3x} = \lim\limits_{x\to\infty}\left[1+\dfrac{1}{\dfrac{x}{2}}\right]^{3x}$，令 $t = \dfrac{x}{2}$，由于 $x\to\infty$ 时，$t\to\infty$，所以

$$\lim_{x\to\infty}\left(1+\frac{2}{x}\right)^{3x} = \lim_{t\to\infty}\left(1+\frac{1}{t}\right)^{6t} = \lim_{t\to\infty}\left[\left(1+\frac{1}{t}\right)^t\right]^6 = \mathrm{e}^6.$$

(2) 令 $t = -3x$，由于 $x\to0$ 时，$t\to0$，所以

$$\lim_{x\to0}(1-3x)^{\frac{1}{x}} = \lim_{t\to0}(1+t)^{-\frac{3}{t}} = \lim_{t\to0}\left[(1+t)^{\frac{1}{t}}\right]^{-3} = \mathrm{e}^{-3}.$$

例10 求下列各极限：

(1) $\lim\limits_{x\to\infty}\left(\dfrac{x}{1+x}\right)^x$；　　　　(2) $\lim\limits_{x\to1}x^{\frac{1}{1-x}}$.

解 (1) $\lim\limits_{x\to\infty}\left(\dfrac{x}{1+x}\right)^x = \lim\limits_{x\to\infty}\left(\dfrac{x+1-1}{x+1}\right)^x = \lim\limits_{x\to\infty}\left(1-\dfrac{1}{1+x}\right)^x$，

令 $t = -(1+x)$，则 $x\to\infty$ 时，$t\to\infty$，所以

$$\lim_{x\to\infty}\left(\frac{x}{1+x}\right)^x = \lim_{t\to\infty}\left(1+\frac{1}{t}\right)^{-t-1} = \lim_{t\to\infty}\left[\left(1+\frac{1}{t}\right)^t\right]^{-1}\cdot\lim_{t\to\infty}\left(1+\frac{1}{t}\right)^{-1} = \mathrm{e}^{-1}.$$

(2) $\lim\limits_{x\to1}x^{\frac{1}{1-x}} = \lim\limits_{x\to1}[1+(x-1)]^{\frac{1}{1-x}} = \lim\limits_{x\to1}\left\{[1+(x-1)]^{\frac{1}{x-1}}\right\}^{-1} = \mathrm{e}^{-1}.$

数 e 是一个十分重要的常数，无论在科学技术中还是在金融界都有许多应用. 微积分中研究的指数函数 e^x 与对数函数 $\ln x$ 都是以 e 为底的，后面将看到，以 e 为底的指数函数 e^x 与对数函数 $\ln x$ 具有良好的性质.

例11 1997年7月30日《参考消息》载：据官方统计某国现有人口 7 000 万，年增长率为 2.1%. 设人口按指数模型增长，试问多少年后该国人口翻一番？

解 设 $x(t)$ 表示 t 年后的人口数量，$x(0) = x_0$ 表示开始($t = 0$)时人口数量，r 是年增长率. 依题意，人口按指数模型增长，有

$$x(t) = c\mathrm{e}^{rt}.$$

将 $x(0) = x_0$ 代入上式，得 $c = x_0$，模型为 $x(t) = x_0\mathrm{e}^{rt}$.

设经过 t 年后，人口翻一番，即 $x(t) = 2x_0$，$x_0\mathrm{e}^{rt} = 2x_0$，$\mathrm{e}^{rt} = 2$，$rt = \ln 2$. 所以，人口翻

一番时间为 $t = \dfrac{\ln 2}{r}$.

这个结果表明:翻一番时间与其他数据无关,只与增长率成反比,这与实际是相符的. 有时为了简便,注意到 $\ln 2 = 0.69$,翻一番时间可写成 $t = \dfrac{0.69}{r} \approx \dfrac{70}{100r}$. 这就是经常见诸报刊的所谓"70 规则".

回到该国的人口问题:依题设,年增长率 $r = 2.1\%$,该国人口翻一番时间为 $t = \dfrac{\ln 2}{0.021} = \dfrac{70}{2.1} \approx 33$ 年. 也就是说,按年增长率 2.1%,只需 33 年该国人口就要翻一番.

例 12 连续计算复利息的本利和问题. 设本金为 A_0 元,年利率为 r,期数为 t 年. 如果每期结算一次,则本利和

$$A = A_0(1+r)^t;$$

如果每期结算 m 次,则本利和 $A_m = A_0\left(1 + \dfrac{r}{m}\right)^{tm}$.

设 $A_0 = 1\,000$ 元,$r = 8\%$,$t = 5$,分别求 A_1(一年一计息),A_2(半年一计息),A_3(每月一计息)在 $t = 5$ 年后的本利和.

解　$A_1 = 1\,000(1+8\%)^5 = 1\,469.33$ 元;

$A_2 = 1\,000\left(1 + \dfrac{0.08}{2}\right)^{5 \times 2} = 1\,480.24$ 元;

$A_3 = 1\,000\left(1 + \dfrac{0.08}{12}\right)^{5 \times 12} = 1\,489.85$ 元.

若将计息期间无限缩短,计息次数就无限增加,即产生立即计算的模式(这种计息方法称为连续复利),也就是求当 $m \to \infty$ 时 A_m 的极限 $\lim\limits_{m \to \infty} A_0\left(1 + \dfrac{r}{m}\right)^{tm}$,记为 P,得

$$P = \lim_{m \to \infty} A_0\left(1 + \frac{r}{m}\right)^{mt} = A_0 \lim_{m \to \infty}\left(1 + \frac{r}{m}\right)^{\frac{m}{r} \cdot rt} = A_0 \mathrm{e}^{rt},$$

这就是连续计算复利息的本利和公式. 若存款为 A_0 元,t 期后的本利和为 A_0 的 e^{rt} 倍.

在金融界有人称 e 为银行家常数. 它有一个有趣的解释:你若有 1 元钱存入银行,年利率为 10%,10 年后的本利和恰为数 e,即

$$P = A_0 \mathrm{e}^{rt}\,|_{t=10} = 1 \cdot \mathrm{e}^{0.10 \times 10} = \mathrm{e}.$$

练习题 1-3

1. 求下列各极限:

(1) $\lim\limits_{x \to 0}(x^2 + 2x - 1)$;

(2) $\lim\limits_{x \to 1} \dfrac{x^3 + 1}{x^2 - 3x + 4}$;

(3) $\lim\limits_{x \to 1} \dfrac{x^2 - 1}{x^2 + 2x - 3}$;

(4) $\lim\limits_{x \to 4} \dfrac{x - 4}{\sqrt{x} - 2}$;

(5) $\lim\limits_{x \to 0} \dfrac{\sqrt{1+x} - \sqrt{1-x}}{x}$;

(6) $\lim\limits_{x \to \infty} \dfrac{2x^3 + 1}{4x^3 + 2x^2 - 3}$;

(7) $\lim\limits_{x\to\infty}\dfrac{x^3+x-2}{x^4+1}$;

(8) $\lim\limits_{x\to1}\left(\dfrac{1}{x-1}-\dfrac{2}{x^2-1}\right)$;

(9) $\lim\limits_{x\to1}\dfrac{x^n-1}{x-1}$ $(n\in\mathbf{Z}^+)$;

(10) $\lim\limits_{x\to0}\dfrac{(a+x)^n-a^n}{x}$ $(n\in\mathbf{N})$;

(11) $\lim\limits_{n\to\infty}\left[\dfrac{1}{1\cdot2}+\dfrac{1}{2\cdot3}+\cdots+\dfrac{1}{n(n+1)}\right]$;

(12) $\lim\limits_{n\to\infty}\dfrac{1+5+9+\cdots+(4n-3)}{1+3+5+\cdots+(2n-1)}$.

2. 设 $f(x)=\begin{cases}x+b,& x\leqslant0\\ \mathrm{e}^x+x,& x>0\end{cases}$，问 b 为何值时，$\lim\limits_{x\to0}f(x)$ 存在，并求其值.

3. 求下列各极限：

(1) $\lim\limits_{x\to0}\dfrac{\sin5x}{x}$;

(2) $\lim\limits_{x\to0}\dfrac{\sin2x}{\sin3x}$;

(3) $\lim\limits_{x\to0}\dfrac{\tan x-\sin x}{2x}$;

(4) $\lim\limits_{x\to\infty}x\sin\dfrac{1}{x}$;

(5) $\lim\limits_{x\to\infty}\left(1+\dfrac{2}{x}\right)^x$;

(6) $\lim\limits_{x\to\infty}\left(\dfrac{x+2}{x+1}\right)^{2x}$;

(7) $\lim\limits_{x\to0}(1-3\tan x)^{\cot x}$;

(8) $\lim\limits_{x\to a}\dfrac{\sin x-\sin a}{x-a}$;

(9) $\lim\limits_{x\to0}(1+x)^{\frac{2}{\sin x}}$;

(10) $\lim\limits_{n\to\infty}n\tan\dfrac{x}{n}$;

(11) $\lim\limits_{x\to\infty}\left(\dfrac{x}{x+1}\right)^x$;

(12) $\lim\limits_{x\to\frac{\pi}{2}}(1-\cos x)^{2\sec x}$.

4. 利用极限存在的夹逼准则证明：

(1) $\lim\limits_{n\to\infty}\left(\dfrac{1}{\sqrt{n^2+1}}+\dfrac{1}{\sqrt{n^2+2}}+\cdots+\dfrac{1}{\sqrt{n^2+n}}\right)=1$;

(2) $\lim\limits_{n\to\infty}\left(\dfrac{1}{n^2+1}+\dfrac{2}{n^2+2}+\cdots+\dfrac{n}{n^2+n}\right)=\dfrac{1}{2}$;

(3) $\lim\limits_{x\to0}\sqrt[n]{1+x}=1$;

(4) $\lim\limits_{x\to\infty}\dfrac{[x]}{x}=1$.

5. 一只皮球从 $30\,\mathrm{m}$ 高处自由落向地面，如果每次触地后均又反弹至前一次下落高度的 $\dfrac{2}{3}$ 处. 问当皮球静止不动时，总共经过了多少路程？

6. 复利，即利滚利，是一个古老又现代的经济社会问题. 随着商品经济的发展，复利计算将日益普遍，同时复利的期限将日益变短，即不仅用年息、月息，而且用旬息、日息、半日息表示利息率. 设本金为 p 元，年利率为 r，若一年分为 n 期，每期利率为 $\dfrac{r}{n}$，存期为 t 年，则本利和为多少？现某人有本金 $p=1\,000$ 元，年利率 $r=0.06$，存期 $t=2$ 年. 请按季度、月、日连续计算本利和.

第四节　无穷小量与无穷大量

一、无穷小量

1. 无穷小量的概念

例 1　一容器中装满空气，用抽气机来抽容器中的空气，在抽气过程中，容器中的空气含量随着抽气时间的增加而逐渐减少并趋近于零.

对于这种以零为极限的变量,给出如下定义:

定义1   如果当 $x \to x_0$(或 $x \to \infty$)时,函数 $f(x)$ 的极限为零,即 $\lim\limits_{\substack{x \to x_0 \\ (x \to \infty)}} f(x) = 0$,则称函数 $f(x)$ 为当 $x \to x_0$(或 $x \to \infty$)时的**无穷小量**,简称**无穷小**.

例如,对于函数 $f(x) = \dfrac{1}{x}$,由于 $\lim\limits_{x \to \infty} f(x) = \lim\limits_{x \to \infty} \dfrac{1}{x} = 0$,所以 $f(x) = \dfrac{1}{x}$ 是当 $x \to \infty$ 时的无穷小;对于函数 $f(x) = (x-1)^2$,由于 $\lim\limits_{x \to 1} f(x) = \lim\limits_{x \to 1}(x-1)^2 = 0$,所以 $f(x) = (x-1)^2$ 是当 $x \to 1$ 时的无穷小.

注   (1) 无穷小量是一个以"0"为极限的变量,不能把绝对值很小的数看作无穷小量.

(2) 常量函数 $y = 0$ 可以看作无穷小量,因为 $\lim 0 = 0$.

(3) 某一个变量是否为无穷小量与自变量的变化趋势有关,同一个变量在自变量的不同变化趋势下,可能是无穷小,也可能不是无穷小. 所以,一般不能笼统地说某个变量(函数)是无穷小.

例如,对于变量 $f(x) = x^2$ 当 $x \to 0$ 时是无穷小,当 $x \to 1$ 时就不是无穷小.

例2   自变量 x 在怎样的变化过程中,下列函数为无穷小量:

(1) $f(x) = \dfrac{1+2x}{x^2}$; (2) $y = 3^x$.

解   (1) 因为 $\lim\limits_{x \to \infty} \dfrac{1+2x}{x^2} = 0$,所以,当 $x \to \infty$ 时,$f(x) = \dfrac{1+2x}{x^2}$ 为无穷小量;

又有 $\lim\limits_{x \to -\frac{1}{2}} \dfrac{1+2x}{x^2} = 0$,所以,当 $x \to -\dfrac{1}{2}$ 时,$f(x) = \dfrac{1+2x}{x^2}$ 也为无穷小量.

(2) 因为 $\lim\limits_{x \to -\infty} 3^x = 0$,所以,当 $x \to -\infty$ 时,$y = 3^x$ 为无穷小量.

2. 函数极限与无穷小量之间的关系

如果 $\lim\limits_{x \to x_0} f(x) = A$,则可以看出,极限 $\lim\limits_{x \to x_0}[f(x) - A] = 0$,设 $\alpha(x) = f(x) - A$,则 $\alpha(x)$ 是当 $x \to x_0$ 时的无穷小量. 于是 $f(x) = A + \alpha(x)$,即函数 $f(x)$ 可以表示为其极限与一个无穷小量之和.

反之,如果函数 $f(x)$ 可以表示为一个常数 A 与一个无穷小量 $\alpha(x)$ 之和,即 $f(x) = A + \alpha(x)$,则可以看出 $\lim\limits_{x \to x_0} f(x) = A$.

综上所述,有以下定理:

定理1 $\lim\limits_{x \to x_0} f(x) = A$ 的充分必要条件是 $f(x) = A + \alpha(x)$,其中 $\alpha(x)$ 当 $x \to x_0$ 时是无穷小.

当 $x \to \infty$ 时,上述结论仍然成立.

定理1的结论表明,对函数极限的研究可通过以零为极限的函数来进行,即将一般的极限问题转化为特殊极限问题. 因此,无穷小在极限理论中扮演了十分重要的角色.

3. 无穷小量的性质

性质1   有限个无穷小量的代数和仍为无穷小量.

性质2   有界函数与无穷小量的积仍为无穷小量.

性质 3 常数与无穷小量的积仍为无穷小量.

性质 4 有限个无穷小量的积仍为无穷小量.

在实际中,利用无穷小量的性质,可以求一些函数的极限.

例 3 求 $\lim\limits_{x \to 0} x \sin \dfrac{1}{x}$.

解 因为当 $x \to 0$ 时,x 是无穷小量,$\sin \dfrac{1}{x}$ 的极限不存在,但 $\left| \sin \dfrac{1}{x} \right| \leqslant 1$,即 $\sin \dfrac{1}{x}$ 为有界函数,根据性质 2 知

$$\lim\limits_{x \to 0} x \sin \dfrac{1}{x} = 0.$$

二、无穷大量

1. 无穷大量的概念

例 4 小王有本金 A,银行的存款年利率为 r,不考虑个人所得税,按复利计算,第 n 年末小王所得的本利和为 $A(1+r)^n$. 存款时间越长,本利和越多,当存款期限无限延长时,本利和将无限增大.

对于上述引例中变量的变化趋势给出如下定义:

定义 2 如果当 $x \to x_0$(或 $x \to \infty$)时,函数 $f(x)$ 的绝对值无限增大,则称函数 $f(x)$ 为当 $x \to x_0$(或 $x \to \infty$)时的**无穷大量**,简称为**无穷大**.

如果函数 $f(x)$ 当 $x \to x_0$(或 $x \to \infty$)时为无穷大,则它的极限是不存在的,但为了方便也说"函数的极限是无穷大",并记作 $\lim\limits_{\substack{x \to x_0 \\ (x \to \infty)}} f(x) = \infty$.

例如,$f(x) = \dfrac{1}{1-x}$ 为当 $x \to 1$ 时的无穷大,记作 $\lim\limits_{x \to 1} \dfrac{1}{1-x} = \infty$. $f(x) = e^x$ 是当 $x \to +\infty$ 时的无穷大,记作 $\lim\limits_{x \to +\infty} e^x = \infty$.

如果函数 $f(x)$ 当 $x \to x_0$(或 $x \to \infty$)时,$f(x)$ 只取正值且无限增大,则称 $f(x)$ 为当 $x \to x_0$(或 $x \to \infty$)时的**正无穷大**,记作 $\lim\limits_{\substack{x \to x_0 \\ (x \to \infty)}} f(x) = +\infty$.

如果函数 $f(x)$ 当 $x \to x_0$(或 $x \to \infty$)时,$f(x)$ 只取负值且绝对值无限增大,则称 $f(x)$ 为当 $x \to x_0$(或 $x \to \infty$)时的**负无穷大**,记作 $\lim\limits_{\substack{x \to x_0 \\ (x \to \infty)}} f(x) = -\infty$.

注 (1) 无穷大是一个变量,这种变量当自变量具有某种状态时其绝对值无限增大,不能把绝对值很大的数与无穷大混为一谈.

(2) 一个变量是否为无穷大量与自变量的变化趋势紧密相连,同一个变量在自变量不同的变化趋势下,可能是无穷大量,也可能不是无穷大量.

(3) 按函数极限定义来说,无穷大的极限是不存在的. 但为了便于叙述函数的这一性态,也说"函数的极限是无穷大".

例 5 当推出一种新的商品时,在短时间内销售量会迅速增加,然后开始下降,其函数关系为 $y = \dfrac{200t}{t^2 + 100}$,请对该商品的长期销售作出预测.

解 该商品的长期销售量应为当 $t \to +\infty$ 时的销售量.

由于 $\lim\limits_{t \to +\infty} y = \lim\limits_{t \to +\infty} \dfrac{200t}{t^2 + 100} = 0$,所以,购买该商品的人随着时间的增加会越来越少.

例6 实践告诉我们,从大气或水中清除其中大部分的污染成分所需要的费用相对来说是不太贵的. 然而,若要进一步去清除那些剩余的污染物,则会使费用增大. 设清除污染成分的 $x\%$ 与清除费用 $C(元)$ 之间的函数关系是 $C(x) = \dfrac{7\,300x}{100 - x}$,请问能否百分之百地清除污染?

解 由于
$$\lim\limits_{x \to 100^-} C(x) = \lim\limits_{x \to 100^-} \frac{7\,300x}{100 - x} = +\infty,$$

所以,清除费用随着清除污染成分的增加会越来越大,不能百分之百地清除污染.

2. 无穷大量与无穷小量之间的关系

定理2 在自变量的同一变化过程中,如果 $f(x)$ 为无穷大,则 $\dfrac{1}{f(x)}$ 为无穷小;反之,如果 $f(x)$ 为无穷小,且 $f(x) \neq 0$,则 $\dfrac{1}{f(x)}$ 为无穷大.

例如,当 $x \to 0$ 时,函数 $f(x) = \dfrac{1}{x}$ 为无穷大,而当 $x \to 0$ 时,函数 $\dfrac{1}{f(x)} = x$ 为无穷小.

例7 讨论下列函数在自变量怎样的变化状态下为无穷小,又在怎样的变化状态下为无穷大.

(1) $f(x) = \dfrac{x - 2}{x}$;   (2) $y = \ln x$.

解 (1) 因为 $\lim\limits_{x \to 2} \dfrac{x - 2}{x} = 0$,所以当 $x \to 2$ 时,$f(x) = \dfrac{x - 2}{x}$ 为无穷小;

又因为 $\lim\limits_{x \to 0} \dfrac{x - 2}{x} = \infty$,所以当 $x \to 0$ 时,$f(x) = \dfrac{x - 2}{x}$ 为无穷大.

(2) 因为 $\lim\limits_{x \to 1} \ln x = 0$,所以当 $x \to 1$ 时,$f(x) = \ln x$ 为无穷小;

又因为 $\lim\limits_{x \to 0^+} \ln x = -\infty$,$\lim\limits_{x \to +\infty} \ln x = +\infty$,所以当 $x \to 0^+$ 及 $x \to +\infty$ 时,$y = \ln x$ 都是无穷大.

例8 求 $\lim\limits_{x \to 1} \dfrac{2x - 3}{x^2 + 2x - 3}$.

解 因为分母的极限 $\lim\limits_{x \to 1}(x^2 + 2x - 3) = 1^2 + 2 \times 1 - 3 = 0$,不能应用商的极限的运算法则. 但分子极限 $\lim\limits_{x \to 1}(2x - 3) = 2 \times 1 - 3 = -1 \neq 0$,故先求原式倒数的极限

$$\lim\limits_{x \to 1} \frac{x^2 + 2x - 3}{2x - 3} = \frac{1^2 + 2 \times 1 - 3}{2 \times 1 - 3} = 0.$$

由无穷小与无穷大的关系,得

$$\lim\limits_{x \to 1} \frac{2x - 3}{x^2 + 2x - 3} = \infty.$$

三、无穷小量的比较

根据无穷小的性质可知,两个无穷小的和、差及乘积均为无穷小,那么两个无穷小的商

是否仍为无穷小？回答是否定的.

例如，当 $x \to 0$ 时，x，x^2，$2x$，$\sin x$ 都是无穷小，由于

$$\lim_{x \to 0} \frac{x}{2x} = \frac{1}{2}, \quad \lim_{x \to 0} \frac{x^2}{x} = 0, \quad \lim_{x \to 0} \frac{x}{x^2} = \infty, \quad \lim_{x \to 0} \frac{x}{\sin x} = 1.$$

所以两个无穷小的商可以是无穷小，可以是无穷大，也可以是以非 0 常数为极限的变量等.

两个无穷小的商之所以出现以上问题，是因为无穷小趋近于 0 的速度不同. 研究无穷小趋近于 0 的快慢问题，就是关于无穷小的比较问题.

两个无穷小之比的极限的各种不同情况，反映了不同的无穷小趋于 0 的"快慢"程度. 就上面几个例子来说，在 $x \to 0$ 的过程，$x^2 \to 0$ 比 $x \to 0$ "快些"，反过来 $x \to 0$ 比 $x^2 \to 0$ "慢些"，而 $\sin x \to 0$ 与 $x \to 0$ "快慢相仿".

下面，就无穷小之比的极限存在或为无穷大时，来说明两个无穷小之间的比较. 应当注意，下面的 α 及 β 都是在同一个自变量的变化过程中的无穷小，且 $\alpha \neq 0$，而 $\lim \frac{\beta}{\alpha}$ 也是在这个变化过程中的极限.

定义 3　设 α 和 β 是自变量在相同变化过程中的两个无穷小，

(1) 如果 $\lim \frac{\beta}{\alpha} = 0$，则称 β 是比 α **高阶的无穷小**，记作 $\beta = o(\alpha)$；

(2) 如果 $\lim \frac{\beta}{\alpha} = \infty$，则称 β 是比 α **低阶的无穷小**；

(3) 如果 $\lim \frac{\beta}{\alpha} = C \ (C \neq 0)$，则称 β 与 α 是**同阶无穷小**；

(4) 如果 $\lim \frac{\beta}{\alpha} = 1$，则称 β 与 α 是**等价无穷小**，记作 $\alpha \sim \beta$；

(5) 如果存在正整数 k 使得 $\lim \frac{\beta}{\alpha^k} = c (c \neq 0)$，则称 β 是 α 的 **k 阶无穷小**.

根据定义 3，对两个无穷小进行比较，实际上就是求两个无穷小商的极限.

例如，由于 $\lim_{x \to 0} \frac{\sin x}{x} = 1$，所以，当 $x \to 0$ 时，$x \sim \sin x$；由 $\lim_{x \to 0} \frac{5x^2}{x} = 0$ 可知，当 $x \to 0$ 时，$5x^2 = o(x)$；由于 $\lim_{x \to 0} \frac{1 - \cos x}{x^2} = \frac{1}{2}$，所以，当 $x \to 0$ 时，$1 - \cos x$ 是 x 的二阶无穷小.

例 9　比较下列无穷小的阶：

(1) 当 $x \to 1$ 时，$1 - x$ 与 $1 - x^2$；　　　　(2) 当 $x \to 0$ 时，x 与 $\sqrt{1 + x} - \sqrt{1 - x}$.

解　(1) 因为 $\lim_{x \to 1} \frac{1 - x^2}{1 - x} = \lim_{x \to 1} \frac{(1 + x)(1 - x)}{1 - x} = \lim_{x \to 1} (1 + x) = 2$，所以当 $x \to 1$ 时，$1 - x$ 与 $1 - x^2$ 是同阶无穷小.

(2) 因为

$$\lim_{x \to 0} \frac{\sqrt{1 + x} - \sqrt{1 - x}}{x} = \lim_{x \to 0} \frac{(1 + x) - (1 - x)}{x(\sqrt{1 + x} + \sqrt{1 - x})} = \lim_{x \to 0} \frac{2}{\sqrt{1 + x} + \sqrt{1 - x}} = 1,$$

所以当 $x \to 0$ 时，x 与 $\sqrt{1 + x} - \sqrt{1 - x}$ 是等价无穷小.

当两个无穷小之比的极限不存在时,这两个无穷小之间不能进行比较.

定理3 若 $\alpha \sim \alpha_1$,$\beta \sim \beta_1$,且 $\lim\limits_{x \to x_0} \dfrac{\beta_1}{\alpha_1}$ 存在,则

$$\lim_{x \to x_0} \frac{\beta}{\alpha} = \lim_{x \to x_0} \frac{\beta_1}{\alpha_1}.$$

证　$\lim\limits_{x \to x_0} \dfrac{\beta}{\alpha} = \lim\limits_{x \to x_0} \left(\dfrac{\beta}{\beta_1} \cdot \dfrac{\beta_1}{\alpha_1} \cdot \dfrac{\alpha_1}{\alpha} \right) = \lim\limits_{x \to x_0} \dfrac{\beta}{\beta_1} \cdot \lim\limits_{x \to x_0} \dfrac{\beta_1}{\alpha_1} \cdot \lim\limits_{x \to x_0} \dfrac{\alpha_1}{\alpha} = 1 \cdot \lim\limits_{x \to x_0} \dfrac{\beta_1}{\alpha_1} \cdot 1 = \lim\limits_{x \to x_0} \dfrac{\beta_1}{\alpha_1}.$

把定理3中的自变量改换成其他变化状态,定理的结论仍然成立.

可以证明当 $x \to 0$ 时,下列各式成立:

$\sin x \sim x$;　　　　　　$\tan x \sim x$;　　　　　　$\arcsin x \sim x$;

$1 - \cos x \sim \dfrac{1}{2} x^2$;　$\ln(1+x) \sim x$;　　$\mathrm{e}^x - 1 \sim x$;　　　$\sqrt[n]{1+x} - 1 \sim \dfrac{1}{n} x$.

在计算函数的极限时,经常利用等价无穷小之间的相互替代,简化极限的计算过程.

例10　求下列各极限:

(1) $\lim\limits_{x \to 0} \dfrac{\tan 2x}{\sin 3x}$;　　　(2) $\lim\limits_{x \to 0} \dfrac{3x^2 - x}{\tan x}$;　　　(3) $\lim\limits_{x \to 0} \dfrac{\tan x - \sin x}{\sin x^3}$.

解　(1) 因为当 $x \to 0$ 时 $\sin x \sim x$,$\tan x \sim x$,所以当 $x \to 0$ 时,$\sin 3x \sim 3x$,$\tan 2x \sim 2x$.故

$$\lim_{x \to 0} \frac{\tan 2x}{\sin 3x} = \lim_{x \to 0} \frac{2x}{3x} = \frac{2}{3}.$$

(2) 因为当 $x \to 0$ 时 $\tan x \sim x$,所以

$$\lim_{x \to 0} \frac{3x^2 - x}{\tan x} = \lim_{x \to 0} \frac{3x^2 - x}{x} = \lim_{x \to 0} (3x - 1) = -1.$$

(3) $\lim\limits_{x \to 0} \dfrac{\tan x - \sin x}{\sin x^3} = \lim\limits_{x \to 0} \dfrac{\dfrac{\sin x}{\cos x} - \sin x}{\sin x^3} = \lim\limits_{x \to 0} \dfrac{\sin x(1 - \cos x)}{\cos x \sin x^3}$

$$= \lim_{x \to 0} \frac{x \cdot \dfrac{1}{2} x^2}{x^3 \cos x} = \frac{1}{2}.$$

注　(1) 等价无穷小之间的替代只能是商或积的情形,对于和与差的情形不能替代.

(2) 在利用定理3时可以根据情况灵活运用:

$$\lim \frac{\beta}{\alpha} = \lim \frac{\beta_1}{\alpha_1} = \lim \frac{\beta_1}{\alpha} = \lim \frac{\beta}{\alpha_1}.$$

练习题 1-4

1. 下列函数在自变量怎样的变化过程中为无穷小,又在怎样的变化过程中为无穷大?

(1) $y = \dfrac{x^2 - 4}{x - 2}$;　　　　　　　　(2) $y = \dfrac{1}{x^3 + 1}$;

(3) $y = 2^x - 1$;　　　　　　　　　(4) $y = \mathrm{e}^{\frac{1}{x}}$.

2. 比较下列无穷小的阶：

(1) 当 $x \to 0$ 时, $x^3 + 3x^2$ 与 $\sin x$；　　　(2) 当 $x \to -1$ 时, $1 + x$ 与 $1 + x^3$；

(3) 当 $x \to 0$ 时, $x\tan x + x^3$ 与 $x(1 + \cos x)$；

(4) 当 $x \to 0$ 时, $\sqrt{1 + x^2} - 1$ 与 $1 - \sqrt{1 - x^2}$.

3. 求下列各极限：

(1) $\lim\limits_{x \to 0} x\cos \dfrac{1}{x}$；　　　　　　(2) $\lim\limits_{x \to \infty} \dfrac{\arctan x}{x}$；

(3) $\lim\limits_{x \to 0} \dfrac{\sin x}{\sin 3x}$；　　　　　　(4) $\lim\limits_{x \to 0} \dfrac{1 - \cos x}{x\sin x}$.

4. 证明：当 $x \to 0$ 时,

(1) $\sqrt{1 + x} - 1 \sim \dfrac{1}{2}x$；　　　　　(2) $x^3 + 3x^2 = o(\tan x)$；

(3) $\arctan x \sim x$；　　　　　　　(4) $\tan x - \sin x \sim \dfrac{1}{2}x^3$.

5. 两个无穷小的商是否必为无穷小？两个无穷大的商是否必为无穷大？举例说明各种可能的情况. 两个无穷大的差又会出现什么情况呢？

6. 设 α, β, γ 是同一过程的无穷小,证明无穷小的等价关系具有下列性质：

(1) $\alpha \sim \alpha$(自反性)；　　　　　(2) 若 $\alpha \sim \beta$,则 $\beta \sim \alpha$(对称性)；

(3) 若 $\alpha \sim \beta, \beta \sim \gamma$,则 $\alpha \sim \gamma$(传递性).

第五节　函数的连续性

在客观世界中,很多变量的变化是连续不断的,例如动植物的生长、气温的变化等,都有一个共同的特点,当时间变化很小时,动植物及气温的变化也很小. 从函数关系上讲,就是当自变量的变化很小时,函数值的变化也很小；从极限概念上看,就是当自变量的改变量趋向于 0 时,对应函数值的改变量也趋近于 0. 这些现象反映到数学领域,就是函数的连续性,它是函数的重要性态之一. 这些现象的特点是：当自变量变化很小时,因变量的变化也很小. 这种特点就是函数的连续性,对于具有这样性质的变量在数学上称为连续变量.

下面先引入增量的概念,然后再给出函数连续性的定义.

一、函数连续的概念

1. 函数的增量

定义 1　设函数 $f(x)$ 在点 x_0 的某邻域内有定义,给自变量 x 一个增量 Δx,当自变量 x 从 x_0 变到 $x_0 + \Delta x(x_0 + \Delta x$ 仍在该邻域内$)$ 时,相应地函数值也从 $f(x_0)$ 变到 $f(x_0 + \Delta x)$, $\Delta y = f(x_0 + \Delta x) - f(x_0)$ 称为**函数的增量**.

例如,设函数 $f(x) = x^2$, $x_0 = 1$, $\Delta x = 0.1$,则

$$\Delta y = f(1 + 0.1) - f(1) = 1.1^2 - 1 = 0.21.$$

注　Δx, Δy 可以是正的,也可以是负的；另外 Δx, Δy 均是一个不可分割的整体,并不

是 Δ 与 x, Δ 与 y 的乘积.

2. 在点 x_0 处函数连续性的概念

例1 观察图 1-17 和图 1-18 中两条曲线在 $x = x_0$ 处的情况.

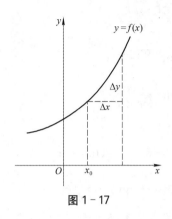

图 1-17

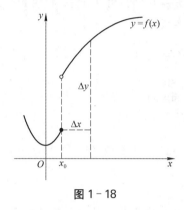

图 1-18

由图 1-17 可以看出,函数 $y = f(x)$ 在点 x_0 处是连续的,且当 $\Delta x \to 0$, $\Delta y \to 0$.

由图 1-18 可以看出,函数 $y = f(x)$ 在点 x_0 处是断开的,且当 $\Delta x \to 0$ 时,Δy 不趋近于零.

从几何上看,一个连续变化的函数的图形必是一条可以一笔画出的连续曲线,既无断裂,又无空隙.

定义2 设函数 $y = f(x)$ 在点 x_0 的某邻域内有定义,如果当自变量的增量 $\Delta x = x - x_0$ 趋近于零时,相应地函数值的增量也趋近于零,即

$$\lim_{\Delta x \to 0}\Delta y = \lim_{\Delta x \to 0}\left[f(x_0 + \Delta x) - f(x_0)\right] = 0,$$

则称函数 $y = f(x)$ 在点 x_0 处是连续的.

例2 证明函数 $f(x) = \sin x$ 在点 x_0 处连续.

证 在 x_0 点给 x 一个增量 Δx,则对应函数值的增量为

$$\Delta y = \sin(x_0 + \Delta x) - \sin x_0 = 2\cos\frac{2x_0 + \Delta x}{2}\sin\frac{\Delta x}{2},$$

所以

$$\lim_{\Delta x \to 0}\Delta y = \lim_{\Delta x \to 0}2\cos\frac{2x_0 + \Delta x}{2}\sin\frac{\Delta x}{2} = 0.$$

根据定义 2 可知,函数 $f(x) = \sin x$ 在点 x_0 处连续.

由于 $\Delta x = x - x_0$,所以 $x = x_0 + \Delta x$,于是

$$\Delta y = f(x_0 + \Delta x) - f(x_0) = f(x) - f(x_0),$$

从而

$$\lim_{\Delta x \to 0}\Delta y = \lim_{\Delta x \to 0}\left[f(x_0 + \Delta x) - f(x_0)\right] = \lim_{x \to x_0}\left[f(x) - f(x_0)\right] = 0,$$

即

$$\lim_{x \to x_0}f(x) = f(x_0).$$

所以,函数 $y = f(x)$ 在点 x_0 连续的定义又可叙述如下:

定义3 设函数 $y = f(x)$ 在点 x_0 的某邻域内有定义,如果 $\lim\limits_{x \to x_0}f(x) = f(x_0)$,则称函数

$y = f(x)$ 在点 x_0 处连续.

根据定义 3 可知,函数 $y = f(x)$ 在点 x_0 处连续的定义包含以下三层内容:

(1) 函数在点 x_0 及其附近有定义;

(2) 函数在 $x \rightarrow x_0$ 时有极限,即 $\lim\limits_{x \to x_0} f(x)$ 存在;

(3) 极限值与函数值相等,即 $\lim\limits_{x \to x_0} f(x) = f(x_0)$.

例 3　证明函数 $f(x) = x^3 + 1$ 在点 $x = 0$ 处连续.

证　(1) 函数 $y = x^3 + 1$ 的定义域是 $(-\infty, +\infty)$,因此函数 $y = x^3 + 1$ 在 $x = 0$ 及其附近有定义,且 $f(0) = 1$;

(2) $\lim\limits_{x \to 0} f(x) = \lim\limits_{x \to 0} (x^3 + 1) = 1$;

(3) $\lim\limits_{x \to 0} f(x) = 1 = f(0)$.

根据定义 3 知,函数 $f(x) = x^3 + 1$ 在点 $x = 0$ 处连续.

例 4　已知 $f(x) = \begin{cases} x^2, & x \geqslant 1 \\ 1-x, & x < 1 \end{cases}$,讨论 $f(x)$ 在 $x = 0$, $x = 1$ 处函数的连续性.

解　虽然函数的定义域为 $(-\infty, +\infty)$,但由于函数不是初等函数,所以其连续性要根据函数连续的定义进行讨论.

(1) 在点 $x = 0$ 处,显然函数有定义,并且 $\lim\limits_{x \to 0} f(x) = \lim\limits_{x \to 0} (1-x) = 1$, $f(0) = 1$,所以在 $x = 0$ 处函数是连续的.

(2) 在点 $x = 1$ 处,函数有定义,且 $f(1) = 1$, 由于

$$\lim\limits_{x \to 1^-} f(x) = \lim\limits_{x \to 1^-} (1-x) = 0, \ \lim\limits_{x \to 1^+} f(x) = \lim\limits_{x \to 1^+} x^2 = 1,$$

所以 $\lim\limits_{x \to 1} f(x)$ 不存在.

根据函数连续性的定义知,函数在 $x = 1$ 处不连续.

3. 左连续与右连续

实际中,有时还要考虑当自变量从某一定值 x_0 的一侧趋近于 x_0 时,函数的变化情况问题. 类似于左极限、右极限,给出左连续、右连续的概念.

定义 4　如果函数 $y = f(x)$ 在点 x_0 处的左极限 $\lim\limits_{x \to x_0^-} f(x)$ 存在,且 $\lim\limits_{x \to x_0^-} f(x) = f(x_0)$,则称函数 $y = f(x)$ 在点 x_0 处**左连续**;如果函数 $y = f(x)$ 在点 x_0 处的右极限 $\lim\limits_{x \to x_0^+} f(x)$ 存在,且 $\lim\limits_{x \to x_0^+} f(x) = f(x_0)$,则称函数 $y = f(x)$ 在点 x_0 处**右连续**.

根据函数连续性的定义,不难得出如下结论:

函数 $y = f(x)$ 在点 x_0 处连续的充分必要条件是函数 $y = f(x)$ 在点 x_0 处既左连续又右连续.

4. 区间上函数的连续性

如果函数 $f(x)$ 在区间 (a, b) 内的任意一点都连续,则称函数 $f(x)$ 在区间 (a, b) 内连续,区间 (a, b) 称为函数的**连续区间**.

例如,函数 $y = \sin x$, $y = x^2$ 在区间 $(-\infty, +\infty)$ 内连续,所以 $(-\infty, +\infty)$ 是其连续区间.

如果函数 $f(x)$ 在区间 (a, b) 内连续,在点 a 右连续,在点 b 左连续,则称**函数 $f(x)$ 在区**

间$[a,b]$上连续,区间$[a,b]$称为函数的**连续区间**.

连续函数的图形是一条连续而不间断的曲线.

二、函数的间断点

例5 导线中的电流通常是连续变化的,但当电流增加到一定程度,会烧断保险丝,电流突然为零,这时电流的连续性被破坏而出现间断.对于此种现象称函数不连续,也就是间断.

定义5 如果函数$f(x)$在点x_0处不连续,则称函数在x_0处间断,x_0称为**函数的间断点**.

根据函数连续性的定义,当函数$f(x)$有下列情况之一时,x_0就是函数的一个间断点:

(1) 在点x_0处函数无定义;

(2) 在点x_0处函数有定义,但极限$\lim\limits_{x\to x_0}f(x)$不存在;

(3) 在点x_0处函数有定义,且极限$\lim\limits_{x\to x_0}f(x)$存在,但$\lim\limits_{x\to x_0}f(x)\neq f(x_0)$.

例如,函数$f(x)=\dfrac{x^2-9}{x-3}$在$x=3$处无定义,所以在$x=3$处函数不连续;

函数$f(x)=\begin{cases}1, & x>0\\0, & x=0\\-1, & x<0\end{cases}$在$x=0$处无极限,因此在$x=0$处函数不连续;

函数$f(x)=\begin{cases}x+1, & x\neq 0\\0, & x=0\end{cases}$在$x=0$处,$\lim\limits_{x\to 0}f(x)\neq f(0)$,所以函数在点$x=0$处不连续.

由于在点x_0处函数间断产生的原因不同,因此对函数的间断点进行分类.

定义6 设x_0是函数$f(x)$的间断点,若在点x_0处,函数的左、右极限都存在,则称x_0为**第一类间断点**;若在x_0处,函数的左、右极限至少有一个不存在,则称x_0为**第二类间断点**.

在第一类间断点中还包含:

(1) 当$\lim\limits_{x\to x_0}f(x)$存在时,这时称$x_0$为**可去间断点**;

(2) 在点x_0处左、右极限均存在,但不相等,这时称x_0为**跳跃间断点**.

对于函数$f(x)=\dfrac{1}{(x-2)^2}$,在点$x=2$处无定义,因此不连续,并且$\lim\limits_{x\to 2}\dfrac{1}{(x-2)^2}=\infty$,所以$x=2$是函数的第二类间断点,通常称为**无穷间断点**.

对于函数$f(x)=\sin\dfrac{1}{x}$,在$x=0$处无定义,且$\lim\limits_{x\to 0}\sin\dfrac{1}{x}$不存在,$x=0$是第二类间断点.因为$x\to 0$时,函数值在$-1$与$+1$之间变动无限多次,这样的间断点通常称为**振荡间断点**.

例6 讨论函数$f(x)=\dfrac{\sin x}{x(x-1)}$在$x=0$处的连续性,若间断,指出间断点的类型.

解 由于函数$f(x)=\dfrac{\sin x}{x(x-1)}$在$x=0$处无定义,因此在$x=0$处不连续.

又因为$\lim\limits_{x\to 0}\dfrac{\sin x}{x(x-1)}=\lim\limits_{x\to 0}\left(\dfrac{\sin x}{x}\cdot\dfrac{1}{x-1}\right)=-1$,所以$x=0$是函数的第一类间断点,并

且是可去间断点.

例7　讨论符号函数 $\mathrm{sgn}(x) = \begin{cases} 1, & x > 0 \\ 0, & x = 0 \\ -1, & x < 0 \end{cases}$ 在 $x = 0$ 处的连续性,若不连续,指出间断点

的类型.

解　因为 $\lim\limits_{x \to 0^-} \mathrm{sgn}(x) = \lim\limits_{x \to 0^-}(-1) = -1$, $\lim\limits_{x \to 0^+} \mathrm{sgn}(x) = \lim\limits_{x \to 0^+} 1 = 1$,

所以 $\lim\limits_{x \to 0} \mathrm{sgn}(x)$ 不存在,故符号函数在 $x = 0$ 处不连续,$x = 0$ 是函数的第一类间断点.

因 $y = \mathrm{sgn}(x)$ 的图像在 $x = 0$ 处产生跳跃现象,所以 $x = 0$ 是跳跃间断点.

在实际问题中,函数出现间断往往标志着某个突发事件的产生. 如某升空火箭的质量随时间变化,火箭质量随燃料的消耗逐渐减少,在某时刻,火箭的燃料箱外壳因燃料耗尽而自动脱落,于是火箭质量出现一个跳跃式的减小,函数出现间断.

三、初等函数的连续性

(一)连续函数的运算法则

1. 连续函数的和、差、积、商的连续性

根据函数连续性的概念及极限的四则运算法则,可以得到如下定理:

定理1　设函数 $f(x)$,$g(x)$ 在点 x_0 处都连续,则它们的和、差、积、商(分母不为零)在点 x_0 处也连续.

由于 $\sin x$ 和 $\cos x$ 在定义域内是连续的,根据定理1可知 $\tan x$,$\cot x$,$\sec x$,$\csc x$ 在定义域内都是连续的.

2. 反函数的连续性

定理2　如果函数 $y = f(x)$ 在某区间上单调增加(或单调减少)且连续,那么它的反函数 $x = \varphi(y)$ 在对应区间上也是单调增加(或单调减少)且连续.

例如,$y = \sin x$ 在区间 $\left[-\dfrac{\pi}{2}, \dfrac{\pi}{2} \right]$ 上单调增加且连续,则其反函数 $y = \arcsin x$ 在对应区间 $[-1, 1]$ 上也是单调增加且连续.

同样地,$y = \arccos x$,$y = \arctan x$,$y = \mathrm{arccot}\, x$ 在其定义域内也是单调且连续的.

3. 复合函数的连续性

定理3　设函数 $y = f(u)$ 在 u_0 处连续,函数 $u = \varphi(x)$ 在点 x_0 处连续,且 $u_0 = \varphi(x_0)$,则复合函数 $y = f[\varphi(x)]$ 在点 x_0 处也连续.

例如,$y = \sin u$ 在 $(-\infty, +\infty)$ 内连续,$u = \dfrac{1}{x}$ 在 $(-\infty, 0) \bigcup (0, +\infty)$ 内连续,则复合

函数 $y = \sin \dfrac{1}{x}$ 在 $(-\infty, 0) \bigcup (0, +\infty)$ 内连续.

(二)初等函数的连续性

1. 基本初等函数的连续性

由以上讨论知,三角函数及反三角函数在定义域内是连续的.

可以证明,指数函数 $y = a^x (a > 0, a \neq 1)$ 在 $(-\infty, +\infty)$ 内单调且连续,因此其反函数 $y = \log_a x (a > 0, a \neq 1)$ 在定义域内也是单调且连续的.

幂函数 $y = x^\mu$ 可以写成 $y = x^\mu = a^{\mu \log_a x}$,即 $y = x^\mu$ 可以看作 $y = a^u$ 与 $u = \mu \log_a x$ 复合而成的函数,由定理 3 可得幂函数在定义域内是连续的.

于是,基本初等函数在它们的定义域内都是连续的.

2. 初等函数的连续性

定理 4　一切初等函数在各自的定义域内是连续的.

例 8　求函数 $f(x) = \dfrac{x+2}{x^2 - 5x + 6}$ 的连续区间.

解　由于函数为初等函数,由定理 4 知,函数的连续区间就是函数的定义域,因此函数的连续区间为 $(-\infty, 2) \bigcup (2, 3) \bigcup (3, +\infty)$.

根据初等函数的连续性,若 x_0 是初等函数的连续点,则 $\lim\limits_{x \to x_0} f(x) = f(x_0)$. 这说明求连续函数的极限,可归结为计算函数值.

例 9　求 $\lim\limits_{x \to \frac{\pi}{2}} \ln \sin x$.

解　由于 $x = \dfrac{\pi}{2}$ 在函数的定义域内,因此

$$\lim\limits_{x \to \frac{\pi}{2}} \ln \sin x = \ln \sin \frac{\pi}{2} = \ln 1 = 0.$$

四、闭区间上连续函数的性质

定理 5(最大值最小值定理)　如果函数 $f(x)$ 在闭区间 $[a, b]$ 上连续,则 $f(x)$ 在 $[a, b]$ 上一定有最大值与最小值.

该定理反映在几何上就是,闭区间上的连续曲线上必有一最高点,也必有一最低点(图 1-19),函数 $y = f(x)$ 在点 x_1 处取得最小值 $f(x_1)$,在点 x_2 处取得最大值 $f(x_2)$. 例如一昼夜的温度变化,总有一个时刻达到最高温度,一个时刻达到最低温度.

函数的最大值与最小值统称函数的**最值**;函数取得最大(最小)值时对应的自变量的值,称为函数的最大(最小)值点,统称**最值点**.

由定理 5 可得下列推论.

推论 1(有界性定理)　在闭区间上连续的函数一定在该区间上有界.

注　如果函数在开区间内连续,或在闭区间上不连续,则该函数在该区间上就不一定有最大值或最小值.

例如,$y = x^2$ 在区间 $(0, 1)$ 内连续,但函数在 $(0, 1)$ 既无最大值,也无最小值.

又如,函数 $f(x) = \begin{cases} 1 - x, & 0 \leqslant x < 1 \\ 1, & x = 1 \\ 3 - x, & 1 < x \leqslant 2 \end{cases}$　在闭区间 $[0, 2]$ 上不连续,从图 1-20 可以看出,函数既没有最大值,也没有最小值.

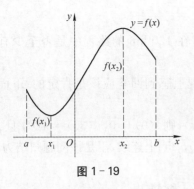

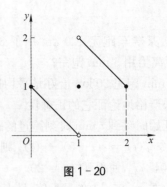

图 1-19　　　　　　　　　　　　图 1-20

定理 6(介值定理)　如果函数 $f(x)$ 在闭区间 $[a,b]$ 上连续,且 $f(a) \neq f(b)$,则对于介于 $f(a)$ 与 $f(b)$ 之间的任意数 μ,在 (a,b) 内至少存在一点 ξ,使得 $f(\xi) = \mu$.

定理 6 说明,闭区间上的连续函数可以取得介于区间两个端点处函数值之间的所有值. 它的几何意义是:连续曲线弧 $y = f(x)$ 与水平直线 $y = \mu$ 至少相交于一点(图 1-21). 即在闭区间上连续的函数必取得介于最大值与最小值之间的任何值.

例如,温度随时间连续变化,从 $1\,\text{℃}$ 到 $15\,\text{℃}$,中间要经过 $1\,\text{℃}$ 与 $15\,\text{℃}$ 之间的一切温度;又如,自由落体是连续运动,从 $5\,\text{m}$ 高的地方下落到地面要经过 $5\,\text{m}$ 以下的所有高度.

推论 2(零点存在定理)　若函数 $f(x)$ 在 $[a,b]$ 上连续,且在端点处函数值异号,那么在 (a,b) 内至少存在一点 ξ,使得 $f(\xi) = 0$ $(a < \xi < b)$.

如果存在点 x_0,使 $f(x_0) = 0$,则 x_0 称为函数 $f(x)$ 的**零点**.

如图 1-22 所示,闭区间 $[a,b]$ 上连续的曲线,满足 $f(a) \cdot f(b) < 0$,则在 (a,b) 内曲线与 x 轴至少有一个交点. 从几何上看,零点定理表示:如果连续曲线弧 $y = f(x)$ 的两个端点位于 x 轴的不同侧,那么这段曲线弧与 x 轴至少有一个交点.

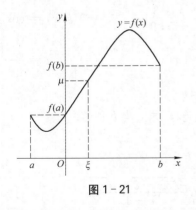

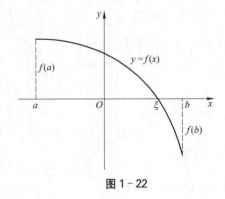

图 1-21　　　　　　　　　　　　图 1-22

利用零点存在定理,可以讨论方程根的存在情况.

例 10　证明方程 $x \cdot 2^x = 1$ 至少有一个小于 1 的正根.

证　令 $f(x) = x \cdot 2^x - 1$,则 $f(x)$ 在 $[0,1]$ 上连续, $f(0) = -1$, $f(1) = 1$,由零点存在定理,在 $(0,1)$ 内至少存在一点 ξ,使得 $f(\xi) = 0$,即

$$\xi \cdot 2^\xi - 1 = 0.$$

这说明方程 $x \cdot 2^x = 1$ 在 $(0,1)$ 内至少有一个根,也就是方程 $x \cdot 2^x = 1$ 至少有一个小于

1 的正根.

例 11　某赛车跑完 120 km 用了 30 min,问在 120 km 的路程中是否至少有一段长为 20 km 的距离恰用 5 min 跑完?

解　5 min 跑完 20 km 恰好是平均速度,直观上感到回答应该是肯定的.下面用连续函数的性质来严格地论证它的正确性.

设从开始时刻到 t min 时刻跑过的距离为 $s(t)$,则 $s(0)=0$,$s(30)=120$,且 $s(t)$ 是 t 的连续函数.令 $f(t)=s(t+5)-s(t)$,则 $f(t)$ 在 $[0,25]$ 上连续,于是该问题归结为:是否存在一点 $\xi \in [0,25]$,使得 $f(\xi)=20$.

设 $f(t)$ 在 $[0,25]$ 上的最小值、最大值分别为 m 和 M,由

$$f(0)+f(5)+f(10)+f(15)+f(20)+f(25)=s(30)=120,$$

及

$$m \leqslant \frac{f(0)+f(5)+f(10)+f(15)+f(20)+f(25)}{6} \leqslant M,$$

可知 $m \leqslant 20 \leqslant M$. 所以由连续函数的介值定理,至少存在一点 $\xi \in [0,25]$,使得 $f(\xi)=20$. 这说明从时刻 ξ 开始的 5 min 内跑完了 20 km.

练习题 1-5

1. 讨论函数 $f(x)=\begin{cases} x^2, & 0 \leqslant x \leqslant 1 \\ 2-x, & 1 < x \leqslant 2 \end{cases}$ 在 $x=1$ 处的连续性.

2. 求函数 $f(x)=\dfrac{x+3}{x^2+x-6}$ 的连续区间,并求极限 $\lim\limits_{x \to 2} f(x)$, $\lim\limits_{x \to -3} f(x)$, $\lim\limits_{x \to 0} f(x)$.

3. 讨论下列函数的间断点,并指出间断点的类型:

(1) $f(x)=\dfrac{1}{x^2+x-2}$;　　　　(2) $f(x)=\dfrac{x+3}{x^2-9}$;　　　　(3) $f(x)=\cos^2 \dfrac{1}{x}$;

(4) $f(x)=\begin{cases} x^2+1, & x \leqslant 0, \\ x-1, & x > 0. \end{cases}$　　(5) $f(x)=[x]$;　　　　(6) $f(x)=\dfrac{1}{1-\mathrm{e}^{\frac{x}{x-1}}}$.

4. 已知函数 $f(x)=\begin{cases} \sqrt{x^2+4}, & x < 0 \\ a, & x=0 \\ 2x+b, & x > 0 \end{cases}$ 在 $x=0$ 处连续,求 a 与 b 的值.

5. 求下列极限:

(1) $\lim\limits_{x \to \frac{\pi}{6}} \ln(2\cos 2x)$;　　　　(2) $\lim\limits_{x \to 1} \dfrac{\sqrt{3x-2}-\sqrt{x}}{x-1}$;

(3) $\lim\limits_{x \to 0}(1+3\tan^2 x)^{\cot^2 x}$;　　(4) $\lim\limits_{x \to 0} \dfrac{\ln(1+x)}{x}$.

6. 证明方程 $x^5-3x=1$ 在区间 $(1,2)$ 内至少有一个实根.

7. 证明方程 $3\sin x=x$ 在区间 $\left(\dfrac{\pi}{2}, \pi\right)$ 内至少有一个实根.

8. 某地一长途汽车线路全长 60 km,票价规定如下:乘坐 20 km 以下者票价 5 元,坐满 20 km 不足 40 km 者票价 10 元,坐满 40 km 者票价 15 元.试建立票价 y(元)与路程

$x(\mathrm{km})$之间的函数关系,并讨论函数在 $x=20$ 处的连续性.

9. 设函数 $f(x)$ 在闭区间 $[0,1]$ 上连续,且对 $[0,1]$ 上任一点 x 有 $0\leqslant f(x)\leqslant 1$,试证明 $[0,1]$ 中必存在一点 c,使得 $f(c)=c(c$ 称为函数 $f(x)$ 的不动点).

10. 设 $f(x)=\begin{cases} x\sin\dfrac{1}{x}, & x>0 \\ a+x^2, & x\leqslant 0 \end{cases}$ 在 $(-\infty,+\infty)$ 内连续,求 a 的值.

第六节 演示与实验——用 MATLAB 做初等数学

本节简单介绍数学软件 MATLAB 的使用方法以及用 MATLAB 做初等数学.将看到用 MATLAB 可以很轻松地求出函数的极限,从而为研究函数提供了有力的工具.

一、MATLAB 简介

MATLAB 是由美国 MathWorks 公司发布的主要面对科学计算、可视化以及交互式程序设计的高科技计算环境.它将数值分析、矩阵计算、科学数据可视化以及非线性动态系统的建模和仿真等诸多强大功能集成在一个易于使用的视窗环境中,为科学研究、工程设计以及必须进行有效数值计算的众多科学领域提供了一种全面的解决方案,并在很大程度上摆脱了传统非交互式程序设计语言(如 C、FORTRAN)的编辑模式,代表了当今国际科学计算软件的先进水平.

MATLAB 的基本数据单位是矩阵,它的指令表达式与数学、工程中常用的形式十分相似,故用 MATLAB 来解算问题要比用 C、FORTRAN 等语言完成相同的事情简捷得多,并且 MATLAB 也吸收了像 Maple 等软件的优点,使 MATLAB 成为一个强大的数学软件.在新的版本中也加入了对 C,FORTRAN,C++,Java 的支持.可以直接调用,用户也可以将自己编写的实用程序导入 MATLAB 函数库中方便自己以后调用,此外许多的 MATLAB 爱好者都编写了一些经典的程序,用户可以直接进行下载使用.

MATLAB 的应用范围非常广,包括信号和图像处理、通信、控制系统设计、测试和测量、财务建模和分析以及计算生物学等众多应用领域.附加的工具箱(单独提供的专用 MATLAB 函数集)扩展了 MATLAB 环境,以解决这些应用领域内特定类型的问题.

MathWorks 公司的网址是 www.mathworks.com,读者可以经常浏览访问,了解 MATLAB 的最新动态.

(一) MATLAB 的安装和启动

MATLAB 软件的安装同一般的 Windows 软件的安装一样,只要将 MATLAB 安装光盘插入光驱,就会自动运行安装程序,用户只要按照屏幕提示操作就可以逐步完成安装.安装成功后,在 Windows 桌面上自动建立一个 MATLAB 的快捷图标.

与在 Windows 中运行其他应用软件一样,只须双击桌面上的 MATLAB 快捷图标,就可以启动 MATLAB,打开如图 1-23 所示的 MATLAB 的操作界面.操作桌面上窗口的多少与设置有关,可以通过 Desktop 菜单进行设置.如图 1-23 所示的操作桌面为默认情况,前台有三个窗口:左上角的窗口为交互界面分类目录窗 Launch Pad(前台)和工作空间 Workspace

(后台),其中交互界面分类目录窗显示 MATLAB 的启动目录,工作空间显示工作空间里保存的所有变量;左下角的窗口为历史命令窗口 Command History(前台)和当前目录窗口 Current Directory(后台),其中历史命令窗口显示曾经在命令窗口里输入过的命令,当前目录窗口显示当前路径下文件夹内保存的所有文件;右边的窗口为命令窗口 Command Window,通过在命令窗口输入各种不同的命令来实现 MATLAB 的各种功能.

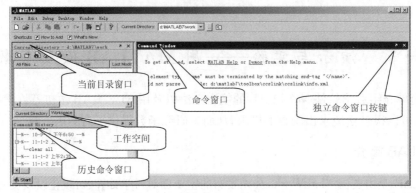

图 1-23

(二) MATLAB 命令窗口的使用

MATLAB 命令窗口独立位于 MATLAB 操作界面的右方,如果用户希望得到脱离操作桌面的独立命令窗口,只要点击命令窗口右上角的独立命令窗口按键,就可以获得独立命令窗口和两个例子运行的结果的命令窗口,如图 1-24 所示.

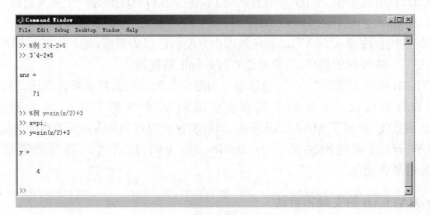

图 1-24

在 MATLAB 命令窗口直接输入命令,再按回车键,则运行并显示相应的结果.在命令窗口里适合运行比较简单的程序或者单个的命令,因为在这里输入一个语句就解释执行的语句.在图 1-24 中可以看到两个例子的运行情况,另外还要注意以下几点:

(1) 命令行的">>"符号是 MATLAB 命令行的提示符,MATLAB 中的所有命令均为小写;"|"则是输入的提示符.

(2)"%"后面为注释内容.

（3）变量必须以字母开头，且区分大小写，不能超过 31 个字符."ans"（英文 answer 的缩写）是系统自动给出的运行结果变量.如果用户直接指定变量，则系统就不再提"ans"作为运行结果变量.

（4）当不需要显示结果时，可以在语句的后面直接加分号.

（三）MATLAB 的帮助功能

MATLAB 的命令很多，功能各异，为帮助用户使用，它提供了本地帮助系统和在线帮助系统.充分利用这两个帮助系统是学习 MATLAB 最有效的方法.使用帮助系统常用的指令有 help、lookfor、which、type 和交互式的 help 菜单.

1. help 命令

如果用户要获取已知标题的帮助，可键入如下命令：

>> help exp

EXP　Exponential.

　　EXP(X) is the exponential of the elements of X，e to the X.

　　For complex Z＝X＋i∗Y，EXP(Z) ＝ EXP(X)∗(COS(Y)＋i∗SIN(Y)).

其中 exp 是用户想使用的一个函数名，但用法不详，即可使用 help 命令.需要说明的是，帮助信息中 exp 的形式为大写的 EXP，具体使用时要用小写.

在大多数情形下当用户不知道具体标题时，若键入

>> help

这一命令形式会帮助用户找到所需的确切标题.而命令

>> help general

返回 MATLAB 的一般命令列表.

2. lookfor 命令

lookfor 命令提供的帮助方式是通过搜索所有 MATLAB help 标题及 MATLAB 路径中 M 文件的第一行，返回包含指定关键词的那些项.最重要的是关键词不必是 MATLAB 的命令.如下面的指令

>> lookfor matrix

关键词 matrix 不是 MATLAB 命令，但在显示的所有内容中都会有这个词，此时再结合命令 help 即可显示某一特定指令的帮助.

3. which 命令

如果用户要获取已知标题的存储路径，可键入如下命令：

>> which sqrt

D:\MATLAB7\toolbox\matlab\elfun\sqrt.m

4. type 命令

如果用户想获取已知函数的 M 文件代码，可键入如下命令：

```
type SIN                    %应键入函数的名字的大写
function [varargout] = sin(varargin)
%SIN    Sine.
%       SIN(X) is the sine of the elements of X.
%
%       See also ASIN，SIND.
%       Copyright 1984 - 2003 The MathWorks，Inc.
%       $ Revision：5.7.4.3 $    $ Date：2004/04/16 22：06：20 $
%       Built-in function.
if nargout == 0
    builtin('sin',varargin{：});
else
    [varargout{1：nargout}] = builtin('sin',varargin{：});
end
```

5. 菜单驱动的帮助

对于 PC 机,用户可直接选择 help 菜单中的 Help Desk 项获得,此时会打开一个帮助窗口,用户可在显示列表中双击鼠标以选择任何标题或函数. MATLAB 帮助窗口采用标准格式,允许用户搜索主体,设置书签,注释主题及打印帮助屏幕.

二、用 MATLAB 做初等数学

(一) MATLAB 的运算符

MATLAB 的运算符都是各种计算程序中常见的符号,大致可以分为三类:算术运算符、关系运算符和逻辑运算符.

1. 算术运算符

算术运算符是构成数学运算的最基本的操作命令,在 MATLAB 的命令窗口中可以直接运行,具体功能见表 1-5.

表 1-5 算术运算符和功能说明

运算符	功能说明	运算符	功能说明
+	相加	-	相减
*	标量数相乘、矩阵相乘	/	标量数右除、矩阵右除
^	标量数乘方、矩阵乘方	\	标量数左除、矩阵左除

注 MATLAB 中所有的运算定义在复数域上;对于方根问题,运算只返还处于第一象限的那个解;MATLAB 书写表达式的规则与手写算式相同.

数值计算是 MATLAB 符号运算中最简单的功能,只要在命令窗口中直接输入需要计算的式子,然后按回车键即可,如同使用计算器一样简捷.

例如:

```
>> 4+3*2-6/3
ans =
    8
>> r=2;                   %输入球的半径
>> v=4/3*pi*r^3          %计算球的体积
v =
    33.5103
```

MATLAB 将计算结果以不同精度的数字格式显示是由命令函数 format() 来实现的.

注 可使用 help format 命令进一步了解显示其他数字格式的功能.

2. 关系运算符

关系运算符主要用来比较数、字符串、矩阵之间的大小或相等关系,其返回值为 0 或 1. 若为 1,则表示进行比较的两个对象之间的关系为真;若为 0,则表示进行比较的两个对象之间的关系为假. 关系运算符的含义见表 1-6.

表 1-6 关系运算符和功能说明

运算符	功能说明	运算符	功能说明	运算符	功能说明
>	大于	>=	大于等于	==	等于
<	小于	<=	小于等于	~=	不等于

注 标量可以与任何维数组进行比较;数组之间的比较必须同维;关系运算符"=="与赋值运算符"="不同,关系运算符"=="是判断两个对象是否具有相等关系(如有相等关系,则运算结果为 1,否则为 0,而赋值运算符"="是用来给变量赋值的).

3. 逻辑运算符

逻辑运算符主要用来进行逻辑量之间的运算,其返回值为 0 或 1. 若为 1,则表示逻辑关系为真;若为 0,则表示逻辑关系为假. 逻辑运算符的含义见表 1-7.

表 1-7 逻辑运算符和功能说明

运算符	功能说明	运算符	功能说明
&	与、和	—	非、否
|	或	xor	异或

注 标量可以与任何维数组进行逻辑运算,运算比较在此标量与数组每个元素之间进行,因此运算结果和参与运算的数组同维;数组之间的逻辑运算必须同维,运算在两数组相同位置上的元素之间进行,运算结果与参与运算的数组同维. 在所有逻辑表达式中,作为输入的任何非 0 数都被看作逻辑真,而只有 0 才被认为是逻辑假.

三种运算中,逻辑运算符的优先级别最低.

(二) MATLAB 的符号运算

MATLAB 强大的符号计算功能是建立在 Maple 软件的基础上,是操作和解决符号表达式的函数集合,主要通过 MATLAB 中的符号运算工具箱来实现的. 有复合、简化、微分、积分以及求解代数方程和微分方程等.

在代数中,计算表达式的数值必须对所用的变量事先赋值,否则该表达式无法计算. MATLAB 的符号运算工具箱沿用了数值计算的这种模式. 规定:在进行符号计算时,首先要定义基本的符号对象(可以是常数、变量和表达式),然后利用这些基本符号对象去构成新的表达式,进而从事所需的符号运算. 在运算中,凡是由包含符号对象的表达式所生成的衍生对象也都是符号对象.

定义符号对象是由 sym() 和 syms 命令实现的,也可以用单引号来生成符号对象. 例如:

>> f='exp(x)'　　　　　　%用单引号生成符号表达式

>> g=sym('ax+b=0')　　　%用命令函数 sym() 生成符号方程

>> syms x y z　　　　　　%用命令函数 syms 生成符号表达式 x,y,z

>> x=[1,2,3]　　　　　　 %生成符号数组

>> z=x+y　　　　　　　　%生成符号数组

MATLAB 提供了大量的数学函数. 限于篇幅,本书仅介绍一些常用的数学函数,见表 1-8.

表 1-8　常用数学函数的调用格式和功能说明

调用格式	功　能　说　明	调用格式	功　能　说　明
abs(x)	绝对值或复数的模	floor(x)	对 $-\infty$ 方向取整数
acos(x)	反余弦	gcd(x,y)	整数 x, y 的最大公约数
acosh(x)	反双曲余弦	imag(x)	复数虚部
angl(x)	取复数相角	lcm(x,y)	x, y 的最小公倍数
asin(x)	反正弦	log(x)	自然对数
asinh(x)	反双曲正弦	log10(x)	常用对数
atan(x)	反正切	real(x)	复数实部
atanh(x)	反双曲正切	rem(x,y)	x/y 的余数
ceil(x)	对 $+\infty$ 方向取整数	round(x)	四舍五入到最近的整数
conj(x)	复数共轭	sign(x)	符号函数
cos(x)	余弦	sin(x)	正弦
cosh(x)	双曲余弦	sinh(x)	双曲正弦
exp(x)	指数函数 e^x	sqrt(x)	平方根
fix(x)	对 0 方向取整数	tan(x)	正切

这些函数本质上是作用于标量的. 如果作用于矩阵或数组, 则表示作用于其上的每一个元素. 更多的数学函数可以通过以下命令列出:

help elfun   %初等数学函数的列表

help specfun   %特殊函数的列表

help elmat   %矩阵函数的列表

内置变量是 MATLAB 启动时自动定义的, 不会被 clear 清除, 最好不要将这些变量再重新定义为其他值, 尽管可以重新定义. 常用的内置变量见表 1-9.

表 1-9　常用的内置变量及其含义

内 置 变 量	含 　 义
pi	π 的近似值 $\pi = 3.141\ 592\ 653\ 589\ 79$
inf	正无穷大, 定义为 $\dfrac{1}{0}$
NaN	在 IEEE 运算中产生 $\dfrac{0}{0}, \dfrac{\infty}{\infty}, 0 \cdot \infty$ 等运算
i,j	虚数单位, 定义为 $i = j = \sqrt{-1}$

(三) 代数运算

代数符号运算是 MATLAB 符号运算中的一个基本功能, 主要包括因式分解、化简、展开和合并等, 表 1-10 给出相关的代数运算的调用格式和功能说明.

表 1-10　常用代数运算的调用格式和功能说明

调用格式	功 能 说 明
factor(y)	对符号表达式 y 进行因式分解
compose(f,g)	求复合函数 $f[g(x)]$
simple(y)	对符号表达式 y 进行化简, 可多次使用
expand(y)	对符号表达式 y 进行展开
collect(y,v)	对符号表达式 y 中指定的对象 v 的同幂项系数进行合并

例 1　将式 $x^3 - a^3$ 因式分解.

解　>> clear

>> syms x a y

>> y＝x^3－a^3;

>> y＝factor(y)

y ＝

　　(x－a)*(x^2＋x*a＋a^2)

例 2　若 $f(x) = (x-1)^2$, $g(x) = \ln x$, 求 $f[g(x)]$ 和 $g[f(x)]$.

解　>> syms x f g fg gf

```
>> f=(x-1)^2;
>> g=log(x);
>> fg=compose(f,g)
fg =
    (log(x)-1)^2
>> gf=compose(g,f)
gf =
    log((x - 1)^2)
```

例3 将式 $\sqrt[3]{\dfrac{1}{x^3}+\dfrac{6}{x^2}+\dfrac{12}{x}+8}$ 化简.

解 >> clear
```
>> syms x y
>> y=(1/x^3+6/x^2+12/x+8)^(1/3);
>> y=simple(y)
y =
    (2*x + 1)/x          %使用命令 simple()后的结果,但不是最简形式
>> y=simple(y)           %再次使用命令 simple()
y =
    2 + 1/x
```

注 多次使用命令 simple()可以得到最简的表达形式.另外,命令 simplify()也是用于化简,请使用它重做例3,看结果是否一样,从中能得到什么结论?

例4 将式 $(x+y)^4$ 展开.

解 >> clear
```
>> syms x y z
>> z=(x+y)^4;
>> z=expand(z)
z =
    x^4+4*x^3*y+6*x^2*y^2+4*x*y^3+y^4
```

例5 将 $x^2y+xy-x^2-2x$ 按照 x 的同幂项进行合并.

解 >> clear
```
>> syms x y z
>> z=x^2*y + x*y - x^2 - 2*x;
>> z=collect(z)
z =
    (y-1)*x^2+(y-2)*x
```

(四) 解代数方程(组)

用 MATLAB 求解符号方程和方程组是由命令函数 solve()来实现的,其调用格式和功

能说明见表 1-11.

表 1-11 求解线性方程(组)的调用格式和功能说明

调 用 格 式	功 能 说 明
solve ('eqn1', 'eqn2', …, 'eqnN')	求代数方程组 eqn1,eqn2,…,eqnN 关于默认参数的解
solve ('eqn1','eqn2',…,'eqnN', 'var1','var2',…'varN')	求方程组 eqn1,eqn2,…,eqnN 关于参数 var1,var2,…, varN 的解

其中参数 eqn1 为方程组的第一个方程,其他的以此类推;参数 var1 为方程组中第一个变量的声明,其他的以此类推,如果没有变量声明,则系统会按人们的习惯确定符号方程中的待解变量.

例 6 解方程 $x^2 - 5x + 6 = 0$.

解 >> clear

>> x = solve('x^2 - 5 * x + 6 = 0')

x =

    3

    2

例 7 解方程组 $\begin{cases} 3x^2 - 6y - 39 = 0, \\ y - 3x + 9 = 0. \end{cases}$

解 >> clear

>> syms x y

>> [x,y] = solve('3 * x^2 - 6 * y - 39 = 0','y - 3 * x + 9 = 0','x','y')

x =

    5

    1

y =

    6

    −6

三、用 MATLAB 求函数的极限

用 MATLAB 求函数的极限是由命令函数 limit() 来实现的,其调用格式和功能说明见表 1-12.

表 1-12 求函数的极限的调用格式和功能说明

调 用 格 式	功 能 说 明
limit(f)	用单变量函数 f 在变量趋向于 0 时的极限
limit(f, x)	求函数 f 在指定变量 x 趋向于 0 时的极限
limit(f, a)	求单变量函数 f 在变量趋向于 a 时的极限

(续表)

调　用　格　式	功　能　说　明
limit(f,t,a)	求函数 f 在指定变量 t 趋向于 a 时的极限
limit(f,x,a,'left')	求函数 f 在指定变量 x 从左边趋向于 a 时的极限
limit(f,x,a,'right')	求函数 f 在指定变量 x 从右边趋向于 a 时的极限
limit(f,x,inf)	求函数 f 在指定变量 x 趋向于∞时的极限

表 1-12 中命令格式中的 f 为需要求极限的函数, a 为实数,无穷大用 inf 表示.

注　表 1-12 中出现的变量或表达式要先通过命令 sym( )或 syms 定义后才可以使用.

例 8　求下列函数的极限:

(1) $\lim\limits_{x\to 0}\dfrac{\sqrt{1+x}-1}{x}$；　　　(2) $\lim\limits_{x\to 0^-}\left(\cot x-\dfrac{1}{x}\right)$；　　　(3) $\lim\limits_{x\to\infty}\left(1+\dfrac{a}{x}\right)^x$.

解　>> clear

>> syms a x f1 f2 f3

>> f1=(sqrt(1+x)−1)/x;

>> f2=cot(x)−1/x;

>> f3=(1+a/x)^x;

>> limit(f1)　　　　　%也可用 limit(f1,x,0)

ans =

　　1/2

>> limit(f2,x,0,'left')

ans =

　　0

>> limit(f3,x,inf)

ans =

　　exp(a)

注　在 MATLAB 中要正确书写数学表达式,3x 要写成 3 * x;exp(a)为 e 的 a 次幂;当求极限变量趋向于 0 时,可以缺省,其他情形则必须注明;表达式中只有一个变量时,变量名可以缺省,有一个以上时,就必须指明对哪一个求极限.

练习题 1-6

1. 利用网络资源了解 MATLAB 的应用范围、特点和优势.

2. 利用 MATLAB 的帮助系统查询命令 limit 的用法、存储路径及 M 文件代码.

3. 计算下列各式的值:

(1) $3.1^4-2\ln 3+\dfrac{\sqrt{15}}{4}$；　　　　　(2) $e^2-\sin\dfrac{\pi}{4}+\cot\dfrac{\pi}{6}-\arccos\dfrac{1}{2}$.

4. 将下列各式进行因式分解:

(1) $x^2 + 4xy + 4y^2$;　　　　　　　　　(2) $x^2 + xy - 6y^2 + x + 13y - 6$.

5. 化简下列各式:

(1) $\dfrac{1}{x-1}\left(\dfrac{x-2}{2} - \dfrac{2x+1}{2-x}\right) - \dfrac{2x+6}{x^2-2x}$;　　(2) $\dfrac{\cos t}{1+\sin t} + \dfrac{1+\sin t}{\cos t}$.

6. 将下列各式展开:

(1) $\cos(x+y)$;　　　　　　　　　　(2) $(x^2 + y^3)^4$.

7. 解下列方程(组):

(1) $x^3 - 2x^2 - 5x + 6 = 0$;　　　　(2) $\begin{cases} x^2 + 2xy + y^2 = 25, \\ 2x^2 + 5xy + 2y^2 = 56. \end{cases}$

8. 已知函数 $f(x) = \dfrac{1-x}{1+x}$,求 $f[f(x)]$.

9. 求下列函数的极限:

(1) $\lim\limits_{x \to 4^+} \dfrac{x-4}{\sqrt{x+5}-3}$;　　(2) $\lim\limits_{x \to +\infty} \dfrac{\cos x}{e^x + e^{-x}}$;　　(3) $\lim\limits_{x \to 0}\left(\dfrac{1}{x} - \dfrac{1}{e^x - 1}\right)$.

第七节　函数极限与连续模型

随着科学技术和数学本身的发展,数学的应用几乎渗透到自然科学和社会科学的各个领域.利用数学方法解决各类实际问题,必须设法在数学和实际问题之间架设一座桥梁,这座桥梁就是数学建模.数学建模在科技发展中发挥着越来越重要的作用,数学建模已成为现代科技工作者必备的重要能力之一.

本节简单阐述数学建模的概念与数学建模的基本步骤,并介绍有关函数、极限与连续的数学模型.

数学模型是用数学语言抽象出的某个现实对象的数量规律.数学建模就是通过用数学知识和方法建立数学模型来解决各种实际问题的方法,它不仅是处理数学理论问题的一种经典方法,也是处理科技领域中各种实际问题的一般数学方法.

构造数学模型的过程主要有三个步骤:第一步,构造模型,从实际问题中分析、简化、抽象出数学问题;第二步,数学解答,对所提出的数学问题求解;第三步,模型检验,将所求得的答案返回到实际问题中去,检验其合理性,并进一步总结出数学规律.

一、斐波那契数列与黄金分割

1. 问题提出

斐波那契数列是由意大利数学家斐波那契在研究兔子繁殖问题时提出的.在 1202 年出版的斐波那契的专著《算法之术》中,斐波那契记述了以下饶有趣味的问题:

有人想知道一年中一对兔子可以繁殖多少对小兔子,就筑了墙把一对大兔子圈了进去.如果这对大兔子一个月生一对小兔子,每产一对兔子必为一雌一雄,而且每一对小兔子生长一个月就成为大兔子、所有的兔子可全部存活,那么一年后围墙内有多少对兔子?

2. 模型建立与求解

假设用○表示一对小兔子,用●表示一对大兔子,根据上面叙述的繁殖规律,可以列表考察兔子的逐月繁殖情况,见表 1-13.

表 1-13　兔子逐月繁殖情况　　　　　　　　　　　　　　单位:只

分类	1月	2月	3月	4月	5月	6月	7月	8月	9月	10月	11月	12月
●	1	1	2	3	5	8	13	21	34	55	89	144
○	0	1	1	2	3	5	8	13	21	34	55	89

由此不难发现兔子的繁殖规律:每月的大兔子总数恰好等于前两个月大兔子数目的总和.按此规律可写出数列

$$1,\ 1,\ 2,\ 3,\ 5,\ 8,\ 13,\ 21,\ 34,\ 55,\ 89,\ 144,\ 233,\ \cdots$$

该数列就是斐波那契数列.设其通项为 x_n,则该数列具有如下递推关系:

$$x_{n+2} = x_{n+1} + x_n.$$

法国数学家 Binet 求出了通项

$$x_n = \frac{1}{\sqrt{5}}\left[\left(\frac{1+\sqrt{5}}{2}\right)^n - \left(\frac{1-\sqrt{5}}{2}\right)^n\right]\quad(n=0,\ 1,\ 2,\ \cdots).$$

有趣的是,上式中的 x_n 是用无理数的幂表示的,然而它所得的结果却是整数.

下面,考虑斐波那契数列中相邻两项比的极限 $\lim\limits_{n\to\infty}\dfrac{x_n}{x_{n+1}}$.

设 $u_n = \dfrac{x_{n+1}}{x_n}$,则 $u_n = \dfrac{x_n + x_{n-1}}{x_n} = 1 + \dfrac{x_{n-1}}{x_n} = 1 + \dfrac{1}{u_{n-1}}$,$n = 1, 2, 3, \cdots$.可用数学归纳法证明数列 $\{u_n\}$ 的子数列 $\{u_{2n}\}$ 单调递减、子数列 $\{u_{2n+1}\}$ 单调递增,而且 $1 \leqslant u_n \leqslant 2$.因此,子数列 $\{u_{2n}\}$ 和 $\{u_{2n+1}\}$ 均单调有界,所以 $\{u_{2n}\}$ 和 $\{u_{2n+1}\}$ 都有极限.

设 $\lim\limits_{n\to\infty}u_{2n} = a$,$\lim\limits_{n\to\infty}u_{2n+1} = b$,则分别对 $u_{2n} = 1 + \dfrac{1}{u_{2n-1}}$,$u_{2n+1} = 1 + \dfrac{1}{u_{2n}}$ 取极限,可得

$$a = 1 + \frac{1}{b},\quad b = 1 + \frac{1}{a}.$$

由于 a,b 均不等于 0,故可将上面第一式同乘以 b 减去第二式同乘以 a,得到 $a = b$.因此,由 $a = 1 + \dfrac{1}{a}$ 可解得 $a = \dfrac{\sqrt{5}+1}{2}$,从而 $\lim\limits_{n\to\infty}\dfrac{x_n}{x_{n+1}} = \dfrac{1}{a} = \dfrac{\sqrt{5}-1}{2} \approx 0.618$.

由此可见,多年后兔子的总对数,成年兔子对数和子兔的对数均以 61.8% 的比率增长.0.618 正是黄金分割比.黄金分割的概念是 2 000 多年前由希腊数学家欧多克索斯给出的,具体定义如下:

把任一线段分割成两段,使得 $\dfrac{\text{大段}}{\text{全段}} = \dfrac{\text{小段}}{\text{大段}} = \lambda$,这样的分割叫作黄金分割,比值 λ 叫作黄金分割比.

黄金分割之所以称为"黄金"分割,是比喻这一"分割"如黄金一样珍贵.黄金分割比是工艺美术、建筑、摄影等许多艺术门类中的审美因素之一,人们认为它表现了恰到好处的"和谐".例如,大多数身材好的人的肚脐是人体总长的黄金分割点,许多世界著名的建筑物中也

都包含黄金分割比,摄影中常用"黄金分割"来构图.

此外,斐波那契数列中的每一个数称为斐波那契数,它在大自然中也展现出强大的生命力:

(1)花瓣数中的斐波那契数.大多数植物的花,其花瓣数都恰好是斐波那契数.例如,兰花、茉莉花、百合花有 3 个花瓣,毛茛属的植物有 5 个花瓣,翠雀属植物有 8 个花瓣,万寿菊属植物有 13 个花瓣,紫菀属植物有 21 个花瓣,雏菊属植物有 34、55 或 89 个花瓣.

(2)向日葵花盘内葵花子排列的螺线数.向日葵花盘内种子是按照对数螺线排列的,有顺时针转和逆时针转的两组对数螺线.两组螺线的条数往往成相邻的两个斐波那契数,一般是 34 和 55,大向日葵是 89 和 144,还曾发现过一个更大的向日葵有 144 和 233 条螺线.

(3)股票指数增减的"波浪理论".1934 年美国经济学家 Elliott 通过分析研究大量的资料后,发现了股指增减的微妙规律,并提出了颇有影响的"波浪理论",该理论认为:股指波动的一个完整过程(周期)是由波形图(股指变化的图像)上的 5(或 8)个波组成,其中 3 上 2 下(或 5 上 3 下),注意此处的 2、3、5、8 均是斐波那契数列中的数.

二、椅子放稳问题

1. 问题提出

把椅子往不平的地面上放,通常只有三只脚着地,放不稳. 然而只须稍挪动几次,就可以使四只脚着地,放稳了. 这个看来似乎与数学无关的现象能用数学语言给以表述,并用数学工具来证实吗?

2. 模型假设

先对椅子和地面做如下假设:

(1)椅子四条腿一样长,椅脚与地面接触处可视为一点,四脚的连线呈正方形;

(2)地面高度是连续变化的,沿任何方向都不会出现间断,即地面可视为数学上的连续曲面;

(3)椅子在地面上至少有三只脚同时着地.

3. 模型构成

用数学语言把椅子四只脚同时着地的条件和结论表示出来,以建立数学模型.

首先,用变量表示椅子的位置,引入平面图形及坐标系如图 1-25 所示. 用 A、B、C、D 表示椅子的四只脚,椅脚连线为正方形 $ABCD$,坐标系原点选为椅子中心,对角线 AC 与 x 轴重合,BD 与 y 轴重合,椅子绕中心点 O 旋转角度 θ 后,正方形 $ABCD$ 转至 $A'B'C'D'$ 的位置. 所以由假设(2),椅子的位置可以由对角线 AC 与 x 轴的夹角 θ 来表示.

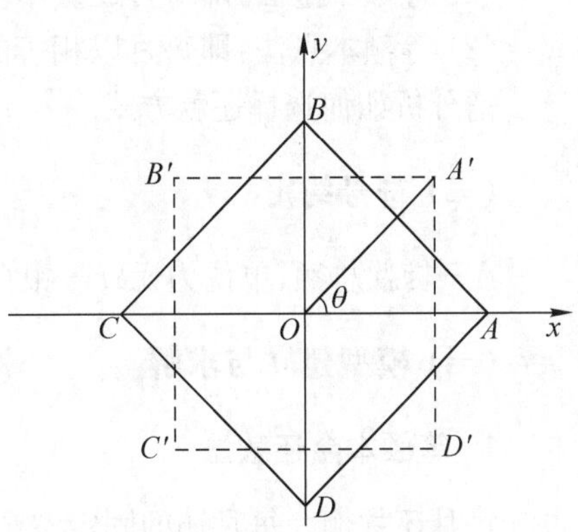

其次,要把椅子脚着地用数学符号表示出来. 当椅脚与地面的垂直距离为零时,椅脚就着地了. 而当这个距离大于零时,椅脚不着地. 由于椅子的位置是 θ 的函数,所以,椅脚与地面的垂直距离也是 θ 的函数.

由于椅子有四只脚,因而椅脚与地面的垂直距离有四个. 而由假设(3)可知,椅子在地面上至少有三只脚同时着地,即这四个关于 θ 的距离函

图 1-25

数,对于任意的 θ,其函数值至少三个同时为 0. 又因为正方形的中心对称性,只要设两个距离函数就行了.

设 A、C 两脚与地面距离之和为 $f(\theta)$,B、D 两脚与地面距离之和为 $g(\theta)$,$f(\theta)$,$g(\theta)$ $\geqslant 0$,它们都是 θ 的连续函数. 由假设(3),对于任意的 θ,$f(\theta)$ 和 $g(\theta)$ 中至少有一个为零. 当 $\theta = 0$ 时,不妨设 $g(0) = 0$,$f(0) > 0$. 从而,问题就归结为证明如下数学命题:

设 $f(\theta)$ 和 $g(\theta)$ 是 θ 的连续函数,对任意的 θ,$f(\theta)g(\theta) = 0$,且 $g(0) = 0$,$f(0) > 0$,则存在 θ_0,使 $f(\theta_0) = g(\theta_0) = 0$.

于是,通过引入变量 θ 和函数 $f(\theta)$、$g(\theta)$,就把模型的假设条件和椅脚同时着地的结论用简单、精确的数学语言表述出来,从而构成了这个实际问题的数学模型.

4. 模型求解

将椅子旋转 $\dfrac{\pi}{2}$,对角线 AC 与 BD 互换. 由 $g(0) = 0$ 和 $f(0) > 0$ 可知 $g\left(\dfrac{\pi}{2}\right) > 0$ 和 $f\left(\dfrac{\pi}{2}\right) = 0$. 令 $h(\theta) = f(\theta) - g(\theta)$,则 $h(0) > 0$,$h\left(\dfrac{\pi}{2}\right) < 0$. 由 $f(\theta)$ 和 $g(\theta)$ 的连续性知 $h(\theta)$ 也是连续函数. 根据连续函数的零点存在定理可知,必存在 $\theta_0\left(0 < \theta_0 < \dfrac{\pi}{2}\right)$,使 $h(\theta_0) = 0$,即

$$f(\theta_0) = g(\theta_0),$$

又 $f(\theta_0)g(\theta_0) = 0$,故 $f(\theta_0) = g(\theta_0) = 0$.

三、银行贷款问题

(一) 问题提出

近年来,房价一路高涨,很多人在买房时要向银行申请个人住房贷款. 还款方式有以下两种:

(1) 等额本金法:即每月还贷本金一样,利息随本金归还逐月减少.

(2) 等额本息法:即每月以相等的额度平均偿还还贷本息.

请分析如何选择还款方式.

(二) 符号约定

A—贷款总额,单位为元;r—银行贷款月利率;n—还款总期数(贷款月数),单位为月.

(三) 模型建立与求解

1. 等额本金还款法

每月还款额＝每月还的固定本金 $\dfrac{A}{n}$＋利息,利息＝(贷款总额－已还本金)×月利率,可以计算出:

第一个月利息为 Ar,还款额为 $\dfrac{A}{n} + Ar$;

第二个月利息为 $\left(A-\dfrac{A}{n}\right)r = Ar\left(1-\dfrac{1}{n}\right)$，还款额为 $\dfrac{A}{n}+Ar\left(1-\dfrac{1}{n}\right)$；

第三个月利息为 $\left(A-\dfrac{2A}{n}\right)r = Ar\left(1-\dfrac{2}{n}\right)$，还款额为 $\dfrac{A}{n}+Ar\left(1-\dfrac{2}{n}\right)$；

……

第 n 个月利息为 $\left[A-\dfrac{(n-1)A}{n}\right]r = Ar\left[1-\dfrac{(n-1)}{n}\right]$，还款额为 $\dfrac{A}{n}+Ar\left[1-\dfrac{(n-1)}{n}\right]$．于是共还利息为

$$Ar+Ar\left(1-\frac{1}{n}\right)+Ar\left(1-\frac{2}{n}\right)+\cdots+Ar\left[1-\frac{(n-1)}{n}\right]$$

$$=Ar\left[1+\left(1-\frac{1}{n}\right)+\left(1-\frac{2}{n}\right)+\cdots+\left(1-\frac{(n-1)}{n}\right)\right]$$

$$=Ar\left[n-\left(\frac{1}{n}+\frac{2}{n}+\cdots+\frac{n-1}{n}\right)\right]=Ar\,\frac{n+1}{2}.$$

以贷款 300 000 元、分 20 年还清、年利率为 5.44% 为例，此时总期数为 $20\times12=240$ 期，月利率为 0.453 33%．用等额本金法还款，则第一个月还款额为 2 609.9 元，共还利息为 163 868 元，累计还款总额为 463 868 元．

2. 等额本息还款法

设每个月还款额为 x 元，则每个月后欠银行金额如下：

第一个月后　　$A(1+r)-x$；

第二个月后　　$[A(1+r)-x](1+r)-x = A(1+r)^2-x[1+(1+r)]$；

第三个月后

$$[A(1+r)^2-x(1+(1+r))](1+r)-x = A(1+r)^3-x[1+(1+r)+(1+r)^2]$$；

这样计算下去，到第 n 个月后欠银行金额为

$$A(1+r)^n-x[1+(1+r)+(1+r)^2+\cdots+(1+r)^{n-1}].$$

因为总还款期数为 n，所以第 n 个月后已全部还清，欠款为 0 元，即

$$A(1+r)^n-x[1+(1+r)+(1+r)^2+\cdots+(1+r)^{n-1}]$$

$$=A(1+r)^n-x\,\frac{1-(1+r)^n}{1-(1+r)} = A(1+r)^n-x\,\frac{(1+r)^n-1}{r}$$

$$=0,$$

可以求出每月还款额为　　　　　　$x=\dfrac{Ar(1+r)^n}{(1+r)^n-1}.$

即每月还款公式为

$$每月还款额 = \frac{贷款总额\times月利率\times(1+月利率)^{总还款期数}}{(1+月利率)^{总还款期数}-1}.$$

按照此方法，可以计算出贷款 300 000 元，分 20 年还清，用等额本息还款，则每月还款额为 2 053.44 元，累计还款额为 492 825.6 元，共还利息 192 826 元．

仍以贷款 300 000 元为例，列表 1-14 比较两种还款方式．

表 1-14　等额本息与等额本金还款比较

贷款年限	等额本息			等额本金		
	月还款额	总利息	累计还款额	首月还款额	总利息	累计还款额
3	9 050.6	25 821.6	325 821.6	9 693.23	25 158.2	325 158.2
5	5 721.99	43 319.4	343 319.4	6 359.9	41 477	341 477
8	3 861.08	70 663.7	370 663.7	4 484.9	65 955.2	365 955.2
10	3 246.82	89 618.4	389 618.4	3 859.9	82 274	382 274
15	2 441.65	139 497	439 497	3 026.57	123 071	423 071
20	2 053.44	192 826	492 825.6	2 609.9	163 868	463 868

通过上表的分析,可以很直观地看出:5 年以后,等额本息法比等额本金法还的总利息越来越多.

使用等额本金还款,开始时每月负担比等额本息要重,但随着时间推移,还款负担逐渐减轻.由于借款人一开始就偿还本金,所以越往后所占银行本金越少,因而所产生的利息也少.等额本息还款法就是借款人每月还款额相等,还款压力相对较小,但是缴的利息多.偿还初期利息支出最大,本金就还的少,以后随着每月利息支出的逐步减少,归还本金就逐步增大.

总体来讲,等额本金还款方式适合有一定经济基础,能承担前期较大还款压力,且有提前还款计划的借款人.等额本息还款方式因每月归还相同的款项,方便安排收支,适合经济条件不允许前期还款投入过大、收入处于较稳定状态的借款人.

练习题 1-7

1. 一根长为 8 cm 的电线,它的质量从左端开始到右边 x cm 的地方是 x^3 g.
   (1) 求这根电线中间 2 cm 长的一段的平均线密度(平均线密度＝质量/长度);
   (2) 求从左端开始 3 cm 处的实际线密度.

2. 某个城市被一种流感冲击,官方估计流感爆发 t 天后感染人数为
$$p(t) = 120t^2 - 2t^3, \quad 0 \leqslant t \leqslant 40.$$
   求在 $t = 10$, $t = 20$ 和 $t = 30$ 时的流感传播率.

3. 当汽油涨价的通知下达后,一开始有 10% 的市民听到此通知;2 h 后,25% 的市民知道这一消息.假定消息按规律 $y(t) = \dfrac{1}{1 + Be^{-k}}$ 传播,其中 $y(t)$ 表示 t h 后知道这个消息的人口比例,B 与 k 均为正的常数.
   (1) 求 $\lim\limits_{t \to \infty} y(t)$,并对结果作出解释;　　(2) 多少小时后有 50% 的市民知道这一消息?

4. 某顾客向银行存入本金 p 元,n 年后他在银行的存款是本金及利息之和.设银行规定年复利率为 r,试根据下述不同结算方式计算顾客 n 年后的最终存款额:
   (1) 每年结算一次.　　　　　　　　(2) 每月结算一次,每月的复利率为 $r/12$.
   (3) 每年结算 m 次,每个结算周期的复利率为 r/m,证明最终存款额随 m 的增加而增加.
   (4) 当 m 趋于无穷时,结算周期变为无穷小,这意味着银行连续不断地向顾客付利息,这种存款方法称为连续复利.试计算连续复利情况下顾客的最终存款额.

5. 由实验知道,某种细菌繁殖的速度在培养基充足等条件满足时与当时已有的数量 A_0 成正比,即 $N = kA_0 (k > 0$ 为比例系数),问经过时间 t 后细菌的数量是多少?

6. 已知一种细菌的个数按指数方式增长,5 天细菌个数为 936,10 天细菌个数为 2 190.

(1) 求开始时的细菌个数.

(2) 如果继续以现在的速度增长下去,60 天后细菌的个数是多少?

7. 拉伸一条橡皮带,在橡皮带的整个收缩过程中是否存在一点,保持原来的位置不变? 为什么?

本章小结

一、本章主要内容与重点

本章主要内容有:函数的概念与性质,数列极限与函数极限的概念与性质,函数极限的四则运算法则,极限存在准则,两个重要极限,无穷小与无穷大,函数的连续性和间断点.

重点　函数的概念及其性质,复合函数的概念,函数定义域的确定,基本初等函数的图形与性质,极限的概念,函数连续的概念,极限的四则运算法则,两个重要极限,求极限的若干方法.

二、学习指导

（一）函数的概念与性质

1. 判断两个函数是否相同

确定函数的关键要素是定义域和对应法则.

对于两个函数来说,当且仅当它们的定义域和对应法则都相同时,这两个函数才是同一个函数.

2. 求函数定义域

通常讨论的函数定义域是指使函数解析式有意义的自变量的取值范围. 使算式有意义的情形,一般有以下四种:

(1) 分式的分母不为零;

(2) $\sqrt[2n]{f(x)}$，$n \in \mathbf{N}$，要求 $f(x) \geqslant 0$；

(3) $\log_a f(x)$，$(a > 0$ 且 $a \neq 1)$，要求 $f(x) > 0$；

(4) $\arcsin f(x)$ 或 $\arccos f(x)$，要求 $|f(x)| \leqslant 1$.

对于涉及实际问题建立的函数关系的定义域,还要注意其实际意义.

3. 讨论函数的性质

函数的有界性、奇偶性和周期性,一般都是从定义出发进行讨论. 有界性还要注意函数所在的区间. 判断函数的单调性,在本章只能根据单调性的定义对一些简单函数作出判断,以后还可以利用函数所在区间导数的符号判断.

4. 复合函数的复合与分解

两个函数 $y = f(u)$ 与 $u = \varphi(x)$ 复合的关键是 $W_\varphi \bigcap D_f \neq \varnothing$.

复合函数的分解与复合是相反的两个过程,把几个能够进行复合的函数进行复合,就是依次代入,也就是由内向外;把一个函数进行分解,就是引入一些中间变量,把函数分解为几个简单的函数,引入中间变量是由外向内.

5. 求反函数

已知直接函数,求反函数的方法:一般先从方程 $y = f(x)$ 中解出 x,然后再将所得结果中的 x 与 y 互换位置即可.

(二) 函数的极限

1. 求数列极限与函数极限的方法

求数列极限与函数极限是本章重点之一,在求极限过程中,应当注意使用求极限方法的条件,以防出错.

本章求极限的方法主要有:

(1) 利用极限四则运算法则求极限;

(2) 利用两个重要极限求极限;

(3) 利用有界变量与无穷小的乘积仍为无穷小求极限;

(4) 利用等价无穷小替换求极限;

(5) 利用无穷大与无穷小的倒数关系求极限;

(6) 利用初等函数的连续性求极限;

(7) 利用极限存在准则求极限.

2. 求分段函数的极限

分段函数在分段点处的极限的计算,要利用函数 $y = f(x)$ 在点 x_0 处存在极限的充分必要条件 $f(x_0-0)$ 和 $f(x_0+0)$ 都存在且相等求解.

(三) 无穷小的比较

对两个无穷小进行比较,实际上就是求两个无穷小商的极限.

(四) 函数的连续性和间断点

1. 函数的连续性

所谓函数 $y = f(x)$ 在点 x_0 处连续,必须满足以下三个条件:

(1) 函数 $y = f(x)$ 在点 x_0 及其附近有定义;

(2) 函数 $y = f(x)$ 当 $x \to x_0$ 时有极限,即 $\lim\limits_{x \to x_0} f(x)$ 存在;

(3) 函数 $y = f(x)$ 当 $x \to x_0$ 时的极限值与该点的函数值相等,即 $\lim\limits_{x \to x_0} f(x) = f(x_0)$.

如果函数 $f(x)$ 在区间 (a, b) 内的任意一点都连续,则函数 $f(x)$ 在区间 (a, b) 内连续;

如果函数 $f(x)$ 在区间 (a, b) 内连续,在点 a 右连续,在点 b 左连续,则函数 $f(x)$ 在区间 $[a, b]$ 上连续.

分段函数在分段点 x_0 处连续,必须满足 $f(x_0-0) = f(x_0+0) = f(x_0)$.

2. 求函数的间断点并判断其类型

初等函数的间断点必定是没有定义的;分段函数的间断点必定是分段点.

判断函数间断点类型的方法类似于判断在这些点处是否连续那样(左、右极限是否存在,是否相等,极限值是否等于函数值等)进行判断.

3. 利用零点存在定理证明方程根的存在性

若函数 $f(x)$ 在闭区间 $[a, b]$ 上连续,且 $f(a) \cdot f(b) < 0$,则在区间 (a, b) 内至少存在一点 ξ,使得 $f(\xi) = 0$.这个 ξ 就是满足上述条件的方程 $f(x) = 0$ 的根.

(五) 函数极限与连续模型

要用数学的理论和方法解决实际问题,首先必须将所考虑的实际问题进行深入分析与研究,将其归纳为一个相应的数学问题,这个过程称为数学建模,得到的数学问题称为数学模型.

(1) 数学模型是用数学语言抽象出的某个现实对象的数量规律.

(2) 数学建模就是通过用数学知识和方法建立数学模型来解决各种实际问题的方法,它不仅是处理数学理论问题的一种经典方法,也是处理科技领域中各种实际问题的一般数学方法.

(3) 建立数学模型的三个步骤如下:

第一步,建立模型,从实际问题中分析、简化、抽象出数学问题;

第二步,模型求解,对所提出的数学问题求解;

第三步,模型检验,将所求得的答案返回到实际问题中去,检验其合理性,并进一步总结出数学规律.

高等数学事实上是研究变量和函数的一门科学. 现实世界中,许多变量之间有重要的相互依赖关系,它们反映了事物发展的根本规律性,描述这些规律性的最重要手段就是发现其中的函数关系,某类事物的函数关系实质上就是数学模型,而从客观事物中抽象出函数关系的过程就是建立数学模型的过程.

 习题一

1. 填空题:

(1) 设 $f(x) = \ln 2$,则 $f(x+1) - f(x) =$ _____;

(2) 设 $f(x) = \dfrac{1}{1+x}$,则 $f[f(x)] =$ _____;

(3) $f(x) = \sqrt{\sin x} + \lg(16 - x^2)$ 的定义域是_____;

(4) 设 $f(2x-1) = 4x$,且 $f(a) = 6$,则 $a =$ _____.

2. 下列命题是否正确,为什么?

(1) 两个无穷大之和为无穷大;　　　　(2) 两个无穷小之商为无穷小;

(3) 若 $\lim\limits_{x \to a} f(x)$ 不存在,则 $f(x)$ 在 $x = a$ 处不连续;

(4) 分段函数一定不是初等函数.

3. 求下列函数的定义域:

(1) $f(x) = \ln(1-x) + \sqrt{x+2}$;　　　　(2) $f(x) = \arcsin(x-3)$;

(3) $f(x) = \dfrac{\sqrt{3-x}}{x}$;　　　　(4) $f(x) = \dfrac{x}{x^2 - 2x - 3}$.

4. 判断下列函数的奇偶性:

(1) $f(x) = 2x^3 + 5\sin x$;　　　　(2) $f(x) = \ln\dfrac{1+x}{1-x}$;

(3) $f(x) = 2^x + 2^{-x}$;　　　　(4) $f(x) = \sin x - 4\cos x$.

5. 设 $f(x+1) = x^2 + 4x - 2$,求 $f(x), f(x-1)$.

6. 下列函数可以看成是由哪些简单函数复合而成的:

(1) $y = (x^2 + 5)^3$;　　　　(2) $y = \sin^3(2x+1)$;

(3) $y = e^{\sqrt{x+1}}$;　　　　(4) $y = \ln\cos\sqrt{x^2 + 3}$.

7. 求下列极限:

(1) $\lim\limits_{x\to 1}\dfrac{x^2-2x+1}{x^3-x}$;　　　　(2) $\lim\limits_{x\to 0}\dfrac{x^2}{\sqrt{1+x^2}-1}$;　　　　(3) $\lim\limits_{x\to 1}\left(\dfrac{1}{1-x}+\dfrac{1-3x}{1-x^2}\right)$;

(4) $\lim\limits_{x\to 1}\dfrac{\sqrt{5x-4}-\sqrt{x}}{x-1}$;　　(5) $\lim\limits_{x\to+\infty}(\sqrt{x^2+x}-\sqrt{x^2-x})$;　(6) $\lim\limits_{x\to\infty}\dfrac{1}{x}\sin 2x$;

(7) $\lim\limits_{x\to 0}\dfrac{\arcsin 2x}{3x}$;　　　　(8) $\lim\limits_{x\to\infty}\left(1+\dfrac{3}{x}\right)^{2x}$;　　　　(9) $\lim\limits_{x\to 0}(1+\sin x)^{\frac{1}{\sin x}}$;

(10) $\lim\limits_{x\to 0}\dfrac{1-\cos x}{x\sin x}$;　　　(11) $\lim\limits_{x\to 0}\dfrac{\sin\sin x}{x}$;　　　(12) $\lim\limits_{x\to a}\dfrac{\sin x-\sin a}{\sin(x-a)}$.

8. 已知 $\lim\limits_{x\to\infty}\left(\dfrac{x^2+1}{x+1}-ax-b\right)=0$，求 a，b 的值.

9. 利用夹逼准则计算极限：

(1) $\lim\limits_{n\to\infty}\dfrac{2^n}{n!}$;　　　　　　　(2) $\lim\limits_{n\to\infty}\sqrt[n]{1+2^n+3^n}$;

(3) $\lim\limits_{x\to 0^+}x\left[\dfrac{1}{x}\right]$;　　　　　(4) $\lim\limits_{n\to\infty}n\left(\dfrac{1}{n^2+1}+\dfrac{1}{n^2+2}+\cdots+\dfrac{1}{n^2+n}\right)$.

10. 证明：当 $x\to 0$ 时，

(1) $\arcsin x\sim x$;　　　　　　　(2) $\tan x-\sin x=o(x)$;

(3) $\ln(1+x^2)=o(x)$;　　　　　(4) $\sec x-1\sim\dfrac{x^2}{2}$.

11. 求下列函数的连续区间：

(1) $y=\dfrac{x+2}{x^2+3x-10}$;　　　　　(2) $y=\dfrac{1}{\sqrt{x^2-3x+2}}$.

12. 讨论下列函数在指定点处的连续性，如果间断，指出间断点的类型：

(1) $f(x)=\begin{cases}\dfrac{\sin 2x}{x},& x\neq 0\\ 1,& x=0\end{cases}$，$x=0$;　　(2) $f(x)=\begin{cases}\ln(1-x),& x<0\\ 1,& x=0\\ \mathrm{e}^x+1,& x>0\end{cases}$，$x=0$.

13. 已知函数

$$f(x)=\begin{cases}\dfrac{\sin ax}{x}+(1+ax)^{\frac{1}{x}},& x\neq 0\\ a+2,& x=0\end{cases}$$

在区间 $(-\infty,+\infty)$ 内连续，试求 a 的值.

14. 旅客乘坐火车时，随身携带物品，不超过 20 kg 免费；超过 20 kg 部分，每千克收费 0.20 元；超过 50 kg 部分再加收 50%. 试列出收费与物品重量之间的函数关系式.

15. 在特定的假设下，雨滴在 t 时刻的下落速度为

$$v(t)=v_0(1-\mathrm{e}^{-\frac{gt}{v_0}}),$$

其中 g 是重力加速度，v_0 是雨滴的最终速度. 求 $\lim\limits_{t\to+\infty}v(t)$.

16. 证明方程 $\sin x+x+1=0$ 在 $\left(-\dfrac{\pi}{2},\dfrac{\pi}{2}\right)$ 内至少有一个根.

17. 证明方程 $x=a\sin x+b$ $(a>0,b>0)$ 至少有一个不超过 $a+b$ 的正根.

18. 若函数 $f(x)$ 在闭区间 $[a,b]$ 上连续，$a<x_1<x_2<\cdots<x_n<b$. 证明：在 $[a,b]$ 上必有一点 ξ，使得 $f(\xi)=\dfrac{1}{n}[f(x_1)+f(x_2)+\cdots+f(x_n)]$.

阅读材料

中国古代数学家——刘徽

刘徽(生于公元250年左右)，魏晋时期山东人，是中国数学史上一个非常伟大的数学家，在世界数学史上也占有杰出的地位. 他的《九章算术注》和《海岛算经》，是我国最宝贵的数学遗产.

《九章算术》约成书于东汉之初，共有246个问题的解法. 在许多方面如解联立方程、分数四则运算、正负数运算、几何图形的体积面积计算等，都属于世界先进之列，但解法比较原始，缺乏必要的证明，而刘徽则对此均做了补充证明. 在这些证明中，显示了他在多方面的创造性的贡献. 他创造了割圆术，运用极限观念计算圆面积和圆周率；创造十进分数、小单位数及求微数思想；定义许多重要数学概念，强调"率"的作用；运用直角三角形性质建立并推广重差术，形成特有的准确测量方法；提出"刘徽原理"，形成直线型立体体积算法的理论体系，在例证方面，他采用模型、图形、例题来论证或推广有关算法，加强说服力和应用性，形成中国传统数学风格；他采用严谨、认真、客观的精神，甄别粗糙、错误的论述，创造精细、有逻辑的观点，以理服人，为后世学人树立良好的学风；在等差、等比级数方面也有一些涉及和创意.

刘徽在长期精心研究《九章算术》的基础上，采用高理论，精计算，潜心为其撰写注解文字. 他的注解内容详细、丰富，并纠正了原书流传下来的一些错误，更有大量新颖见解，创造了许多数学原理并严加证明，然后应用于各种算法之中，成为中国传统数学理论体系的奠基者之一. 如他说："徽幼习九章，长再详览. 观阴阳之割裂，总算术之根源，探赜之暇，遂悟其意. 是以敢竭顽鲁，采其所见，为之作注." 又说："析理以辞，解体用图. 庶亦约而能周，通而不黩，览之者思过半矣." 经他注释的《九章算术》影响、支配中国古代数学的发展1000余年，是东方数学的典范之一，与希腊欧几里得(约前330—前275)的《几何原本》所代表的古代西方数学交相辉映. 他除为《九章算术》作注外，还撰写过《重差》一卷，唐代改称为《海岛算经》.

在《九章算术注》中，刘徽发展了中国古代"率"的思想和"出入相补"原理. 用"率"统一证明《九章算术》的大部分算法和大多数题目，用"出入相补"原理证明了勾股定理以及一些求面积和求体积公式. 为了证明圆面积公式和计算圆周率，刘徽创立了割圆术. 在刘徽之前人们曾试图证明它，但是不严格. 刘徽提出了基于极限思想的割圆术，严谨地证明了圆面积公式. 他还用无穷小分割的思想证明了一些锥体体积公式. 在计算圆周率时，刘徽应用割圆术，从圆内接正六边形出发，依次计算出圆内接正12边形、正24边形、正48边形，直到圆内接正192边形的面积，然后使用现在称为的"外推法"，得到了圆周率的近似值3.14，纠正了前人"周三径一"的说法. "外推法"是现代近似计算技术的一个重要方法，刘徽遥遥领先于西方发现了"外推法". 刘徽的割圆术是求圆周率的正确方法，它奠定了中国圆周率计算长期在世界上领先的基础. 据说，祖冲之就是用刘徽的方法将圆周率的有效数字精确到7位. 在割圆过程中，要反复用到勾股定理和开平方. 为了开平方，刘徽提出了"求微数"的思想，这与现今无理根的十进小数近似值完全相同. 求微数保证了计算圆周率的精确性. 同时，刘徽的微数也开创了十进小数的先河.

刘徽治学态度严谨，为后世树立了楷模. 在求圆面积公式时，在当时计算工具很简陋的情况下，他开方即达12位有效数字. 他在注释"方程"章节18题时，共用1500余字，反复消元运算达124次，无一差错，答案正确无误，即使作为今天大学代数课答卷亦毫不逊色.

第二章

导数与微分

　　攀登科学高峰,就像登山运动员攀登珠穆朗玛峰一样,要克服无数艰难险阻,懦夫和懒汉是不可能享受到胜利的喜悦和幸福的.

——陈景润

〖学习目标〗

1. 理解导数的概念,能用导数描述一些物理量.
2. 了解函数可导性与连续性的关系,会求分段函数在分段点处的导数.
3. 了解导数的几何意义,会求平面曲线的切线与法线方程.
4. 熟练掌握导数和微分的四则运算法则和复合运算法则.
5. 熟悉导数、微分的基本公式.
6. 掌握隐函数和参数方程所确定的函数的一阶导数的求法.
7. 知道高阶导数的概念,掌握求初等函数的一阶、二阶导数的方法,会求简单函数的 n 阶导数.
8. 理解微分的定义,掌握微分与导数的区别与联系.
9. 了解微分在近似计算中的应用.
10. 会用 MATLAB 求函数的导数与微分.
11. 会利用导数与微分建立数学模型,解决一些实际问题.

17世纪后期出现了一个崭新的数学分支——微积分,它从生产技术和理论科学的需要中产生,同时又深刻地影响着生产技术和自然科学的发展,它在数学领域中占据着主导地位.微分学是微积分的重要组成部分,它的基本概念是导数与微分.本章将介绍导数与微分的概念及其计算方法.

第一节 导数的概念

微分学中最基本的概念是"导数",而导数来源于许多实际问题的变化率,它描述了非均匀变化现象的快慢程度.历史上,导数概念产生于以下两个实际问题的研究:第一,求非匀速直线运动的速度;第二,求曲线的切线问题.

一、两个实例

引例1 变速直线运动的瞬时速度.

已知直线运动物体的路程函数 $s = s(t)$,求 t_0 时刻的瞬时速度.

从中学物理知道,直线运动物体从时刻 t_0 到 $t_0 + \Delta t$ 的平均速度为

$$\overline{v} = \frac{\Delta s}{\Delta t} = \frac{s(t_0 + \Delta t) - s(t_0)}{\Delta t}.$$

在匀速运动中,这个比值是常量,但在变速运动中,它不仅与 t_0 有关,而且与 Δt 也有关.当 Δt 很小时,速度的变化不大,平均速度 $\frac{\Delta s}{\Delta t}$ 便近似地等于物体在 t_0 时刻的瞬时速度. Δt 越小,近似程度便越高.当 Δt 趋于0时,平均速度 $\overline{v}$ 的极限便是物体在时刻 t_0 时的瞬时速度,即

$$v = \lim_{\Delta t \to 0} \overline{v} = \lim_{\Delta t \to 0} \frac{\Delta s}{\Delta t} = \lim_{\Delta t \to 0} \frac{s(t_0 + \Delta t) - s(t_0)}{\Delta t}.$$

引例2 曲线的切线斜率.

在中学时学过,切线定义为与曲线只交一点的直线,这种定义只适合于圆、椭圆等,对高等数学中研究的曲线就不适合了.下面给出一般曲线切线的定义.

设点 P 是曲线 L 上的一个定点,点 Q 是动点,当点 Q 沿着曲线 L 趋向于点 P 时,如果割线 PQ 的极限位置 PT 存在,则称直线 PT 为曲线 L 在点 P 处的**切线**(图 $2-1$).下面求曲线的切线斜率.

设函数 $y = f(x)$ 的图像是曲线 L,在点 $P(x_0, y_0)$ 的附近取一点 $Q(x_0 + \Delta x, y_0 + \Delta y)$,那么割线 PQ 的斜率为

$$\frac{f(x_0 + \Delta x) - f(x_0)}{\Delta x}.$$

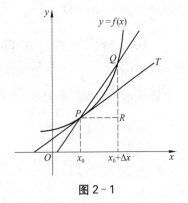

图 $2-1$

当割线 PQ 逼近切线 PT 时,$\Delta x \to 0$,从而切线 PT 的斜率为

$$\lim_{\Delta x \to 0} \frac{f(x_0 + \Delta x) - f(x_0)}{\Delta x}.$$

从以上两个引例可以看出,虽然两个问题的背景不同,但从数量关系的角度来研讨,其共同之处都是研究函数当自变量的增量趋向于零时,函数值的增量与自变量的增量之比的极限. 在自然科学和工程技术领域内,还有许多概念,如电流强度、角速度、线密度等,都可以归结为上述数学形式. 撇开这些量的具体意义,抓住它们在数量关系上的共性,就得到函数的导数的概念.

二、导数的概念

定义　设函数 $y = f(x)$ 在点 x_0 的某个邻域内有定义,当自变量 x 在 x_0 处取得增量 Δx(点 $x_0 + \Delta x$ 仍在该邻域内) 时,函数 y 取得相应的增量 $\Delta y = f(x_0 + \Delta x) - f(x_0)$;如果当 $\Delta x \to 0$ 时,比值 $\dfrac{\Delta y}{\Delta x}$ 的极限存在,则称**函数 $y = f(x)$ 在点 x_0 处可导**. 并称此极限为**函数 $y = f(x)$ 在点 x_0 处的导数**,记为 $f'(x_0)$,即

$$f'(x_0) = \lim_{\Delta x \to 0} \frac{\Delta y}{\Delta x} = \lim_{\Delta x \to 0} \frac{f(x_0 + \Delta x) - f(x_0)}{\Delta x}, \tag{2-1}$$

也可记作 $y'\,|_{x=x_0}$ 或 $\dfrac{\mathrm{d}y}{\mathrm{d}x}\Big|_{x=x_0}$ 或 $\dfrac{\mathrm{d}f(x)}{\mathrm{d}x}\Big|_{x=x_0}$.

如果极限 $\lim\limits_{\Delta x \to 0} \dfrac{\Delta y}{\Delta x}$ 不存在,则称函数**在点 x_0 处不可导**.

当极限 $\lim\limits_{\Delta x \to 0} \dfrac{\Delta y}{\Delta x}$ 为 ∞ 时,习惯称函数 $y = f(x)$ 在 x_0 处具有无穷导数,记作 $f'(x_0) = \infty$.

导数的定义也可以采用不同的表达形式.

在式(2-1)中,令 $h = \Delta x$,则

$$f'(x_0) = \lim_{h \to 0} \frac{f(x_0 + h) - f(x_0)}{h}.$$

令 $x = x_0 + \Delta x$,则　　　　$f'(x_0) = \lim\limits_{x \to x_0} \dfrac{f(x) - f(x_0)}{x - x_0}.$

如果函数 $y = f(x)$ 在开区间 I 内的每一点处都可导,就称函数 $f(x)$ 在开区间 I 内可导. 这时,对于任一 $x \in I$,都对应着 $f(x)$ 的一个确定的导数值. 这样就构成了一个新的函数,这个新的函数称为原来函数 $y = f(x)$ 的**导函数**,简称**导数**,记作 y', $f'(x)$, $\dfrac{\mathrm{d}y}{\mathrm{d}x}$ 或 $\dfrac{\mathrm{d}f(x)}{\mathrm{d}x}$.

导函数的定义式为

$$f'(x) = \lim_{\Delta x \to 0} \frac{f(x + \Delta x) - f(x)}{\Delta x}$$

或　　　　　　　　$f'(x) = \lim\limits_{h \to 0} \dfrac{f(x + h) - f(x)}{h}.$

显然,函数 $f(x)$ 在 x_0 处的导数值等于导函数 $f'(x)$ 在 x_0 处的函数值,即

$$f'(x_0) = f'(x) \mid_{x=x_0}.$$

在实际中,需要讨论各种具有不同意义的变量的变化"快慢"问题,在数学上就是所谓函数的变化率问题. 导数概念就是函数变化率这一概念的精确描述. 它撇开了自变量和因变量所代表的几何或物理等方面的特殊意义,纯粹从数量方面来刻画变化率的本质. 因变量的增量与自变量的增量之比 $\dfrac{\Delta y}{\Delta x}$ 是因变量 y 在以 x_0 和 $x_0 + \Delta x$ 为端点的区间上的平均变化率,而导数 $f'(x_0)$ 则是因变量在点 x_0 处的变化率,它反映了因变量随自变量的变化而变化的快慢程度. 例如,角速度就是旋转角度对时间的导数,放射性元素镭的衰变速率就是镭的现有量对时间的导数,细菌的增长率就是细菌总量对时间的导数.

根据函数在点 x_0 处的导数 $f'(x_0)$ 的定义,导数

$$f'(x_0) = \lim_{\Delta x \to 0} \frac{\Delta y}{\Delta x} = \lim_{\Delta x \to 0} \frac{f(x_0 + \Delta x) - f(x_0)}{\Delta x}$$

是一个极限,而极限存在的充分必要条件是左、右极限都存在且相等. 因此,$f(x)$ 在点 x_0 处可导的充分必要条件是左、右极限

$$\lim_{\Delta x \to 0^-} \frac{f(x_0 + \Delta x) - f(x_0)}{\Delta x} \text{ 及 } \lim_{\Delta x \to 0^+} \frac{f(x_0 + \Delta x) - f(x_0)}{\Delta x}$$

都存在且相等. 这两个极限分别称为函数 $f(x)$ 在点 x_0 处的**左导数**、**右导数**,记作 $f'_-(x_0)$ 及 $f'_+(x_0)$,即

$$f'_-(x_0) = \lim_{\Delta x \to 0^-} \frac{f(x_0 + \Delta x) - f(x_0)}{\Delta x},$$

$$f'_+(x_0) = \lim_{\Delta x \to 0^+} \frac{f(x_0 + \Delta x) - f(x_0)}{\Delta x}.$$

于是,函数 $f(x)$ 在点 x_0 处可导的充分必要条件是左导数 $f'_-(x_0)$ 和右导数 $f'_+(x_0)$ 都存在且相等.

左导数、右导数统称**单侧导数**.

由导数的定义可知,导数反映函数 $y = f(x)$ 在 x 处的变化快慢程度.

变速直线运动的速度是路程函数对时间 t 的导数:$v(t) = \lim\limits_{\Delta t \to 0} \dfrac{s(t + \Delta t) - s(t)}{\Delta t} = s'(t)$.

电流强度是电量函数对时间 t 的导数:$i(t) = \lim\limits_{\Delta t \to 0} \dfrac{Q(t + \Delta t) - Q(t)}{\Delta t} = Q'(t)$.

根据定义求导数的步骤如下:

(1) 求函数的增量 $\Delta y = f(x + \Delta x) - f(x)$;

(2) 求平均变化率 $\dfrac{\Delta y}{\Delta x} = \dfrac{f(x + \Delta x) - f(x)}{\Delta x}$;

(3) 取极限,得导数 $y' = \lim\limits_{\Delta x \to 0} \dfrac{\Delta y}{\Delta x} = \lim\limits_{\Delta x \to 0} \dfrac{f(x + \Delta x) - f(x)}{\Delta x}$.

例 1 求函数 $f(x) = C$(C 为常数)的导数.

解 $f'(x) = \lim\limits_{\Delta x \to 0} \dfrac{f(x + \Delta x) - f(x)}{\Delta x} = \lim\limits_{\Delta x \to 0} \dfrac{C - C}{\Delta x} = 0,$

即
$$C' = 0.$$

这就是说,常数的导数等于零.

例2 求函数 $y = x^n (n \in \mathbf{Z}^+)$ 的导数.

解 $y' = \lim\limits_{\Delta x \to 0} \dfrac{(x + \Delta x)^n - x^n}{\Delta x}$

$\qquad = \lim\limits_{\Delta x \to 0} \dfrac{\mathrm{C}_n^0 x^n (\Delta x)^0 + \mathrm{C}_n^1 x^{n-1} \Delta x + \cdots + \mathrm{C}_n^n x^0 (\Delta x)^n - x^n}{\Delta x}$

$\qquad = \lim\limits_{\Delta x \to 0} [\mathrm{C}_n^1 x^{n-1} + \mathrm{C}_n^2 x^{n-2} \Delta x + \cdots + \mathrm{C}_n^n (\Delta x)^{n-1}] = n x^{n-1}.$

一般地,对于幂函数 $y = x^\mu$(μ 为实数,$x > 0$),有

$$(x^\mu)' = \mu x^{\mu - 1}.$$

这就是幂函数的导数公式.利用这个公式,可以很方便地求出幂函数的导数.例如,

$$(\sqrt{x})' = (x^{\frac{1}{2}})' = \frac{1}{2} x^{\frac{1}{2} - 1} = \frac{1}{2} x^{-\frac{1}{2}} = \frac{1}{2\sqrt{x}},$$

$$\left(\frac{1}{x}\right)' = (x^{-1})' = (-1) x^{-1-1} = -x^{-2} = -\frac{1}{x^2}.$$

例3 求 $y = \sin x$ 的导数.

解 $\Delta y = f(x + \Delta x) - f(x) = \sin(x + \Delta x) - \sin x = 2\cos\left(x + \dfrac{\Delta x}{2}\right)\sin\dfrac{\Delta x}{2},$

$$y' = \lim\limits_{\Delta x \to 0} \frac{\Delta y}{\Delta x} = \lim\limits_{\Delta x \to 0} \frac{2\cos\left(x + \dfrac{\Delta x}{2}\right)\sin\dfrac{\Delta x}{2}}{\Delta x}$$

$$= \lim\limits_{\Delta x \to 0} \cos\left(x + \frac{\Delta x}{2}\right) \cdot \lim\limits_{\Delta x \to 0} \frac{\sin\dfrac{\Delta x}{2}}{\dfrac{\Delta x}{2}} = \cos x.$$

即
$$(\sin x)' = \cos x.$$

用类似的方法,可求得 $(\cos x)' = -\sin x$.

例4 求函数 $y = \log_a x$ ($a > 0, a \neq 1$) 的导数.

解 $y' = \lim\limits_{h \to 0} \dfrac{\log_a(x + h) - \log_a x}{h} = \lim\limits_{h \to 0} \log_a \left(\dfrac{x + h}{x}\right)^{\frac{1}{h}} = \lim\limits_{h \to 0} \log_a \left(1 + \dfrac{h}{x}\right)^{\frac{x}{h} \cdot \frac{1}{x}}$

$\qquad = \dfrac{1}{x} \lim\limits_{h \to 0} \log_a \left(1 + \dfrac{h}{x}\right)^{\frac{x}{h}} = \dfrac{1}{x} \log_a \mathrm{e} = \dfrac{1}{x \ln a}.$

特别地 $(\ln x)' = \dfrac{1}{x}$.

例5 设有分段函数

$$f(x) = \begin{cases} 3x^2 - 2x, & x < 0 \\ 0, & x = 0, \\ \sin ax, & x > 0 \end{cases}$$

问当 a 取何值时, $f(x)$ 在点 $x = 0$ 可导?

解 分别考察 $f(x)$ 在点 $x = 0$ 的左导数和右导数.

当 $x < 0$ 时, $f(x) = 3x^2 - 2x$,

$$f'_-(0) = \lim_{x \to 0^-} \frac{f(x) - f(0)}{x} = \lim_{x \to 0^-} \frac{3x^2 - 2x - 0}{x} = -2;$$

当 $x > 0$ 时, $f(x) = \sin ax$,

$$f'_+(0) = \lim_{x \to 0^+} \frac{f(x) - f(0)}{x} = \lim_{x \to 0^+} \frac{\sin ax}{x} = a.$$

如果 $f'(0)$ 存在,则必有 $f'_-(0) = f'_+(0)$,由此得到 $a = -2$.

因此,当 $a = -2$ 时, $f(x)$ 在点 $x = 0$ 可导.

三、可导与连续的关系

定理 如果函数 $y = f(x)$ 在点 x_0 处可导,则函数 $y = f(x)$ 在点 x_0 处连续.

证 因 $y = f(x)$ 在点 x_0 处可导,所以 $f'(x_0) = \lim_{\Delta x \to 0} \frac{\Delta y}{\Delta x}$. 由于 $\Delta x \neq 0$ 时, $\Delta y = \frac{\Delta y}{\Delta x} \cdot \Delta x$,

所以

$$\lim_{\Delta x \to 0} \Delta y = \lim_{\Delta x \to 0} \left(\frac{\Delta y}{\Delta x} \cdot \Delta x \right) = \lim_{\Delta x \to 0} \frac{\Delta y}{\Delta x} \cdot \lim_{\Delta x \to 0} \Delta x = f'(x_0) \cdot 0 = 0.$$

于是,函数 $y = f(x)$ 在点 x_0 处连续.

该定理的逆命题不成立,即函数 $y = f(x)$ 在点 x_0 处连续,但函数 $y = f(x)$ 在点 x_0 处不一定可导.这说明函数 $y = f(x)$ 在点 x_0 处连续是它在该点处可导的必要条件,但不是充分条件.

例 6 证明:函数 $y = |x|$ 在 $x = 0$ 处连续但不可导(图 2-2).

证 当自变量 x 在 $x = 0$ 处有增量 Δx 时,相应地,函数 $y = |x|$ 有增量

$$\Delta y = |0 + \Delta x| - |0| = |\Delta x|,$$

且 $\qquad \lim_{\Delta x \to 0} \Delta y = \lim_{\Delta x \to 0} |\Delta x| = 0,$

所以 $y = |x|$ 在 $x = 0$ 处连续.但

$$\lim_{\Delta x \to 0} \frac{\Delta y}{\Delta x} = \lim_{\Delta x \to 0} \frac{|\Delta x|}{\Delta x}.$$

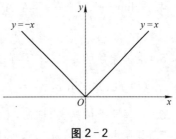

图 2-2

由于 $\qquad \lim_{\Delta x \to 0^+} \frac{\Delta y}{\Delta x} = \lim_{\Delta x \to 0^+} \frac{|\Delta x|}{\Delta x} = \lim_{\Delta x \to 0^+} \frac{\Delta x}{\Delta x} = 1,$

$$\lim_{\Delta x \to 0^-} \frac{\Delta y}{\Delta x} = \lim_{\Delta x \to 0^-} \frac{|\Delta x|}{\Delta x} = \lim_{\Delta x \to 0^-} \frac{-\Delta x}{\Delta x} = -1,$$

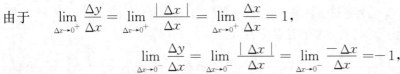

极限 $\lim\limits_{\Delta x \to 0} \dfrac{\Delta y}{\Delta x}$ 不存在，所以函数 $y = |x|$ 在 $x = 0$ 处不可导.

四、导数的几何意义

由引例 2 可知，函数 $y = f(x)$ 在点 x_0 处的导数 $f'(x_0)$ 在几何上表示曲线 $y = f(x)$ 在点 $P(x_0, f(x_0))$ 处的切线的斜率. 由此可分别得到曲线在该点的切线方程和法线方程.

切线方程为　$y - f(x_0) = f'(x_0)(x - x_0)$，

法线方程为　$y - f(x_0) = -\dfrac{1}{f'(x_0)}(x - x_0), f'(x_0) \neq 0.$

例 7　求抛物线 $y = x^2$ 在 $(2, 4)$ 处的切线方程和法线方程.

解　由于　　　　　　　　　$f'(2) = 2x|_{x=2} = 4,$

所以抛物线 $y = x^2$ 在 $(2, 4)$ 处的切线方程为 $y - 4 = 4(x - 2)$，即 $4x - y - 4 = 0;$

法线方程为 $y - 4 = -\dfrac{1}{4}(x - 2)$，即 $x + 4y - 18 = 0.$

例 8　曲线 $y = \ln x$ 上哪一点的切线与直线 $y = 3x - 1$ 平行？

解　设曲线 $y = \ln x$ 在 $M(x, y)$ 处的切线与直线 $y = 3x - 1$ 平行，则 $y' = \dfrac{1}{x} = 3.$ 从而

$$x = \frac{1}{3}, \quad y = \ln \frac{1}{3} = -\ln 3.$$

即曲线 $y = \ln x$ 在 $M\left(\dfrac{1}{3}, -\ln 3\right)$ 处的切线与直线 $y = 3x - 1$ 平行.

> **练习题 2-1**

1. 已知质点作直线运动方程为 $s = t^2 + 3$，求该质点在 $t = 5$ 时的瞬时速度.

2. 一个圆的铝盘加热时，随温度的升高而膨胀. 设该圆盘在温度为 $t\,℃$ 时半径为 $r = r_0(1 + \alpha t)$（α 为常数），求 $t_0\,℃$ 时，铝盘半径对温度 t 的变化率.

3. 设 $f'(x_0)$ 存在，利用导数的定义求下列极限：

(1) $\lim\limits_{h \to 0} \dfrac{f(x_0 + h) - f(x_0 - h)}{h}$；　　　　　(2) $\lim\limits_{h \to 0} \dfrac{f(x_0 - 3h) - f(x_0)}{2h}.$

4. 若 $\lim\limits_{x \to a} \dfrac{f(x) - f(a)}{x - a} = A$（$A$ 为常数），试判断下列命题是否正确：

(1) $f(x)$ 在点 $x = a$ 处可导；　　　(2) $f(x)$ 在点 $x = a$ 处连续.

5. 根据导数的定义，求下列函数在指定点的导数：

(1) $f(x) = \ln x, x_0 = 2$；　　(2) $f(x) = \dfrac{1}{x}, x_0 = 1$；　　(3) $f(x) = \tan x, x_0 = 0.$

6. 根据导数的定义，证明：$(e^x)' = e^x.$

7. 若曲线 $y = x^3$ 在 (x_0, y_0) 处切线斜率等于 3，求点 (x_0, y_0) 的坐标.

8. 求下列曲线在指定点处的切线方程和法线方程：

(1) $y = x^3$ 在点 $(1, 1)$；　　　　(2) $y = \cos x$ 在点 $\left(\dfrac{\pi}{4}, \dfrac{\sqrt{2}}{2}\right).$

9. 讨论 $f(x) = \begin{cases} x^2, & x < 1 \\ 2x, & x \geqslant 1 \end{cases}$ 在点 $x = 1$ 处的连续性与可导性.

10. 讨论函数 $f(x) = \begin{cases} x\sin\dfrac{1}{x}, & x \neq 0 \\ 0, & x = 0 \end{cases}$ 在 $x = 0$ 处的连续性与可导性.

11. 求下列函数的导函数：

(1) $f(x) = \begin{cases} \sin x, & x \geqslant 0 \\ x, & x < 0 \end{cases}$;　　　　(2) $f(x) = \begin{cases} x^2, & x \geqslant 0 \\ x, & x < 0 \end{cases}$.

12. 证明：若 $f(x)$ 在 x_0 处不连续,则 $f(x)$ 在 x_0 处必不可导.

13. 当物体的温度高于周围介质的温度时,物体就不断冷却,若物体的温度 T 与时间 t 的函数关系为 $T = T(t)$,应怎样确定该物体在时刻 t 的冷却速度？

第二节　导数的运算法则

求导数是微分学中最基本的运算,上一节给出了按定义求导数的方法,但函数较复杂时,用这种方法求导数比较困难.本节将介绍求导数的几个基本法则和基本初等函数的导数公式,以解决初等函数的求导问题.

一、函数和、差、积、商的求导法则

定理1　如果函数 $u = u(x)$, $v = v(x)$ 在点 x 都可导,那么它们的和、差、积、商(分母不为零)在点 x 也可导,且

(1) $[u(x) \pm v(x)]' = u'(x) \pm v'(x)$;

(2) $[u(x)v(x)]' = u'(x)v(x) + u(x)v'(x)$;

(3) $\left[\dfrac{u(x)}{v(x)}\right]' = \dfrac{u'(x)v(x) - u(x)v'(x)}{v^2(x)}$ $(v(x) \neq 0)$.

证　(1) 令 $y = u(x) \pm v(x)$,则

$$\begin{aligned} \Delta y &= [u(x+\Delta x) \pm v(x+\Delta x)] - [u(x) \pm v(x)] \\ &= [u(x+\Delta x) - u(x)] \pm [v(x+\Delta x) - v(x)] \\ &= \Delta u \pm \Delta v, \end{aligned}$$

从而
$$\frac{\Delta y}{\Delta x} = \frac{\Delta u}{\Delta x} \pm \frac{\Delta v}{\Delta x},$$

$$\lim_{\Delta x \to 0} \frac{\Delta y}{\Delta x} = \lim_{\Delta x \to 0}\left(\frac{\Delta u}{\Delta x} \pm \frac{\Delta v}{\Delta x}\right) = \lim_{\Delta x \to 0}\frac{\Delta u}{\Delta x} \pm \lim_{\Delta x \to 0}\frac{\Delta v}{\Delta x} = u'(x) \pm v'(x).$$

由导数的定义可知,$u(x) \pm v(x)$ 在点 x 可导,且

$$[u(x) \pm v(x)]' = u'(x) \pm v'(x).$$

(2) 令 $y = u(x)v(x)$,则

$$\frac{\Delta y}{\Delta x} = \frac{u(x+\Delta x)v(x+\Delta x) - u(x)v(x)}{\Delta x}$$

$$= \frac{u(x+\Delta x)v(x+\Delta x) - u(x)v(x+\Delta x) + u(x)v(x+\Delta x) - u(x)v(x)}{\Delta x}$$

$$= \frac{[u(x+\Delta x) - u(x)]v(x+\Delta x)}{\Delta x} + \frac{u(x)[v(x+\Delta x) - v(x)]}{\Delta x}$$

$$= \frac{\Delta u}{\Delta x}v(x+\Delta x) + u(x)\frac{\Delta v}{\Delta x},$$

从而

$$\lim_{\Delta x \to 0}\frac{\Delta y}{\Delta x} = \lim_{\Delta x \to 0}\left[\frac{\Delta u}{\Delta x}v(x+\Delta x) + u(x)\frac{\Delta v}{\Delta x}\right]$$

$$= \lim_{\Delta x \to 0}\frac{\Delta u}{\Delta x}\cdot\lim_{\Delta x \to 0}v(x+\Delta x) + u(x)\cdot\lim_{\Delta x \to 0}\frac{\Delta v}{\Delta x}$$

$$= u'(x)v(x) + u(x)v'(x).$$

其中 $\lim\limits_{\Delta x \to 0}v(x+\Delta x) = v(x)$ 是因为 $v(x)$ 在点 x 可导，则 $v(x)$ 在点 x 连续. 所以 $u(x)v(x)$ 在点 x 可导，且

$$[u(x)v(x)]' = u'(x)v(x) + u(x)v'(x).$$

（3）先求 $\dfrac{1}{v(x)}$ 的导数，即

$$\left[\frac{1}{v(x)}\right]' = \lim_{\Delta x \to 0}\frac{\dfrac{1}{v(x+\Delta x)} - \dfrac{1}{v(x)}}{\Delta x} = \lim_{\Delta x \to 0}\frac{v(x) - v(x+\Delta x)}{\Delta x}\cdot\frac{1}{v(x+\Delta x)\cdot v(x)}$$

$$= -\lim_{\Delta x \to 0}\frac{\Delta v}{\Delta x}\cdot\lim_{\Delta x \to 0}\frac{1}{v(x+\Delta x)\cdot v(x)} = \frac{-v'(x)}{v^2(x)}.$$

再利用（2）中公式即得结论

$$\left[\frac{u(x)}{v(x)}\right]' = \left[u(x)\cdot\frac{1}{v(x)}\right]'$$

$$= u'(x)\cdot\frac{1}{v(x)} + u(x)\cdot\left(-\frac{v'(x)}{v^2(x)}\right) = \frac{u'(x)v(x) - u(x)v'(x)}{v^2(x)}.$$

以上各式分别可以简记为

$$(u \pm v)' = u' \pm v'; \ (uv)' = u'v + uv'; \ \left(\frac{u}{v}\right)' = \frac{u'v - uv'}{v^2}.$$

推论　$(Cu)' = Cu'$（C 为常数）.

注　定理 1 中的（1）、（2）可推广到有限个可导函数的情形. 如设 $u = u(x)$，$v = v(x)$，$w = w(x)$ 均可导，则有

$$(u + v - w)' = u' + v' - w';$$

$$(uvw)' = u'vw + uv'w + uvw'.$$

例 1　求 $y = \ln x + \sin x - 5$ 的导数.

解　$y' = (\ln x)' + (\sin x)' - 5' = \dfrac{1}{x} + \cos x.$

例2 求 $y = x \ln x$ 的导数.

解 $y' = (x)' \ln x + x(\ln x)' = 1 \cdot \ln x + x \cdot \dfrac{1}{x} = \ln x + 1$.

例3 求 $y = \tan x$ 的导数.

解 $y' = (\tan x)' = \left(\dfrac{\sin x}{\cos x} \right)' = \dfrac{(\sin x)' \cos x - \sin x (\cos x)'}{\cos^2 x}$

$\qquad = \dfrac{\cos^2 x + \sin^2 x}{\cos^2 x} = \dfrac{1}{\cos^2 x} = \sec^2 x.$

类似地,可得 $(\cot x)' = -\csc^2 x$.

例4 求 $y = \sec x$ 的导数.

解 $y' = (\sec x)' = \left(\dfrac{1}{\cos x} \right)' = \dfrac{1' \cdot \cos x - 1 \cdot (\cos x)'}{\cos^2 x} = \dfrac{\sin x}{\cos^2 x} = \tan x \sec x.$

类似地,可得 $(\csc x)' = -\cot x \csc x$.

二、反函数的求导法则

定理2 如果函数 $x = \varphi(y)$ 单调可导,而且 $\varphi'(y) \neq 0$,则 $x = \varphi(y)$ 的反函数 $y = f(x)$ 也可导,而且

$$f'(x) = \dfrac{1}{\varphi'(y)} \bigg|_{y=f(x)} \quad \text{或} \quad \dfrac{\mathrm{d}y}{\mathrm{d}x} = \dfrac{1}{\dfrac{\mathrm{d}x}{\mathrm{d}y}}.$$

证 因为 $x = \varphi(y)$ 是单调、可导(从而连续)的函数,所以反函数 $y = f(x)$ 存在,也单调、连续.

给 x 以增量 Δx,相应地 y 的增量为 Δy,由 $x = \varphi(y)$, $y = f(x)$ 的单调性可知 $\Delta x \neq 0$ 与 $\Delta y \neq 0$ 是等价的. 再由这两个函数的连续性,可知 $\Delta x \to 0$ 与 $\Delta y \to 0$ 也是等价的. 所以

$$\dfrac{\Delta y}{\Delta x} = \dfrac{1}{\dfrac{\Delta x}{\Delta y}}, \quad \lim_{\Delta x \to 0} \dfrac{\Delta y}{\Delta x} = \lim_{\Delta x \to 0} \dfrac{1}{\dfrac{\Delta x}{\Delta y}} = \dfrac{1}{\lim\limits_{\Delta y \to 0} \dfrac{\Delta x}{\Delta y}} = \dfrac{1}{\varphi'(y)}.$$

所以,$y = f(x)$ 也可导,且

$$f'(x) = \dfrac{1}{\varphi'(y)} \bigg|_{y=f(x)}.$$

上述结论可简单地说成:**反函数的导数等于直接函数导数的倒数**.

例5 求函数 $y = \arcsin x$ 的导数.

解 因为 $y = \arcsin x$ 是 $x = \sin y \left(y \in \left(-\dfrac{\pi}{2}, \dfrac{\pi}{2} \right) \right)$ 的反函数,故

$$(\arcsin x)' = \dfrac{1}{(\sin y)'} = \dfrac{1}{\cos y} = \dfrac{1}{\sqrt{1 - \sin^2 y}} = \dfrac{1}{\sqrt{1 - x^2}}.$$

注 由于定义 $y = \arcsin x$ 时规定了 $y \in \left(-\dfrac{\pi}{2}, \dfrac{\pi}{2} \right)$,而 $\cos y$ 在此区间上是正的,故上式中 $\cos y = \sqrt{1 - \sin^2 y}$.

同理可求出 $(\arccos x)' = -\dfrac{1}{\sqrt{1-x^2}}$.

例 6 求函数 $y = \arctan x$ 的导数.

解 因为 $y = \arctan x$ 是 $x = \tan y\left(y \in \left(-\dfrac{\pi}{2}, \dfrac{\pi}{2}\right)\right)$ 的反函数，故

$$(\arctan x)' = \frac{1}{(\tan y)'} = \frac{1}{\sec^2 y} = \frac{1}{1+\tan^2 y} = \frac{1}{1+x^2}.$$

同理可求出 $(\operatorname{arccot} x)' = -\dfrac{1}{1+x^2}$.

例 7 求函数 $y = a^x (a > 0, a \neq 1)$ 的导数.

解 因为 $x = \log_a y$ 是 $y = a^x$ 的反函数，而 $(\log_a y)' = \dfrac{1}{y\ln a}$，所以

$$(a^x)' = \frac{1}{(\log_a y)'} = \frac{1}{\dfrac{1}{y\ln a}} = y\ln a = a^x\ln a.$$

特别地，当 $a = e$ 时，由上式得 $(e^x)' = e^x$.

三、导数的基本公式

基本初等函数的导数在初等函数的求导中起着十分重要的作用，为了便于熟练掌握，归纳如下：

(1) $(C)' = 0$(C 为常数)；　　　　　(2) $(x^\alpha)' = \alpha x^{\alpha-1}$；

(3) $(a^x)' = a^x\ln a\ (a > 0, a \neq 1)$；　　(4) $(e^x)' = e^x$；

(5) $(\log_a x)' = \dfrac{1}{x\ln a}\ (a > 0, a \neq 1)$；　(6) $(\ln x)' = \dfrac{1}{x}$；

(7) $(\sin x)' = \cos x$；　　　　　　(8) $(\cos x)' = -\sin x$；

(9) $(\tan x)' = \sec^2 x$；　　　　　(10) $(\cot x)' = -\csc^2 x$；

(11) $(\sec x)' = \tan x\sec x$；　　　(12) $(\csc x)' = -\cot x\csc x$；

(13) $(\arcsin x)' = \dfrac{1}{\sqrt{1-x^2}}$；　　(14) $(\arccos x)' = -\dfrac{1}{\sqrt{1-x^2}}$；

(15) $(\arctan x)' = \dfrac{1}{1+x^2}$；　　(16) $(\operatorname{arccot} x)' = -\dfrac{1}{1+x^2}$.

注 函数的求导公式应熟练记忆，这不仅是学习微分学的基础，对后面积分学的学习也大有好处.

到目前为止，所有基本初等函数的导数都求出来了，那么由基本初等函数构成的较复杂的初等函数如何求导呢？例如如何求函数 $y = \sin(2x+5)$，$y = \sqrt{\arcsin\dfrac{1}{x}}$ 的导数？这就需要复合函数的求导法则.

四、复合函数的求导法则

定理 3(链式法则) 如果函数 $u = \varphi(x)$ 在点 x 处可导，函数 $y = f(u)$ 在对应点 u 处可

导,则复合函数 $y = f[\varphi(x)]$ 在点 x 处可导,且

$$\{f[\varphi(x)]\}' = f'(u)\varphi'(x) \text{ 或} \frac{\mathrm{d}y}{\mathrm{d}x} = \frac{\mathrm{d}y}{\mathrm{d}u} \cdot \frac{\mathrm{d}u}{\mathrm{d}x},$$

简记为 $y_x' = y_u' \cdot u_x'$.

证 当自变量 x 的增量为 Δx 时,相应的函数 u, y 的增量为 Δu, Δy.

$$\frac{\Delta y}{\Delta x} = \frac{\Delta y}{\Delta u} \cdot \frac{\Delta u}{\Delta x} \ (\Delta u \neq 0),$$

$$\lim_{\Delta x \to 0} \frac{\Delta y}{\Delta x} = \lim_{\Delta x \to 0} \left(\frac{\Delta y}{\Delta u} \cdot \frac{\Delta u}{\Delta x} \right).$$

因为 $u = \varphi(x)$ 在点 x 处可导,所以 $u = \varphi(x)$ 在点 x 处连续,即当 $\Delta x \to 0$ 时,$\Delta u \to 0$,又

$$\lim_{\Delta u \to 0} \frac{\Delta y}{\Delta u} = f'(u), \ \lim_{\Delta x \to 0} \frac{\Delta u}{\Delta x} = \varphi'(x),$$

故得 $\quad \lim_{\Delta x \to 0} \frac{\Delta y}{\Delta x} = \lim_{\Delta x \to 0} \frac{\Delta y}{\Delta u} \cdot \lim_{\Delta x \to 0} \frac{\Delta u}{\Delta x} = \lim_{\Delta u \to 0} \frac{\Delta y}{\Delta u} \cdot \lim_{\Delta x \to 0} \frac{\Delta u}{\Delta x} = f'(u) \cdot \varphi'(x),$

即 $\quad\quad\quad\quad \{f[\varphi(x)]\}' = f'(u) \cdot \varphi'(x).$

当 $\Delta u = 0$ 时,可以证明上述结论仍成立.

上述法则表明,复合函数的导数等于函数对中间变量的导数与中间变量对自变量的导数之积.

例 8 求 $y = \sin(2x + 5)$ 的导数.

解 设 $y = \sin u$, $u = 2x + 5$,则有

$$y_x' = y_u' \cdot u_x' = (\sin u)_u' \cdot (2x + 5)_x' = \cos u \cdot 2 = 2\cos(2x + 5).$$

例 9 求 $y = (3x - 1)^9$ 的导数.

解 设 $y = u^9$, $u = 3x - 1$,则有

$$y_x' = y_u' \cdot u_x' = (u^9)_u' \cdot (3x - 1)_x' = 9u^8 \cdot 3 = 27(3x - 1)^8.$$

注 复合函数的求导法则在导数的计算中十分重要,一定要能熟练运用,还要注意复合函数求导的规则:先分清复合层次,逐层求导再相乘.

熟练掌握复合函数的求导方法后,就不必写出中间变量了.

例 10 求函数 $y = \ln\sin x$ 的导数.

解 $\quad y' = (\ln\sin x)' = \dfrac{1}{\sin x}(\sin x)' = \dfrac{\cos x}{\sin x} = \cot x.$

复合函数的求导法则可推广:如果 $y = f(u)$, $u = \varphi(v)$, $v = \psi(x)$,则 $y_x' = y_u' \cdot u_v' \cdot v_x'$.

例 11 求函数 $y = \sqrt{\arcsin \dfrac{1}{x}}$ 的导数.

解 $\quad y' = \left[\left(\arcsin \dfrac{1}{x} \right)^{\frac{1}{2}} \right]' = \dfrac{1}{2} \left(\arcsin \dfrac{1}{x} \right)^{-\frac{1}{2}} \cdot \left(\arcsin \dfrac{1}{x} \right)'$

$$= \frac{1}{2\sqrt{\arcsin\frac{1}{x}}} \cdot \frac{1}{\sqrt{1-\left(\frac{1}{x}\right)^2}} \cdot \left(-\frac{1}{x^2}\right) = -\frac{1}{2x\sqrt{(x^2-1)\arcsin\frac{1}{x}}}.$$

例 12　求函数 $y = \tan^2(1+x^3)$ 的导数.

解　$y' = 2\tan(1+x^3) \cdot [\tan(1+x^3)]'$

$\qquad = 2\tan(1+x^3) \cdot \sec^2(1+x^3)(1+x^3)'$

$\qquad = 6x^2\tan(1+x^3) \cdot \sec^2(1+x^3).$

复合函数求导法则在实际问题中也有很好的应用,现举例说明.

例 13　假设某钢棒的长度 L(单位:cm)取决于气温 H(单位:℃),而气温 H 又取决于时间 t(单位:h),如果气温每升高 1℃,钢棒长度增加 $2\,cm$,而每隔 $1\,h$,气温上升 3℃,问钢棒长度关于时间的变化率为多少?

解　已知长度对气温的变化率为 $L'(H) = 2\,cm/℃$,气温对时间的变化率为 $H'(t) = 3$℃$/h$,要求长度对时间的变化率,即 $L'(t)$.将 L 看作 H 的函数,H 看作 t 的函数,由复合函数求导法则可得

$$L'_t = L'_H \cdot H'_t = 2 \times 3 = 6\,cm/h,$$

即钢棒长度关于时间的变化率为 $6\,cm/h$.

例 14　设某细菌的增长函数为 $y = ke^{2t}$(其中 k 为大于零的常数),求细菌的增长率.

解　细菌的增长率即细菌的增长函数对时间 t 的导数.因为

$$y' = ke^{2t} \cdot (2t)' = 2ke^{2t},$$

所以细菌的增长率为 $\qquad y' = 2ke^{2t}.$

五、隐函数的求导法则

形如 $y = f(x)$ 的函数称为显函数.如 $y = 2^{\cos x}$,$y = \tan^2(1+x^3)$ 都是显函数.

由方程 $F(x, y) = 0$ 所确定的 y 是 x 的函数关系,即为**隐函数**,如 $e^y + xy = 0$,$x^2 + y^2 = 1$ 等都是隐函数.有些隐函数可以化为显函数,称之为隐函数的显化.但有些隐函数的显化很难,有时甚至无法化为显函数.

对隐函数求导时,只要把 y 看成是 x 的函数关系,利用复合函数求导法则,将方程 $F(x, y) = 0$ 的两边分别对 x 求导数,然后解出 y',即得隐函数的导数.

例 15　求由方程 $x^2 + y^2 = 4$ 确定的函数的导数 y'.

解　这里 x^2 是 x 的函数,而 y^2 可以看成是 x 的复合函数,故将方程两边同时对自变量 x 求导,有

$$(x^2)' + (y^2)' = 4',$$
$$2x + 2y \cdot y' = 0,$$

解得 $\qquad y' = -\frac{x}{y}.$

利用该结果,即可求出过圆 $x^2 + y^2 = 4$ 上一点 $(1, \sqrt{3})$ 处的切线方程为

$$y - \sqrt{3} = -\frac{1}{\sqrt{3}}(x-1), 即 y = -\frac{\sqrt{3}}{3}(x-4).$$

例 16 由方程 $\ln y = xy$ 确定 y 是 x 的函数,求 y'.

解 将方程两边同时对 x 求导,有

$$(\ln y)' = (xy)',$$

$$\frac{1}{y} \cdot y' = y + x \cdot y',$$

解得
$$y' = \frac{y^2}{1-xy}.$$

例 17 求由方程 $e^y + xy - e = 0$ 所确定的隐函数 y 在 $x = 0$ 时的导数.

解 将方程两边同时对 x 求导,得

$$(e^y + xy - e)' = 0,$$

$$e^y \cdot y' + y + x \cdot y' = 0.$$

解得
$$y' = -\frac{y}{x+e^y}.$$

当 $x = 0$ 时,$y = 1$.代入上式,可得 $y'|_{x=0} = -\frac{1}{e}$.

六、参数方程的求导法则

设 y 与 x 的函数关系是由参数方程 $\begin{cases} x = \varphi(t) \\ y = \psi(t) \end{cases}$ 确定的,则称此函数关系所表达的函数为由参数方程所确定的函数(t 为参数).

如果 $x = \varphi(t)$, $y = \psi(t)$ 都可导,且 $\varphi'(t) \neq 0$,则由复合函数求导法则与反函数求导法则,得

$$\frac{dy}{dx} = \frac{dy}{dt} \cdot \frac{dt}{dx} = \frac{dy}{dt} \cdot \frac{1}{\frac{dx}{dt}} = \frac{\psi'(t)}{\varphi'(t)}.$$

即
$$\frac{dy}{dx} = \frac{\psi'(t)}{\varphi'(t)} 或 \frac{dy}{dx} = \frac{\frac{dy}{dt}}{\frac{dx}{dt}}.$$

例 18 已知椭圆的参数方程为 $\begin{cases} x = 4\cos t \\ y = 3\sin t \end{cases}$,求椭圆在 $t = \frac{\pi}{3}$ 处的切线方程.

解 当 $t = \frac{\pi}{3}$ 时,椭圆上相应的点 M_0 的坐标为

$$x_0 = 4\cos\frac{\pi}{3} = 2, \ y_0 = 3\sin\frac{\pi}{3} = \frac{3\sqrt{3}}{2}, 即 M_0\left(2, \frac{3\sqrt{3}}{2}\right).$$

又
$$\frac{dy}{dx} = \frac{(3\sin t)'}{(4\cos t)'} = \frac{3\cos t}{-4\sin t} = -\frac{3}{4}\cot t,$$

故椭圆在点 M_0 处的切线斜率为

$$k = \frac{dy}{dx}\bigg|_{t=\frac{\pi}{3}} = -\frac{3}{4}\cot t\bigg|_{t=\frac{\pi}{3}} = -\frac{\sqrt{3}}{4}.$$

于是,所求的切线方程为
$$y - \frac{3\sqrt{3}}{2} = -\frac{\sqrt{3}}{4}(x-2),$$

即
$$\sqrt{3}x + 4y - 8\sqrt{3} = 0.$$

七、对数求导法

形如 $y = [u(x)]^{v(x)}$ 的函数,称为**幂指函数**.

求幂指函数的导数,通常先对式子两端取对数,然后按隐函数求导法则进行. 这种求函数导数的方法称为**对数求导法**.

下面举例说明.

例 19　求函数 $y = x^{\sin x}$ $(x>0)$ 的导数.

解　对函数 $y = x^{\sin x}$ 两边取对数,得

$$\ln y = \sin x \ln x,$$

两边同时对 x 求导数,得
$$\frac{1}{y}y' = \cos x \ln x + \frac{\sin x}{x},$$

所以
$$y' = y\left(\cos x \ln x + \frac{\sin x}{x}\right).$$

即
$$y' = x^{\sin x}\left(\cos x \ln x + \frac{\sin x}{x}\right).$$

通常情况下,对由多个因子通过乘、除、乘方、开方等运算构成的复杂函数的求导,也采用对数求导法,可使得运算大为简化.

例 20　求函数 $y = \sqrt{\dfrac{(x-1)(x-2)}{(x-3)(x-4)}}$ $(x>4)$ 的导数.

解　取对数,得　$\ln y = \dfrac{1}{2}\big[\ln(x-1) + \ln(x-2) - \ln(x-3) - \ln(x-4)\big],$

两边同时对 x 求导数,得　$\dfrac{y'}{y} = \dfrac{1}{2}\left(\dfrac{1}{x-1} + \dfrac{1}{x-2} - \dfrac{1}{x-3} - \dfrac{1}{x-4}\right),$

所以
$$y' = \frac{y}{2}\left(\frac{1}{x-1} + \frac{1}{x-2} - \frac{1}{x-3} - \frac{1}{x-4}\right).$$

即
$$y' = \frac{1}{2}\sqrt{\frac{(x-1)(x-2)}{(x-3)(x-4)}}\left(\frac{1}{x-1} + \frac{1}{x-2} - \frac{1}{x-3} - \frac{1}{x-4}\right).$$

例 21　雨滴(假定为球状)在下落过程中,由于水分的不断蒸发而减小,已知水分蒸发速

率正比于表面积,试求雨滴半径的变化率.

分析:在本章第一节中,已经学习过函数的变化率用导数来表示.在本题中,水分蒸发速率可以用雨点的体积对半径的导数来表述,利用水分蒸发速率正比于表面积求出雨点半径的变化率.这种利用变量间的函数关系,从一个变量的变化率求出另一个变量的变化率的问题就是**相关变化率问题**.

解 设 V 表示雨滴的体积,r 表示雨滴的半径,S 表示雨滴的表面积,则

$$S = 4\pi r^2, \ V = \frac{4}{3}\pi r^3.$$

所以

$$\frac{\mathrm{d}V}{\mathrm{d}t} = 4\pi r^2 \frac{\mathrm{d}r}{\mathrm{d}t}.$$

由已知条件可知,蒸发速率

$$-\frac{\mathrm{d}V}{\mathrm{d}t} = kS(k > 0),$$

则得

$$4\pi r^2 \frac{\mathrm{d}r}{\mathrm{d}t} = -kS, \ \text{即} \frac{\mathrm{d}r}{\mathrm{d}t} = -k.$$

例 22 一气球从离开观察员 500 m 处从地面铅直上升,当气球高度为 500 m 时,其速率为 140 m/min.求此时观察员视线的仰角增加的速率是多少?

解 设气球上升 t s 后,其高度为 h,观察员视线的仰角为 α,则 $\tan\alpha = \dfrac{h}{500}$.该式两边对 t 求导,得

$$\sec^2\alpha \frac{\mathrm{d}\alpha}{\mathrm{d}t} = \frac{1}{500}\frac{\mathrm{d}h}{\mathrm{d}t}.$$

由已知条件可知,存在 t_0,在 t_0 s 时,

$$h = 500 \text{ m}, \frac{\mathrm{d}h}{\mathrm{d}t} = 140 \text{ m/min}, \tan\alpha = 1, \sec^2\alpha = 2,$$

则在 t_0 s 时,

$$2\frac{\mathrm{d}\alpha}{\mathrm{d}t} = \frac{1}{500} \times 140, \frac{\mathrm{d}\alpha}{\mathrm{d}t} = 0.14(\text{rad/min}).$$

即此时观察员视线的仰角增加的速率是 0.14 rad/min.

练习题 2-2

1. 求下列函数的导数:

(1) $y = 2x^5 - \dfrac{1}{x} + \sin x$;

(2) $y = 4x^2 + 3x + 1$;　　　　(3) $y = x^4\ln x$;　　　　(4) $y = \sin x + x + 1$;

(5) $y = 2\cos x + 3x$;　　　　(6) $y = 2^x + 3^x$;　　　　(7) $y = \log_2 x + x^2$;

(8) $y = x + \ln x + 1$;　　　　(9) $y = \mathrm{e}^x(x^2 + 1)\cos x$;　　(10) $y = \dfrac{1-x}{1+x}$.

2. 求下列函数的导数:

(1) $y = 4(x+1)^2 + (3x+1)^2$;

(2) $y = (1 - 2x)^7$; 　　　(3) $y = \sin x \cos x$; 　　　(4) $y = \ln \sin(e^x)$;

(5) $y = \cos 8x$; 　　　(6) $y = e^x \sin 2x$; 　　　(7) $y = \arctan 2x$;

(8) $y = xe^{2x} + 10$; 　　　(9) $y = \sin \ln \sqrt{2x + 1}$; 　　　(10) $y = \ln \ln x$.

3. 求由下列方程所确定的隐函数的导数 y':

(1) $x^2 + y^2 - xy = 4$; 　　　(2) $x + y - e^{2x} + e^y = 0$;

(3) $x^2 y - e^{2x} = \sin y$; 　　　(4) $x^{\frac{2}{3}} + y^{\frac{2}{3}} = a^{\frac{2}{3}}$;

(5) $e^{2x+y} - \cos(xy) = e - 1$; 　　　(6) $\arctan \dfrac{x}{y} - \ln \sqrt{x^2 + y^2} = 0$.

4. 利用对数求导法求下列函数的导数:

(1) $y = x^x$; 　　　(2) $y = x \sqrt{\dfrac{x - 1}{1 + x^2}}$;

(3) $y = \left(\dfrac{x}{1 + x}\right)^x$; 　　　(4) $y = \left[\dfrac{(x + 1)(x + 2)(x + 3)}{x^3(x + 4)}\right]^{\frac{2}{3}}$.

5. 求下列参数方程所确定的函数的导数:

(1) $\begin{cases} x = \sqrt{1 + t} \\ y = \sqrt{1 - t} \end{cases}$; 　　　(2) $\begin{cases} x = a\cos^3 t \\ y = a\sin^3 t \end{cases} (a > 0)$;

(3) $\begin{cases} x = \ln(1 + t^2) \\ y = t - \arctan t \end{cases}$; 　　　(4) $\begin{cases} x = \theta(1 + \cos\theta) \\ y = \theta\sin\theta \end{cases}$.

6. 求下列曲线在指定点处的切线方程与法线方程:

(1) 曲线 $y = \arctan x$ 在点 $\left(1, \dfrac{\pi}{4}\right)$ 处; 　　　(2) 曲线 $y = \dfrac{\sin x}{1 + x}$ 在点 $(0, 0)$ 处;

(3) 曲线 $x^2 + xy + y^2 = 4$ 在点 $(2, -2)$ 处; 　　　(4) 曲线 $\begin{cases} x = 3t + 1 \\ y = 2t^2 - t + 1 \end{cases}$ 在 $t = 1$ 处.

7. 求对数螺线 $r = e^\theta$ 在点 $(r, \theta) = \left(e^{\frac{\pi}{2}}, \dfrac{\pi}{2}\right)$ 处的切线与法线的直角坐标方程.

8. 设 $f(x) = \ln(1 + x)$, $y = f(f(x))$, 求 y'.

9. 设 $y = f(u)$, $u = \sin x^2$, 求 y'.

10. 落在平静水面上的石头,使水面产生同心圆形波纹,在持续的一段时间内,若最外一圈波半径的增大速率总是 $6\,\mathrm{m/s}$,问在 $2\,\mathrm{s}$ 末扰动水面面积增大的速率为多少?

第三节　高阶导数

通过导数的计算发现,许多可导函数的导数仍是自变量的函数,它在自变量变化的同时也能产生变化率,成为一个新的导数,即函数导数的导数——高阶导数,它们都反映增量比的极限.

一般地,函数 $y = f(x)$ 的导数 $y' = f'(x)$ 仍然是 x 的函数,如果导函数 $y' = f'(x)$ 仍然可导,则称 $y' = f'(x)$ 的导数为函数 $y = f(x)$ 的**二阶导数**,记作 $f''(x)$, y'' 或 $\dfrac{\mathrm{d}^2 y}{\mathrm{d}x^2}$,即

$$y'' = (y')' \text{ 或 } \frac{\mathrm{d}^2 y}{\mathrm{d}x^2} = \frac{\mathrm{d}}{\mathrm{d}x}\left(\frac{\mathrm{d}y}{\mathrm{d}x}\right).$$

类似地,二阶导数的导数称为**三阶导数**,三阶导数的导数称为**四阶导数**……一般地,$n-1$ 阶导数的导数称为 **n 阶导数**,分别记作

$$y''', \ y^{(4)}, \ \cdots, \ y^{(n)} \text{ 或 } \frac{\mathrm{d}^3 y}{\mathrm{d}x^3}, \frac{\mathrm{d}^4 y}{\mathrm{d}x^4}, \ \cdots, \ \frac{\mathrm{d}^n y}{\mathrm{d}x^n}.$$

要注意四阶及四阶以上导数的记号,例如,四阶导数记为 $y^{(4)}$,而不是 y''''.

y' 称为**一阶导数**,二阶和二阶以上的各阶导数统称**高阶导数**.

由定义可知,求高阶导数只须逐阶求导,故仍可用前面学过的求导法则来计算.

例 1 求 $y = x^n (n \in \mathbf{Z}^+)$ 的各阶导数.

解 $y' = nx^{n-1}$,

$\quad\quad y'' = n(n-1)x^{n-2}$,

$\quad\quad$……

$\quad\quad y^{(k)} = n(n-1) \cdot \cdots \cdot (n-k+1)x^{n-k} \quad (k < n)$,

当 $k = n$ 时,$y^{(n)} = (x^n)^{(n)} = n(n-1) \cdot \cdots \cdot 3 \cdot 2 \cdot 1 = n!$.

而当 $k > n$ 时,$(x^n)^{(k)} = 0$.

例 2 求 $y = \mathrm{e}^x$ 的 n 阶导数.

解 因为 $y' = (\mathrm{e}^x)' = \mathrm{e}^x$,所以 $(\mathrm{e}^x)^{(n)} = \mathrm{e}^x$.

例 3 求 $y = \sin x$ 的 n 阶导数.

解 $y' = \cos x = \sin\left(x + \frac{\pi}{2}\right)$,

$$y'' = \cos\left(x + \frac{\pi}{2}\right) = \sin\left(x + \frac{\pi}{2} + \frac{\pi}{2}\right) = \sin\left(x + 2 \cdot \frac{\pi}{2}\right),$$

$$y''' = \cos\left(x + 2 \cdot \frac{\pi}{2}\right) = \sin\left(x + 3 \cdot \frac{\pi}{2}\right),$$

$\quad\quad$……

一般地,可得 $y^{(n)} = \sin\left(x + n \cdot \frac{\pi}{2}\right)$.

用类似的方法,可得 $y = \cos x$ 的 n 阶导数为 $y^{(n)} = (\cos x)^{(n)} = \cos\left(x + n \cdot \frac{\pi}{2}\right)$.

例 4 求由方程 $y = \sin(x+y)$ 所确定的隐函数 $y = y(x)$ 的二阶导数 y''.

解 将 $y = \sin(x+y)$ 两边同时对 x 求导,得

$$y' = \cos(x+y)(1+y'), \tag{2-2}$$

即

$$y' = \frac{\cos(x+y)}{1 - \cos(x+y)}. \tag{2-3}$$

再将式(2-2)两边同时对 x 求导,得

$$y'' = -\sin(x+y)(1+y')(1+y') + \cos(x+y)y'',$$

移项化简,得

$$y''[1 - \cos(x+y)] = -\sin(x+y)(1+y')^2,$$

$$y'' = \frac{-\sin(x+y)}{1-\cos(x+y)} \cdot (1+y')^2. \tag{2-4}$$

将式$(2-3)$代入式$(2-4)$,得

$$y'' = \frac{\sin(x+y)}{[\cos(x+y)-1]^3}.$$

前面学习了参数方程的求导,知道对于参数方程 $\begin{cases} x = \varphi(t) \\ y = \psi(t) \end{cases}$,如果 $x = \varphi(t)$,$y = \psi(t)$ 都

可导,且 $\varphi'(t) \neq 0$,则 $\dfrac{dy}{dx} = \dfrac{\psi'(t)}{\varphi'(t)}$. 如果 $x = \varphi(t)$,$y = \psi(t)$ 又二阶可导,那么可以得到参数
方程的二阶导数公式

$$\frac{d^2y}{dx^2} = \frac{d}{dx}\left(\frac{dy}{dx}\right) = \frac{d}{dt}\left(\frac{\psi'(t)}{\varphi'(t)}\right) \cdot \frac{dt}{dx}$$

$$= \frac{\psi''(t)\varphi'(t) - \psi'(t)\varphi''(t)}{[\varphi'(t)]^2} \cdot \frac{1}{\varphi'(t)} = \frac{\psi''(t)\varphi'(t) - \psi'(t)\varphi''(t)}{[\varphi'(t)]^3}.$$

例5　求由参数方程 $\begin{cases} x = 1 - t^2 \\ y = t - t^3 \end{cases}$ 所确定的函数的二阶导数 $\dfrac{d^2y}{dx^2}$.

解　因为
$$\frac{dy}{dx} = \frac{1-3t^2}{-2t},$$

所以
$$\frac{d^2y}{dx^2} = \frac{-6t(-2t) + 2(1-3t^2)}{(-2t)^2} \cdot \frac{1}{(-2t)} = -\frac{3t^2+1}{4t^3}.$$

如果函数 $u = u(x)$ 和 $v = v(x)$ 在点 x 处都具有 n 阶导数,那么显然 $u \pm v$ 在点 x 处也
具有 n 阶导数,且

$$(u \pm v)^{(n)} = u^{(n)} \pm v^{(n)}.$$

对于乘法运算就比较复杂,由

$$(uv)' = u'v + uv'$$

可以推出　$(uv)'' = u''v + 2u'v' + uv''$,　$(uv)''' = u'''v + 3u''v' + 3u'v'' + uv'''$.

不难看出,这些式子与二项式展开公式很相似,注意到 $u^{(0)} = u$,$v^{(0)} = v$,以及 $u^0 = 1$,
$v^0 = 1$. 把导数公式与二项展开式做对比,就会看到它们更加相似. 例如

$$(uv)^{(3)} = u^{(3)}v^{(0)} + 3u^{(2)}v^{(1)} + 3u^{(1)}v^{(2)} + u^{(0)}v^{(3)} \text{(导数公式)},$$
$$(u+v)^3 = u^3v^0 + 3u^2v^1 + 3u^1v^2 + u^0v^3 \text{(二项展开式)}.$$

既然有一般的二项展开式

$$(u+v)^n = C_n^0 u^n v^0 + C_n^1 u^{n-1}v^1 + C_n^2 u^{n-2}v^2 + \cdots + C_n^m u^{n-m}v^m + \cdots + C_n^n u^0 v^n,$$

自然会猜到

$$(uv)^{(n)} = C_n^0 u^{(n)}v^{(0)} + C_n^1 u^{(n-1)}v^{(1)} + C_n^2 u^{(n-2)}v^{(2)} + \cdots + C_n^m u^{(n-m)}v^{(m)} + \cdots + C_n^n u^{(0)}v^{(n)},$$

即 $(uv)^{(n)} = C_n^0 u^{(n)} v + C_n^1 u^{(n-1)} v' + C_n^2 u^{(n-2)} v'' + \cdots + C_n^m u^{(n-m)} v^{(m)} + \cdots + C_n^n u v^{(n)}.$

这个公式称为**莱布尼茨(Leibniz)公式**,用数学归纳法可以证明,这里 $C_n^m = \dfrac{n!}{m!(n-m)!}$ $(m = 0, 1, 2, \cdots, n)$.

例6 设 $y = x^2 \mathrm{e}^x$,求 $y^{(20)}$.

解 取 $u = \mathrm{e}^x$,$v = x^2$,则 $u^{(n)} = \mathrm{e}^x$,$v' = 2x$,$v'' = 2$,$v''' = 0$,从而

$$v^{(k)} = 0 \quad (k = 3, 4, \cdots, 20),$$

故由莱布尼茨公式,得

$$y^{(20)} = (x^2 \mathrm{e}^x)^{(20)} = C_{20}^0 \mathrm{e}^x \cdot x^2 + C_{20}^1 \mathrm{e}^x \cdot 2x + C_{20}^2 \mathrm{e}^x \cdot 2$$
$$= x^2 \mathrm{e}^x + 40x \mathrm{e}^x + 380 \mathrm{e}^x = (x^2 + 40x + 380) \mathrm{e}^x.$$

练习题 2 - 3

1. 已知 $y = x^4 + \mathrm{e}^x$,求 y',y'',y''',$y^{(4)}$.

2. 求下列函数在相应点处的高阶导数:

(1) $y = \sin x + \cos x$,求 $y''' |_{x=\pi}$;

(2) $y = \mathrm{e}^{2x}$,求 $y^{(4)} |_{x=0}$;

(3) $y = \mathrm{e}^{\tan x}$,求 $y'' |_{x=\pi}$;

(4) $y = x \ln x$,求 $y'' |_{x=1}$;

(5) $y = \ln(1 + x^2)$,求 $y'' |_{x=0}$;

(6) $y = \mathrm{e}^x \cos x$,求 $y^{(5)} |_{x=\pi}$.

3. 求下列函数的 n 阶导数:

(1) $y = \mathrm{e}^{ax}$(a 为常数); (2) $y = \ln(1 + x)$; (3) $y = x \mathrm{e}^x$; (4) $y = x^2 \mathrm{e}^{2x}$.

4. 求由参数方程 $\begin{cases} x = t - \dfrac{1}{t} \\ y = \dfrac{t^2}{2} + \ln t \end{cases}$ $(t > 0)$ 所确定函数的一阶导数 $\dfrac{\mathrm{d}y}{\mathrm{d}x}$ 及二阶导数 $\dfrac{\mathrm{d}^2 y}{\mathrm{d}x^2}$.

5. 求由方程 $x^2 - y + 1 = \mathrm{e}^y$ 所确定的隐函数 $y = y(x)$ 的二阶导数 $y'' |_{x=0}$.

6. 验证函数 $y = C_1 \mathrm{e}^{\lambda x} + C_2 \mathrm{e}^{-\lambda x}$($\lambda$,$C_1$,$C_2$ 是常数)满足关系式 $y'' - \lambda^2 y = 0$.

第四节　函数的微分

在实际问题中,常常会遇到当自变量有一个微小的增量时,如何求出函数的增量的问题. 一般说来计算函数增量的精确值是比较困难的,而对于一些实际问题只需要知道其增量的近似值就足够了. 那么如何能方便地求出函数增量的近似值呢? 这就是我们所要研究的函数的微分.

一、微分的概念

1. 微分的定义

先看下面两个实例.

引例1 一块正方形金属薄片受温度变化影响时,其边长由 x_0 变到 $x_0 + \Delta x$,如图 2 - 3

所示,问此薄片的面积大约改变了多少?

解　设此薄片的面积为 S,则 $S = x_0^2$,薄片受到温度变化的影响,面积的改变量就是自变量 x 在 x_0 处取得增量 Δx 时,相应的函数的增量 ΔS,即

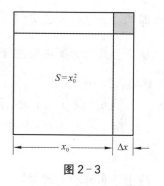

图 2-3

$$\Delta S = (x_0 + \Delta x)^2 - x_0^2 = 2x_0\Delta x + (\Delta x)^2.$$

又因为

$$\lim_{\Delta x \to 0} \frac{(\Delta x)^2}{\Delta x} = 0,$$

所以

$$(\Delta x)^2 = o(\Delta x).$$

于是

$$\Delta S = 2x_0\Delta x + o(\Delta x)(\Delta x \to 0).$$

从上式看出,ΔS 分成两部分:一部分是 $2x_0\Delta x$,它是 Δx 的线性函数,即图中两个小矩形面积之和;另一部分是 Δx 的高阶无穷小量.因此,当 $\Delta x \to 0$ 时,$\Delta S \approx 2x_0\Delta x$.

引例2　求自由落体由时刻 t 到 $t + \Delta t$ 所经过路程的近似值.

解　自由落体的路程 s 与时间 t 的关系是 $s = \frac{1}{2}gt^2$,当时间从 t 变到 $t + \Delta t$ 时,相应的路程 s 有改变量

$$\Delta s = \frac{1}{2}g(t + \Delta t)^2 - \frac{1}{2}gt^2 = gt\Delta t + \frac{1}{2}g(\Delta t)^2.$$

又因为

$$\lim_{\Delta t \to 0} \frac{\frac{1}{2}g(\Delta t)^2}{\Delta t} = 0,$$

所以

$$\frac{1}{2}g(\Delta t)^2 = o(\Delta t),$$

于是

$$\Delta s = gt\Delta t + o(\Delta t)(\Delta t \to 0).$$

从上式看出,Δs 分成两部分,一部分是 Δt 的线性函数,另一部分是 Δt 的高阶无穷小量.当 $|\Delta t|$ 很小时,此部分可以忽略不计.从而得到路程改变量的近似值 $\Delta s \approx gt\Delta t$.

以上两个例子,尽管它们表示的实际意义不同,但在数量关系上却有共同的特点:函数的改变量可以表示成两部分,一部分为自变量增量的线性函数,且是函数增量的主要部分;另一部分是当自变量增量趋于零时,是自变量增量的高阶无穷小量,它在函数增量中所起的作用很微小,可以忽略不计.

这个结论具有一般性,由此引出微分的定义.

定义1　如果函数 $y = f(x)$ 在点 x_0 的某邻域内有定义,如果函数 $y = f(x)$ 在点 x_0 处的增量

$$\Delta y = f(x_0 + \Delta x) - f(x_0)$$

可以表示成

$$\Delta y = A \cdot \Delta x + o(\Delta x),$$

其中 A 是仅与 x_0 有关而与 Δx 无关的常数,$o(\Delta x)$ 是比 Δx 高阶的无穷小,那么称函数 $y = f(x)$ 在 x_0 处**可微**,称 $A \cdot \Delta x$ 为函数 $y = f(x)$ 在 x_0 处的**微分**,记作 $dy|_{x=x_0}$,即 $dy|_{x=x_0} =$

$A \cdot \Delta x$.

定理　函数 $y = f(x)$ 在点 x_0 处可微的充分必要条件是函数 $y = f(x)$ 在点 x_0 处可导，并且函数的微分等于函数的导数与自变量的改变量的乘积，即 $\mathrm{d}y \mid_{x=x_0} = f'(x_0)\Delta x$.

证　设函数 $f(x)$ 在点 x_0 可微，则由微分定义得

$$\Delta y = A \cdot \Delta x + o(\Delta x).$$

其中 $o(\Delta x)$ 是比 Δx 高阶的无穷小 $(\Delta x \to 0)$，上式两边除以 Δx，得

$$\frac{\Delta y}{\Delta x} = A + \frac{o(\Delta x)}{\Delta x}.$$

于是，当 $\Delta x \to 0$ 时，由上式就得到

$$\lim_{\Delta x \to 0} \frac{\Delta y}{\Delta x} = A + \lim_{\Delta x \to 0} \frac{o(\Delta x)}{\Delta x} = A,$$

即

$$A = \lim_{\Delta x \to 0} \frac{\Delta y}{\Delta x} = f'(x_0).$$

因此，如果函数 $f(x)$ 在点 x_0 可微，则 $f(x)$ 在点 x_0 也可导，且 $A = f'(x_0)$.

反之，如果函数 $f(x)$ 在点 x_0 可导，即

$$\lim_{\Delta x \to 0} \frac{\Delta y}{\Delta x} = f'(x_0).$$

由函数极限与无穷小的关系，上式可写成

$$\frac{\Delta y}{\Delta x} = f'(x_0) + \alpha,$$

其中 $\alpha \to 0 (\Delta x \to 0)$，且 $f'(x_0)$ 与 Δx 无关. 于是

$$\Delta y = f'(x_0) \cdot \Delta x + \alpha \cdot \Delta x = f'(x_0) \cdot \Delta x + o(\Delta x).$$

由微分定义知 $y = f(x)$ 在点 x_0 处可微.

定义 2　函数 $y = f(x)$ 在任意点 x 的微分称为**函数的微分**，记作 $\mathrm{d}y$ 或 $\mathrm{d}f(x)$，即 $\mathrm{d}y = f'(x)\Delta x$.

通常把自变量 x 的增量 Δx 称为**自变量的微分**，记作 $\mathrm{d}x$，即 $\mathrm{d}x = \Delta x$，于是函数 $y = f(x)$ 的微分又可记作 $\mathrm{d}y = f'(x)\mathrm{d}x$，从而有 $\dfrac{\mathrm{d}y}{\mathrm{d}x} = f'(x)$.

这就是说，函数 $y = f(x)$ 的微分 $\mathrm{d}y$ 与自变量的微分 $\mathrm{d}x$ 之商等于该函数的导数. 因此，导数也叫作**微商**.

由此可见，函数 $y = f(x)$ 在 x 可微与可导是等价的，即 $\mathrm{d}y = f'(x)\mathrm{d}x \Leftrightarrow \dfrac{\mathrm{d}y}{\mathrm{d}x} = f'(x)$.

例 1　求函数 $y = x^3$ 当 $x = 2$，$\Delta x = 0.02$ 时的微分.

解　先求函数在任意点 x 的微分

$$\mathrm{d}y = (x^3)' \Delta x = 3x^2 \Delta x.$$

再求函数当 $x=2$, $\Delta x = 0.02$ 时的微分

$$\left. \mathrm{d}y \right|_{\substack{x=2 \\ \Delta x = 0.02}} = \left. 3x^2 \Delta x \right|_{\substack{x=2 \\ \Delta x = 0.02}} = 0.24.$$

2. 微分的几何意义

为了对微分有个比较直观的了解,下面研究微分的几何意义.

设可微函数 $y=f(x)$ 的图形如图 2-4 所示,在曲线上任意取一点 $M(x, y)$,过 M 作曲线的切线,则此曲线在该点的切线斜率 $k = f'(x) = \tan \alpha$,当自变量在点 x 处取得增量 Δx 时,就得到曲线上另一点 $N(x + \Delta x, y + \Delta y)$,从图 2-4 可知

$$MQ = \Delta x, \quad QN = \Delta y,$$

且

$$QP = MQ \cdot \tan \alpha = \Delta x f'(x) = \mathrm{d}y.$$

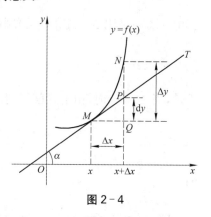

图 2-4

由此可见,当 Δy 是曲线 $y=f(x)$ 上的点 $M(x, y)$ 在曲线上纵坐标的增量时,函数 $y=f(x)$ 的微分 $\mathrm{d}y$ 在几何上表示是曲线 $y=f(x)$ 过点 $M(x, y)$ 的切线上纵坐标的增量.

当 Δx 很小时,$|\Delta y - \mathrm{d}y|$ 比 $|\Delta x|$ 小很多,因此在点 M 的附近,可以"以直代曲"——以切线段 MP 代替曲线段 MN.

二、微分的基本公式与运算法则

由函数微分的定义可知,只须求出 $y' = f'(x)$,再乘以自变量的微分 $\mathrm{d}x$,即得函数 $y = f(x)$ 的微分. 可见求微分归结于求导数,并不需要新方法,因而求导数和求微分的方法统称**微分法**. 利用前面已有的基本初等函数的导数公式,可得出相应的微分公式和微分运算法则.

1. 微分基本公式

(1) $\mathrm{d}(C) = 0$(C 为常数);　　　(2) $\mathrm{d}(x^\alpha) = \alpha x^{\alpha-1} \mathrm{d}x$;

(3) $\mathrm{d}(a^x) = a^x \ln a \mathrm{d}x \ (a>0, a \neq 1)$;　(4) $\mathrm{d}(\mathrm{e}^x) = \mathrm{e}^x \mathrm{d}x$;

(5) $\mathrm{d}(\log_a x) = \dfrac{\mathrm{d}x}{x \ln a} \ (a>0, a \neq 1)$;　(6) $\mathrm{d}(\ln x) = \dfrac{\mathrm{d}x}{x}$;

(7) $\mathrm{d}(\sin x) = \cos x \mathrm{d}x$;　　　(8) $\mathrm{d}(\cos x) = -\sin x \mathrm{d}x$;

(9) $\mathrm{d}(\tan x) = \sec^2 x \mathrm{d}x$;　　　(10) $\mathrm{d}(\cot x) = -\csc^2 x \mathrm{d}x$;

(11) $\mathrm{d}(\sec x) = \tan x \sec x \mathrm{d}x$;　　(12) $\mathrm{d}(\csc x) = -\cot x \csc x \mathrm{d}x$;

(13) $\mathrm{d}(\arcsin x) = \dfrac{\mathrm{d}x}{\sqrt{1-x^2}}$;　　(14) $\mathrm{d}(\arccos x) = -\dfrac{\mathrm{d}x}{\sqrt{1-x^2}}$;

(15) $\mathrm{d}(\arctan x) = \dfrac{\mathrm{d}x}{1+x^2}$;　　(16) $\mathrm{d}(\mathrm{arccot}\, x) = -\dfrac{\mathrm{d}x}{1+x^2}$.

2. 函数的和、差、积、商的微分法则

设 $u = u(x)$, $v = v(x)$ 可导,则:

(1) $\mathrm{d}(u \pm v) = \mathrm{d}u \pm \mathrm{d}v$;　　　(2) $\mathrm{d}(uv) = u\mathrm{d}v + v\mathrm{d}u$;

(3) $\mathrm{d}(Cu) = C\mathrm{d}u$（$C$ 为常数）；　　　(4) $\mathrm{d}\left(\dfrac{u}{v}\right) = \dfrac{v\mathrm{d}u - u\mathrm{d}v}{v^2}$（$v \neq 0$）.

3. 复合函数的微分法则

设 $y = f(u)$ 及 $u = \varphi(x)$ 都可导,则复合函数 $y = f[\varphi(x)]$ 的微分

$$\mathrm{d}y = y'_x\mathrm{d}x = f'(u)\varphi'(x)\mathrm{d}x,$$

由于 $\varphi'(x)\mathrm{d}x = \mathrm{d}u$,所以复合函数 $y = f[\varphi(x)]$ 的微分也可以写成

$$\mathrm{d}y = f'(u)\mathrm{d}u.$$

由此可见,无论 u 是自变量还是中间变量,微分形式 $\mathrm{d}y = f'(u)\mathrm{d}u$ 保持不变. 这一性质称为**微分形式的不变性**. 利用这个性质,求复合函数的微分时十分方便.

例 2　设 $y = \ln(x^2 - x + 2)$,求 $\mathrm{d}y$.

解　利用微分形式不变性,得

$$\mathrm{d}y = \frac{1}{x^2 - x + 2}\mathrm{d}(x^2 - x + 2) = \frac{2x - 1}{x^2 - x + 2}\mathrm{d}x.$$

例 3　设 $y = \ln(1 + \mathrm{e}^x)$,求 $\mathrm{d}y$.

解　$\mathrm{d}y = \mathrm{d}[\ln(1 + \mathrm{e}^x)] = \dfrac{1}{1 + \mathrm{e}^x}\mathrm{d}(1 + \mathrm{e}^x) = \dfrac{\mathrm{e}^x}{1 + \mathrm{e}^x}\mathrm{d}x.$

例 4　设 $y = \mathrm{e}^{\sin^2 x}$,求 $\mathrm{d}y$.

解　$\mathrm{d}y = \mathrm{e}^{\sin^2 x}\mathrm{d}(\sin^2 x) = \mathrm{e}^{\sin^2 x} \cdot 2\sin x \cdot \mathrm{d}(\sin x)$

$\qquad = \mathrm{e}^{\sin^2 x} \cdot 2\sin x\cos x\mathrm{d}x = \mathrm{e}^{\sin^2 x}\sin 2x\mathrm{d}x.$

例 5　$y = y(x)$ 是由方程 $x\mathrm{e}^y - \ln y + 2 = 0$ 所确定的隐函数,求 $\mathrm{d}y$.

解　利用微分形式不变性,对方程两边求微分,得

$$x\mathrm{d}\mathrm{e}^y + \mathrm{e}^y\mathrm{d}x - \frac{1}{y}\mathrm{d}y = 0,$$

即

$$x\mathrm{e}^y\mathrm{d}y + \mathrm{e}^y\mathrm{d}x - \frac{1}{y}\mathrm{d}y = 0,$$

解得

$$\mathrm{d}y = \frac{y\mathrm{e}^y}{1 - xy\mathrm{e}^y}\mathrm{d}x.$$

三、微分在近似计算中的应用

由微分的定义可以知道,当 $|\Delta x|$ 很小时, $\Delta y \approx \mathrm{d}y$, 即

$$\Delta y = f(x_0 + \Delta x) - f(x_0) \approx f'(x_0)\Delta x, \tag{2-5}$$

因此有

$$f(x_0 + \Delta x) \approx f(x_0) + f'(x_0)\Delta x. \tag{2-6}$$

式(2-5)提供了求函数增量近似值的方法,式(2-6)提供了求函数值近似值的方法. 它们在近似计算中都有广泛的应用.

在式(2-5)中,若令 $x = x_0 + \Delta x$,且取 $x_0 = 0$,则可得

$$f(x) \approx f(0) + f'(0)x \quad（当 | x | 很小时）. \tag{2-7}$$

式(2-7)提供了求函数 $f(x)$ 在 $x = 0$ 附近近似值的方法.

例 6 利用微分计算 $\sin 30°30'$ 的近似值.

解 因 $30°30' = \dfrac{\pi}{6} + \dfrac{\pi}{360}$, 设 $f(x) = \sin x$, 则 $df(x) = \cos x dx$. 当 $x_0 = \dfrac{\pi}{6}$, $\Delta x = \dfrac{\pi}{360}$ 时,

$$\sin 30°30' = \sin\left(\frac{\pi}{6} + \frac{\pi}{360}\right) \approx \sin\frac{\pi}{6} + \cos x \Big|_{x=\frac{\pi}{6}} \cdot \frac{\pi}{360} = 0.5076.$$

例 7 半径为 10 cm 的金属圆片加热后, 半径伸长了 0.05 cm. 问其面积增大的精确值为多少? 其近似值又为多少?

解 (1) 设圆面积为 S, 半径为 r, 则 $S = \pi r^2$. 已知 $r = 10\text{ cm}$, $\Delta r = 0.05\text{ cm}$, 故圆面积 S 的增量的精确值为

$$\Delta S = \pi(10 + 0.05)^2 - \pi \times 10^2 = 1.0025\pi\,(\text{cm}^2).$$

(2) 面积增加的近似值为 dS, 则

$$dS = 2\pi r dr = 2\pi \times 10 \times 0.05 = \pi\,(\text{cm}^2).$$

比较两种结果可知 $\Delta S \approx dS$, 其误差很小.

例 8 某工厂每周生产 x 件产品所获得利润为 y 万元, 已知 $y = 6\sqrt{1000x - x^2}$, 当每周产量由 100 件增至 102 件时, 试用微分求其利润增加的近似值.

解 由题知 $x = 100$, $\Delta x = dx = 2$, 求 $\Delta y \approx dy$.

因为

$$dy = (6\sqrt{1000x - x^2})' dx = \frac{6(500 - x)}{\sqrt{1000x - x^2}} dx,$$

$$dy\Big|_{\substack{x=100 \\ dx=2}} = \frac{6(500 - x)}{\sqrt{1000x - x^2}} dx \Big|_{\substack{x=100 \\ dx=2}} = \frac{2400}{\sqrt{100\,000 - 10\,000}} \cdot 2 = 16\,(\text{万元}).$$

即每周产量由 100 件增至 102 件可增加利润约 16 万元.

例 9 有一半径为 1 cm 的球, 为了提高球面的光洁度, 要镀上一层铜, 厚度为 0.01 cm, 估计每只球须用铜多少克(铜的密度是 8.9 g/cm^3)?

解 设球体积为 V, 半径为 r, 则 $V = \dfrac{4}{3}\pi r^3$. 已知 $r_0 = 1\text{ cm}$, $\Delta r = 0.01\text{ cm}$, 则

$$V'\Big|_{r=r_0} = 4\pi r_0^2.$$

两个球体体积之差即为镀层体积, 则

$$\Delta V \approx dV = 4\pi r_0^2 \cdot \Delta r = 4 \times 3.14 \times 1^2 \times 0.01 \approx 0.13\,(\text{cm}^3).$$

于是镀每只球须用的铜约为

$$0.13 \times 8.9 \approx 1.16\,(\text{g}).$$

例 10 当 $|x|$ 很小时, 证明: $\sqrt[n]{1 + x} \approx 1 + \dfrac{1}{n}x$.

证 令 $f(x) = \sqrt[n]{1 + x}$, 则 $f'(x) = \dfrac{1}{n}(1 + x)^{\frac{1}{n} - 1}$.

由 $f(0)=1$，$f'(0)=\dfrac{1}{n}$，代入式（2-7），得

$$\sqrt[n]{1+x} \approx 1+\dfrac{1}{n}x.$$

按照例 10 的方法，当 $|x|$ 很小时，可以证明下列各式也成立：

(1) $e^x \approx 1+x$；　　　　　　　　　　　(2) $\sin x \approx x$（x 以弧度为单位）；

(3) $\ln(1+x) \approx x$；　　　　　　　　　(4) $\tan x \approx x$（x 以弧度为单位）.

练习题 2-4

1. 设 $y=f(x)$ 在点 x_0 的某邻域有定义，且 $f(x_0+\Delta x)-f(x_0)=a\Delta x+b(\Delta x)^2$，其中 a，b 为常数，下列命题哪个正确：

(1) $f(x)$ 在点 x_0 处可导，且 $f'(x_0)=a$；

(2) $f(x)$ 在点 x_0 处可微，且 $\mathrm{d}f(x)\big|_{x=x_0}=a\mathrm{d}x$；

(3) $f(x_0+\Delta x) \approx f(x_0)+a\Delta x$（当 $|\Delta x|$ 很小时）.

2. 将适当的函数填入下列括号内，使等式成立：

(1) $\mathrm{d}(\qquad)=2\mathrm{d}x$；　　　　　　　　(2) $\mathrm{d}(\qquad)=x^2\mathrm{d}x$；

(3) $\mathrm{d}(\qquad)=\dfrac{1}{1+t^2}\mathrm{d}t$；　　　　(4) $\mathrm{d}(\qquad)=\sin 4x\mathrm{d}x$；

(5) $\mathrm{d}(\qquad)=\dfrac{1}{\sqrt{1-t^2}}\mathrm{d}t$；　　　(6) $\mathrm{d}(\sin^2 x)=(\qquad)\mathrm{d}(\sin x)$；

(7) $\mathrm{d}(e^{\sin x})=(\qquad)\mathrm{d}(\sin x)$；　　(8) $\mathrm{d}\tan(x+1)=(\qquad)\mathrm{d}(x+1)$.

3. 求下列函数的微分：

(1) $y=x^2+\sin x$；　　(2) $y=\cos(2x+1)$；　　(3) $y=xe^x$；

(4) $y=(3x-1)^{100}$；　　(5) $y=\ln\tan\dfrac{x}{2}$；　　(6) $y=\cos(\cos x)$；

(7) $y=\tan^2(1-x^2)$；　　(8) $y=\sqrt{x+\sqrt{x+1}}$.

4. 计算以下近似值：

(1) $\sqrt[3]{1.02}$；　　　　(2) $\sin 29°$；　　　　(3) $\ln 0.98$；　　　　(4) $e^{-0.03}$.

5. 设 $f(x)=\ln(1+x)$，求 $\mathrm{d}f(x)\big|_{\substack{x=2\\\Delta x=0.01}}$.

6. 设 $xy=e^{x+y}$，求 $\mathrm{d}y$.

7. 设 $y=f(\ln x)e^{f(x)}$，其中 $f(x)$ 可微，求 $\mathrm{d}y$.

8. 一直径为 10 cm 的球体，受热后膨胀，直径增大了 0.15 cm，问体积大约增加多少？

第五节　演示与实验——用 MATLAB 求函数的导数

用 MATLAB 求函数的导数是由命令函数 diff() 来实现的，其调用格式和功能说明见表 2-1.

表 2-1　求函数的导数的调用格式和功能说明

调用格式	功　能　说　明
diff(f)	计算函数 f 的一阶导数
diff(f,x)	计算函数 f 关于自变量 x 的一阶导数
diff(f,n)	计算函数 f 的 n 阶导数
diff(f,x,n)	计算函数 f 关于自变量 x 的 n 阶导数

上述命令格式中的 f 为所需要求导数的函数,x 为变量,n 为大于 1 的自然数.

注　若输入的系统函数 diff(f) 与 diff(f,n) 自变量缺失,如果函数 f 为一元函数,则系统默认自变量.若函数 f 为多元函数,则 diff(f) 将默认为对最靠近的那个变量求导.

例1　求下列函数的导数:

(1) $y = \mathrm{e}^{3x-2}$;

(2) $y = \ln(x + \sqrt{x^2 + a^2})$.

解　>> clear

>> syms x y a

>> y1=exp(3*x−2);

>> y2=log(x+sqrt(x^2+a^2));

>> dy1=diff(y1)

dy1=

　3*exp(3*x−2)

>> dy2=diff(y2,x)

dy2=

　(1+1/(x^2+a^2)^(1/2)*x)/(x+(x^2+a^2)^(1/2))　　　%不是最简形式

>> simplify(dy2)　　　%化简

ans=

　1/(x^2+a^2)^(1/2)

例2　求函数 $y = \dfrac{x^2}{\sqrt{1+x^2}}$ 的一阶导数及二阶导数.

解　>> clear

>> syms　x d1y　d2y

>> y=x^2/sqrt(1+x^2);

>> d1y=simplify(diff(y))　　　%求一阶导数并化简

d1y=

　x*(x^2+2)/(x^2+1)^(3/2)

>> d2y=simplify(diff(y,2))

d2y=

　−(x^2−2)/(x^2+1)^(5/2)

例3　求参数方程 $\begin{cases} x = \arctan t \\ y = \ln(1+t^2) \end{cases}$ 所确定的函数的导数.

解 >> clear

>> syms x y t

>> x＝atan(t)；

>> y＝log(1+t^2)；

>> dy＝diff(y)/diff(x)

dy＝

　2＊t

下面的例子给出求解隐函数导数的 MATLAB 命令.

例 4 求由方程 $\ln \sqrt{x^2+y^2} = \arctan \dfrac{y}{x}$ 所确定的函数 $y=f(x)$ 的导数 $\dfrac{\mathrm{d}y}{\mathrm{d}x}$.

解 >> clear

>> maple('implicitdiff(log(sqrt(x^2+y^2))＝atan(y/x),y,x)')

ans＝

　(x+y)/(−y+x)

练习题 2 - 5

1. 求下列函数的导数：

(1) $y=(2x+\sin^2 x)^3$；　　　　　　　　(2) $y=\mathrm{e}^{2x+1}\sin(3x+2)$.

2. 求由参数方程 $\begin{cases} x=\mathrm{e}^t\sin t \\ y=\mathrm{e}^t\cos t \end{cases}$ 所确定的函数的导数.

3. 求由方程 $xy=\mathrm{e}^{x+y}$ 所确定的函数 $y=f(x)$ 的导数 $\dfrac{\mathrm{d}y}{\mathrm{d}x}$.

第六节　导数与微分模型

本节通过实例来了解作为变化率的导数在经济学、生物学、物理学等方面的应用.

一、实际问题中的导数模型

例 1（边际成本） 设某公司生产 x 件产品时的总成本为 $C(x)$，当生产的件数从 x 增加到 $x+\Delta x$ 时，增加的成本为 $\Delta C=C(x+\Delta x)-C(x)$，则生产 Δx 件产品的平均成本为 $\dfrac{\Delta C}{\Delta x}=\dfrac{C(x+\Delta x)-C(x)}{\Delta x}$，当 $\Delta x \to 0$ 时，极限 $\lim\limits_{\Delta x \to 0}\dfrac{\Delta C}{\Delta x}=\dfrac{\mathrm{d}C}{\mathrm{d}x}$. 在经济学中，称 $\dfrac{\mathrm{d}C}{\mathrm{d}x}$ 为边际成本，它表示产量为 x 时生产单位产品所需的成本.

由于成本函数的自变量只能取非负整数，所以成本函数是不连续的，也不可导. 但当产品数量很大时，可粗略地将自变量看作连续变化的，若 $\Delta x=1$ 和 x 足够大，则有

$$\Delta C = C(x+1)-C(x) \approx C'(x),$$

这表示产量为 x 时的边际成本近似于多生产一件产品的成本.

类似地,在经济学中还有边际需求、边际收益、边际利润等概念,它们分别是需求函数、收益函数、利润函数的导数,其含义类似于边际成本.

例 2(生物种群的增长率)　设 $N(t)$ 表示某生物种群在时刻 t 的个体总数,求此生物种群在时刻 t_0 的增长率.

解　从时刻 t_0 到时刻 $t_0+\Delta t$,增加的种群个体总数为 $\Delta N = N(t_0+\Delta t)-N(t_0)$,平均增长率为 $\dfrac{\Delta N}{\Delta t} = \dfrac{N(t_0+\Delta t)-N(t_0)}{\Delta t}$.当 $\Delta t \to 0$ 时,在时刻 t_0 的瞬时增长率为 $N'(t_0) = \lim\limits_{\Delta t \to 0} \dfrac{\Delta N}{\Delta t}$.

这里要注意,种群个体总数 $N(t)$ 只能取正整数,是不连续的函数,从而也不可导,但由于多数生物种群繁衍世代延续,且数量庞大,当时间间隔 Δt 较小时,由出生和死亡引起的种群个体数量的变化相对于个体总数来说也比较小,因此可近似地把 $N(t)$ 看作连续可导函数.

二、人口增长模型

例 3(人口增长模型)　某地区近年来的人口数据见表 2-2.

表 2-2　某地区近年来的人口数据

年份	人口数/千人	增加人口数/千人	年份	人口数/千人	增加人口数/千人
2017	570		2019	613	22
2018	591	21	2020	636	23

请问在 2022 年年初,该地区人口以何种速度增长?

1. 模型建立

通过表 2-2 观察到每年增加的人口数量很接近,可以近似得到

$$\frac{2018 \text{年人口}}{2017 \text{年人口}} = \frac{591}{570} \approx 1.037, \quad \frac{2019 \text{年人口}}{2018 \text{年人口}} = \frac{613}{591} \approx 1.037, \quad \frac{2020 \text{年人口}}{2019 \text{年人口}} = \frac{636}{613} \approx 1.037.$$

可以看出,2017—2020 年,每年人口都大约增长了 3.7%,人口呈线性增长趋势.

设 t 是自 2017 年来的年数,则:

当 $t=0$ 时,2017 年人口数为 $570 = 570\,(1.037)^0$;

当 $t=1$ 时,2018 年人口数为 $591 = 570\,(1.037)^1$;

当 $t=2$ 时,2019 年人口数为 $613 = 591\,(1.037)^1 = 570\,(1.037)^2$;

当 $t=3$ 时,2020 年人口数为 $636 = 613\,(1.037)^1 = 570\,(1.037)^3$.

设 2017 年后 t 年的人口数为 y,则该地区的人口模型为

$$y = 570\,(1.037)^t.$$

2. 模型求解

由于瞬时增长率是导数,故须计算 $\dfrac{\mathrm{d}y}{\mathrm{d}t}$ 在 $t=5$ 的值:

$$\frac{\mathrm{d}y}{\mathrm{d}t} = \frac{\mathrm{d}\left[570\,(1.037)^t\right]}{\mathrm{d}t} = 570\,(1.037)^t \ln(1.037) = 20.709\,(1.037)^t.$$

将 $t=5$ 代入上式,得 $20.709(1.037)^5 = 24.835$. 所以该地区在 2022 年年初大约以 24 835 人的速度增长.

三、经营决策模型

例 4(经营决策模型)　假设有一条航线,考察其近年来的数据发现,该航线的总成本近似为航班数的二次函数,该航线的总收入与航班数近似成正比.且该航线无航班时,年总成本为 100 万美元;当航班 25 架次时,年总成本为 200 万美元;航班为 50 架次时,年总成本及年总收入都为 500 万美元.现该航线航班有 31 架次,问是否需要增加第 32 次航班?

1. 问题分析

是否需要增加第 32 次航班,显然要考虑当航班 31 架次时的边际利润.其含义为,当航班 31 架次时,多增加 1 次航班所增加(或减少)的利润.如果第 32 次航班能为公司挣钱,那么就应该增加.

2. 模型建立

设该航线上航班数为 x,总成本为 $C(x)$,总收入为 $R(x)$,则该航线总利润为 $L(x)$.

由现有条件,可设 $C(x) \approx ax^2 + bx + c$,将 $(0, 100)$,$(25, 200)$,$(50, 500)$ 代入,得

$$a = \frac{4}{25}, \ b = 0, \ c = 100.$$

故该航线的总成本表达式为　　$C(x) \approx \frac{4}{25}x^2 + 100.$

设 $R(x) = dx$,将 $(50, 500)$ 代入可得 $d = 10$,故该航线总收入为 $R(x) = 10x$.因此该航线的利润函数为

$$L(x) = R(x) - C(x) = -\frac{4}{25}x^2 + 10x - 100.$$

3. 模型求解

求边际利润函数 $\dfrac{\mathrm{d}L(x)}{\mathrm{d}x} = -\dfrac{8}{25}x + 10.$

当 $x = 31$ 时,该航线的边际利润为 $\dfrac{\mathrm{d}L(x)}{\mathrm{d}x}\Big|_{x=31} = -\dfrac{8}{25} \times 31 + 10 = 0.08$,即该航线有 31 架次航班时,每增加 1 次航班,该航线利润将增加 0.08 万美元,故可以考虑增加第 32 架次航班.

四、航拍问题

例 5(航拍问题)　假设一飞机在离地面 2 km 的高度,以 200 km/h 的速度水平飞行到某地面目标上空,以便进行连续地航空摄影.摄像机镜头方向的转动是由飞机上的自控电脑控制的.如果飞机具有红外或雷达测距装置可以随时测得飞机到目标的直线距离 d,问为了使摄像机镜头始终对准目标,摄像机控制电脑应该怎样设置摄像机转动的角速度?

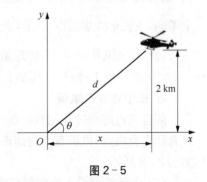

图 2-5

1. 问题分析

运用所学的数学知识去解决不同背景下的实际问题，关键在于分析问题的本质，引进适当的变量，通过分析变量之间的内在联系，建立数学模型，把复杂问题用数学方法表达出来.

2. 模型建立与求解

设飞机与目标的水平距离为 x km，从地面看，飞机从高空拍摄目标 O 的角度为 θ（图 2-5），由题意可得，$d^2 = x^2 + 2^2$，且已知 $v = \dfrac{\mathrm{d}x}{\mathrm{d}t} = -200$ km/h.

要求的是 $\dfrac{\mathrm{d}\theta}{\mathrm{d}t}$，又因为 $\theta = \arctan \dfrac{2}{x}$，所以可得角速度

$$\omega = \frac{\mathrm{d}\theta}{\mathrm{d}t} = \frac{\mathrm{d}\theta}{\mathrm{d}x} \cdot \frac{\mathrm{d}x}{\mathrm{d}t} = \frac{1}{1 + \left(\dfrac{2}{x}\right)^2} \left(-\frac{2}{x^2}\right) \frac{\mathrm{d}x}{\mathrm{d}t} = -\frac{2}{x^2 + 4} \frac{\mathrm{d}x}{\mathrm{d}t}$$

$$= -\frac{2}{d^2} \frac{\mathrm{d}x}{\mathrm{d}t} = -\frac{2}{d^2} \times (-200) = \frac{400}{d^2}. \tag{2-8}$$

例如，当飞机飞至目标上空 $d = h = 2$ km 时，角速度

$$\omega \mid_{x=0} = -\frac{2}{d^2} \frac{\mathrm{d}x}{\mathrm{d}t} \bigg|_{x=0} = -\frac{2}{4} \times (-200) = 100\,(\mathrm{rad/h})$$

$$= 100 \times \frac{180}{\pi} \times \frac{1}{3\,600} = \frac{5}{\pi} \approx 1.591\,5\,(°/\mathrm{s}).$$

式（2-8）就是摄像机电脑自动控制其转动的角速度时要符合的条件，也即按照这个角速度变化方式控制摄像机的转动，就能够让摄像机镜头始终对准目标.

五、飞机的降落曲线

例6（飞机的降落曲线）   飞机安全降落是机场最重要的问题之一，我们经常看到这样的现象，有时飞机眼看就要降落了，但又拉起，如此反复几次，最终安全降落，这到底是什么原因？

1. 问题提出

在研究飞机的自动着陆系统时，技术人员需要分析飞机的降落曲线. 根据经验，一架水平飞行的飞机，其降落曲线近似是一条三次抛物线，如图 2-6 所示，已知飞机的飞行高度为 h，飞机的着陆点为原点 O，且在整个降落过程中，飞机的水平速度始终保持为常数 v，出于安全考虑，飞机垂直加速度的最大绝对值不得超过 $\dfrac{g}{10}$，此处 g 是重力加速度.

（1）若飞机从 $x = x_0$ 处开始下降，试确定飞机的降落曲线；

（2）求开始下降点 x_0 所能允许的最小值.

2. 模型建立与求解

假设飞机降落时在铅直平面内飞行，其降落曲线是该铅直平面内的一条平面曲线. 以飞机着陆点为原点，以铅直面与地面的交线为 x 轴，建立平面直角坐标系，y 表示飞机的高度，如图 2-6 所示.

（1）由题意可设飞机的降落曲线为

$$y = ax^3 + bx^2 + cx + d.$$

由题设的条件有 $y(0) = 0$, $y(x_0) = h$, 由于飞机的飞行曲线是光滑的, 则 y 具有一阶连续的导数, 所以 $y'(0) = 0$, $y'(x_0) = 0$. 将上面四个条件代入 y 的表达式, 可得

$$\begin{cases} 0 = y(0) = d, \\ 0 = y'(0) = c, \\ h = y(x_0) = ax_0^3 + bx_0^2 + cx_0 + d, \\ 0 = y'(x_0) = 3ax_0^2 + 2bx_0 + c. \end{cases}$$

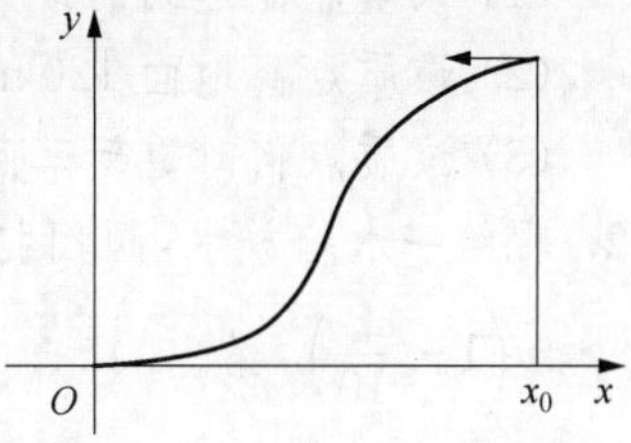

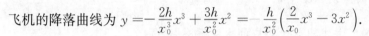

图 2-6

解得　　　　　$a = -\dfrac{2h}{x_0^3},\ b = \dfrac{3h}{x_0^2},\ c = d = 0.$

飞机的降落曲线为 $y = -\dfrac{2h}{x_0^3}x^3 + \dfrac{3h}{x_0^2}x^2 = -\dfrac{h}{x_0^2}\left(\dfrac{2}{x_0}x^3 - 3x^2\right).$

（2）飞机的垂直速度是 y 对 t 的导数, 故

$$\frac{\mathrm{d}y}{\mathrm{d}t} = -\frac{6h}{x_0^2}\left(\frac{x^2}{x_0} - x\right)\frac{\mathrm{d}x}{\mathrm{d}t}.$$

其中 $\dfrac{\mathrm{d}x}{\mathrm{d}t}$ 是飞机的水平速度, 由题设知 $\dfrac{\mathrm{d}x}{\mathrm{d}t} = v$, 故

$$\frac{\mathrm{d}y}{\mathrm{d}t} = -\frac{6vh}{x_0^2}\left(\frac{x^2}{x_0} - x\right).$$

垂直加速度为　　　$\dfrac{\mathrm{d}^2 y}{\mathrm{d}t^2} = -\dfrac{6vh}{x_0^2}\left(\dfrac{2x}{x_0} - 1\right)\dfrac{\mathrm{d}x}{\mathrm{d}t} = -\dfrac{6v^2 h}{x_0^2}\left(\dfrac{2x}{x_0} - 1\right).$

将垂直加速度记为 $a(y)$, 则

$$|a(y)| = \frac{6v^2 h}{x_0^2}\left|\frac{2x}{x_0} - 1\right|,\ x \in [0,\ x_0],$$

因此, 垂直加速度的最大绝对值为

$$\max_{x \in [0,\ x_0]} |a(y)| = \frac{6v^2 h}{x_0^2}.$$

根据设计要求, 有 $\dfrac{6v^2 h}{x_0^2} \leqslant \dfrac{g}{10}$. 此时, x_0 须满足 $x_0 \geqslant v\sqrt{\dfrac{60h}{g}}$. 即飞机降落所需的水平距离不得小于 $v\sqrt{\dfrac{60h}{g}}$.

例如, 当飞机在水平速度为 $540\ \mathrm{km/h}$、高度为 $1\,000\ \mathrm{m}$ 飞临机场上空时, 有

$$x_0 \geqslant \frac{540 \times 1\,000}{3\,600}\sqrt{\frac{60 \times 1\,000}{9.8}} \approx 11\,737\,(\mathrm{m}).$$

即飞机所需的降落距离不得小于 $11\,737\ \mathrm{m}$.

　　该实例较好地解决了飞机离开降落机场多远的距离就应该启动降落的问题. 同理, 也可以在已知飞机离开欲降落机场的水平距离时, 计算飞机降落时的最高允许高度.

练习题 2－6

1. 一质点以 50 m/s 的发射速度垂直射向空中，t s 后达到的高度为 $s = 50t - 5t^2$(m)(图 2－7)，假设在此运动过程中重力为唯一的作用力，试问：

   (1) 该质点能达到的最大高度是多少？

   (2) 该质点离地面 120 m 时的速度是多少？

   (3) 该质点何时重新落回地面？

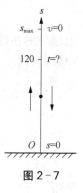

图 2－7

2. 现给一水箱放水，阀门打开 t h 后水箱的深度 h 可近似认为由公式 $h = 5\left(1 - \dfrac{t}{10}\right)^2$ 给出．

   (1) 求在时间 t 处水深下降的快慢程度 $\dfrac{\mathrm{d}h}{\mathrm{d}t}$；

   (2) 何时水位下降最快，最慢？并求出此时对应的水深下降率 $\dfrac{\mathrm{d}h}{\mathrm{d}t}$．

3. 某型号电视机的月销售收入(元)与售出台数(台)的函数为 $Y(x) = 100\,000\left(1 - \dfrac{1}{2x}\right)$．

   (1) 求售出第 100 台电视机时的边际收入．

   (2) 从边际收入函数可得出什么有意义的结论？并解释当 $x \to \infty$ 时，$Y'(x)$ 的极限值所表示的含义．

4. 设 $N = N(x)$ 表示 x 个劳动力所生产的某产品的数量，如果每个劳动力生产的产品数量相同，则 $\dfrac{N}{x}$ 是常数，称为劳动生产率．实际上，产品的产量并不是随劳动力的增加而均匀增长的，试求劳动力数量为 x_0 时的边际劳动生产率．

5. 如果 t 表示 2000 年以来的年数，某地区人口(千人)由 $P(t) = 500\,(1.01)^t$ 表示．估计该地区 2006 年的人口增长速度(人／年)．

6. 每年的冬季是我国东北地区雪雕展的季节．现有一个球形的雪雕展品，其球的直径为 200 cm，根据经验，雪雕展品会以平均每天 1 cm³ 的速度融化．不妨设球形雪雕是一个规则的球体，S 和 V 分别表示它的表面积和体积．有关部门想知道下面的问题：

   (1) 球形雪雕的半径是以什么样的速率在变化？

   (2) 球形雪雕的表面积是以什么样的速率在变化？

   (3) 球形雪雕全部融化完要多少天？

7. 一摄像机安装在距火箭发射台 4 000 m 处，假设火箭发射后沿直线上升并在距地面 3 000 m 处，其速率达到 300 m/s，问：

   (1) 这时火箭与摄像机之间距离的增加率是多少？

   (2) 如果摄像机镜头始终对准升空火箭，那么这时摄像机倾角的增加率是多少？

 本章小结

一、本章主要内容与重点

本章主要内容有：导数的概念，基本初等函数的求导公式，导数的四则运算法则，复合函数的求导法则，隐函数的求导法，对数求导法，高阶导数，微分的概念和运算法则以及微分在近似计算中的应用.

重点 导数与微分的概念、基本公式及运算法则,初等函数的导数与微分,导数的几何意义,可导与连续的关系.

二、学习指导

(一)导数

1. 导数的定义

导数的定义一般可用下面两种形式的极限来表示:

$$f'(x_0) = \lim_{\Delta x \to 0} \frac{\Delta y}{\Delta x} = \lim_{\Delta x \to 0} \frac{f(x_0 + \Delta x) - f(x_0)}{\Delta x} = \lim_{x \to x_0} \frac{f(x) - f(x_0)}{x - x_0}.$$

在这里要注意 $y = f(x)$ 在点 x_0 处的导数 $f'(x_0)$ 与导函数 $f'(x)$ 的区别与联系:

$$f'(x_0) = f'(x) \mid_{x=x_0}.$$

导数是函数增量与自变量增量之比的极限. 因此,导数是极限概念的具体运用,是一种固定形式的极限. 利用导数的定义,求相关形式极限或导数.

2. 单侧导数

(1) 左导数 $f'_-(x_0) = \lim_{\Delta x \to 0^-} \frac{f(x_0 + \Delta x) - f(x_0)}{\Delta x}$ 或 $f'_-(x_0) = \lim_{x \to x_0^-} \frac{f(x) - f(x_0)}{x - x_0}$;

(2) 右导数 $f'_+(x_0) = \lim_{\Delta x \to 0^+} \frac{f(x_0 + \Delta x) - f(x_0)}{\Delta x}$ 或 $f'_+(x_0) = \lim_{x \to x_0^+} \frac{f(x) - f(x_0)}{x - x_0}.$

3. 导数存在的充分必要条件

$f'(x_0)$ 存在 $\Leftrightarrow f'_+(x_0)$ 与 $f'_-(x_0)$ 存在且相等.

利用这个结论可判断分段函数在分段点处的可导性.

4. 可导与连续的关系

可导必连续,但连续未必可导.

5. 求导数的方法

由于函数的结构不同,求导方法也不尽相同,主要方法归纳如下:

(1) 用导数定义求导;

(2) 用导数的基本公式和导数的四则运算法则求导;

(3) 用链式法则对复合函数求导;

(4) 用对数求导法对幂指函数求导;

(5) 用隐函数的直接求导法求导;

(6) 用参数求导公式对由参数方程确定的函数求导.

6. 导数的简单应用

(1) 利用导数的几何意义求曲线 $y = f(x)$ 在点 $(x_0, f(x_0))$ 处的切线和法线方程.

(2) 利用导数的物理意义求变速直线运动的速度及加速度等.

(3) 利用导数是反映函数相对于自变量的变化快慢程度的概念,根据函数在某点的变化率的实际意义,可求相关实际问题的变化率.

(二)微分

1. 微分的定义

2. 微分与导数的关系

$f(x)$ 在 x_0 可微 $\Leftrightarrow f(x)$ 在 x_0 可导.

3. 微分的基本公式

由 $dy = f'(x)dx$ 及导数的基本公式可得微分的基本公式,即基本初等函数的微分公式.

4. 求函数的微分

有如下两种方法:

(1) 由 $dy = f'(x)dx$ 求微分时,先求导数 $f'(x)$,再乘以 dx;

(2) 直接利用微分四则运算法则,复合函数微分形式的不变性及基本初等函数的微分公式来求.

5. 微分的简单应用——近似计算

(1) 计算函数增量的近似值:

$$\Delta y \approx f'(x_0)\Delta x \quad (当 |\Delta x| 很小时).$$

(2) 计算函数值的近似值:

$$f(x_0 + \Delta x) \approx f(x_0) + f'(x_0)\Delta x \quad (当 |\Delta x| 很小时);$$
$$f(x) \approx f(0) + f'(0)x \quad (当 |x| 很小时).$$

当 $|x|$ 很小时,有下面一些常用的近似公式:

① $e^x \approx 1 + x$; ② $\sin x \approx x$(x 以弧度为单位); ③ $\ln(1+x) \approx x$;

④ $\tan x \approx x$(x 以弧度为单位); ⑤ $\sqrt[n]{1+x} \approx 1 + \dfrac{1}{n}x$.

总之,本章绝大部分内容都是微分学中的基本内容,其中导数和微分是最基本的概念,务必理解透彻,牢固掌握;求导数和求微分的运算也是高等数学的基本功,力求运算正确,快速娴熟;基本初等函数的导数公式、微分公式是求导数、求微分运算的基础,应熟记于心;复合函数求导法则是本章的重点和难点,在求导运算中起着重要的作用,正确分析函数的复合关系,可使运算准确快捷;函数的和、差、积、商的求导法则,复合函数求导法则,隐函数求导法则,参数方程所确定的函数求导法则,对数求导法都是求导的基本法则,都要运用熟练,其途径在于多练习、多总结.

导数是函数的变化率,实际情形中变化率问题是很多的,如人口增长率、经济增长率、能源消耗率、气体分子的扩散率、电流强度、线密度等,都可以归结为导数问题.微分是函数增量的"线性主部",体现了"以直代曲"的逼近思想.希望读者体会导数与微分的深刻含义,掌握它们在几何、物理和经济上的应用.

习题二

1. 判断题:

(1) 函数 $y = |x|$ 在 $x = 0$ 处的导数为 0. （   ）

(2) 初等函数在其定义域内一定可导. （   ）

(3) 若函数 $f(x)$ 在 $x = 1$ 处可导,则 $f'(1) = \lim\limits_{x \to 1} \dfrac{f(x) - f(1)}{x - 1}$. （   ）

(4) 设函数 $y = \mathrm{e}^x$，则 $y^{(n)} = n\mathrm{e}^x$. （　　）

2. 选择题：

(1) 若函数 $f(x)$ 在点 x_0 处可导，则（　　）是错误的.

    A. 函数 $f(x)$ 在点 x_0 处有定义　　　　B. $\lim\limits_{x \to x_0} f(x) = A$，但 $A \neq f(x_0)$

    C. 函数 $f(x)$ 在点 x_0 处连续　　　　　D. 函数 $f(x)$ 在点 x_0 处可微

(2) 曲线 $y = x^2$ 与曲线 $y = a\ln x (a \neq 0)$ 相切，则 $a = （　　）$.

    A. 4e　　　　　　B. 2e　　　　　　C. e　　　　　　D. 3e

(3) 下列函数中导数不等于 $\dfrac{1}{2}\sin 2x$ 的是（　　）.

    A. $\dfrac{1}{2}\sin^2 x$　　　B. $-\dfrac{1}{2}\cos^2 x$　　　C. $\dfrac{1}{4}\cos 2x$　　　D. $1 - \dfrac{1}{4}\cos 2x$

(4) 设 $f(u) = \mathrm{e}^u$，$g(x) = \cos x$，则 $f[g(x)]$ 在 $x = \dfrac{\pi}{2}$ 处导数是（　　）.

    A. 0　　　　　　B. e　　　　　　C. -1　　　　　D. 1

(5) 已知隐函数 $y = 1 + x\mathrm{e}^y$，则 $\mathrm{d}y$ 是（　　）.

    A. $\dfrac{\mathrm{e}^y}{1 - x\mathrm{e}^y}$　　B. $\dfrac{\mathrm{e}^y}{1 - x\mathrm{e}^y}\mathrm{d}x$　　C. $\dfrac{\mathrm{e}^y}{1 + x\mathrm{e}^y}\mathrm{d}x$　　D. $\dfrac{1 - x\mathrm{e}^y}{\mathrm{e}^y}\mathrm{d}x$

(6) 设 $y = \lg 2x$，则 $\mathrm{d}y = （　　）$.

    A. $\dfrac{1}{2x}\mathrm{d}x$　　　B. $\dfrac{1}{x}\mathrm{d}x$　　　C. $\dfrac{\ln 10}{x}\mathrm{d}x$　　　D. $\dfrac{1}{x\ln 10}\mathrm{d}x$

3. 填空题：

(1) 设 $f'(x_0) = A$，则 $\lim\limits_{h \to 0} \dfrac{f(x_0) - f(x_0 - h)}{2h} = $ ＿＿＿＿＿；

    $\lim\limits_{h \to 0} \dfrac{f(x_0 + 3h) - f(x_0 - h)}{h} = $ ＿＿＿＿＿.

(2) 若 $\lim\limits_{x \to 0} \dfrac{f(x) - f(0)}{x} = \dfrac{1}{2}$，则 $f'(0) = $ ＿＿＿＿＿；

(3) 若 $\lim\limits_{x \to 0} \dfrac{f(2x) - f(0)}{x} = \dfrac{1}{3}$，则 $f'(0) = $ ＿＿＿＿＿；

(4) 设 $f(x) = \begin{cases} x^a \sin \dfrac{1}{x}, & x \neq 0 \\ 0, & x = 0 \end{cases}$，当 a ＿＿＿＿＿ 时，$f(x)$ 在 $x = 0$ 处可导；

(5) 曲线 $y = \ln x$ 上点 $(1, 0)$ 处的切线方程为 ＿＿＿＿＿＿＿＿＿；

(6) 设函数 $f(x) = \mathrm{e}^{-x}$，则 $[f(2x)]' = $ ＿＿＿＿＿＿＿＿＿；

(7) 已知函数 $y = x + \sin y$，则 $\dfrac{\mathrm{d}y}{\mathrm{d}x} = $ ＿＿＿＿＿＿＿＿＿＿＿；

(8) 设 $f(x) = \ln(1 - x)$，则 $f''(0) = $ ＿＿＿＿＿＿＿；

(9) 设 $f(x) = x(x+1)(x+2)\cdots(x+100)$，则 $f'(0) = $ ＿＿＿＿＿；

(10) 设 $f(x) = \lim\limits_{t \to \infty} x\left(1 + \dfrac{1}{t}\right)^{2tx}$，则 $f'(x) = $ ＿＿＿＿＿；

(11) 设 $\begin{cases} x = f(t) - \pi \\ y = f(\mathrm{e}^{3t} - 1) \end{cases}$，其中 f 可导，且 $f'(0) \neq 0$，则 $\left.\dfrac{\mathrm{d}y}{\mathrm{d}x}\right|_{t=0} = $ ＿＿＿＿＿.

4. 求下列函数的导数:

(1) $y = (x^2 + 1)(3x - 1)$；　　　　(2) $y = x^2 \sin \dfrac{1}{x}$；　　(3) $y = (\sin x)^{\cos x}$；

(4) $y = \tan \dfrac{1+x}{1-x}$；　　　　　(5) $y = \tan(x + y)$；　　(6) $\begin{cases} x = a(\cos t + t \sin t) \\ y = a(\sin t - t \cos t) \end{cases}$.

5. 设 $f(x) = \begin{cases} \mathrm{e}^x, & x \leqslant 0 \\ a + bx, & x > 0 \end{cases}$，当 a, b 为何值时，$f(x)$ 在 $x = 0$ 处连续且可导？

6. 求过点 $(2, 0)$ 并与曲线 $y = 2x - x^3$ 相切的直线方程.

7. 已知 $y = f\left(\dfrac{3x-2}{5x+2}\right)$，$f'(x) = \arctan x^2$，求 $\left.\dfrac{\mathrm{d}y}{\mathrm{d}x}\right|_{x=0}$.

8. 设 $y = f(x)$ 由 $\begin{cases} x = \arctan t \\ 2y - ty^2 + \mathrm{e}^t = 5 \end{cases}$ 确定，求 $\dfrac{\mathrm{d}y}{\mathrm{d}x}$.

9. 求下列函数的微分:

(1) $y = \ln(1 + 2^x)$；　　　　(2) $y = \cos(\tan x)$；　　(3) $y = \csc^3(\ln x)$；

(4) $y = \tan[\ln(1 + x^2)]$；　　(5) $y = x^{\frac{1}{x}}$；　　　　(6) $x^2 \mathrm{e}^y + y^2 = 1$.

10. 求函数 $y = \mathrm{e}^x \sin x$ 的 n 阶导数.

11. 已知摆线的参数方程 $\begin{cases} x = a(t - \sin t) \\ y = a(1 - \cos t) \end{cases}$，求 $\dfrac{\mathrm{d}^2 y}{\mathrm{d}x^2}$.

12. 求由方程 $\mathrm{e}^y + xy = \mathrm{e}$ 所确定的隐函数 $y = y(x)$ 的二阶导数 $y''|_{x=0}$.

13. 某一机械挂钟，钟摆的周期为 1 s，在冬季，由于温度低，摆长缩短了 0.01 cm，那么这只钟每天大约快多少？

14. 当一个身高 2 m 的人，向一个高为 5 m 的灯柱走去，当他走到离灯塔 2.8 m 时，该人的瞬时速度为 2 m/s，求此时人身影的长度之瞬时伸长率，并求身影顶的运动速度.

15. 溶液自深 18 cm 顶直径 12 cm 的正圆锥形漏斗中漏入一直径为 10 cm 的圆柱形筒中，开始时漏斗中盛满了溶液. 已知当溶液在漏斗中深为 12 cm 时，其表面下降的速率为 1 cm/min. 问此时圆筒中溶液表面上升的速率为多少？

16. 一长为 5 m 的梯子斜靠在墙上，如果梯子下端以 0.5 m/s 的速率滑离墙壁，试求:

(1) 梯子下端离墙 3 m 时，梯子上端向下滑落的速率；

(2) 梯子与墙的夹角为 $\dfrac{\pi}{3}$ 时，该夹角的增加率.

阅读材料

伟大的数学家——牛顿

牛顿 (Newton, 1643—1727) 是英国伟大的数学家、物理学家、天文学家，其研究领域包括了物理学、数学、天文学、神学、自然哲学和炼金术. 牛顿的主要贡献有:发明了微积分，发现了万有引力定律和经典力学，设计并实际制造了第一架反射式望远镜等，被誉为人类历史上最伟大、最有影响力的科学家. 为了纪念牛顿在经典力学方面的杰出成就，"牛顿"后来成为衡量力的大小的物理单位.

牛顿于 1643 年 1 月 4 日生于英格兰林肯郡格兰瑟姆附近的沃尔索普村. 1661 年入英国剑桥大学

三一学院,在 1665 年他发现了二项式定理.随后两年在家乡躲避鼠疫,他在此间制定了一生大多数重要科学创造的蓝图.1667 年牛顿回剑桥后当选为剑桥大学三一学院院委,次年获硕士学位.1669 年任剑桥大学卢卡斯数学教授席位直到 1701 年.1696 年任皇家造币厂监督,并移居伦敦.1703 年任英国皇家学会会长.1706 年受英国女王安娜封爵.在晚年,牛顿潜心于自然哲学与神学.1727 年 3 月 31 日,牛顿在伦敦病逝,享年 84 岁.

在牛顿的全部科学贡献中,数学成就占有突出的地位.他数学生涯中的第一项创造性成果就是发现了二项式定理.据牛顿本人回忆,他是在 1664 年和 1665 年间的冬天,在研读沃利斯博士的《无穷算术》时,试图修改其求圆面积的级数时发现这一定理的.

笛卡儿的解析几何把描述运动的函数关系和几何曲线相对应.牛顿在老师巴罗的指导下,在钻研笛卡儿的解析几何的基础上,找到了新的出路.可以把任意时刻的速度看作在微小时间范围里的速度的平均值,这就是一个微小的路程和时间间隔的比值,当这个微小的时间间隔缩小到无穷小的时候,就是这一点的准确值.这就是微分的概念.

微积分的创立是牛顿最卓越的数学成就.牛顿为解决运动问题,才创立这种和物理概念直接联系的数学理论的,牛顿称之为"流数术".它所处理的一些具体问题,如切线问题、求积问题、瞬时速度问题以及函数的极大和极小值问题等,在牛顿前已经得到人们的研究了.但牛顿超越了前人,他站在了更高的角度,对以往分散的结论加以综合,将自古希腊以来求解无限小问题的各种技巧统一为两类普通的算法——微分和积分,并确立了这两类运算的互逆关系,从而完成了微积分发明中最关键的一步,为近代科学发展提供了最有效的工具,开辟了数学上的一个新纪元.

1707 年,牛顿的代数讲义经整理后出版,定名为《普遍算术》.他主要讨论了代数基础及其(通过解方程)在解决各类问题中的应用.书中陈述了代数基本概念与基本运算,用大量实例说明了如何将各类问题化为代数方程,同时对方程的根及其性质进行了深入探讨,引出了方程论方面的丰硕成果,例如,他得出了方程的根与其判别式之间的关系,指出可以利用方程系数确定方程根之幂的和数,即"牛顿幂和公式".

牛顿对解析几何与综合几何都有贡献.此外,他的数学工作还涉及数值分析、概率论和初等数论等众多领域.

第三章

导数的应用

> 科学上没有平坦的大道,真理的长河中有无数礁石险滩.只有不畏攀登的采药者,只有不怕巨浪的弄潮儿,才能登上高峰采得仙草,深入水底觅得骊珠.
>
> ——华罗庚

学习目标

1. 了解罗尔中值定理、拉格朗日中值定理、柯西中值定理及它们的几何意义.

2. 会用洛必达法则求 $\dfrac{0}{0}$ 型和 $\dfrac{\infty}{\infty}$ 型未定式的极限.

3. 掌握函数单调性、极值的判断方法,会用函数的单调性证明简单的不等式.

4. 掌握求函数最大值和最小值的方法,会求实际应用中的最值问题.

5. 掌握用导数讨论函数图形的凹凸性的方法,会求曲线的拐点.

6. 会用 MATLAB 求解导数应用问题.

7. 会利用导数建立优化模型,解决一些实际问题.

上一章引入了导数的概念,它反映函数在某一点处因变量相对于自变量变化快慢的局部特性. 在这一章里将应用导数来研究函数在区间上的整体性态,并利用这些知识解决一些实际问题.

第一节 中值定理

微分中值定理给出了函数及其导数之间的联系,是导数应用的理论基础. 微分中值定理包括罗尔中值定理、拉格朗日中值定理与柯西中值定理,它们在微分学理论中占有重要地位.

一、罗尔中值定理

先介绍一个引理.

费马(Fermat)引理 设函数 $f(x)$ 在点 x_0 的某邻域 $U(x_0)$ 内有定义,且对该邻域内任一点 x,有 $f(x) \leqslant f(x_0)$(或 $f(x) \geqslant f(x_0)$). 若 $f(x)$ 在点 x_0 可导,则必有 $f'(x_0) = 0$.

证 只就 $f(x) \leqslant f(x_0)$ 时的情形证明,$f(x) \geqslant f(x_0)$ 的情形类似.

由条件知存在 x_0 的某邻域 $U(x_0)$,使得对一切 $x \in U(x_0)$ 有 $f(x) \leqslant f(x_0)$.

因此,当 $x < x_0$ 时有
$$\frac{f(x) - f(x_0)}{x - x_0} \geqslant 0,$$

而当 $x > x_0$ 时,则有
$$\frac{f(x) - f(x_0)}{x - x_0} \leqslant 0.$$

由 $f(x)$ 在 x_0 可导并在上述不等式两边取极限,由极限的保号性可得

$$f'(x_0) = f'_-(x_0) = \lim_{x \to x_0^-} \frac{f(x) - f(x_0)}{x - x_0} \geqslant 0,$$

$$f'(x_0) = f'_+(x_0) = \lim_{x \to x_0^+} \frac{f(x) - f(x_0)}{x - x_0} \leqslant 0,$$

于是 $f'(x_0) = 0$.

费马引理的几何意义是:在曲线的峰点或谷点处(图 3-1),若曲线有切线,则切线必平行于 x 轴.

罗尔(Rolle)中值定理 如果函数 $f(x)$ 满足:

(1) 在闭区间 $[a, b]$ 上连续;

(2) 在开区间 (a, b) 内可导;

(3) $f(a) = f(b)$.

则在 (a, b) 内至少存在一点 ξ,使得 $f'(\xi) = 0$.

证 因为 $f(x)$ 在 $[a, b]$ 上连续,根据闭区间上连续函数的性质,$f(x)$ 在 $[a, b]$ 上有最大值 M 与最小值 m,下面分两种情形讨论:

(ⅰ) 若 $M = m$,则 $f(x)$ 在 $[a, b]$ 上必为常量,从而它的导函数 $f'(x)$ 在 (a, b) 上恒为零,

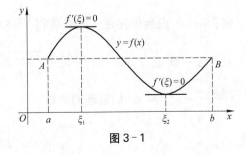

图 3-1

因此在 (a, b) 内任取一点作为 ξ,都有 $f'(\xi) = 0$.

(ii) 若 $M \neq m$,则 M 和 m 两者之中至少有一个不等于函数在端点的值 $f(a)$,因此最大值 M 与最小值 m 至少有一个是在 (a, b) 内部一点 ξ 取得的. 因为 $f(x)$ 在 (a, b) 内可导,所以由费马引理知 $f'(\xi) = 0$.

罗尔中值定理的几何意义是:如果连续曲线 $y = f(x)$ 在开区间 (a, b) 内的每一点都存在不垂直于 x 轴的切线,并且两个端点 A、B 处的纵坐标相等,即联结两端点的直线 AB 平行于 x 轴,则在此曲线上至少存在一点 $C(\xi, f(\xi))$,使得曲线 $y = f(x)$ 在点 C 处的切线与 x 轴平行(图 3-1).

例 1　说明函数 $f(x) = \dfrac{x^3}{3} - x$ 在 $[-\sqrt{3}, \sqrt{3}]$ 上是否满足罗尔中值定理的条件. 若满足,求出使 $f'(\xi) = 0$ 的点 ξ.

解　因为 $f(x)$ 在 $[-\sqrt{3}, \sqrt{3}]$ 上连续且在 $(-\sqrt{3}, \sqrt{3})$ 内可导,又

$$f(-\sqrt{3}) = f(\sqrt{3}) = 0,$$

所以 $f(x)$ 在 $[-\sqrt{3}, \sqrt{3}]$ 上满足罗尔中值定理的条件.

由于 $f'(x) = x^2 - 1$,令 $f'(\xi) = 0$,得 $\xi_1 = -1$,$\xi_2 = 1$.

例 2　设 $f(x) = (x+1)(x-1)(x-2)(x-3)$,证明方程 $f'(x) = 0$ 有三个实根,并指出其所在区间.

证　$f(x)$ 在 $(-\infty, +\infty)$ 上连续、可导,且 $f(-1) = f(1) = f(2) = f(3) = 0$.

由罗尔中值定理可得,在 $(-1, 1)$,$(1, 2)$,$(2, 3)$ 内分别存在 ξ_1,ξ_2,ξ_3,使得

$$f'(\xi_1) = f'(\xi_2) = f'(\xi_3) = 0.$$

另一方面,$f'(x)$ 是一个三次多项式,方程 $f'(x) = 0$ 最多有三个根,所以 $f'(x) = 0$ 有三个实根,分别在 $(-1, 1)$,$(1, 2)$,$(2, 3)$ 之内.

二、拉格朗日中值定理

拉格朗日(Lagrange)中值定理　如果函数 $f(x)$ 满足:

(1) 在闭区间 $[a, b]$ 上连续;

(2) 在开区间 (a, b) 内可导.

则在 (a, b) 内至少存在一点 ξ,使得 $f'(\xi) = \dfrac{f(b) - f(a)}{b - a}$.

证　欲证 $f'(\xi) = \dfrac{f(b) - f(a)}{b - a}$,可证在 (a, b) 内至少存在一点 ξ,使得 $f'(\xi) - \dfrac{f(b) - f(a)}{b - a} = 0$. 构造辅助函数

$$g(x) = f(x) - \frac{f(b) - f(a)}{b - a} x,$$

显然,$g(x)$ 在 $[a, b]$ 上连续,在 (a, b) 内可导,且 $g(b) = g(a)$.

由罗尔中值定理可知,在 (a, b) 内至少存在一点 ξ,使得 $g'(\xi) = 0$,又

$$g'(x) = f'(x) - \frac{f(b) - f(a)}{b - a},$$

故在(a, b)内至少存在一点ξ,使得

$$g'(\xi) = f'(\xi) - \frac{f(b) - f(a)}{b - a} = 0,$$

即

$$f'(\xi) = \frac{f(b) - f(a)}{b - a}.$$

拉格朗日中值定理的几何意义是:设点A的坐标是$(a, f(a))$,点B的坐标是$(b, f(b))$,因此,联结A、B两点的直线斜率为$\dfrac{f(b) - f(a)}{b - a}$. 在联结$A$、$B$两点的一条连续的曲线上,如果过每一点,曲线都有不垂直于x轴的切线,则曲线上至少有一点$(\xi, f(\xi))$,过该点的切线平行于弦AB,如图3-2所示.

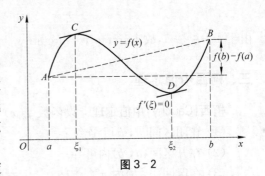

图3-2

注 显然,罗尔中值定理是拉格朗日中值定理(当$f(a) = f(b)$时)的特例,而图3-2可以看作图3-1的坐标作一定角度的旋转使得端点高度不同而得到的.

拉格朗日中值定理有以下两个重要推论:

推论1 设函数$f(x)$在区间I上可导,且如果对于任意的$x \in I$,都有$f'(x) = 0$,则$f(x)$在区间(a, b)内恒等于常数.

证 任取两点$x_1, x_2 \in I$(设$x_1 < x_2$),在区间$[x_1, x_2]$上应用拉格朗日中值定理,存在$\xi \in (x_1, x_2) \subset I$,使得

$$f(x_2) - f(x_1) = f'(\xi)(x_2 - x_1) = 0.$$

这就证明了函数$f(x)$在区间I上任何两点的函数值都是相等的,也就是说,函数$f(x)$在区间I上是一个常数.

推论2 如果对于任意的$x \in (a, b)$,都有$f'(x) = g'(x)$,则必有$f(x) = g(x) + C$(C为常数).

证 令$\varphi(x) = f(x) - g(x)$,则$\varphi'(x) = f'(x) - g'(x) = 0$. 由推论1知$\varphi(x) = C$,即$f(x) = g(x) + C$.

例3 证明恒等式$\arcsin x + \arccos x = \dfrac{\pi}{2}$ $(-1 \leqslant x \leqslant 1)$.

证 令$f(x) = \arcsin x + \arccos x$,$-1 \leqslant x \leqslant 1$,则$f(x)$在$[-1, 1]$上连续,在$(-1, 1)$内可导,且$f'(x) = (\arcsin x)' + (\arccos x)' = \dfrac{1}{\sqrt{1 - x^2}} - \dfrac{1}{\sqrt{1 - x^2}} = 0$.

由推论1得$\arcsin x + \arccos x = C$,$-1 < x < 1$.

因为$f(0) = \dfrac{\pi}{2}$,所以$\arcsin x + \arccos x = \dfrac{\pi}{2}(-1 < x < 1)$. 又$f(-1) = f(1) = \dfrac{\pi}{2}$,

故 $\arcsin x + \arccos x = \dfrac{\pi}{2}(-1 \leqslant x \leqslant 1)$.

例4　证明：$|\arctan x - \arctan y| \leqslant |x - y|$.

证　当 $x = y$ 时，等式成立. 当 $x \neq y$ 时，因为 x，y 的位置可互换，不妨设 $x > y$.

令 $f(x) = \arctan x$，则 $f(x)$ 在 $[y, x]$ 上满足拉格朗日中值定理的条件，$f'(x) = \dfrac{1}{1+x^2}$，故存在 $\xi \in (y, x)$，使得 $f(x) - f(y) = f'(\xi)(x - y)$. 即

$$\arctan x - \arctan y = \frac{1}{1+\xi^2}(x - y).$$

由于 $1 + \xi^2 \geqslant 1$，故 $|\arctan x - \arctan y| = \dfrac{1}{1+\xi^2}|x - y| \leqslant |x - y|$.

三、柯西中值定理

柯西(Cauchy)中值定理　设函数 $f(x)$ 与 $g(x)$ 满足：

(1) 在闭区间 $[a, b]$ 上连续；

(2) 在开区间 (a, b) 内可导；

(3) 在区间 (a, b) 内 $g'(x) \neq 0$.

则在 (a, b) 内至少存在一点 ξ，使得 $\dfrac{f'(\xi)}{g'(\xi)} = \dfrac{f(b) - f(a)}{g(b) - g(a)}$.

证　首先注意到 $g(b) - g(a) \neq 0$，这是由于

$$g(b) - g(a) = g'(\eta)(b - a),$$

其中 $a < \eta < b$，根据假定 $g'(\eta) \neq 0$，又 $b - a \neq 0$，所以 $g(b) - g(a) \neq 0$.

类似拉格朗日中值定理的证明，欲证 $\dfrac{f'(\xi)}{g'(\xi)} = \dfrac{f(b) - f(a)}{g(b) - g(a)}$，可证在 (a, b) 内至少存在一点 ξ，使得 $f'(\xi) - \dfrac{f(b) - f(a)}{g(b) - g(a)}g'(\xi) = 0$. 构造辅助函数

$$F(x) = f(x) - \frac{f(b) - f(a)}{g(b) - g(a)}g(x),$$

显然，$F(x)$ 在 $[a, b]$ 上连续，在 (a, b) 内可导，且 $F(b) = F(a)$. 由罗尔中值定理可知，在 (a, b) 内至少存在一点 ξ，使得 $F'(\xi) = 0$. 又

$$F'(x) = f'(x) - \frac{f(b) - f(a)}{g(b) - g(a)}g'(x),$$

故在 (a, b) 内至少存在一点 ξ，使得 $F'(\xi) = f'(\xi) - \dfrac{f(b) - f(a)}{g(b) - g(a)}g'(\xi) = 0$，即

$$\frac{f'(\xi)}{g'(\xi)} = \frac{f(b) - f(a)}{g(b) - g(a)}.$$

注　在此定理中，当 $g(x) = x$ 时，$g(b) - g(a) = b - a$，$g'(x) = 1$，则柯西中值定理就变成了拉格朗日中值定理. 说明拉格朗日中值定理是柯西中值定理的特殊情形.

通过上面的讨论可知,拉格朗日中值定理是罗尔中值定理的推广,柯西中值定理又是拉格朗日中值定理的推广.罗尔中值定理、拉格朗日中值定理、柯西中值定理是微分学中的三个中值定理,特别是拉格朗日中值定理是利用导数研究函数的有力工具,因此也称拉格朗日中值定理为微分中值定理.

练习题 3-1

1. 给定函数 $f(x) = x^3 - 6x^2 + 11x - 6$:

   (1) 验证在区间 $[1, 3]$ 上满足罗尔中值定理条件,并求出罗尔中值定理结论中 ξ 的值;

   (2) 验证在区间 $[0, 3]$ 上满足拉格朗日中值定理的条件,并求出拉格朗日中值定理结论中的 ξ 值.

2. 验证 $f(x) = \sin x$, $g(x) = \cos x$ 在区间 $\left[0, \dfrac{\pi}{2}\right]$ 上满足柯西中值定理条件,并求出柯西中值定理结论中 ξ 的值.

3. 不用求出函数 $f(x) = x(x-1)(x-2)(x+1)(x+2)$ 的导数,说明方程 $f'(x) = 0$ 有几个实根,并指出它们所在的区间.

4. 设 $f(x)$ 在 $[a, b]$ 上连续,在 (a, b) 内可导,且在 (a, b) 内 $f'(x) \neq 0$,证明 $f(x)$ 在 (a, b) 内至多有一个零点.

5. 设函数 $f(x)$ 在 $[a, b]$ 上连续,在 (a, b) 内二阶可导,且 $f(a) = f(c) = f(b)$ $(a < c < b)$,试证:至少存在一个 $\xi \in (a, b)$,使得 $f''(\xi) = 0$.

6. 证明恒等式:

   (1) $\arctan x + \operatorname{arccot} x = \dfrac{\pi}{2}$, $x \in \mathbf{R}$;　(2) $\arctan x + \arctan \dfrac{1}{x} = \dfrac{\pi}{2}$, $x > 0$.

7. 证明方程 $x^5 + x - 1 = 0$ 只有一个正根.

8. 证明下列不等式:

   (1) $|\sin a - \sin b| \leqslant |a - b|$;　　　　(2) 当 $x \geqslant 1$ 时,$\mathrm{e}^x \geqslant \mathrm{e}x$;

   (3) 当 $x \neq 0$ 时,$\mathrm{e}^x > 1 + x$;　　　　(4) 当 $x > 0$ 时,$\dfrac{x}{1+x} < \ln(1+x) < x$.

第二节　洛必达法则

在求极限的过程中,常常遇到这样的情形,即在自变量同一变化过程中,分式的分子、分母同时趋于零或同时趋于无穷大,这时分式的极限可能存在,也可能不存在.通常把这种极限称为**未定式**,并分别简记为 $\dfrac{0}{0}$ 或 $\dfrac{\infty}{\infty}$.未定式的基本类型有 $\dfrac{0}{0}$ 型和 $\dfrac{\infty}{\infty}$ 型;未定式的其他类型有 $0 \cdot \infty$, $\infty - \infty$, 0^0, 1^∞, ∞^0 型.

例如,$\lim\limits_{x \to 0} \dfrac{\sin 3x}{x}$, $\lim\limits_{x \to +\infty} \dfrac{x}{\mathrm{e}^x}$ 就是未定式,前一个是 $\dfrac{0}{0}$ 型,后一个是 $\dfrac{\infty}{\infty}$ 型.

在本书第一章中,计算未定式的极限往往需要经过适当的变形,转化成可利用极限运算法则或重要极限的形式进行计算. 这种变形没有一般方法,须视具体问题而定,属于特定的方法. 本节用导数作为工具,给出计算未定式极限的一般方法,即洛必达(L'Hospital)法则.

一、$\dfrac{0}{0}$ 型未定式的极限求法

定理 1(洛必达法则 I) 如果 $f(x)$ 与 $g(x)$ 满足:

(1) $\lim\limits_{x \to x_0} f(x) = 0$, $\lim\limits_{x \to x_0} g(x) = 0$;

(2) 在点 x_0 的某去心邻域内,$f'(x)$ 与 $g'(x)$ 均存在且 $g'(x) \neq 0$;

(3) $\lim\limits_{x \to x_0} \dfrac{f'(x)}{g'(x)} = A$(或 ∞).

则有 $\lim\limits_{x \to x_0} \dfrac{f(x)}{g(x)} = \lim\limits_{x \to x_0} \dfrac{f'(x)}{g'(x)} = A$(或 ∞).

注 (1) 若将定理中 $x \to x_0$ 换成 $x \to x_0^{\pm}$,$x \to \pm\infty$,$x \to \infty$ 等,结论同样成立.

(2) 如果 $\dfrac{f'(x)}{g'(x)}$ 当 $x \to x_0$ 时也是 $\dfrac{0}{0}$ 型,且 $f'(x)$ 与 $g'(x)$ 能满足定理 1 中 $f(x)$,$g(x)$ 所满足的条件,则可继续使用洛必达法则.

例 1 求下列极限:

(1) $\lim\limits_{x \to 1} \dfrac{x^3 - 1}{\ln x}$;

(2) $\lim\limits_{x \to +\infty} \dfrac{\dfrac{\pi}{2} - \arctan x}{\dfrac{1}{x}}$.

解 (1) 该极限为 $\dfrac{0}{0}$ 型,故

$$\lim_{x \to 1} \frac{x^3 - 1}{\ln x} = \lim_{x \to 1} \frac{(x^3 - 1)'}{(\ln x)'} = \lim_{x \to 1} \frac{3x^2}{\dfrac{1}{x}} = \lim_{x \to 1} 3x^3 = 3.$$

(2) 该极限为 $\dfrac{0}{0}$ 型,故

$$\lim_{x \to +\infty} \frac{\dfrac{\pi}{2} - \arctan x}{\dfrac{1}{x}} = \lim_{x \to +\infty} \frac{-\dfrac{1}{1 + x^2}}{-\dfrac{1}{x^2}} = \lim_{x \to +\infty} \frac{x^2}{1 + x^2} = \lim_{x \to +\infty} \frac{1}{\dfrac{1}{x^2} + 1} = 1.$$

例 2 求 $\lim\limits_{x \to 0} \dfrac{\ln(1 + 3x)}{x^2}$.

解 $\lim\limits_{x \to 0} \dfrac{\ln(1 + 3x)}{x^2} = \lim\limits_{x \to 0} \dfrac{[\ln(1 + 3x)]'}{(x^2)'} = \lim\limits_{x \to 0} \dfrac{\dfrac{3}{1 + 3x}}{2x} = \lim\limits_{x \to 0} \dfrac{3}{2x(1 + 3x)} = \infty$.

例 3 求 $\lim\limits_{x \to 1} \dfrac{x^3 - 3x + 2}{x^3 - x^2 - x + 1}$.

解 $\lim\limits_{x \to 1} \dfrac{x^3 - 3x + 2}{x^3 - x^2 - x + 1} = \lim\limits_{x \to 1} \dfrac{(x^3 - 3x + 2)'}{(x^3 - x^2 - x + 1)'}$

$$= \lim_{x \to 1} \frac{3x^2 - 3}{3x^2 - 2x - 1} = \lim_{x \to 1} \frac{6x}{6x - 2} = \frac{3}{2}.$$

例 4 求 $\lim\limits_{x \to 0} \dfrac{e^x + e^{-x} - 2}{\sin^2 x}$.

解 $\lim\limits_{x \to 0} \dfrac{e^x + e^{-x} - 2}{\sin^2 x} = \lim\limits_{x \to 0} \dfrac{e^x - e^{-x}}{2\sin x \cos x} = \lim\limits_{x \to 0} \dfrac{e^x - e^{-x}}{\sin 2x} = \lim\limits_{x \to 0} \dfrac{e^x + e^{-x}}{2\cos 2x} = 1.$

注 在利用洛必达法则求极限时,还要尽量将式子化简以利于求导.

二、$\dfrac{\infty}{\infty}$型未定式的极限求法

定理 2(洛必达法则Ⅱ) 如果 $f(x)$ 与 $g(x)$ 满足:

(1) $\lim\limits_{x \to x_0} f(x) = \infty$, $\lim\limits_{x \to x_0} g(x) = \infty$;

(2) 在点 x_0 的某去心邻域内,$f'(x)$ 与 $g'(x)$ 均存在且 $g'(x) \neq 0$;

(3) $\lim\limits_{x \to x_0} \dfrac{f'(x)}{g'(x)} = A(或 \infty)$.

则有 $\lim\limits_{x \to x_0} \dfrac{f(x)}{g(x)} = \lim\limits_{x \to x_0} \dfrac{f'(x)}{g'(x)} = A(或 \infty)$.

注 (1) 若将定理中 $x \to x_0$ 换成 $x \to x_0^{\pm}$, $x \to \pm\infty$, $x \to \infty$ 等,结论同样成立.

(2) 如果 $\dfrac{f'(x)}{g'(x)}$ 当 $x \to x_0$ 时也是 $\dfrac{\infty}{\infty}$ 型,且 $f'(x)$ 与 $g'(x)$ 能满足定理 2 中 $f(x)$, $g(x)$ 所满足的条件,则可继续使用洛必达法则.

例 5 求 $\lim\limits_{x \to +\infty} \dfrac{\ln x}{x^2}$.

解 $\lim\limits_{x \to +\infty} \dfrac{\ln x}{x^2} = \lim\limits_{x \to +\infty} \dfrac{(\ln x)'}{(x^2)'} = \lim\limits_{x \to +\infty} \dfrac{\frac{1}{x}}{2x} = \lim\limits_{x \to +\infty} \dfrac{1}{2x^2} = 0.$

由例 5 可知,当 $x \to +\infty$ 时,对数函数 $\ln x$ 的增长速度比幂函数 x^2 慢.

例 6 求 $\lim\limits_{x \to +\infty} \dfrac{x^n}{e^{\lambda x}}$($n$ 为正整数,$\lambda > 0$).

解 相继使用洛必达法则 n 次,得

$$\lim_{x \to +\infty} \frac{x^n}{e^{\lambda x}} = \lim_{x \to +\infty} \frac{nx^{n-1}}{\lambda e^{\lambda x}} = \cdots = \lim_{x \to +\infty} \frac{n!}{\lambda^n e^{\lambda x}} = 0.$$

由例 6 可知,当 $x \to +\infty$ 时,幂函数 x^n 的增长速度比指数函数 $e^{\lambda x}$ 慢.

注 不能对任何比式极限都按洛必达法则求解. 首先必须注意它是不是未定式的极限,其次是否满足洛必达法则诸条件.

例 7 求 $\lim\limits_{x \to +\infty} \dfrac{x + \sin x}{x}$.

解 此极限虽然是 $\dfrac{\infty}{\infty}$ 型,但若不顾条件盲目使用洛必达法则:

$$\lim_{x \to +\infty} \frac{x + \sin x}{x} = \lim_{x \to +\infty} \frac{1 + \cos x}{1},$$

由右端极限不存在推出原极限也不存在.

事实上右端极限不存在,但也不为∞,它不满足洛必达法则的条件(3). 故不能用洛必达法则. 正确做法为:

$$\lim_{x \to +\infty} \frac{x + \sin x}{x} = \lim_{x \to +\infty} \left(1 + \frac{\sin x}{x}\right) = 1,$$

原极限存在.

未定式还有 $0 \cdot \infty$,$\infty - \infty$,0^0,1^∞,∞^0 等类型. 但它们经过简单变换都可化成上面讨论的 $\frac{0}{0}$ 型或 $\frac{\infty}{\infty}$ 型,再用洛必达法则来求极限.

例 8　求 $\lim\limits_{x \to 0^+} x \ln x$.

解　这是 $0 \cdot \infty$ 型未定式,将其变形为 $x \ln x = \dfrac{\ln x}{\dfrac{1}{x}}$,则当 $x \to 0^+$ 时右端是 $\dfrac{\infty}{\infty}$ 型未定式,

利用洛必达法则得

$$\lim_{x \to 0^+} x \ln x = \lim_{x \to 0^+} \frac{\ln x}{\dfrac{1}{x}} = \lim_{x \to 0^+} \frac{\dfrac{1}{x}}{-\dfrac{1}{x^2}} = \lim_{x \to 0^+} (-x) = 0.$$

例 9　求 $\lim\limits_{x \to 1} \left(\dfrac{2}{x^2 - 1} - \dfrac{1}{x - 1}\right)$.

解　这是 $\infty - \infty$ 型未定式,

$$\lim_{x \to 1} \left(\frac{2}{x^2 - 1} - \frac{1}{x - 1}\right) = \lim_{x \to 1} \frac{1 - x}{x^2 - 1} = \lim_{x \to 1} \frac{-1}{2x} = -\frac{1}{2}.$$

例 10　求 $\lim\limits_{x \to 0^+} x^x$.

解　这是 0^0 型未定式,由 $x^x = e^{x \ln x}$,根据复合函数连续性,只要求得 $x \to 0^+$ 时 $x \ln x$ 的极限就可以得到所求函数的极限值. 设 $y = x^x$,取对数得 $\ln y = x \ln x$,所以 $y = e^{x \ln x}$ 或 $x^x = e^{x \ln x}$. 而 $\lim\limits_{x \to 0^+} x \ln x$ 是 $0 \cdot \infty$ 型未定式,并且注意到例 8 的结果,可以得出

$$\lim_{x \to 0^+} x^x = \lim_{x \to 0^+} e^{x \ln x} = e^{\lim\limits_{x \to 0^+} x \ln x} = e^0 = 1.$$

由以上各例看出,洛必达法则是求未定式的值的一种简便有效的法则.

练习题 3-2

1. 试说明求下列函数极限不能使用洛必达法则:

(1) $\lim\limits_{x \to \infty} \dfrac{\sin x}{x}$;

(2) $\lim\limits_{x \to \infty} \dfrac{x + \cos x}{x}$;

(3) $\lim\limits_{x \to \frac{\pi}{2}} \dfrac{\tan 5x}{\sin 3x}$;

(4) $\lim\limits_{x \to 0} \dfrac{x^2 \sin \dfrac{1}{x}}{\sin x}$.

2. 用洛必达法则求下列极限：

(1) $\lim\limits_{x \to 0} \dfrac{\sin ax}{\tan bx}(b \neq 0)$；

(2) $\lim\limits_{x \to a} \dfrac{a^x - x^a}{x - a}(a > 0)$；

(3) $\lim\limits_{x \to 0} \dfrac{x - x\cos x}{x - \sin x}$；

(4) $\lim\limits_{x \to 0} \dfrac{x(e^x + 1) - 2(e^x - 1)}{x^3}$；

(5) $\lim\limits_{x \to +\infty} \dfrac{\ln x}{x^a}(a > 0)$；

(6) $\lim\limits_{x \to +\infty} \dfrac{x^n}{e^x}(n \in \mathbf{N})$；

(7) $\lim\limits_{x \to +\infty} \dfrac{e^{-x}}{\ln\left(\dfrac{2}{\pi}\arctan x\right)}$；

(8) $\lim\limits_{x \to 0^+} \dfrac{\ln \tan 7x}{\ln \tan 2x}$；

(9) $\lim\limits_{x \to 0}\left[\dfrac{1}{2x} - \dfrac{1}{x(e^x + 1)}\right]$；

(10) $\lim\limits_{x \to 0^+} x^a \ln x \ (a > 0)$；

(11) $\lim\limits_{x \to \frac{\pi}{2}}(\sec x - \tan x)$；

(12) $\lim\limits_{x \to 0}(1 - e^{2x})\cot x$；

(13) $\lim\limits_{x \to 1} x^{\frac{1}{1-x}}$；

(14) $\lim\limits_{x \to 0^+} x^{\sin x}$；

(15) $\lim\limits_{x \to +\infty} \sqrt[x]{x}$；

(16) $\lim\limits_{x \to \frac{\pi}{2}^-}(\tan x)^{\sin 2x}$。

第三节　泰勒公式

　　多项式函数是各类函数中最简单的一种,因为只要对自变量进行有限次的加、减、乘三种运算,就能求出其函数值. 而对于一些较为复杂的函数,往往通过多项式来近似表达函数,这种方法是近似计算与理论分析的一个重要内容.

　　先考察一下函数 $f(x)$ 本身就是一个多项式的情形. 设 $f(x)$ 是以 $(x - x_0)$ 为幂次的 n 次多项式

$$f(x) = a_0 + a_1(x - x_0) + a_2(x - x_0)^2 + \cdots + a_n(x - x_0)^n,$$

逐次求它在 $x = x_0$ 处的各阶导数：

$$f(x_0) = a_0, \ f'(x_0) = a_1, \ f''(x_0) = 2!a_2, \cdots, f^{(n)}(x_0) = n!a_n, \qquad (3-1)$$

即

$$a_0 = f(x_0), \ a_1 = \frac{f'(x_0)}{1!}, \ a_2 = \frac{f''(x_0)}{2!}, \cdots, a_n = \frac{f^{(n)}(x_0)}{n!},$$

因此式(3-1)可写作

$$f(x) = f(x_0) + f'(x_0)(x - x_0) + \frac{f''(x_0)}{2!}(x - x_0)^2 + \cdots + \frac{f^{(n)}(x_0)}{n!}(x - x_0)^n.$$

$$(3-2)$$

　　由式(3-2)可知,多项式 $f(x)$ 的各项系数由其各阶导数值唯一确定.

　　例1 将 $f(x) = x^3 - 4x^2 + 4$ 表示成以 $(x - 2)$ 为幂次的多项式.

　　解 先要计算 $f(x)$ 在 $x = 2$ 处的各阶导数：

$$f(2) = -4, \ f'(2) = -4, \ f''(2) = 4, \ f'''(2) = 6, \ f^{(n)}(2) = 0 \quad (n \geqslant 4),$$

代入式(3-2)得

$$f(x) = f(2) + f'(2)(x - 2) + \frac{f''(2)}{2!}(x - 2)^2 + \frac{f'''(2)}{3!}(x - 2)^3$$

$$=-4-4(x-2)+2(x-2)^2+(x-2)^3.$$

推广到一般函数,若 $f(x)$ 存在直到 n 阶的导数,按照上述方法,也能得到对应式(3-2)右端的一个多项式,设为 $P_n(x)$. 为了考察 $f(x)$ 与 $P_n(x)$ 之间的关系,有以下定理.

定理(泰勒中值定理)　若函数 $f(x)$ 在含有 x_0 的某个开区间 (a,b) 内具有直到 $(n+1)$ 阶的导数,则当 x 在 (a,b) 内时,$f(x)$ 可以表示为 $(x-x_0)$ 的一个 n 次多项式 $P_n(x)$ 与一个余项 $R_n(x)$ 之和,即

$$f(x)=f(x_0)+f'(x_0)(x-x_0)+\frac{f''(x_0)}{2!}(x-x_0)^2+\cdots+\frac{f^{(n)}(x_0)}{n!}(x-x_0)^n+R_n(x),$$

$$(3-3)$$

其中　　　　　　　　$$R_n(x)=\frac{f^{(n+1)}(\xi)}{(n+1)!}(x-x_0)^{n+1}.$$ 　　　　　　　　$$(3-4)$$

这里 ξ 是 x_0 与 x 之间的某个值.

$$P_n(x)=f(x_0)+f'(x_0)(x-x_0)+\frac{f''(x_0)}{2!}(x-x_0)^2+\cdots+\frac{f^{(n)}(x_0)}{n!}(x-x_0)^n.$$

$$(3-5)$$

式(3-3)称为函数 $f(x)$ 在 $x=x_0$ 处的**泰勒(Taylor)公式**;式(3-4)即 $R_n(x)$ 称为 $f(x)$ 在 $x=x_0$ 处的泰勒公式的**余项**,也称为**拉格朗日余项**;而式(3-5)即 $P_n(x)$ 称为 $f(x)$ 在 $x=x_0$ 处的**泰勒多项式**.

当 $n=0$ 时,泰勒公式变成拉格朗日中值公式

$$f(x)=f(x_0)+f'(\xi)(x-x_0)\quad(\xi\text{在}x_0\text{与}x\text{之间}),$$

因此,带拉格朗日余项的泰勒公式也可以说是拉格朗日中值公式的 n 阶推广形式.

由上述定理可知,多项式 $P_n(x)$ 可以近似表达函数 $f(x)$,误差为 $|R_n(x)|$.

容易证明其误差 $|R_n(x)|$ 为关于 $(x-x_0)^n$ 的高阶无穷小量,即

$$R_n(x)=o((x-x_0)^n)\quad(x\to x_0),$$

从而可以看出 n 越大,$P_n(x)$ 与 $f(x)$ 近似的程度越高.

在不需要余项的精确表达式时,n 阶泰勒公式也可以写成

$$f(x)=f(x_0)+f'(x_0)(x-x_0)+\cdots+\frac{f^{(n)}(x_0)}{n!}(x-x_0)^n+o((x-x_0)^n).$$

在泰勒公式(3-3)中,如果取 $x_0=0$,则 ξ 在 0 与 x 之间,所以可以令 $\xi=\theta x(0<\theta<1)$. 从而泰勒公式就变为较简单形式,即**麦克劳林(Maclaurin)公式**:

$$f(x)=f(0)+f'(0)x+\frac{f''(0)}{2!}x^2+\cdots+\frac{f^{(n)}(0)}{n!}x^n+\frac{f^{(n+1)}(\theta x)}{(n+1)!}x^{n+1}\quad(0<\theta<1)$$

$$(3-6)$$

或写作　　　　$$f(x)=f(0)+f'(0)x+\frac{f''(0)}{2!}x^2+\cdots+\frac{f^{(n)}(0)}{n!}x^n+o(x^n).$$

由此有以下近似公式：

$$f(x) \approx f(0) + f'(0)x + \frac{f''(0)}{2!}x^2 + \cdots + \frac{f^{(n)}(0)}{n!}x^n.$$

有以下误差估计式：$\left| R_n(x) \right| = \left| \frac{f^{(n+1)}(\theta x)}{(n+1)!}x^{n+1} \right| \leqslant \frac{M}{(n+1)!} \left| x \right|^{n+1}$

其中 M 为 x 在 (a, b) 内变动时，$\left| f^{(n+1)}(x) \right|$ 总不超过的一个常数.

例2 求 $f(x) = e^x$ 的 n 阶麦克劳林公式.

解 因为 $f(x) = e^x$，$f^{(k)}(x) = e^x (k = 1, 2, \cdots)$. 所以

$$f(0) = f'(0) = f''(0) = \cdots = f^{(n)}(0) = e^0 = 1,$$

于是

$$e^x = 1 + x + \frac{x^2}{2!} + \cdots + \frac{x^n}{n!} + o(x^n).$$

例3 求 $f(x) = \sin x$ 的麦克劳林公式.

解 因为 $f(x) = \sin x$，$f^{(k)}(x) = \sin\left(x + \frac{k\pi}{2}\right)$，$k = 1, 2, \cdots$. 所以

$$f(0) = 0, \ f'(0) = 1, \ f''(0) = 0, \ f'''(0) = -1, \cdots, \ f^{(2m)}(0) = 0, \ f^{(2m+1)}(0) = (-1)^m, \cdots$$

因此

$$\sin x = x - \frac{x^3}{3!} + \frac{x^5}{5!} - \cdots + (-1)^n \frac{x^{2n+1}}{(2n+1)!} + o(x^{2n+2}).$$

同理可得

$$\cos x = 1 - \frac{x^2}{2!} + \frac{x^4}{4!} - \cdots + (-1)^n \frac{x^{2n}}{(2n)!} + o(x^{2n+1}).$$

例4 证明：$\ln(1+x) = x - \frac{x^2}{2} + \frac{x^3}{3} - \cdots + (-1)^{n-1}\frac{x^n}{n} + o(x^n).$

证 因 $f(x) = \ln(1+x)$，$f^{(k)}(x) = (-1)^{k-1}(k-1)!(1+x)^{-k}$，

所以

$$f(0) = 0, \ f^{(k)}(0) = (-1)^{k-1}(k-1)!, \ k = 1, 2, \cdots,$$

因此有

$$\ln(1+x) = x - \frac{x^2}{2} + \frac{x^3}{3} - \cdots + (-1)^{n-1}\frac{x^n}{n} + o(x^n).$$

练习题 3-3

1. 设 $f(x)$ 在 $x = x_0$ 的附近有连续的二阶导数，证明：

$$\lim_{h \to 0} \frac{f(x_0 + h) + f(x_0 - h) - 2f(x_0)}{h^2} = f''(x_0).$$

2. 按 $(x-4)$ 的乘幂展开多项式 $x^4 - 5x^3 + x^2 - 3x + 4$.

3. 当 $x_0 = -1$ 时，求函数 $f(x) = \dfrac{1}{x}$ 的 n 阶泰勒公式.

4. 求函数 $y = \tan x$ 的二阶麦克劳林公式.

5. 求函数 $f(x) = (1+x)^m$ 的 n 阶麦克劳林公式.

第四节   函数的单调性及极值

一、函数的单调性

函数的单调性是函数的一个重要形态,它反映了函数在某个区间随自变量的增大而增大(或减少)的一个特征.但是,利用单调性的定义来判定函数的单调性往往是比较困难的,本节将利用导数来研究函数的单调性.

由图 3-3 可以看出,曲线在 (a, b) 内沿着 x 轴的正向是上升的,其上每一点的切线的倾斜角都是锐角,因此它们的斜率都是正的,由导数的几何意义知道,此时,曲线上任一点的导数都是正值,即 $f'(x) > 0$.

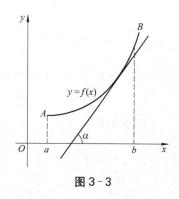
图 3-3

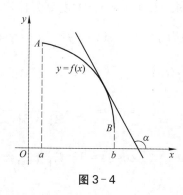
图 3-4

由图 3-4 可以看出,曲线在 (a, b) 内沿着 x 轴的正向是下降的,其上每一点的切线的倾斜角都是钝角,因此它们的斜率都是负的,由导数的几何意义知道,此时,曲线上任一点的导数都是负值,即 $f'(x) < 0$.

由此可见,函数的单调性与导数的符号有着密切的联系.因此,我们自然想到能否用导数的符号来判定函数的单调性.

定理 1   设函数 $y = f(x)$ 在 $[a, b]$ 上连续,在 (a, b) 内可导.

(1) 如果在 (a, b) 内 $f'(x) > 0$,则 $f(x)$ 在 $[a, b]$ 上单调增加;

(2) 如果在 (a, b) 内 $f'(x) < 0$,则 $f(x)$ 在 $[a, b]$ 上单调减少.

注   (1) 如果将定理中的闭区间换成其他各种区间(包括无穷区间),结论仍然成立.

(2) 如果 $f'(x)$ 在某区间内有限个点处为零,其余各点处均为正(或负)时,那么 $f(x)$ 在该区间上仍旧是单调增加(或单调减少)的.如函数 $y = x^3$,其导数 $y' = 3x^2$ 在原点处为 0,但它在其定义域 $(-\infty, +\infty)$ 内是单调增加的.

例 1   判定函数 $f(x) = x - \arctan x$ 的单调性.

解 $f'(x) = 1 - \dfrac{1}{1+x^2} = \dfrac{x^2}{1+x^2} \geqslant 0$.

在区间 $(-\infty, 0)$ 上,$f'(x) > 0$,故 $f(x)$ 在 $(-\infty, 0]$ 上单调递增;同理 $f(x)$ 在 $[0, +\infty)$ 上单调递增.因此 $f(x)$ 在 $(-\infty, +\infty)$ 上为增函数.

例2 讨论函数 $y = x^3 - 3x$ 的单调性.

解 函数 $y = x^3 - 3x$ 的定义域为 $(-\infty, +\infty)$,求导数,得

$$y' = 3x^2 - 3 = 3(x+1)(x-1).$$

令 $y' = 0$,得 $x_1 = -1$,$x_2 = 1$. 用它们将定义域分为三个小区间,分别考察导数 y' 在各区间的符号,就可以判断出函数的单调性. 列表如下:

x	$(-\infty, -1)$	-1	$(-1, +1)$	1	$(1, +\infty)$
y'	$+$	0	$-$	0	$+$
y	↗		↘		↗

所以,函数的单调增加区间为 $(-\infty, -1)$ 和 $(1, +\infty)$,单调减少区间为 $[-1, +1]$. 函数单调性如图 3-5 所示.

还应该注意到,导数不存在的点,也可能成为单调增加区间和单调减少区间的分界点,看下面的例子.

例3 确定函数 $y = \dfrac{3}{8}x^{\frac{8}{3}} - \dfrac{3}{2}x^{\frac{2}{3}}$ 的单调区间.

解 函数的定义域为 $(-\infty, +\infty)$,求导数,得

$$y' = x^{\frac{5}{3}} - x^{-\frac{1}{3}} = \frac{(x+1)(x-1)}{\sqrt[3]{x}}.$$

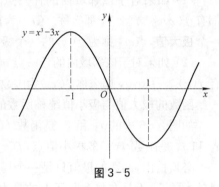

图 3-5

令 $y' = 0$,得 $x_1 = -1$,$x_2 = 1$. 当 $x = 0$ 时,y' 不存在.

用以上三个点把定义域分成小区间,列表考察各区间内 y' 的符号:

x	$(-\infty, -1)$	-1	$(-1, 0)$	0	$(0, 1)$	1	$(1, +\infty)$
y'	$-$	0	$+$	不存在	$-$	0	$+$
y	↘		↗		↘		↗

所以,函数的单调增加区间为 $[-1, 0]$ 和 $(1, +\infty)$,单调减少区间为 $(-\infty, -1)$ 和 $(0, 1]$.

从以上三个例子可以看出,研究函数的单调性,应先求出使 $f'(x)$ 等于零的点及 $f'(x)$ 不存在的点,用这些点把定义域分为若干个小区间,考察 $f'(x)$ 在各个区间内的符号,然后根据定理判断函数在各个小区间内的单调性.

最后,举一个利用函数的单调性证明不等式的例子.

例4 证明:当 $x > 0$ 时,$x > \ln(1+x)$.

证 设 $f(x) = x - \ln(1+x)$,则 $f(x)$ 在 $[0, +\infty)$ 上连续,在 $(0, +\infty)$ 内可导,又

$$f'(x) = 1 - \frac{1}{1+x} = \frac{x}{1+x} > 0 \quad (x > 0).$$

故当 $x \geqslant 0$ 时,$f(x)$ 单调增加. 因而当 $x > 0$ 时,$f(x) > f(0) = 0$,

即 $\qquad x - \ln(1+x) > 0.$

所以 $\qquad x > \ln(1+x) \ (x > 0).$

二、函数的极值

如图 3-6 所示,函数在 x_1 的函数值比它左右近旁的函数值都大,而在 x_2 的函数值比它左右近旁的函数值都小,对于这种特殊的点和它对应的函数值,给出如下定义:

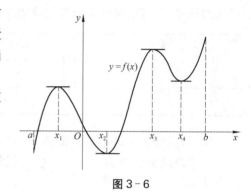

图 3-6

定义　设 x_0 是 (a, b) 内的一点,函数 $f(x)$ 在 x_0 的某邻域内有定义.

(1) 如果对于该邻域内的任一点 $x(x \neq x_0)$,都有 $f(x) < f(x_0)$,那么称 $f(x_0)$ 为函数 $f(x)$ 的一个**极大值**,点 x_0 称为 $f(x)$ 的一个**极大值点**.

(2) 如果对于该邻域内的任一点 $x(x \neq x_0)$,都有 $f(x) > f(x_0)$,那么称 $f(x_0)$ 为函数 $f(x)$ 的一个**极小值**,点 x_0 称为 $f(x)$ 的一个**极小值点**.

函数的极大值与极小值统称函数的**极值**,使函数取得极值的点称为**极值点**.

如图 3-6 中的 x_1 和 x_3 是函数 $f(x)$ 的极大值点,$f(x_1)$ 和 $f(x_3)$ 是函数 $f(x)$ 的极大值;x_2 和 x_4 是函数 $f(x)$ 的极小值点,$f(x_2)$ 和 $f(x_4)$ 是函数的极小值.

必须指出,函数的极值只是一个局部概念,它仅是与极值点邻近的函数值比较而言较大或较小的,而不是在整个区间上的最大值或最小值;函数的极值点一定出现在区间的内部,在区间的端点处不能取得极值;函数的极大值与极小值可能有很多个,极大值不一定比极小值大,极小值不一定比极大值小.

从图 3-6 可以看出,曲线在点 x_1,x_2,x_3,x_4 取得极值处的切线都是水平的,即在极值点处函数 $f(x)$ 的导数等于零. 对此,给出函数存在极值的必要条件:

定理 2(极值的必要条件)　若函数 $f(x)$ 在点 x_0 处可导且取得极值,则 $f'(x_0) = 0$.

使函数 $f(x)$ 的导数等于零的点(即方程 $f'(x) = 0$ 的实根)称为 $f(x)$ 的**驻点**.

定理 2 说明,可导函数的极值点必为驻点,但要注意的是函数的驻点不一定是极值点. 例如点 $x = 0$ 是 $y = x^3$ 的驻点,但不是极值点. 因此,函数的驻点只是可能的极值点. 还要指出的是连续但不可导点也可能是其极值点,如 $f(x) = |x|$ 在 $x = 0$ 处连续,但不可导,而 $x = 0$ 是该函数的极小值点.

下面给出判断极值的两个充分条件.

定理 3(极值的第一充分条件)　设函数 $f(x)$ 在 x_0 处连续,且在 x_0 的某去心邻域 $U^0(x_0, \delta)$ 内可导.

(1) 若当 $x \in (x_0 - \delta, x_0)$ 时,$f'(x) > 0$;而当 $x \in (x_0, x_0 + \delta)$ 时,$f'(x) < 0$,则 $f(x)$ 在 x_0 处取极大值;

(2) 若当 $x \in (x_0 - \delta, x_0)$ 时,$f'(x) < 0$;而当 $x \in (x_0, x_0 + \delta)$ 时,$f'(x) > 0$,则 $f(x)$ 在 x_0 处取极小值;

(3) 若当 $x \in U^0(x_0, \delta)$ 时,$f'(x) > 0$ (或 $f'(x) < 0$),则 $f(x)$ 在 x_0 处没有极值.

对于定理 3 也可以这样简单地表述,当 x 在 x_0 的附近从左到右经过 x_0 时,如果 $f'(x)$ 的符号由正变负,则 $f(x)$ 在 x_0 处取得极大值;如果 $f'(x)$ 的符号由负变正,则 $f(x)$ 在 x_0 处取得极小值;如果 $f'(x)$ 的符号未改变,则 $f(x)$ 在 x_0 处没有极值.

例 5 求函数 $f(x) = 2x - 3x^{\frac{2}{3}}$ 的极值.

解 $f'(x) = 2 - 2x^{-\frac{1}{3}}$.

令 $f'(x) = 0$,得驻点 $x = 1$. 又因为在点 $x = 0$ 处,$f'(x)$ 不存在. 这两点都有可能是极值点. 由此可列下表讨论:

x	$(-\infty, 0)$	0	$(0, 1)$	1	$(1, +\infty)$
$f'(x)$	$+$	不存在	$-$	0	$+$
$f(x)$	↗	极大值	↘	极小值	↗

所以,$f(x)$ 的极大值为 $f(0) = 0$,极小值为 $f(1) = -1$.

注 子区间的分界点应为使 $f'(x)$ 为 0 的点和 $f'(x)$ 不存在的点,即可能改变函数单调性的点.

定理 4(极值的第二充分条件) 设函数 $f(x)$ 在 x_0 处具有二阶导数,且 $f'(x_0) = 0$,$f''(x_0) \neq 0$.

(1) 若 $f''(x_0) < 0$,则函数 $f(x)$ 在 x_0 处取得极大值;

(2) 若 $f''(x_0) > 0$,则函数 $f(x)$ 在 x_0 处取得极小值.

注 (1) 该定理表明若函数在驻点 x_0 处的二阶导数 $f''(x_0) \neq 0$,则该驻点一定是极值点,并可以由二阶导数 $f''(x_0)$ 的符号来判定 $f(x_0)$ 是极大值还是极小值.

(2) 当 $f'(x_0) = 0$,$f''(x_0) = 0$ 时,$f(x)$ 在 x_0 处可能有极大值,也可能有极小值,也可能没有极值. 例如,$f(x) = -x^4$,$f(x) = x^4$,$f(x) = x^3$ 在 $x = 0$ 处就分别属于这三种情况. 因此当 $f'(x_0) = 0$,$f''(x_0) = 0$ 时,只能用极值的第一充分条件判定.

例 6 求函数 $f(x) = (x^2 - 1)^3 + 1$ 的极值.

解 函数的定义域为 $(-\infty, +\infty)$.

$$f'(x) = 6x(x^2 - 1)^2,$$

由 $f'(x) = 0$,得 $f(x)$ 的驻点为 $x = -1$,$x = 0$,$x = 1$.

$$f''(x) = 6(x^2 - 1)(5x^2 - 1),$$

因为 $f''(0) = 6 > 0$,$f''(-1) = f''(1) = 0$,所以 $f(x)$ 在 $x = 0$ 处取得极小值 $f(0) = 0$.

在 $x = -1$,$x = 1$ 处由第一充分条件判定,列表如下:

x	$(-\infty, -1)$	-1	$(-1, 0)$	0	$(0, 1)$	1	$(1, +\infty)$
$f'(x)$	$-$	0	$-$	0	$+$	0	$+$
$f(x)$	↘	无极值	↘	极小值	↗	无极值	↗

由第一充分条件判定 $f(x)$ 在 $x=-1$，$x=1$ 处都没有极值. 即函数有唯一极小值 $f(0)=0$.

最后将求函数极值的方法归纳如下：

(1) 确定函数的定义域；

(2) 求 $f'(x)$ 和 $f''(x)$；

(3) 令 $f'(x)=0$，求驻点，并找出不可导点；

(4) 在 $f''(x)\neq 0$ 的驻点上用第二充分条件判定；

(5) 在 $f'(x)$ 不存在的点和 $f''(x)=0$ 的驻点用第一充分条件判定；

(6) 求极值.

练习题 3-4

1. 判断下列命题是否正确，并说明原因：

(1) 极值点一定是函数的驻点，驻点也一定是极值点；

(2) 若 $f(x_1)$ 和 $f(x_2)$ 分别是函数 $f(x)$ 在 (a,b) 上的极大值和极小值，则 $f(x_1)>f(x_2)$；

(3) 若 $f'(x_0)=0$，$f''(x_0)=0$，则 $f(x)$ 在 x_0 处无极值.

2. 确定下列函数的单调区间：

(1) $y=2x^2-\ln x$；　　　　(2) $y=2x^3-6x^2-18x-7$；　(3) $y=2x+\dfrac{8}{x}\ (x>0)$；

(4) $y=2(x-1)^{\frac{2}{3}}$；　　　(5) $y=\dfrac{2x}{1+x^2}$；　　　　　(6) $y=x-\mathrm{e}^x$；

(7) $y=(x-1)(x+1)^3$；　(8) $y=x+\cos x$.

3. 证明下列不等式：

(1) 当 $x>1$ 时，$2\sqrt{x}>3-\dfrac{1}{x}$；　　(2) 当 $0<x<\dfrac{\pi}{2}$ 时，$\sin x+\tan x>2x$；

(3) 当 $0<x<\dfrac{\pi}{2}$ 时，$\tan x>x+\dfrac{1}{3}x^3$；

(4) 当 $x>0$ 时，$x-\ln x\geqslant 1$；

(5) 当 $x>0$ 时，$1+\dfrac{1}{2}x>\sqrt{1+x}$；

(6) 当 $x>0$ 时，$1+x\ln(x+\sqrt{1+x^2})>\sqrt{1+x^2}$.

4. 求下列函数的极值：

(1) $y=x-\ln(1+x)$；　　　　(2) $y=\dfrac{x}{\ln x}$；　　　　(3) $y=x^2-2x+3$；

(4) $y=2x^3-3x^2$；　　　　　(5) $y=\mathrm{e}^x\cos x$；　　　(6) $y=2\mathrm{e}^x+\mathrm{e}^{-x}$；

(7) $y=-x^4+2x^2$；　　　　　(8) $y=x+\sqrt{1-x}$；　(9) $y=x+\tan x$；

(10) $y=\sin^3 x+\cos^3 x\ (0<x<2\pi)$；

(11) $y=x^{\frac{1}{x}}$；　　　　　　　　　　(12) $y=3-2(x+1)^{\frac{1}{3}}$.

5. 试问 a 为何值时，函数 $f(x)=a\sin x+\dfrac{1}{3}\sin 3x$ 在 $x=\dfrac{\pi}{3}$ 处取得极值？它是极大值还是极小值？并求此极值.

第五节　函数的最值及应用

在现实生活中,常会遇到求最大值与最小值的问题,如用料最省、容量最大、效率最高、成本最低、利润最大等. 这类问题在数学上往往归结为求某一函数(通常称为目标函数)的最大值或最小值问题.

根据闭区间上连续函数的性质,若函数 $f(x)$ 在 $[a, b]$ 上连续,则 $f(x)$ 在 $[a, b]$ 上有最大值与最小值. 最大值与最小值可能在区间内部取得,也可能在区间的端点处取得. 如果在区间内部取得,那么,它们一定是在函数的驻点处或不可导点处取得.

因此,求连续函数 $f(x)$ 在 $[a, b]$ 上的最大(小)值的步骤为:

(1) 求出 $f(x)$ 在 (a, b) 上所有驻点、一阶导数不存在的连续点,并计算各点的函数值;

(2) 求出端点处的函数值 $f(a)$ 和 $f(b)$;

(3) 比较以上所有函数值,其中最大的就是函数在 $[a, b]$ 上的最大值,最小的就是函数在 $[a, b]$ 上的最小值.

例1 求函数 $f(x) = 2x^3 + 3x^2 - 12x + 14$ 在区间 $[-3, 4]$ 上的最大值与最小值.

解 $f'(x) = 6x^2 + 6x - 12 = 6(x+2)(x-1)$.

令 $f'(x) = 0$,得函数 $f(x)$ 在定义区间内的驻点为 $x_1 = -2$, $x_2 = 1$.

计算出 $f(-2) = 34$, $f(1) = 7$, $f(-3) = 23$, $f(4) = 142$.

比较大小,得最大值为 $f(4) = 142$,最小值为 $f(1) = 7$.

特别值得指出的是:$f(x)$ 在一个区间(有限或无限区间,开或闭区间)内可导且只有一个驻点 x_0,并且这个驻点是 $f(x)$ 的唯一极值点,那么,当 $f(x_0)$ 是极大值时,$f(x_0)$ 就是 $f(x)$ 在该区间上的最大值(图 3-7a);当 $f(x_0)$ 是极小值时,$f(x_0)$ 就是 $f(x)$ 在该区间上的最小值(图 3-7b). 在实际应用中常常遇到这种情形.

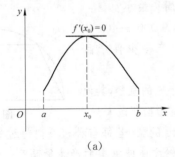 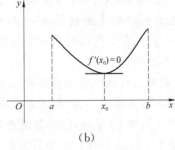

图 3-7

例2 某车间靠墙盖一间长方形小屋,现有存砖只够砌 20 m 长的墙壁,问应围成怎样的长方形,才能使这间小屋的面积最大,最大面积是多少?

解 设长方形宽为 x m,则长为 $(20 - 2x)$ m.

面积 $S(x) = x(20 - 2x) = -2x^2 + 20x$, $x \in (0, 10)$,

$S'(x) = -4x + 20$,令 $S'(x) = 0$,驻点为 $x = 5$.

因 $S''(5) = -4 < 0$,所以当 $x = 5$ 时,函数取得极大值. 因为是唯一极值点,所以就是最大值点.

故小屋的宽为 $5\,\mathrm{m}$,长为 $10\,\mathrm{m}$ 时,这间小屋的面积最大,最大面积为 $S(5)=50\,\mathrm{m}^2$.

例3 某房地产公司有 50 套公寓要出租,当租金定为每月 1 000 元时,公寓会全部租出去.当租金每月增加 50 元时,就有一套公寓租不出去,而租出去的房子每月需花费 100 元的整修维护费.试问房租定为多少可获得最大收入?

解 设房租为每月 x 元,则租出去的房子为 $\left(50-\dfrac{x-1\,000}{50}\right)$ 套,每月获得的收入为

$$y=\left(50-\frac{x-1\,000}{50}\right)\cdot(x-100)=-\frac{1}{50}x^2+72x-7\,000,$$

$$y'=-\frac{x}{25}+72.$$

由 $y'=0$,得唯一驻点 $x=1\,800$.

因 $y''(1\,800)=-\dfrac{1}{25}<0$,所以当 $x=1\,800$ 时,函数取得极大值.因为是唯一极值点,所以就是最大值点.

所以,当房租为每套 1 800 元时,所获得收入最大,且最大收入为 $y=57\,800$ 元.

练习题 3 - 5

1. 求下列函数在指定区间上的最大值与最小值:

(1) $y=\sqrt{100-x^2}$,$[-6,8]$;　　　　(2) $y=\sin 2x-x$,$\left[-\dfrac{\pi}{2},\dfrac{\pi}{2}\right]$;

(3) $y=x^{\frac{2}{3}}$,$(-\infty,+\infty)$;　　　　(4) $y=\ln(x^2+1)$,$[-1,2]$;

(5) $y=2x^3-3x^2$,$[-1,4]$;　　　　(6) $y=x^4-8x^2+2$,$[-1,3]$;

(7) $y=\dfrac{x-1}{x+1}$,$[0,4]$;　　　　(8) $y=x^2\mathrm{e}^{-x^2}$,$(-\infty,+\infty)$.

2. 要做一个容积为 V 的有盖圆桶,怎样设计才能使所用材料最省?

3. 一扇形面积为 $25\,\mathrm{cm}^2$,问半径 r 为多少时,其周长最小?

4. 某乡镇企业的生产成本函数是 $y=f(x)=9\,000+40x+0.001x^2$.其中 x 表示产品件数,求该企业生产多少件产品时,平均成本达到最小?

5. 在半径为 r 的半圆内,作一个内接梯形.其底为半圆的直径,其他三边为半圆的弦.如图 3-8 所示.问怎样作法,梯形面积最大?

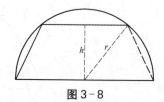

图 3-8

6. 设每亩地种植梨树 20 棵时,每棵梨树产 300 kg 的梨.若每亩种植梨树超过 20 棵时,每棵产量平均减少 10 kg.问每亩地种植多少棵梨树才能使每亩的产量最高?

第六节　曲线的凹凸性与拐点

一、曲线的凹凸性

在前面的学习中,用导数为工具研究了函数的单调性.但是单调性只是简单地反映了函

数曲线上升、下降的图形特征,而不能说明曲线的弯曲情况. 例如函数 $y = x^2$ 与 $y = \sqrt{x}$ 在 $[0, +\infty)$ 上的图形(图 3-9),其曲线都是单调上升的,但它们的弯曲方向却不同,这就是所谓的凹与凸的区别. 曲线 $y = x^2$ (图 3-9a)上联结任意两点的弦总位于两点间弧的上方,形状是凹的,而曲线 $y = \sqrt{x}$ (图 3-9b)上联结任意两点的弦总位于两点间弧的下方,形状是凸的.

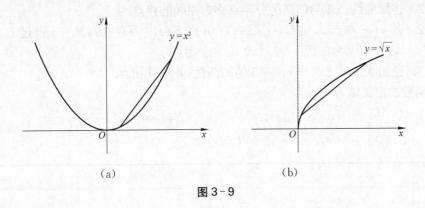

(a)   (b)

图 3-9

曲线的凹凸性也可用联结曲线弧上任意两点的弦的中点与曲线弧上相应点(即具有相同横坐标的点)的位置关系来描述. 给出下面的定义:

定义 1 设 $f(x)$ 在区间 I 上连续,如果对 I 上任意两点 x_1,x_2,且 $x_1 \neq x_2$,恒有

$$f\left(\frac{x_1 + x_2}{2}\right) < \frac{f(x_1) + f(x_2)}{2},$$

则称 $f(x)$ 为 I 上的**凹函数**;如果恒有

$$f\left(\frac{x_1 + x_2}{2}\right) > \frac{f(x_1) + f(x_2)}{2},$$

则称 $f(x)$ 为 I 上的**凸函数**. 凹函数对应的曲线是凹的,凸函数对应的曲线是凸的.

从图 3-10 中可以看出,对于凹的曲线弧,其切线的斜率是随 x 的增大而变大,即 $f''(x) > 0$;对于凸的曲线弧,其切线的斜率是随 x 的增大而变小,即 $f''(x) < 0$. 根据函数单调性的判定方法,有如下定理:

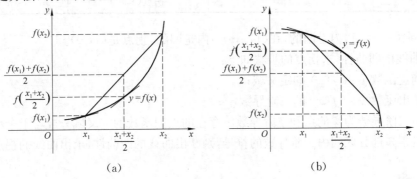

(a)   (b)

图 3-10

定理 1　设函数 $y = f(x)$ 在区间 $[a, b]$ 上连续,在 (a, b) 内具有二阶导数.

(1) 如果当 $x \in (a, b)$ 时,恒有 $f''(x) > 0$,则曲线 $y = f(x)$ 在区间 $[a, b]$ 内是凹的;

(2) 如果当 $x \in (a, b)$ 时,恒有 $f''(x) < 0$,则曲线 $y = f(x)$ 在区间 $[a, b]$ 内是凸的.

二、曲线的拐点

定义 2　连续曲线凸弧与凹弧的分界点称为曲线的**拐点**.

定理 2　若 $f(x)$ 在点 x_0 连续, $f''(x_0) = 0$(或 $f''(x_0)$ 不存在),又当 x 经过 x_0 时, $f''(x)$ 变号,则点 $(x_0, f(x_0))$ 为曲线 $y = f(x)$ 的一个拐点.

例 1　讨论曲线 $y = 2x^4 - 4x^3 + 3$ 的凹凸性,并求其拐点.

解　函数的定义域为 $(-\infty, +\infty)$.

$$y' = 8x^3 - 12x^2, \quad y'' = 24x^2 - 24x = 24x(x-1),$$

令 $y'' = 0$,解得 $x_1 = 0$, $x_2 = 1$. 列表讨论如下:

x	$(-\infty, 0)$	0	$(0, 1)$	1	$(1, +\infty)$
y''	$+$	0	$-$	0	$+$
y	凹	拐点$(0, 3)$	凸	拐点$(1, 1)$	凹

所以,曲线在 $(-\infty, 0)$ 和 $(1, +\infty)$ 内是凹的,在 $(0, 1)$ 内是凸的,拐点是 $(0, 3)$ 和 $(1, 1)$.

注　在将定义域分成几个子区间时,分界点应为使 $f''(x) = 0$ 的点与 $f''(x)$ 不存在的点.

例 2　讨论曲线 $y = (x-1)^{\frac{5}{3}}$ 的凹凸性,并求其拐点.

解　$y = (x-1)^{\frac{5}{3}}$ 的定义域为 $(-\infty, +\infty)$.

$$y' = \frac{5}{3}(x-1)^{\frac{2}{3}}, \quad y'' = \frac{10}{9}(x-1)^{-\frac{1}{3}}.$$

当 $x = 1$ 时, $y' = 0$, y'' 不存在. 列表讨论如下:

x	$(-\infty, 1)$	1	$(1, +\infty)$
y''	$-$	不存在	$+$
y	凸	拐点$(1, 0)$	凹

所以,曲线在 $(-\infty, 1)$ 内是凸的,在 $(1, +\infty)$ 内是凹的,拐点是 $(1, 0)$.

判定曲线的凹凸性,求拐点的步骤如下:

(1) 确定函数 $y = f(x)$ 的定义域;

(2) 求出函数 $y = f(x)$ 的二阶导数 y'';

(3) 用二阶导数为零的点和二阶导数不存在的点把函数的定义域分成若干个小区间;

(4) 考察各部分区间内二阶导数的符号,判断出曲线的凹凸性,求出曲线的拐点.

练习题 3-6

1. 求下列函数的凹凸区间及拐点:

(1) $y = 3x^4 - 4x^3 + 1$；　　(2) $y = \ln(1 + x^2)$；　　(3) $y = (x+1)^4 + e^x$；

(4) $y = e^{\arctan x}$；　　(5) $y = 3x^5 - 5x^3$；　　(6) $y = xe^x$；

(7) $y = x^2 + \cos x$；　　(8) $f(x) = (x+5) \cdot \sqrt[3]{x^2}$；　　(9) $y = x + \dfrac{1}{x}(x > 0)$；

(10) $y = x\arctan x$.

2. a 与 b 为何值时,点 $(1, 3)$ 是曲线 $y = ax^3 + bx^2$ 的拐点?

3. 试证明曲线 $y = \dfrac{x-1}{x^2+1}$ 有三个拐点位于同一直线上.

4. 试确定曲线 $y = ax^3 + bx^2 + cx + d$ 中的 a、b、c、d,使得 $x = -2$ 处曲线有水平切线,$(1, -10)$ 为拐点,且点 $(-2, 44)$ 在曲线上.

5. 利用函数图形的凹凸性,证明下列不等式:

(1) $\dfrac{e^x + e^y}{2} > e^{\frac{x+y}{2}}(x \neq y)$；

(2) $\dfrac{1}{2}(x^n + y^n) > \left(\dfrac{x+y}{2}\right)^n (x > 0, y > 0, x \neq y, n > 1)$；

(3) $x\ln x + y\ln y > (x+y)\ln\dfrac{x+y}{2}(x > 0, y > 0, x \neq y)$.

第七节　函数图形的描绘

以前学习过描点法作图,这样作的图形比较粗糙,某些弯曲情形常常得不到正确反映.现在可以利用导数这个工具,得出曲线的升降、极值点、凹凸性、拐点与渐近线作图,就能比较完善地作出函数的图形.

作函数 $y = f(x)$ 图形的一般步骤如下:

(1) 求函数定义域;

(2) 考察函数的奇偶性、周期性;

(3) 确定渐近线;

(4) 求 y' 与 y'',找出 y' 和 y'' 的零点以及它们不存在的点;

(5) 依据(4)中的点将定义域划分成若干个区间,列表讨论各个区间上的曲线升降、凹凸性,并找出极值点与拐点;

(6) 为了使图形定位准确,有时还要补充一些特殊点(曲线与两坐标轴交点、不连续点等),结合上面的讨论,最后画出函数图形.

在举例讨论函数图形之前,先介绍曲线的渐近线.

一、渐近线

有些函数的曲线能局限于一定范围内,而有些函数的图形会向无穷远处延伸,并在延伸的过程中呈现出越来越接近某一直线的性态,这种直线就是曲线的渐近线.

1. 水平渐近线

对于定义域为无限区间的函数 $f(x)$,若当 $x \to \infty$ 时(有时仅当 $x \to +\infty$ 或 $x \to -\infty$ 时),

$f(x) \to b$,即 $\lim\limits_{x \to \infty} f(x) = b$,则称直线 $y = b$ 为曲线 $y = f(x)$ 的**水平渐近线**.

例1 求曲线 $f(x) = \arctan x$ 的水平渐近线.

解 由于 $\lim\limits_{x \to +\infty} \arctan x = \dfrac{\pi}{2}$,$\lim\limits_{x \to -\infty} \arctan x = -\dfrac{\pi}{2}$,所以

直线 $y = \dfrac{\pi}{2}$ 与 $y = -\dfrac{\pi}{2}$ 是曲线 $f(x) = \arctan x$ 的水平渐近线(图3-11).

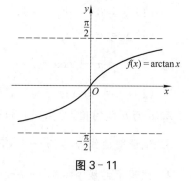

图3-11

2. 垂直渐进线

若当 $x \to C$ 时(有时仅当 $x \to C^+$ 或 $x \to C^-$ 时),$f(x) \to \infty$,即 $\lim\limits_{x \to C} f(x) = \infty$,则称直线 $x = C$ 为曲线 $y = f(x)$ 的**垂直渐近线**.

例2 求 $f(x) = \dfrac{1}{x-1}$ 的垂直渐近线.

解 显然 $\lim\limits_{x \to 1} \dfrac{1}{x-1} = \infty$,所以 $x = 1$ 是曲线 $f(x) = \dfrac{1}{x-1}$ 的垂直渐近线(图3-12).

3. 斜渐进线

若函数 $f(x)$ 的定义域为无限区间,且有

$$\lim_{x \to \infty} \frac{f(x)}{x} = a \neq 0, \lim_{x \to \infty} [f(x) - ax] = b,$$

则称直线 $y = ax + b$ 为曲线 $y = f(x)$ 的**斜渐近线**.

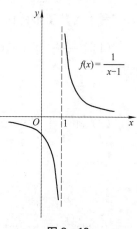

图3-12

二、函数图形的描绘

例3 作函数 $f(x) = \dfrac{x^2}{x+1}$ 的图形.

解 (1)定义域为

$$(-\infty, -1) \bigcup (-1, +\infty).$$

(2)求渐近线:因为 $\lim\limits_{x \to -1} \dfrac{x^2}{x+1} = \infty$,所以 $x = -1$ 是垂直渐近线. 又因为

$$\lim_{x \to \infty} \frac{f(x)}{x} = \lim_{x \to \infty} \frac{\dfrac{x^2}{x+1}}{x} = \lim_{x \to \infty} \frac{x}{x+1} = 1 = a,$$

$$\lim_{x \to \infty} [f(x) - ax] = \lim_{x \to \infty} \left(\frac{x^2}{x+1} - x \right) = -1 = b.$$

所以直线 $y = x - 1$ 为曲线的斜渐近线.

(3) $f'(x) = \dfrac{x^2 + 2x}{(x+1)^2}$,$f''(x) = \dfrac{2}{(x+1)^3}$,令 $f'(x) = 0$,得 $x_1 = 0$,$x_2 = -2$.

(4)列表如下:

x	$(-\infty,-2)$	-2	$(-2,-1)$	$(-1,0)$	0	$(0,+\infty)$
$f'(x)$	$+$	0	$-$	$-$	0	$+$
$f''(x)$	$-$	-2	$-$	$+$	2	$+$
$f(x)$	↗	极大值-4	↘	↘	极小值0	↗
	凸	不是拐点	凸	凹	不是拐点	凹

（5）可以适当补充几个点：$\left(-\dfrac{1}{2},\dfrac{1}{2}\right)$，$\left(2,\dfrac{4}{3}\right)$，

$\left(-\dfrac{3}{2},-\dfrac{9}{2}\right)$，$\left(-3,-\dfrac{9}{2}\right)$；再根据上述讨论作出函数

图形（图 3-13）.

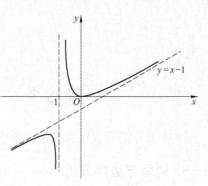

例 4　作函数 $y=\dfrac{1}{\sqrt{2\pi}}\mathrm{e}^{-\frac{x^2}{2}}$ 的图形.

解　（1）定义域为$(-\infty,+\infty)$.

（2）$y=f(x)$ 为偶函数，图形关于 y 轴对称，可以先

讨论$[0,+\infty)$上函数的图形，再根据对称性作出$(-\infty,$

$0)$上的图形.

图 3-13

（3）求渐近线：因为 $\lim\limits_{x\to\infty}f(x)=0$，所以有水平渐近线 $y=0$，但无垂直渐近线.

（4）$y'=\dfrac{-x}{\sqrt{2\pi}}\mathrm{e}^{-\frac{x^2}{2}}$，$y''=\dfrac{x^2-1}{\sqrt{2\pi}}\mathrm{e}^{-\frac{x^2}{2}}$，令 $y'=0$，$y''=0$ 得 $x_1=0$，$x_2=1$.

（5）列表讨论：

x	0	$(0,1)$	1	$(1,+\infty)$
y'	0	$-$	$-$	$-$
y''	$-$	$-$	0	$+$
y	极大值$\dfrac{1}{\sqrt{2\pi}}$	↘ 凸	无极值 有拐点$\left(1,\dfrac{1}{\sqrt{2\pi\mathrm{e}}}\right)$	↘ 凹

（6）作出极大值点 $M_1\left(0,\dfrac{1}{\sqrt{2\pi}}\right)$，拐点

$M_2\left(1,\dfrac{1}{\sqrt{2\pi\mathrm{e}}}\right)$，补充点 $M_3\left(2,\dfrac{1}{\sqrt{2\pi\mathrm{e}^2}}\right)$，描出

$y=f(x)$ 在$[0,+\infty)$上的图形，再利用对称

性描出函数在$(-\infty,0)$上的图形，如图 3-14

所示.这条曲线称为概率曲线.

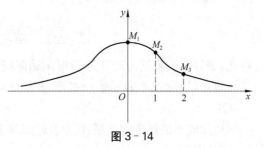

图 3-14

练习题 3-7

1. 求下列曲线的渐近线：

(1) $y = \ln x$;

(2) $y = 1 + \dfrac{1-2x}{x^2}$;

(3) $y = x^2 + \dfrac{1}{x}$;

(4) $y = 1 + \dfrac{36x}{(x+3)^2}$.

2. 作出下列函数的图形：

(1) $y = x^2 e^{-x}$;

(2) $y = \dfrac{x^2}{x-2}$;

(3) $y = \dfrac{\ln x}{x}$;

(4) $y = \dfrac{x}{1+x^2}$.

第八节　导数在经济学中的应用

本节介绍导数概念在经济学中的两个应用——边际分析和弹性分析.

一、边际与边际分析

在经济学中,边际概念是与导数密切相关的一个经济学概念,它是反映一种经济变量相对于另一个经济变量的变化率.

1. 成本与边际成本

总成本是指生产一定数量的产品所需的全部经济资源投入(人力、原料、设备等)的价格或费用总额.

设某产品产量为 Q 单位时所需的总成本为 $C = C(Q)$,称 $C(Q)$ 为**总成本函数**,简称**成本函数**. 当产量 Q 有增量 ΔQ 时,总成本的增量 ΔC 为

$$\Delta C = C(Q + \Delta Q) - C(Q).$$

这时总成本的平均变化率为

$$\frac{\Delta C}{\Delta Q} = \frac{C(Q + \Delta Q) - C(Q)}{\Delta Q}.$$

它表示产量 Q 在 $[Q,\ Q + \Delta Q]$ 内的平均成本.

当 $\Delta Q \to 0$ 时,平均成本的极限

$$\lim_{\Delta Q \to 0} \frac{\Delta C}{\Delta Q} = \lim_{\Delta Q \to 0} \frac{C(Q + \Delta Q) - C(Q)}{\Delta Q}$$

存在,则称该极限值为产量为 Q 时的**边际成本**.

显然,边际成本表示该产品产量为 Q 时成本函数 $C(Q)$ 的变化率,即成本函数的导数 $C'(Q)$.

边际成本的经济意义是:$C'(Q)$ 近似等于产量为 Q 时再生产一个单位产品所须增加的成本,这是因为

$$C(Q+1) - C(Q) = \Delta C(Q) \approx C'(Q)$$

例 1　已知某商品的成本函数为

$$C = C(Q) = 100 + \frac{Q^2}{4},$$

求当 $Q = 10$ 时的总成本及边际成本.

解 由 $C = 100 + \frac{Q^2}{4}$,得 $C' = \frac{Q}{2}$;

当 $Q = 10$ 时,总成本为 $C(10) = 125$,边际成本为 $C'(10) = 5$.

2. 收益与边际收益

总收益是生产者出售一定量产品所得到的全部收入.

在经济学中,**边际收益**定义为多销售一个单位产品所增加的销售总收入.边际收益为总收益的变化率.

总收益、边际收益均为产量的函数.设 P 为商品价格,Q 为商品量,R 为总收益,R' 为边际收益,则有:

需求函数 $\qquad\qquad P = P(Q),$

总收益函数 $\qquad\quad R = R(Q) = Q \cdot P(Q),$

边际收益函数 $\qquad R' = R'(Q) = Q \cdot P'(Q) + P(Q).$

3. 利润与边际利润

利润是生产者出售一定量产品所得到的总收益扣除生产这些产品的总成本后的剩余额.**边际利润**为利润的变化率.

设总利润为 L,则总利润函数为

$$L = L(Q) = R(Q) - C(Q),$$

边际利润函数为

$$L' = L'(Q) = R'(Q) - C'(Q).$$

即边际利润为边际收益与边际成本之差,它近似等于销售量为 Q 时再多销售一个单位产品所增加(或减少)的利润.

下面讨论最大利润原则.

为求最大利润,令 $L'(Q) = 0$,得到

$$R'(Q) = C'(Q),$$

于是可得,取得最大利润的必要条件是:边际收益等于边际成本.直观上看,这也是显然的,如果增加产量带来的收益大于所增加的成本(即 $R'(Q) > C'(Q)$),那么就应该增加产量;反之,如果它带来的收益小于所增加的成本(即 $R'(Q) < C'(Q)$),就应减少产量.故当利润最大时,必有 $R'(Q) = C'(Q)$.

为确保 $L(Q)$ 在条件 $L'(Q) = 0$ 下达到最大,希望还有

$$L''(Q) = R''(Q) - C''(Q) < 0.$$

于是可得结论:当 $R'(Q) = C'(Q)$ 且 $R''(Q) < C''(Q)$ 时,利润达到最大.即取得最大利润的充分条件是:边际收益等于边际成本,且边际收益的变化率小于边际成本的变化率.

例 2　已知某产品的需求函数为 $P(Q) = 10 - \dfrac{Q}{5}$，成本函数为 $C(Q) = 50 + 2Q$，求产量为多少时总利润 L 最大？

解　已知 $P(Q) = 10 - \dfrac{Q}{5}$，$C(Q) = 50 + 2Q$，则有

$$R(Q) = Q \cdot P(Q) = 10Q - \frac{Q^2}{5},$$

$$L(Q) = R(Q) - C(Q) = 8Q - \frac{Q^2}{5} - 50,$$

$$L'(Q) = 8 - \frac{2}{5}Q,$$

令 $L'(Q) = 0$，得 $Q = 20$. 而

$$L''(Q) = -\frac{2}{5} < 0, \ L''(20) = -\frac{2}{5} < 0,$$

所以当 $Q = 20$ 时，总利润最大.

二、弹性与弹性分析

在微观经济分析中，还存在刻画一种变量对于另一种变量的微小百分比变动所作反应的概念，即弹性.

一般来说，设函数在 x_0 点可导，函数的相对改变量 $\dfrac{\Delta y}{y_0} = \dfrac{f(x_0 + \Delta x) - f(x_0)}{f(x_0)}$ 与自变量的相对改变量 $\dfrac{\Delta x}{x_0}$ 之比 $\dfrac{\Delta y / y_0}{\Delta x / x_0}$，称为函数 $y = f(x)$ 从 x_0 到 $x_0 + \Delta x$ 的**相对变化率**. 当 $\Delta x \to 0$ 时，$\dfrac{\Delta y / y_0}{\Delta x / x_0}$ 的极限称为函数 $y = f(x)$ 在 x_0 处的**相对变化率**或**弹性**，记作 $\dfrac{Ey}{Ex}\Big|_{x = x_0}$. 即

$$\frac{Ey}{Ex}\bigg|_{x = x_0} = \lim_{\Delta x \to 0} \frac{\Delta y / y_0}{\Delta x / x_0} = \lim_{\Delta x \to 0} \frac{\Delta y}{\Delta x} \cdot \frac{x_0}{y_0} = f'(x_0) \frac{x_0}{f(x_0)}.$$

对任意的 x，若 $f(x)$ 可导，则有

$$\frac{Ey}{Ex}\bigg| = y' \frac{x}{y} = f'(x) \frac{x}{f(x)}$$

是 x 的函数，称为 $f(x)$ 的**弹性函数**.

若取 $\dfrac{\Delta x}{x} = 1\%$，由于 $f'(x) \dfrac{x}{f(x)} \approx \dfrac{\Delta y}{y} \Big/ \dfrac{\Delta x}{x}$，故

$$\frac{\Delta y}{y} \approx f'(x) \frac{x}{f(x)} \cdot \frac{\Delta x}{x} = \frac{Ey}{Ex}\%.$$

于是函数 y 的弹性 $\dfrac{Ey}{Ex}$ 可解释为当自变量 x 产生 1% 的改变时，函数 y 近似改变的百分数. 即弹性是自变量的值每改变 1% 时所引起的函数 y 变化的百分比，表示 y 对 x 变化的反应程度.

下面介绍需求与供给对价格的弹性.

"需求"是指在一定价格条件下,消费者愿意且有能力购买的商品量.

设某种商品的需求函数 $Q = f(P)$ (P 表示商品价格,Q 表示需求量)在 $P = P_0$ 处可导,由于 $Q = f(P)$ 一般为单调减少函数,为了用正数表示需求弹性,称

$$\eta(P_0) = -f'(P_0) \frac{P_0}{f(P_0)}$$

为该商品在 $P = P_0$ 处的**需求弹性**.它表示当价格上涨 1% 时,需求将减少 $\eta(P_0)\%$.它刻画了当价格为 P_0 时,商品的需求对价格变化的反应程度.

例3 设某商品需求函数为 $Q = \mathrm{e}^{-\frac{P}{5}}$,求:

(1) 需求弹性函数;

(2) $P = 3, 5, 6$ 时的需求弹性,并作弹性分析.

解 (1) $Q' = -\frac{1}{5}\mathrm{e}^{-\frac{P}{5}}$,$\eta(P) = \frac{1}{5}\mathrm{e}^{-\frac{P}{5}} \cdot \frac{P}{\mathrm{e}^{-\frac{P}{5}}} = \frac{P}{5}$.

(2) $\eta(3) = 0.6 < 1$,说明当 $P = 3$ 时,需求变动的幅度小于价格变动的幅度.即 $P = 3$ 时,价格上涨 1%,需求只减少 0.6%.

$\eta(5) = 1$,说明当 $P = 5$ 时,价格与需求变动的幅度相同.

$\eta(6) = 1.2 > 1$,说明当 $P = 6$ 时,需求变动的幅度大于价格变动的幅度.即 $P = 6$ 时,价格上涨 1%,需求减少 1.2%.

"供给"是指在一定价格下,生产者愿意出售并且有可供出售的商品量.

由于供给函数 $Q = \varphi(P)$ (P 表示商品价格,Q 表示供给量)一般是单调增加函数,因此称

$$\varepsilon(P_0) = \varphi'(P_0) \frac{P_0}{\varphi(P_0)}$$

为该商品在 $P = P_0$ 处的**供给弹性**,它表示当价格上涨 1% 时,供给将增加 $\varepsilon(P_0)\%$.它刻画了当价格为 P_0 时,商品的供给对价格变化的反应程度.

下面用需求弹性分析总收益(或市场销售总额)的变化.

总收益 R 是商品价格 P 与销售量 $Q = f(P)$ 的乘积,即

$$R = PQ = Pf(P),$$

$$R' = f(P) + Pf'(P) = f(P)\left[1 + f'(P)\frac{P}{f(P)}\right] = f(P)(1 - \eta).$$

(1) 若 $\eta < 1$,需求变动的幅度小于价格变动的幅度.此时,$R' > 0$,R 递增.即价格上涨,总收益增加;价格下跌,总收益减少.

(2) 若 $\eta > 1$,需求变动的幅度大于价格变动的幅度.此时,$R' < 0$,R 递减.即价格上涨,总收益减少;价格下跌,总收益增加.

(3) 若 $\eta = 1$,需求变动的幅度等于价格变动的幅度.此时,$R' = 0$,R 取得最大值.

综上所述,总收益的变化受需求弹性的制约,随商品需求弹性的变化而变化,其关系如图 3-15 所示.

弹性主要是用来衡量需求函数或供给函数对价格或收入的变化的敏感度.一个企业的决策者只有掌握市场对商品的需求情况以及需求对价格的反应程度,才能作出正确的发展

生产的决策.

例4 设某商品的需求函数为 $Q = f(P) = 12 - \dfrac{P}{2}$.

(1) 求需求弹性函数；

(2) 求 $P = 9$ 时的需求弹性,在 $P = 9$ 时,若价格上涨 1‰,总收益如何变化？

(3) P 为何值时,总收益最大？最大的总收益是多少？

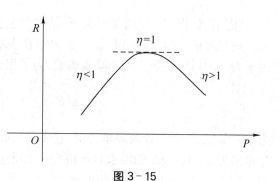

图 3-15

解 (1) $\eta(P) = -f'(P) \dfrac{P}{f(P)} = \dfrac{1}{2}$ ·

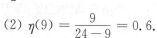

$\dfrac{P}{12 - \dfrac{P}{2}} = \dfrac{P}{24 - P}$.

(2) $\eta(9) = \dfrac{9}{24 - 9} = 0.6$.

因 $1 - \eta(9) = 0.4$, 所以当价格上涨 1‰时,总收益将增加 0.4‰.

(3) 总收益 $R = Pf(P) = 12P - \dfrac{P^2}{2}$.

于是, $R' = 12 - P$. 令 $R' = 0$, 得 $P = 12$.

因 $R'' = -1 < 0$, 故当 $P = 12$ 时,总收益最大,最大收益为

$$R(12) = 12 \times 12 - \dfrac{12^2}{2} = 72.$$

练习题 3-8

1. 已知成本函数 $C(x) = 2\,000 + 10x + 0.001x^3$, 求出产量为 1 000 单位时的成本和边际成本.

2. 设某产品生产 x 单位的总收益 $R = R(x) = 200x - 0.01x^2$, 求生产 50 单位产品时的总收益和边际收益.

3. 某厂每批生产某种商品 x 单位的费用及得到的收益分别为
$$C(x) = 5x + 200, \quad R(x) = 10x - 0.01x^2.$$
问每批生产多少单位时利润最大？

4. 对于成本函数 $C(x) = 900 + 110x - 0.1x^2 + 0.02x^3$ 和价格函数 $P(x) = 260 - 0.1x$, 求使利润达到最大的生产水平.

5. 某商品的价格 P 与需求量 Q 的关系为 $P = 10 - \dfrac{Q}{5}$.

(1) 求需求量为 20 及 30 时的总收益 R 及边际收益 R'；

(2) Q 为多少时总收益最大？

6. 设某商品需求函数为 $Q = e^{-\frac{P}{4}}$, 求需求弹性函数及 $P = 3, 4, 5$ 时的需求弹性.

7. 设某商品的供给函数为 $Q = 2 + 3P$, 求供给弹性函数及 $P = 2$ 时的供给弹性.

8. 一电视机厂以每台 450 元的价格出售电视机,每周可售出 1 000 台,市场调查得出,当价格每台低 10 元时,每周的销售量可增加 100 台.

(1) 求出价格函数；

(2) 如要达到最大销售额,应降价多少?

(3) 假如周成本函数为 $C(x) = 68\,000 + 150x$,应降价多少,以获得最大利润?

9. 某商品的需求函数为 $Q = Q(P) = 75 - P^2$.

(1) 求 $P = 4$ 时的边际需求,并说明其经济意义;

(2) 求 $P = 4$ 时的需求弹性,并说明其经济意义;

(3) 当 $P = 4$ 时,若价格上涨,总收益是增加还是减少?

(4) 当 $P = 6$ 时,若价格上涨,总收益是增加还是减少?

(5) P 为多少时,总收益最大?

第九节 演示与实验——用 MATLAB 做导数应用

一、用 MATLAB 求函数的单调区间和极值

例1 求函数 $y = \dfrac{x^2}{1+x^2}$ 的单调区间和极值.

解 >> clear

>> syms x y d1y

>> y=x^2/(1+x^2);

>> d1y=simplify(diff(y))

d1y =

　2*x/(1+x^2)^2

>> x0=solve(d1y);

>> y0=subs(y,'x',x0);　　　% subs(s,old,new)表示用 new 替换表达式 s 中的 old

>> x0_y0=[x0 y0]

x0_y0 =

　[0,0]

>> lims=[-5,5];

>> subplot(2,1,1)

>> fplot('y',lims)

>> fplot('x^2/(1+x^2)',lims)

>> gtext('y=x^2/(1+x^2)')

>> subplot(2,1,2)

>> fplot('2 * x/(1+x^2)^2',lims)

>> gtext('y=2*x/(1+x^2)^2')

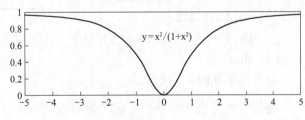
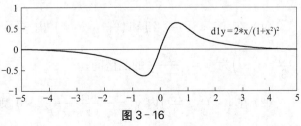

图 3-16

运行结果如图 3-16 所示.

分析 由函数 $y = \dfrac{x^2}{1+x^2}$ 的一阶导数 $y' = \dfrac{2x}{(1+x^2)^2}$ 的图形可知：

(1) 在 $(-\infty, 0)$ 内 $y' = \dfrac{2x}{(1+x^2)^2} < 0$,则 $y = \dfrac{x^2}{1+x^2}$ 在$(-\infty, 0]$内单调递减；

(2) 在 $(0, +\infty)$ 内 $y' = \dfrac{2x}{(1+x^2)^2} > 0$,则 $y = \dfrac{x^2}{1+x^2}$ 在$[0, +\infty)$内单调递增；

(3) 一阶导数等于 0 的点是 $x = 0$,且左侧单调递减,右侧单调递增,因而 $x = 0$ 是极小值点,极小值是 0.

二、用 MATLAB 求函数的凹凸区间和拐点

例 2 求函数 $y = \dfrac{x^2}{1+x^2}$ 的凹凸区间和拐点.

解 >> clear
>> syms x y d2y
>> y=x^2/(1+x^2);
>> d2y=simplify(diff(y,2))
d2y =
   $-2*(-1+3*x^2)/(1+x^2)^3$
>> x0=solve(d2y);
 >> y0=subs(y,'x',x0);
>> x0_y0=[x0 y0]
x0_y0 =
  [$-1/3*3^{(1/2)}$,   1/4]
  [$1/3*3^{(1/2)}$,   1/4]
>> lims=[-5,5];
>> subplot(2,1,1)
>> fplot('x^2/(1+x^2)',lims)
>> subplot(2,1,2)
>> fplot('-2*(-1+3*x^2)/(1+x^2)^3',lims)

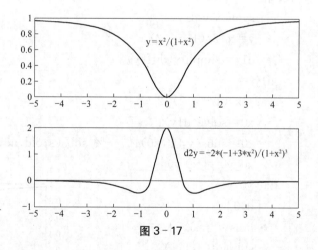

图 3-17

运行结果如图 3-17 所示.

分析 由函数 $y = \dfrac{x^2}{1+x^2}$ 的二阶导数 $y'' = -\dfrac{6x^2-2}{(1+x^2)^3}$ 的图形可知：

(1) 在 $\left(-\infty, -\dfrac{\sqrt{3}}{3}\right)$ 和 $\left(\dfrac{\sqrt{3}}{3}, +\infty\right)$ 内 $y'' = -\dfrac{6x^2-2}{(1+x^2)^3} < 0$, 则 $\left(-\infty, -\dfrac{\sqrt{3}}{3}\right]$ 和 $\left[\dfrac{\sqrt{3}}{3}, +\infty\right)$为 $y = \dfrac{x^2}{1+x^2}$ 的凸区间；

(2) 在 $\left(-\dfrac{\sqrt{3}}{3}, \dfrac{\sqrt{3}}{3}\right)$ 内 $y'' = -\dfrac{6x^2-2}{(1+x^2)^3} > 0$,则 $\left[-\dfrac{\sqrt{3}}{3}, \dfrac{\sqrt{3}}{3}\right]$为 $y = \dfrac{x^2}{1+x^2}$ 的凹区间；

(3) 二阶导数等于 0 的点为 $x = \pm\dfrac{\sqrt{3}}{3}$,且左右两侧的二阶导数异号,故 $\left(-\dfrac{\sqrt{3}}{3}, \dfrac{1}{4}\right)$ 和

$\left(\dfrac{\sqrt{3}}{3}, \dfrac{1}{4}\right)$ 是 $y = \dfrac{x^2}{1+x^2}$ 的拐点.

三、用 MATLAB 求函数的最值

例 3 求函数 $y = x^3 - 3x^2 - 9x + 5$ 在区间 $[-2, 6]$ 上的最大值和最小值.

解 >> clear

>> syms x

>> y=x^3-3*x^2-9*x+5;

>> d1y=diff(y);

>> x0=double(solve(d1y));

>> y0=subs(y,'x',x0);

>> y1=subs(y,'x',-2);

>> y2=subs(y,'x',6);

>> x=[x0;-2;6];

>> y=[y0;y1;y2];

>> xy=[x y];

>> [ymax Imax]=max(xy(:,2));

>> [ymin Imin]=min(xy(:,2));

>> x_ymax=xy(Imax,:)

x_ymin=xy(Imin,:)

运行结果如下：

x_ymax =

    6   59

x_ymin =

    3   -22

由上可知,函数 $y = x^3 - 3x^2 - 9x + 5$ 在区间 $[-2, 6]$ 上的最大值是 $y(6) = 59$,最小值是 $y(3) = -22$.

四、用 MATLAB 绘制函数的图形

众所周知,函数值的计算、函数图形的绘制对理解函数的性质有很大的帮助,而绘图正是 MATLAB 最擅长的项目.常用的绘制一元函数图形的调用格式和功能说明见表 3-1.

表 3-1　绘制一元函数图形的调用格式和功能说明

调用格式	功 能 说 明
plot(x,f)	按一定步长作函数 f 在定义的 x 区间上的图形
fplot(f,lims)	在 lims 声明的绘图区间上作函数 f 的图形

(续表)

调用格式	功 能 说 明
ezplot(f,[xmin,xmax,ymin,ymax])	作隐函数 f 在区域[xmin,xmax,ymin,ymax]内的图形,默认 x,y 的取值范围是[-2π,2π]
ezplot(x,y,[α,β])	在闭区间[α,β]上作二维参数方程的图形
polar(t,r)	作极坐标方程的图形

例 4　已知函数 $y = \arcsin(\ln x)$,求该函数在自变量 x 等于 $\dfrac{1}{e}$,1,e 处的函数值.

解　>> clear

>> syms x y

>> x=[1/exp(1),1,exp(1)]

>> x =

　　0.3679　　1.0000　　2.7183

>> y=asin(log(x))

>> y =

　　-1.5708　　　　0　　1.5708

例 5　绘制函数 $y = \sqrt{x} + \sin x$ 在[1,16]区间上的图形.

解　>> clear

>> x=1:0.01:16;　　　　　　　%变量在[1,16]内取值,步长(点的间隔)为 0.01

>> y=sqrt(x)+sin(x);

>> plot(x,y)

>> xlabel('x')　　　　　　　%添加 x 坐标轴的名称为 x

>> ylabel('y')　　　　　　　%添加 y 坐标轴的名称为 y

>> title('y=sqrt(x)+sin(x)')　　%添加图形标题为 y=sqrt(x)+sin(x)

运行结果如图 3-18 所示.

例 6　绘制分段函数 $\begin{cases} y = 2x - 3, & x \geqslant 2 \\ y = 3 - x, & x < 2 \end{cases}$ 的图形.

解　>> clear

>> x1=2:0.01:8;

>> x2=-8:0.01:2;

>> y1=2*x1-3;

>> y2=3-x2;

>> plot(x1,y1,x2,y2)

运行结果如图 3-19 所示.

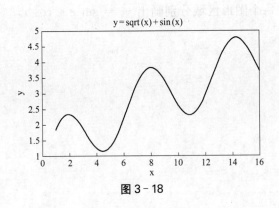

图 3-18

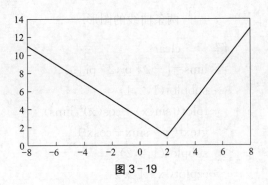

图 3-19

例7 同一坐标系下绘制 $y = \sin x$，$y = \cos x$，$y = 0$ 三条曲线的图形.

解 >> clear

>> x＝linspace(−2＊pi,2＊pi,800)；％生成从 -2π 到 2π 共 800 个数值的等差数组

>> y1＝sin(x)；

>> y2＝cos(x)；

>> y3＝0；

>> plot(x,y1,x,y2,x,y3)

>> gtext('y＝sinx')   ％用鼠标来确定字符串' y＝sinx'的位置

>> gtext('y＝cosx')

>> gtext('y＝0')

运行结果如图 3-20 所示.

例8 作出椭圆方程 $\dfrac{x^2}{25} + \dfrac{y^2}{9} = 1$ 的图形.

解 >> clear

>> ezplot('x^2/25＋y^2/9−1',[−6,6,−4,4])

>> grid   ％为图形添加网络

运行结果如图 3-21 所示.

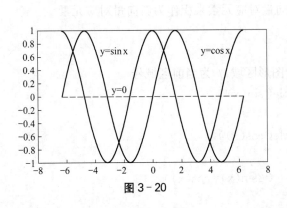

图 3-20

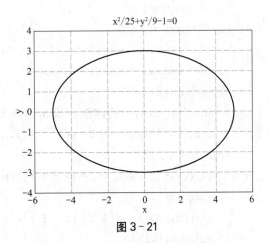

图 3-21

例9　将同一个画面分成两个图形区域,在每个图形区域分别画出 $y_1 = \sin x + \cos x$,$y_2 = x + \dfrac{1}{x}$ 两条曲线的图形.

解　>> clear

>> lims＝[−2*pi,2*pi];

>> subplot(1,2,1)

>> fplot('sin(x)＋cos(x)',lims)

>> gtext('y＝sinx＋cosx')

>> subplot(1,2,2)

>> ezplot('x＋1/x')

运行结果如图 3 - 22 所示.

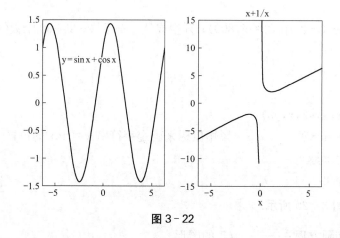

图 3 - 22

例10　将同一个画面分成四个图形区域,在每个图形区域分别画出 $y_1 = \sin x$,$y_2 = \cos x$,$y_3 = 2\sin x\cos x$,$y_4 = \sin x/\cos x$ 四条曲线的图形.

解　>> clear

>> x＝linspace(0,2*pi,30);

>> y1＝sin(x);

>> y2＝cos(x);

>> y3＝2*sin(x).*cos(x);　%".*"两向量对应元素乘积作为新向量对应元素

>> y4＝sin(x)./(cos(x)＋eps);

>> subplot(2,2,1)

% subplot(m,n,p)将画面分成 $m \times n$ 个图形区域,p 为当前区域号

>> plot(x,y1),axis([0 2*pi −1 1]),title('sin(x)')

>> subplot(2,2,2)

>> plot(x,y2),axis([0 2*pi −1 1]),title('cos(x)')

>> subplot(2,2,3)

>> plot(x,y3),axis([0 2*pi −1 1]),title('2sin(x)*cos(x)')

>> subplot(2,2,4)

>> plot(x,y4),axis([0 2*pi −20 20]),title('sin x/cos x')

运行结果如图 3-23 所示.

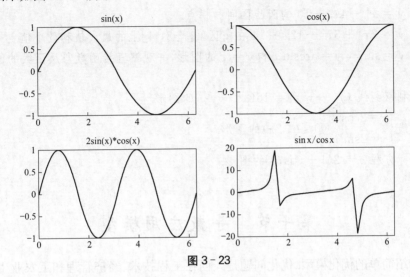

图 3-23

例 11 作摆线 $\begin{cases} x = t - \cos t \\ y = 1 - \sin t \end{cases}$ $(0 \leqslant t \leqslant 6\pi)$ 的图形.

解 >> clear
>> ezplot('t−cos(t)','1−sin(t)',[0,6*pi])

运行结果如图 3-24 所示.

例 12 作四叶玫瑰线 $\rho = 3\sin(2\theta)$ 的图形.

解 >> clear
>> t=0:0.1:2*pi;
>> r=3*sin(2*t);
>> polar(t,r)

运行结果如图 3-25 所示.

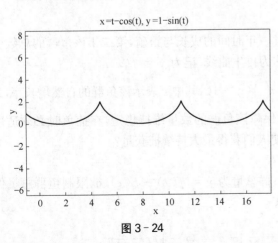

图 3-24

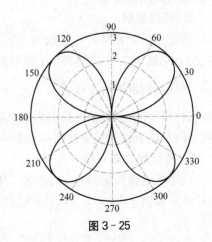

图 3-25

练习题 3 - 9

1. 求函数 $y = x^4 - 4x^3 + 10$ 的单调区间和极值.

2. 求函数 $y = x^4 - 4x^3 + 10$ 的凹凸区间和拐点.

3. 求函数 $y = 2x^3 + 3x^2 - 12x + 14$ 在闭区间 $[-3, 4]$ 上的最大值和最小值.

4. 作函数 $y = \sin x$, $y = \arcsin x$ 和 $y = x$ 的图形, 并观察直接函数与反函数的图形之间的关系.

5. 作伯努利双纽线 $(x^2 + y^2)^2 = 16(x^2 - y^2)$ 的图形.

6. 作星形线 $\begin{cases} x = 2\cos^3 t \\ y = 2\sin^3 t \end{cases}$ $(0 \leqslant t \leqslant 2\pi)$ 的图形.

7. 作极坐标方程 $\rho = 2(1 - \cos\theta)$ 的图形.

第十节　导数应用模型

本节介绍简单的优化模型. 优化问题是人们在工程技术、经济管理和工农业生产中最常遇到的一类问题. 例如, 销售经理要根据生产成本和市场需求确定产品价格, 使获得的利润最大; 设计师要在满足强度要求等条件下选择材料的尺寸, 使结构总重量最轻; 企业管理者要在保证生产连续性与均衡性的前提下, 确定一个合理的库存量, 以达到压缩库存物资、加速资金周转、提高经济效益的目的; 投资者要选择一些股票、债券"下注", 使收益最大, 而风险最小, 等等. 这些问题都可以归结为微积分中的函数极值问题, 也就是优化问题, 其中大部分都可以用微分法求解.

一、鱼群的适度捕捞问题

1. 案例背景

为了保护人类赖以生存的自然环境, 对自然界可再生资源的开发必须适度. 鱼群是一种可再生的资源, 每年捕捞量必须适度. 如何在实现可持续捕获的前提下, 追求最大的捕获量和确定最优捕捞策略?

2. 问题提出

假设当前某种鱼群的总数为 x kg, 经过一年时间的成长与繁殖, 第二年该鱼群的总数变为 y kg, 描述 x 与 y 之间相互关系的曲线称为再生曲线, 记为 $y = f(x)$.

现设该鱼群的再生曲线为 $y = rx\left(1 - \dfrac{x}{N}\right)(r > 1)$, 其中 r 表示该鱼群的自然增长率, N 表示自然环境所能负荷的最大鱼群总数. 为保障该鱼群的数量维持稳定, 在捕鱼时必须适度捕捞. 问对该鱼群的数量控制在多少, 才能使人们获得最大持续捕获量?

3. 模型建立与求解

设每年的捕获量为 $h(x)$, 则第二年的鱼群总量为 $y = f(x) - h(x)$. 欲限制鱼群总量保持在某一数值 x, 则 $x = f(x) - h(x)$. 所以

$$h(x) = f(x) - x = rx\left(1 - \frac{x}{N}\right) - x = (r - 1)x - \frac{r}{N}x^2.$$

求 $h(x)$ 的最大值,令
$$h'(x) = (r-1) - \frac{2r}{N}x = 0,$$

解得驻点 $x_0 = \frac{(r-1)N}{2r}$,由于 $h''(x) = -\frac{2r}{N} < 0$,所以 $x_0 = \frac{(r-1)N}{2r}$ 是 $h(x)$ 的极大值点,

且是唯一的极大值点,因此也一定是其最大值点. 于是,当鱼群规模控制在 $x_0 = \frac{(r-1)N}{2r}$

时,可以获得最大的持续捕获量,此时的最大捕获量为

$$h(x_0) = (r-1)x_0 - \frac{r}{N}x_0^2 = \frac{(r-1)^2}{4r}N.$$

4. 案例评价

该案例的结果非常有用,它对于自然资源的保护有着很好的借鉴作用,缺点是案例对于鱼群的再生曲线为什么是 $y = rx\left(1 - \frac{x}{N}\right)(r > 1)$ 没有给出理由. 事实上,它可以通过微分方程获得.

二、可口可乐易拉罐的设计问题

1. 问题提出

只要稍加留意就会发现销量很大的饮料罐(即易拉罐)的形状和尺寸几乎都是一样的. 这并非偶然,其实是某种意义下的最优设计. 当然,对于单个的易拉罐来说,这种最优设计可以节省的钱可能是很有限的,但是如果是生产几亿,甚至几十亿个易拉罐的话,可以节约的钱就很可观了.

下面来研究易拉罐的形状和尺寸的最优设计问题,并给出合理的解释.

设易拉罐是一个正圆柱体,圆柱体底面直径和高之比是多少才是它的最优设计?

2. 模型建立与求解

假设易拉罐是一个正圆柱体,此问题转化为在体积一定的条件下,在制造过程中消耗材料的最少(即表面积最小)来求解,可以建立两种模型.

(1) 模型一. 设易拉罐的高为 h,底面半径为 r,直径为 d,体积为 V,表面积为 S,则

$$V = \pi r^2 h, \quad S = S(r) = 2\pi r^2 + 2\pi rh.$$

将 $h = \frac{V}{\pi r^2}$ 代入 $S(r)$ 中,得

$$S(r) = 2\pi r^2 + \frac{2V}{r} = 2\pi\left(r^2 + \frac{V}{\pi r}\right).$$

令

$$S'(r) = 2\pi\left(2r - \frac{V}{\pi r^2}\right) = 0,$$

得

$$r = \sqrt[3]{\frac{V}{2\pi}},$$

$$h = \frac{V}{\pi r^2} = \frac{V}{\pi} \times \sqrt[3]{\left(\frac{2\pi}{V}\right)^2} = \sqrt[3]{\frac{4\pi^2 V^3}{\pi^3 V^2}} = \sqrt[3]{\frac{8V}{2\pi}} = 2r = d.$$

也就是说,当罐体高度与底面直径相等时,表面积最小.

(2) 模型二.实际上,用手摸上顶盖就能感觉到它的硬度要比其他的材料要硬,如图 3-26,所以以上的模型,理论上是可以的,但在实际中却存在误差.

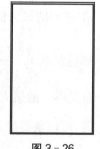

图 3-26

假设除易拉罐的顶盖外,罐的厚度相同,记作 b,上顶盖的厚度为 ab,这时必须考虑所用材料的体积,建立以下模型.

设易拉罐的高为 h,底面半径为 r,直径为 d,b 为除顶盖外的材料的厚度,罐的容积为 V,所用材料的体积为 V_S,b 和 V 是固定参数,a 是待定参数.

将罐体侧面看成一个有厚度的圆筒,那么它所用材料的体积等于圆筒的底面积与圆筒高之积.其中,圆筒底面积等于外圆面积减去内圆面积,即 $\pi(r+b)^2-\pi r^2$;圆筒的高为罐内高 h 加上上底和下底的厚度 $b+ab$,即 $h+(1+a)b$.

饮料罐侧面所用材料的体积为

$$\left[\pi(r+b)^2-\pi r^2\right] \cdot \left[h+(1+a)b\right]$$
$$=(2\pi rb+\pi b^2) \cdot \left[h+(1+a)b\right]$$
$$=2\pi rhb+2\pi r(1+a)b^2+h\pi b^2+\pi(1+a)b^3.$$

饮料罐顶盖所用材料的体积为 $ab\pi r^2$;饮料罐底部所用材料的体积为 $b\pi r^2$.

所用材料的体积 V_S 由上述三部分体积相加得出

$$V_S(r,h)=2\pi rhb+2\pi r(1+a)b^2+h\pi b^2+\pi(1+a)b^3+\pi r^2(1+a)b.$$

因为 $b \ll r$,所以带 b^2,b^3 的项可以忽略,因此上式可近似为

$$V_S(r,h) \approx 2\pi rhb+\pi r^2(1+a)b,$$

记

$$S(r,h)=2\pi rhb+\pi r^2(1+a)b,\quad f(r,h)=\pi r^2h-V.$$

于是可以建立以下数学模型:

$$\min_{r>0,\,h>0} S(r,h)$$
$$\text{s. t. } f(r,h)=0.$$

其中 $S(r,h)$ 是目标函数,$f(r,h)=0$ 是约束条件,V 是已知的(即罐内容积一定),即要在体积一定的条件下,求罐所用材料最少的 r,h.

由约束条件 $f(r,h)=\pi r^2h-V=0$,得 $h=\dfrac{V}{\pi r^2}$,代入 $S(r,h)$,则原问题化为求 r,使

$S(r,h(r))=b\left[\dfrac{2V}{r}+\pi(1+a)r^2\right]$ 最小. 令

$$S'=2b\left[(1+a)\pi r-\frac{V}{r^2}\right]=0,$$

得

$$r=\sqrt[3]{\frac{V}{(1+a)\pi}},$$

因为

$$S''=2b\left[\pi(1+a)+\frac{2V}{r^3}\right]>0 \quad (r>0),$$

所以 $r = \sqrt[3]{\dfrac{V}{(1+a)\pi}}$ 为极小值点. 因为极值点只有一个,因此也是最小值点. 由 r 可得

$$h = \frac{V}{\pi r^2} = \frac{V}{\pi} \sqrt[3]{\left[\frac{(1+a)\pi}{V}\right]^2} = (1+a)\sqrt[3]{\frac{V}{(1+a)\pi}} = (1+a)r.$$

经测量,顶盖厚度约为其他部分的材料厚度的 3 倍,即 $a = 3$,代入上式,可以得到 $h = 4r = 2d$,即罐体的高度为底面直径的 2 倍. 这个结果与实际测量的结果较为吻合.

三、经营优化问题

在经济数学中有成本函数 $C(x)$,收入函数 $R(x)$ 与利润函数 $L(x)$(其中 x 表示产品的产量)的概念,企业总利润可以表示为

$$L(x) = R(x) - C(x),$$

$L(x)$ 称为经营优化问题的目标函数.

显然,当总收入小于总成本时,企业亏损;当总收入大于总成本时,企业盈利,在图 3-27 中,用 R 线与 C 线分别表示某企业的总收入函数与总成本函数,则企业利润就是图形上相对于同一 x 值的 R 与 C 的纵坐标之差. 当图中的箭头向上时,表示盈利;当图中的箭头向下时,表示亏损. 由图可见,$x = x_1$ 是企业保本经营的最低产量,$x = x_2$ 时企业获得最大利润.

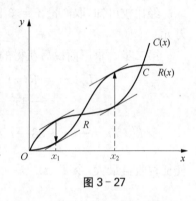

图 3-27

本章第八节介绍了边际函数的概念.

一般地,经济学上称某函数的导数为其边际函数. 从图 3-27 可以看出,在取得最大利润的点 x_2 处,对应于两条曲线 C,R 上的点的切线互相平行,即 $R'(x_2) = C'(x_2)$,这并不是偶然的,因为利润函数 $L(x) = R(x) - C(x)$,若 $L(x)$ 可导,则在极值点处,有 $L'(x) = R'(x) - C'(x) = 0$,即 $R'(x) = C'(x)$.

总利润最大值在边际收入等于边际成本时取得,这是经济学上的一个重要命题.

例 1　某厂商的总收益函数与总成本函数分别为 $R(x) = 30x - 3x^2$(单位:万元),$C(x) = x^2 + 2x + 2$(单位:万元),其中 x(单位:台)为产品产量,厂商追求最大利润,而政府要征收与产量 x 成正比的税,试求:

(1) 征税收益最大值与此时的税率;

(2) 厂商纳税前后的最大利润及每单位产品的价格.

1. 模型假设

设政府征税的收益为 T,税率为 t,由题意 $T = tx$,企业纳税后的总成本函数为 $C_t = C + tx$,设税前利润为 $L_1(x)$,税后利润为 $L_2(x)$.

2. 模型建立与求解

第一步　先求税前厂商获得的最大利润及每单位产品的价格,建立目标函数

$$L_1(x) = R(x) - C(x) = 30x - 3x^2 - (x^2 + 2x + 2) = -4x^2 + 28x - 2.$$

对 x 求导,并令 $L_1'(x) = -8x + 28 = 0$,解得驻点 $x = \dfrac{7}{2}$.

由于 $L_1''(x) = -8, L_1''\left(\dfrac{7}{2}\right) < 0$,故 $x = \dfrac{7}{2}$ 为极大值点,因为是唯一极大值点,故该极大值也为最大值. 即产量 $x = \dfrac{7}{2}$(台)时,厂商获得税前最大利润

$$L_{\max} = L_1\left(\frac{7}{2}\right) = (-4) \times \left(\frac{7}{2}\right)^2 + 28 \times \left(\frac{7}{2}\right) - 2 = 47(万元).$$

此时 $R\left(\dfrac{7}{2}\right) = 68.25$(万元),产品价格为 $68.25 \div \dfrac{7}{2} = 19.5$(万元).

由于产品的产量应该为整数,现 $x = \dfrac{7}{2} = 3.5$,所以分别取 $x = 3$ 与 $x = 4$ 进行比较,易得 $L_1(3) = 46, C(3) = 17, R(3) = 63$,产品单价为 21,而 $L_1(4) = 46, C(4) = 26, R(4) = 72$,产品单价为 18.

经比较可知,取产量 $x = 3$ 比较合理,此时厂商可获得最大利润 46 万元,产品单价为 21 万元.

第二步　求厂商税后获得的最大利润及每单位产品的价格,目标函数为
$$\begin{aligned} L_2(x) &= R(x) - C_t(x) = 30x - 3x^2 - (x^2 + 2x + 2 + tx) \\ &= -4x^2 + 28x - tx - 2. \end{aligned}$$

令 $L_2'(x) = -8x + 28 - t = 0$,解得 $x = \dfrac{7}{2} - \dfrac{t}{8}$. 此时征税收益 $T = tx = \dfrac{7}{2}t - \dfrac{t^2}{8}$,要使征税收益最大,令 $T'(t) = \dfrac{7}{2} - \dfrac{t}{4} = 0$,得 $t = 14$. $T''(14) = -\dfrac{1}{4} < 0$,所以当税率 $t = 14$ 时,征税收益最大,又当 $t = 14$ 时,$x = \dfrac{7}{4}$.

注意到 $L_2''\left(\dfrac{7}{4}\right) = -8 < 0$,所以 $x = \dfrac{7}{4}$ 时,函数所取极大值也为最大值.

$$L_{2\max} = L_2\left(\frac{7}{4}\right) = (-4) \times \left(\frac{7}{4}\right)^2 + 14 \times \frac{7}{4} - 2 = 10.25(万元).$$

最大征税收益为 $T_{\max} = tx\Big|_{\substack{x = \frac{7}{4} \\ t = 14}} = 24.5$(万元),$C_t\left(\dfrac{7}{4}\right) = 33.06$(万元). 此时总收益为

$R\left(\dfrac{7}{4}\right) = 43.31$(万元),产品单价 $43.31 \div \dfrac{7}{4} = 24.75$(万元).

与第一步类似,由于 $x = \dfrac{7}{4}$ 介于 1 与 2 之间,厂商可通过比较产量 $x = 1$ 和 $x = 2$ 时各项指标,作出生产 1 台或者 2 台产品的决策.

3. 拓展思考

(1) 当税率 $t = 14$ 时,税前税后厂商获得的最大利润差别很大,以求出的驻点比较,税前利润 $L_1\left(\dfrac{7}{2}\right) = 47$ 万元,税后利润 $L_2\left(\dfrac{7}{2}\right) = 10.25$ 万元,相差 30 多万元,所以为调动厂商的积极性,政府应适当降低税率,以期获得双赢.

(2) 税前税后产量销售单价差别大,税前产品单价每台 19.5 万元,税后每台单价 24.75

万元,所以不能仅从理论分析角度定价,而应跟踪市场销售情况,分析产品单价对企业经营的持续性与均衡性的影响,合理定价,适时改变经营策略.

四、运输问题

例2 设海岛 A 与陆地城市 B 到海岸线的距离分别为 a 与 b,它们之间的水平距离为 d,需要建立它们之间的运输线,若海上轮船的速度为 v_1,陆地汽车的速度为 v_2,试问转运站 P 设在海岸线上何处才能使运输时间最短?

1. 模型假设

(1) 假设海岸线是直线 MN,如图 3-28 所示;

(2) A 与 B 到海岸线的距离为它们到直线 MN 的距离.

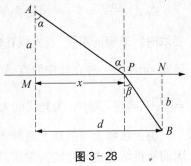

图 3-28

2. 模型建立与求解

设 MP 为 x,则海上运输所需要的时间为

$$t_1 = \frac{|AP|}{v_1} = \frac{\sqrt{a^2 + x^2}}{v_1},$$

陆地运输所需的时间为

$$t_2 = \frac{|PB|}{v_2} = \frac{\sqrt{b^2 + (d-x)^2}}{v_2},$$

因此,问题的目标函数为

$$t = t_1 + t_2 = \frac{\sqrt{a^2 + x^2}}{v_1} + \frac{\sqrt{b^2 + (d-x)^2}}{v_2}.$$

现在求 $t(x)$ 的最小值

$$\frac{\mathrm{d}t}{\mathrm{d}x} = \frac{x}{v_1 \sqrt{a^2 + x^2}} - \frac{d-x}{v_2 \sqrt{b^2 + (d-x)^2}},$$

由上述方程解驻点比较麻烦,因此先讨论方程 $\frac{\mathrm{d}t}{\mathrm{d}x} = 0$ 有没有实根.

可以证明 $\frac{\mathrm{d}t}{\mathrm{d}x} = 0$ 有唯一实根. 因为

$$\frac{\mathrm{d}^2 t}{\mathrm{d}x^2} = \frac{a^2}{v_1 (a^2 + x^2)^{\frac{3}{2}}} + \frac{b^2}{v_2 [b^2 + (d-x)^2]^{\frac{3}{2}}}.$$

在 $[0, d]$ 上 $\frac{\mathrm{d}^2 t}{\mathrm{d}x^2} > 0$,所以 $\frac{\mathrm{d}t}{\mathrm{d}x}$ 单调增加,且

$$t'(0) = -\frac{d}{v_2 \sqrt{b^2 + d^2}} < 0, \quad t'(d) = \frac{d}{v_1 \sqrt{a^2 + d^2}} > 0.$$

由零点定理,必存在唯一的 $\xi \in (0, d)$,使 $t'(\xi) = 0$. 根据问题的实际意义,ξ 就是 $f(x)$ 的最小值点.

由于直接从 $\frac{\mathrm{d}t}{\mathrm{d}x} = 0$ 求驻点 $x = \xi$ 比较麻烦,也可以引入两个辅助角 α 和 β,由图 3-28 可知

$$\sin\alpha=\frac{x}{\sqrt{a^2+x^2}},\ \sin\beta=\frac{d-x}{\sqrt{b^2+(d-x)^2}},$$

令 $\dfrac{\mathrm{d}t}{\mathrm{d}x}=0$ 得 $\dfrac{\sin\alpha}{v_1}-\dfrac{\sin\beta}{v_2}=0$,即 $\dfrac{\sin\alpha}{v_1}=\dfrac{\sin\beta}{v_2}$.

这说明,当点 P 取在等式 $\dfrac{\sin\alpha}{v_1}=\dfrac{\sin\beta}{v_2}$ 成立的地方时,从 A 到 B 的运输时间最短.

3. 拓展思考

等式 $\dfrac{\sin\alpha}{v_1}=\dfrac{\sin\beta}{v_2}$ 也是光学中的折射定理,根据光学中费马定理,光线在两点之间传播必取时间最短的路线.若光线在两种不同介质中的速度分别为 v_1 与 v_2,则同样经过上述推导可知,光源从一种介质中的点 A 传播到另一种介质中的点 B 所用的时间最短的路线由 $\dfrac{\sin\alpha}{v_1}=\dfrac{\sin\beta}{v_2}$ 确定,其中 α 为光线的入射角,β 为光线的折射角.

由于在海上与陆地上两种不同的运输速度相当于光线在两种不同传播媒介中的速度,因而所得结论也与光的折射定理相同.由此可见,有很多属于不同学科领域的问题,虽然它们的具体意义不同,但在数量关系上可以用同一数学模型来描述.

练习题 3 - 10

1. 某人准备租用一辆载重量为 5 t 的货车将一批货物从 A 地运往 B 地,货车的速度为 x km/h$(40<x<65)$,每升柴油可供货车行驶 $\dfrac{400}{x}$ km,柴油价格为 5.36 元 /L,司机劳务费为 30 元 /h,假设 A、B 两地路径为 45 km,试求运输费用最低的货车行驶速度.

2. 某厂年计划生产 6 500 件产品,设每个生产周期的工装调整费为 200 元,每年每件产品的储存费为 3.2 元,每天生产产品 50 件,市场需求 26 件/天,每年工作 300 天,试求最经济的生产批量和最小的库存费.

3. 某航空母舰派其护卫舰去搜索一名被迫跳伞的飞行员,护卫舰找到飞行员后,航母向护卫舰通报了航母当前的位置、航速与航向,并指令护卫舰尽快返回,问护卫舰应当怎样航行,才能在最短的时间内与航母会合?

4. 在一场长跑比赛中,两个运动员同时出发,并且同时抵达终点.证明在比赛过程中必有一个时刻,在该时刻两人的跑步速度相同.

 本章小结

一、本章主要内容与重点

本章主要内容有:中值定理,洛必达法则,泰勒公式函数的单调性、极值和最值,曲线的凹凸性、拐点,曲线的渐近线,描绘函数图形的一般步骤.

重点　拉格朗日中值定理,洛必达法则,函数的单调性的判定,函数的极值及其求法,最值的应用.

二、学习指导

1. 掌握中值定理的条件与结论及它们之间的关系

2. 用洛必达法则求未定式极限

洛必达法则是求未定式极限的重要方法，也是本章的重点．要明确以下几个问题：

(1) 用洛必达法则求 $\frac{0}{0}$ 型或 $\frac{\infty}{\infty}$ 型未定式极限 $\lim\frac{f(x)}{g(x)}$，要注意定理中的条件，定理指出

在 $\lim\frac{f'(x)}{g'(x)}=A$（或 ∞）时，才有 $\lim\frac{f(x)}{g(x)}=\lim\frac{f'(x)}{g'(x)}$．若 $\lim\frac{f'(x)}{g'(x)}$ 不存在也不为无穷大，

不能断言 $\lim\frac{f(x)}{g(x)}$ 不存在．

(2) 其他类型未定式，如 $0\cdot\infty$，$\infty-\infty$，0^0，1^∞，∞^0 型，必须先化为 $\frac{0}{0}$ 型或 $\frac{\infty}{\infty}$ 型未定式，再用洛必达法则．

(3) 在求 $\frac{0}{0}$ 型未定式时，洛必达法则与等价无穷小的替换原理可结合使用，因此要牢记常见的等价无穷小．

(4) 在使用洛必达法则的过程中，一些非零因子的极限可以先分离出来，以简化计算．有时可以对未定式作恒等变形，简化后再用洛必达法则，如将根式有理化等．

3. 利用导数求函数的单调区间

求函数 $f(x)$ 的导数 $f'(x)$，依据 $f'(x)>0$ 与 $f'(x)<0$ 分别求出函数 $f(x)$ 的单调增加区间与单调减少区间．

4. 利用导数求函数的极值

先找出 $f(x)$ 的驻点及 $f'(x)$ 不存在的点，再依据在这些点的两侧 $f'(x)$ 是否异号来确定该点是否为极值点．

5. 利用中值定理或函数单调性证明一些简单不等式

证明方法是依据所要证明的不等式构造函数 $f(x)$，研究函数在所考虑的区间 (a,b) 上的单调性，然后将 $f(x)$ 与 $f(a)$ 或 $f(b)$ 作比较，得出所要证明的不等式．

6. 利用导数求函数的最值

这是生产实践中常要涉及的问题．一般要先将实际问题转化成数学问题，即建立数学模型，也就是先建立函数关系，然后求出函数的最大值与最小值．

连续函数在区间 $[a,b]$ 上的最大值与最小值只能在驻点、导数不存在的点或区间端点处取得，因此只须比较这些点处函数值的大小，即可求出最大值与最小值．

求连续函数的最大值与最小值时，要注意以下事实：

(1) 若函数 $f(x)$ 在区间 I 上有唯一驻点或不可导点 x_0，则当 $f(x_0)$ 是极大（小）值时，$f(x_0)$ 也是 $f(x)$ 在区间 I 上的最大（小）值；

(2) 由实际问题本身的性质可以断定函数确有最大（小）值，且一定在区间内部取得，又在区间内函数仅有一个驻点 x_0，则在 x_0 处函数一定取得最大（小）值；

(3) 单调函数的最大值与最小值必在区间的端点处取得．

7. 利用二阶导数求函数的凹凸区间与拐点

8. 利用导数描绘函数图形

　　这是导数在几何上的综合应用. 用一阶导数的正负确定函数的增减区间、极值; 用二阶导数的正负确定函数的凸凹区间, 凸凹的分界点就是曲线的拐点, 以此反映出图形的特色. 再找出曲线的渐近线, 以显示曲线伸展到无穷远处的走向.

　　9. 导数应用模型——优化模型

　　优化问题总被归结为某些数量指标的优化, 而数量指标的优化有时又可归结为一个或若干个函数的极值问题. 通常把这样的函数称为优化问题的目标函数. 因而从应用上看, 求函数的极值属于优化问题的范畴. 将实际问题转化为其目标函数的极值问题, 事实上就是一种数学建模过程.

　　运用优化思想解决实际问题的一般步骤如下:

　　(1) 将实际问题表述为一个数学问题, 或归结为一个数学模型;

　　(2) 制定出判定解决问题的各种方案"优"与"劣"的标准, 并把这个标准数量化;

　　(3) 求出问题的最优解.

　　第一步是关键, 往往也是难点.

　　最优化思想是应用数学的核心思想. 希望读者在学习本章时, 特别注意对建模过程的学习, 逐渐学习从实际问题出发、抓住关键或本质建立函数关系的方法, 从而用微分学中求极值的方法加以解决.

 习题三

1. 判断下列命题是否正确:

    (1) 若 $f'(x) > g'(x)$, 则 $f(x) > g(x)$.　　　　　　　　　　　　　　(　　)

    (2) 若 $f'(x) = g'(x)$, 则 $f(x) = g(x)$.　　　　　　　　　　　　　　(　　)

    (3) 若 x_0 是 $f(x)$ 的极值点, 则 $f'(x_0) = 0$.　　　　　　　　　　(　　)

    (4) 单调区间的分界点只能为 $f'(x_0) = 0$ 的点.　　　　　　　　　　(　　)

    (5) 若 $f''(x_0) = 0$, 则点 $(x_0, f(x_0))$ 是 $y = f(x)$ 的拐点.　　　　(　　)

    (6) 若 $f(b) = 0$, $f'(x) < 0 \ (a < x < b)$, 则 $f(x) > 0 \ (a < x < b)$.　　(　　)

2. 设 $\lim\limits_{x \to \infty} f'(x) = k$, 求 $\lim\limits_{x \to \infty} [f(x+a) - f(x)]$.

3. 已知 $f(x)$ 在 $[a, b]$ 上连续, 在 (a, b) 内二阶可导, $f(a) = f(b) = 0$, 且存在 $c \in (a, b)$, 使 $f(c) > 0$. 证明: 存在 $\xi \in (a, b)$, 使得 $f''(\xi) < 0$.

4. 求下列极限:

    (1) $\lim\limits_{x \to 0} \dfrac{\mathrm{e}^x \cos x - 1}{\sin 2x}$;　　　　　　　　　　(2) $\lim\limits_{x \to 0} \left(\dfrac{\tan x}{x} \right)^{\frac{1}{x}}$;

    (3) $\lim\limits_{x \to 0} \left(\dfrac{1}{x} - \dfrac{1}{\mathrm{e}^x - 1} \right)$;　　　　　　(4) $\lim\limits_{x \to 0^+} \left(\dfrac{1}{x} \right)^{\tan x}$.

5. 求函数 $f(x) = \sqrt[3]{(2x - x^2)^2}$ 的单调区间与极值.

6. 求函数 $y = x\mathrm{e}^{-x}$ 的极值与拐点.

7. 求下列函数在指定区间上的最大值、最小值:

    (1) $y = x^4 + 2x^2 + 5$, $[-2, 2]$;　　　　(2) $y = 3 - x - \dfrac{4}{(x+2)^2}$, $[-1, 2]$.

8. 证明下列不等式：

    (1) $(1+x)\ln(1+x) > x, x > 0$;   (2) $e^{2x} > \dfrac{1-x}{1+x}, 0 < x < 1$.

    (3) $\left(1+\dfrac{1}{x}\right)^x < e < \left(1+\dfrac{1}{x}\right)^{x+1}, x > 0$;   (4) $\sin\dfrac{x}{2} > \dfrac{x}{\pi}, 0 < x < \pi$.

9. 在坐标平面上，通过已知点 $(4, 1)$ 引一条直线，要使直线在两坐标轴上截距为正，且要使截距之和最小，求这条直线方程.

10. 求下列函数的凹凸区间及拐点：

    (1) $y = x^3 - 5x^2 + 3x + 5$;   (2) $y = x^4(12\ln x - 7)$.

11. 证明多项式 $f(x) = x^3 - 3x + a$ 在 $[0, 1]$ 上不可能有两个零点.

12. 设 $f(x)$ 在 $[0, a]$ 上连续，在 $(0, a)$ 内可导，且 $f(a) = 0$，证明存在一点 $\xi \in (0, a)$，使 $f(\xi) + \xi f'(\xi) = 0$.

13. 若 $f(x)$ 在 $(-\infty, +\infty)$ 内满足 $f'(x) = f(x)$，$f(0) = 1$，则 $f(x) = e^x$.

阅读材料

数学精英——柯西

柯西(Cauchy, 1789—1857)是法国伟大的数学家，也是弹性力学的奠基人. 1805 年，柯西考入巴黎综合工科学校学习，两年后转到桥梁工程学校. 1816 年，柯西被任命为科学院力学部院士和巴黎综合工科学校教授. 1830 年，柯西因为拒绝效忠新的国王而失去所有职位，并流亡国外，8 年后柯西重新回到巴黎.

柯西从小就喜爱数学，在童年时代就接触到拉普拉斯和拉格朗日两位大数学家. 柯西在数学上最重要的贡献之一就是对微积分严密性的研究，他是在微积分基础问题的研究上真正有重要影响的第一位数学家. 柯西关于微积分基础的最具代表性的著作是他的《分析教程》《无穷小计算教程》以及《微分计算教程》，它们以微积分的严格化为目标，对微积分的一系列基本概念给出了明确的定义. 在此基础上，柯西严格地表述并证明了微积分基本定理、中值定理等一系列重要定理，定义了级数的收敛性，研究了级数收敛的条件等，他的许多定义和论述已经非常接近于微积分的现代形式. 柯西的工作在一定程度上澄清了微积分基础问题上长期存在的混乱，向分析的全面严格化迈出了关键的一步，他的研究结果一开始就引起了科学界的很大轰动.

另外，柯西在微分方程和复变函数等方面也都作出了卓越贡献，其科学研究涉猎范围极其广泛，几乎涉及数学的每一个分支. 他还是弹性力学理论基础的建立者，在光学和天体力学等方面，也同样作出了重要贡献. 柯西一生发表论文近 800 篇，连同他的著作《柯西全集》共有 27 卷，是仅次于欧拉的多产数学家. 从柯西卷帙浩大的论著和多方面丰硕的成果，人们不难想象他一生怎样孜孜不倦地勤奋工作.

生活中的柯西却并不招人喜欢，他性格孤僻，与同事的关系冷淡. 尽管他本人刚起步时也得到过拉普拉斯和拉格朗日等著名数学家的帮助，但他对后起之秀却不甚关心，有时甚至冷漠无情. 群论的创立者、法国的天才数学家伽罗瓦的两篇手稿交由柯西评审，但他未作出任何结论就给丢失了，这两篇珍贵的手稿迄今没有找到. 对于柯西的为人，19 世纪 20 年代的一篇文章这样评论道："他的呆板苛刻以及对刚踏上科学道路的年轻人的冷漠，使他成为最不可爱的科学家之一."

第四章

不定积分

你若想获得知识,你该下苦功;你若想获得食物,你该下苦功;你若想得到快乐,你也该下苦功,因为辛苦是获得一切的定律.

——牛顿

[**学习目标**]

1. 掌握原函数与不定积分的概念、性质.
2. 熟悉基本积分公式.
3. 理解积分与导数、微分的关系.
4. 掌握直接积分法.
5. 熟练掌握第一类换元积分法(凑微分法)和第二类换元积分法.
6. 熟练掌握分部积分法.
7. 会求简单有理函数和三角函数有理式的积分.
8. 会用 MATLAB 求不定积分.
9. 会利用不定积分建立数学模型,解决一些简单的实际问题.

在第二章中,讨论了如何求一个函数的导函数问题,本章将讨论它的反问题,即要寻求一个可导函数,使它的导数等于已知函数. 这是积分学的基本问题之一,即求不定积分.

第一节 不定积分的概念与性质

一、原函数

在微分学中,所研究的问题是求已知函数的导数或微分. 但在许多实际问题中,常常需要解决与此相反的问题,即已知某个函数的导数或微分,求这个函数. 这类问题在数学中归纳为求导运算的逆运算.

定义 1 如果在区间 I 上,可导函数 $F(x)$ 的导函数为 $f(x)$,即对任一 $x \in I$,都有

$$F'(x) = f(x) \ \text{或} \ dF(x) = f(x)dx,$$

那么称函数 $F(x)$ 为函数 $f(x)$ 在区间 I 上的一个**原函数**.

注 在某个区间内,若 $f(x)$ 是 $F(x)$ 的导函数,则 $F(x)$ 是 $f(x)$ 的原函数;反之,若 $F(x)$ 是 $f(x)$ 的原函数,则 $f(x)$ 是 $F(x)$ 的导函数.

例如,当 $x > 0$ 时,$(\ln x)' = \dfrac{1}{x}$,故 $\ln x$ 是 $\dfrac{1}{x}$ 在区间 $(0, +\infty)$ 上的一个原函数.

又如,因 $(\sin x)' = \cos x$,故 $\sin x$ 是 $\cos x$ 的一个原函数. 显然,$\sin x + 1$,$\sin x - \sqrt{2}$,$\sin x + C$(C 为常数)也都是 $\cos x$ 的原函数.

由此可见,一个函数若有原函数,则必有无穷多个. 因此,对原函数需要考虑如下两个问题:

(1) 一个函数在什么条件下存在原函数?

(2) 同一个函数的无穷多个原函数之间有怎样的关系?

定理 1(原函数存在定理) 如果函数 $f(x)$ 在区间 I 上连续,那么在区间 I 上存在可导函数 $F(x)$,使对任一 $x \in I$,都有 $F'(x) = f(x)$.

简单地说就是:**连续函数一定有原函数.**

定理 2 若函数 $F(x)$ 是 $f(x)$ 在区间 I 上的一个原函数,则 $F(x) + C$ 表示 $f(x)$ 在 I 上的全体原函数,其中 C 为任意常数.

此定理的结论包含两层意思:第一,$F(x) + C$ 中的任一个都是 $f(x)$ 的原函数;第二,$f(x)$ 的任一个原函数都可以表示成 $F(x) + C$ 的形式,即 $F(x) + C$ 表示 $f(x)$ 的全体原函数.

证 由于 $(F(x) + C)' = F'(x) + C' = f(x) + 0 = f(x)$,因而 $F(x) + C$ 是 $f(x)$ 的原函数.

另一方面,设 $G(x)$ 是 $f(x)$ 的任意一个原函数,则

$$[G(x) - F(x)]' = G'(x) - F'(x) = f(x) - f(x) = 0.$$

由拉格朗日中值定理的推论知,$G(x) - F(x) = C$,即

$$G(x) = F(x) + C.$$

可见，$f(x)$ 的任一原函数 $G(x)$ 可用 $F(x)+C$ 来表示. 也就是说 $f(x)$ 的全体原函数所组成的集合就是函数族 $\{F(x)+C \mid C \in \mathbf{R}\}$.

二、不定积分的概念

定义2　在区间 I 上，函数 $f(x)$ 的全体原函数 $F(x)+C$ 称为 $f(x)$ 在区间 I 上的**不定积分**，记作 $\int f(x)\mathrm{d}x$，即

$$\int f(x)\mathrm{d}x = F(x) + C,$$

其中，记号 $\int$ 称为**积分号**，$f(x)$ 称为**被积函数**，$f(x)\mathrm{d}x$ 称为**被积表达式**，x 称为**积分变量**.

由此可知，$\int f(x)\mathrm{d}x$ 可以表示 $f(x)$ 的任意一个原函数. 求一个函数的不定积分时，只须求出它的一个原函数，再加上任意常数就可以了.

例1　求 $\int x^2 \mathrm{d}x$.

解　由于 $\left(\dfrac{x^3}{3}\right)' = x^2$，所以 $\dfrac{x^3}{3}$ 是 x^2 的一个原函数. 因此

$$\int x^2 \mathrm{d}x = \frac{x^3}{3} + C.$$

例2　求 $\int \dfrac{1}{x}\mathrm{d}x$.

解　当 $x > 0$ 时，由于 $(\ln x)' = \dfrac{1}{x}$，所以 $\ln x$ 是 $\dfrac{1}{x}$ 在 $(0, +\infty)$ 内的一个原函数. 因此，在 $(0, +\infty)$ 内，$\int \dfrac{1}{x}\mathrm{d}x = \ln x + C$.

当 $x < 0$ 时，由于 $[\ln(-x)]' = \dfrac{1}{-x} \cdot (-1) = \dfrac{1}{x}$，所以 $\ln(-x)$ 是 $\dfrac{1}{x}$ 在 $(-\infty, 0)$ 内的一个原函数. 因此，在 $(-\infty, 0)$ 内，$\int \dfrac{1}{x}\mathrm{d}x = \ln(-x) + C$.

把在 $x > 0$ 及 $x < 0$ 内的结果合起来，可写作

$$\int \frac{1}{x}\mathrm{d}x = \ln|x| + C.$$

例3　设曲线通过点 $(1, 2)$，且其上任一点处的切线斜率等于这点横坐标的 2 倍，求此曲线的方程.

解　设所求的曲线方程为 $y = f(x)$，按题设，曲线上任一点 (x, y) 处的切线斜率为

$$\frac{\mathrm{d}y}{\mathrm{d}x} = 2x,$$

即 $f(x)$ 是 $2x$ 的一个原函数.

因为 $$\int 2x\,\mathrm{d}x = x^2 + C,$$

故必有某个常数 C, 使 $f(x) = x^2 + C$, 即曲线方程为 $y = x^2 + C$. 因所求曲线通过点 $(1,2)$, 故 $2 = 1 + C$, $C = 1$. 于是, 所求曲线方程为 $y = x^2 + 1$.

函数 $f(x)$ 的原函数的图形称为函数 $f(x)$ 的**积分曲线**. 本例即是求函数 $2x$ 的通过点 $(1,2)$ 的那条积分曲线. 显然, 这条积分曲线可以由另一条积分曲线 (例如 $y = x^2$) 沿 y 轴方向平移而得 (图 $4-1$).

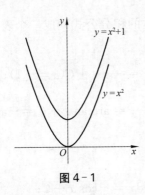
图 $4-1$

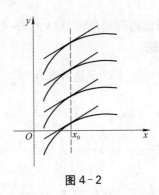
图 $4-2$

一般地, 称原函数 $y = F(x)$ 的图形为函数 $f(x)$ 的一条积分曲线. 在几何上, 不定积分 $\int f(x)\,\mathrm{d}x$ 就表示全体积分曲线所组成的曲线族 $y = F(x) + C$, 即**积分曲线族**. 这个曲线族可由一条积分曲线 $y = F(x)$ 经上下平行移动得到. 这个曲线族里的所有积分曲线在横坐标 x_0 相同的点处的切线彼此平行, 因为这些切线有相同的斜率 $f(x_0)$, 如图 $4-2$ 所示. 这就是不定积分的几何意义.

从不定积分的定义, 即可知下述关系:

由于 $\int f(x)\,\mathrm{d}x$ 是 $f(x)$ 的原函数, 所以

$$\left[\int f(x)\,\mathrm{d}x\right]' = f(x)$$

或

$$\mathrm{d}\left[\int f(x)\,\mathrm{d}x\right] = f(x)\,\mathrm{d}x.$$

又由于 $F(x)$ 是 $F'(x)$ 的原函数, 所以

$$\int F'(x)\,\mathrm{d}x = F(x) + C$$

或记作

$$\int \mathrm{d}F(x) = F(x) + C.$$

由此可见, 微分运算 (以记号 d 表示) 与不定积分的运算 (简称积分运算, 以记号 $\int$ 表示) 是互逆的. 当记号 $\int$ 与 d 连在一起时, 或者抵消, 或者抵消后相差一个常数.

三、基本积分公式

既然积分运算是微分运算的逆运算,那么很自然地可以从基本导数公式得到相应的基本积分公式.

例如,因为 $\left(\dfrac{x^{\alpha+1}}{\alpha+1}\right)' = x^{\alpha}$,所以 $\left(\dfrac{x^{\alpha+1}}{\alpha+1}\right)$ 是 x^{α} 的一个原函数,于是

$$\int x^{\alpha}\mathrm{d}x = \frac{x^{\alpha+1}}{\alpha+1} + C \quad (\alpha \neq -1).$$

类似地,可以得到其他积分公式.下面把一些基本的积分公式列成一个表,这个表通常叫作**基本积分表**.

(1) $\displaystyle\int k\mathrm{d}x = kx + C(k$ 是常数$)$;　　　　(2) $\displaystyle\int x^{\alpha}\mathrm{d}x = \frac{x^{\alpha+1}}{\alpha+1} + C(\alpha \neq -1)$;

(3) $\displaystyle\int \frac{1}{x}\mathrm{d}x = \ln|x| + C$;　　　　　(4) $\displaystyle\int \frac{\mathrm{d}x}{1+x^2} = \arctan x + C = -\operatorname{arccot} x + C_1$;

(5) $\displaystyle\int \frac{\mathrm{d}x}{\sqrt{1-x^2}} = \arcsin x + C = -\arccos x + C_1$;

(6) $\displaystyle\int \cos x\mathrm{d}x = \sin x + C$;　　　(7) $\displaystyle\int \sin x\mathrm{d}x = -\cos x + C$;

(8) $\displaystyle\int \frac{\mathrm{d}x}{\cos^2 x} = \int \sec^2 x\mathrm{d}x = \tan x + C$;　(9) $\displaystyle\int \frac{\mathrm{d}x}{\sin^2 x} = \int \csc^2 x\mathrm{d}x = -\cot x + C$;

(10) $\displaystyle\int \sec x\tan x\mathrm{d}x = \sec x + C$;　(11) $\displaystyle\int \csc x\cot x\mathrm{d}x = -\csc x + C$;

(12) $\displaystyle\int \mathrm{e}^x\mathrm{d}x = \mathrm{e}^x + C$;　　　　(13) $\displaystyle\int a^x\mathrm{d}x = \frac{a^x}{\ln a} + C$.

这些基本积分公式是求不定积分的基础,必须熟记. 在应用这些公式时,有时需要对被积函数作适当变形,请看下面两个例子.

例4　求 $\displaystyle\int \frac{1}{x^3\sqrt{x}}\mathrm{d}x$.

解　把被积函数化成 x^{α} 的形式,应用积分公式(2),便得

$$\int \frac{1}{x^3\sqrt{x}}\mathrm{d}x = \int x^{-\frac{7}{2}}\mathrm{d}x = \frac{1}{-\frac{7}{2}+1}x^{-\frac{7}{2}+1} + C = -\frac{2}{5}x^{-\frac{5}{2}} + C.$$

例5　求 $\displaystyle\int 2^x\mathrm{e}^x\mathrm{d}x$.

解　因为 $2^x\mathrm{e}^x = (2\mathrm{e})^x$,把 $2\mathrm{e}$ 看作 a,应用积分公式(13),便得

$$\int 2^x\mathrm{e}^x\mathrm{d}x = \int (2\mathrm{e})^x\mathrm{d}x = \frac{1}{\ln 2\mathrm{e}}(2\mathrm{e})^x + C = \frac{1}{1+\ln 2}2^x\mathrm{e}^x + C.$$

四、不定积分的性质

下面介绍不定积分的两个性质.

性质1 两个函数之和(差)的不定积分等于这两个函数的不定积分之和(差),即

$$\int [f(x) \pm g(x)] \mathrm{d}x = \int f(x) \mathrm{d}x \pm \int g(x) \mathrm{d}x. \tag{4-1}$$

证 要证式(4-1)右端是 $f(x) \pm g(x)$ 的不定积分,为此,将式(4-1)右端对 x 求导,得

$$\left[\int f(x) \mathrm{d}x \pm \int g(x) \mathrm{d}x \right]' = \left[\int f(x) \mathrm{d}x \right]' \pm \left[\int g(x) \mathrm{d}x \right]' = f(x) \pm g(x).$$

这表示式(4-1)右端是 $f(x) \pm g(x)$ 的原函数. 又式(4-1)右端有两个积分记号,形式上含有两个任意常数,由于任意常数之和(差)仍为任意常数,故实际上含一个任意常数. 因此式(4-1)右端是 $f(x) \pm g(x)$ 的不定积分.

这个性质显然可以推广到有限个函数.

类似地可以证明不定积分的第二个性质.

性质2 被积函数中不为零的常数因子可以提到积分号外面来,即

$$\int k f(x) \mathrm{d}x = k \int f(x) \mathrm{d}x \quad (k \text{ 是常数},\text{且 } k \neq 0).$$

五、直接积分法

利用基本积分公式和性质求不定积分的方法称为**直接积分法**. 用直接积分法,可以求出一些简单函数的不定积分. 这是一类较简单的不定积分问题,关键是首先将被积函数作恒等变形,使之成为能套公式积分的形式.

例6 求 $\int \dfrac{(x-2)^2}{\sqrt{x}} \mathrm{d}x$.

解
$$\int \frac{(x-2)^2}{\sqrt{x}} \mathrm{d}x = \int (x^{\frac{3}{2}} - 4x^{\frac{1}{2}} + 4x^{-\frac{1}{2}}) \mathrm{d}x = \int x^{\frac{3}{2}} \mathrm{d}x - 4\int x^{\frac{1}{2}} \mathrm{d}x + 4\int x^{-\frac{1}{2}} \mathrm{d}x$$
$$= \frac{2}{5} x^{\frac{5}{2}} - 4 \times \frac{2}{3} x^{\frac{3}{2}} + 4 \times 2x^{\frac{1}{2}} + C = \left(\frac{2}{5} x^2 - \frac{8}{3} x + 8 \right)\sqrt{x} + C.$$

注 (1) 分项积分时,不必分别加任意常数,只要总的写出一个任意常数即可.

(2) 检验积分结果是否正确,只要对积分结果进行求导,看它的导数是否等于被积函数. 如从例6的结果来看,由于

$$\left[\left(\frac{2}{5} x^2 - \frac{8}{3} x + 8 \right)\sqrt{x} + C \right]' = \left(\frac{2}{5} x^{\frac{5}{2}} - \frac{8}{3} x^{\frac{3}{2}} + 8x^{\frac{1}{2}} + C \right)'$$
$$= x^{\frac{3}{2}} - 4x^{\frac{1}{2}} + 4x^{-\frac{1}{2}} = \frac{1}{\sqrt{x}} (x^2 - 4x + 4)$$
$$= \frac{1}{\sqrt{x}} (x-2)^2,$$

所以计算结果是正确的.

例7 求 $\int (\mathrm{e}^x - 3\cos x) \mathrm{d}x$.

解 $\int (\mathrm{e}^x - 3\cos x) \mathrm{d}x = \int \mathrm{e}^x \mathrm{d}x - 3\int \cos x \mathrm{d}x = \mathrm{e}^x - 3\sin x + C.$

例 8　求 $\int \dfrac{1+x+x^2}{x(1+x^2)}\mathrm{d}x$.

解　基本积分表中没有这种类型的积分,需要把被积函数变形,化为表中所列类型,然后再逐项积分.

$$\int \frac{1+x+x^2}{x(1+x^2)}\mathrm{d}x = \int \frac{x+(1+x^2)}{x(1+x^2)}\mathrm{d}x = \int\left(\frac{1}{1+x^2}+\frac{1}{x}\right)\mathrm{d}x$$
$$= \int \frac{1}{1+x^2}\mathrm{d}x + \int \frac{1}{x}\mathrm{d}x = \arctan x + \ln|x| + C.$$

例 9　求 $\int \dfrac{x^4}{1+x^2}\mathrm{d}x$.

解　基本积分表中也没有这种类型的积分,同上题一样,需要把被积函数变形,化为表中所列类型,然后再逐项积分.

$$\int \frac{x^4}{1+x^2}\mathrm{d}x = \int \frac{x^4-1+1}{1+x^2}\mathrm{d}x = \int \frac{(x^2+1)(x^2-1)+1}{1+x^2}\mathrm{d}x$$
$$= \int\left(x^2-1+\frac{1}{1+x^2}\right)\mathrm{d}x = \int x^2\mathrm{d}x - \int \mathrm{d}x + \int \frac{1}{1+x^2}\mathrm{d}x$$
$$= \frac{x^3}{3} - x + \arctan x + C.$$

例 10　求 $\int \tan^2 x\,\mathrm{d}x$.

解　基本积分表中没有这种类型的积分,先利用三角恒等式变形,然后再求积分.

$$\int \tan^2 x\,\mathrm{d}x = \int(\sec^2 x-1)\mathrm{d}x = \int \sec^2 x\,\mathrm{d}x - \int \mathrm{d}x = \tan x - x + C.$$

例 11　某曲线在任一点处切线斜率等于该点的横坐标的平方,且通过点 $(0,1)$,求此曲线方程.

解　设所求的曲线方程为 $y=f(x)$,按题设,曲线上任一点 (x,y) 处的切线斜率为

$$\frac{\mathrm{d}y}{\mathrm{d}x} = x^2,$$

即 $f(x)$ 是 x^2 的一个原函数.

因为
$$\int x^2\mathrm{d}x = \frac{x^3}{3} + C,$$

故必有某个常数 C 使 $f(x)=\dfrac{x^3}{3}+C$,即曲线方程为 $y=\dfrac{x^3}{3}+C$.

因所求曲线通过点 $(0,1)$,故 $C=1$.

于是,所求曲线方程为 $y=\dfrac{x^3}{3}+1$.

练习题 4-1

1. 填空题:

(1) $\left[\displaystyle\int \sin^2 x\,\mathrm{d}x\right]' = $ _____ , $\mathrm{d}\left(\displaystyle\int \cos 2x\,\mathrm{d}x\right) = $ _____ ;

(2) $\dfrac{1}{x}$ 的一个原函数是_____,而_____的原函数是 $\dfrac{1}{x}$;

(3) 设 $\displaystyle\int f(x)\mathrm{d}x = \mathrm{e}^x + \sin x + C$,则 $f(x) =$ _____;

(4) 设 $\displaystyle\int f(x)\mathrm{d}x = x^2\mathrm{e}^{2x} + C$,则 $f(x) =$ _____.

2. 判断题:

(1) $\ln x + C$ 是 $\dfrac{1}{x}$ 的所有原函数. ( )

(2) $\displaystyle\int F'(x)\mathrm{d}x = F(x)$. ( )

(3) $\dfrac{1}{x}$ 是 $\dfrac{1}{x^2}$ 的一个原函数. ( )

(4) $\displaystyle\int 2^x\mathrm{d}x = 2^x \cdot \ln 2 + C$. ( )

3. 选择题:

(1) 下列等式正确的是( ).

    A. $\displaystyle\int f'(x)\mathrm{d}x = f(x)$ B. $\displaystyle\int f'(\mathrm{e}^x)\mathrm{d}x = f(\mathrm{e}^x) + C$

    C. $\left[\displaystyle\int f(\sqrt{x})\mathrm{d}x\right]' = f(\sqrt{x}) + C$ D. $\displaystyle\int xf'(1-x^2)\mathrm{d}x = -\dfrac{1}{2}f(1-x^2) + C$

(2) 若 $f(x)$ 的一个原函数是 $\sin x$,则 $\displaystyle\int \mathrm{d}f(x) = ($).

    A. $-\sin x + C$ B. $\sin x + C$ C. $-\cos x + C$ D. $\cos x + C$

(3) $\displaystyle\int \sqrt[m]{x^n}\,\mathrm{d}x = ($).

    A. $\dfrac{n+m}{m}x^{\frac{n+m}{m}} + C$ B. $\dfrac{m}{n+m}x^{\frac{n+m}{m}} + C$ C. $\dfrac{n+m}{n}x^{\frac{n}{n+m}} + C$ D. $\dfrac{n}{n+m}x^{\frac{n}{n+m}} + C$

(4) 若 $\displaystyle\int \mathrm{e}^{-\frac{1}{x}}f(x)\mathrm{d}x = -\mathrm{e}^{-\frac{1}{x}} + C$,则 $f(x) = ($).

    A. $\dfrac{1}{x}$ B. $\dfrac{1}{x^2}$ C. $-\dfrac{1}{x^2}$ D. $-\dfrac{1}{x}$

4. 求下列不定积分:

(1) $\displaystyle\int \dfrac{\mathrm{d}x}{x^2}$;   (2) $\displaystyle\int x\sqrt{x}\,\mathrm{d}x$;   (3) $\displaystyle\int \dfrac{\mathrm{d}x}{x^2\sqrt{x}}$;

(4) $\displaystyle\int 5x^3\mathrm{d}x$;   (5) $\displaystyle\int (x^2+1)^2\mathrm{d}x$;   (6) $\displaystyle\int (x^2-3x+2)\mathrm{d}x$;

(7) $\displaystyle\int (\sqrt{x}+1)(\sqrt{x^3}-1)\mathrm{d}x$;   (8) $\displaystyle\int \dfrac{\mathrm{d}h}{\sqrt{2gh}}$($g$ 是常数);   (9) $\displaystyle\int \dfrac{x^2}{1+x^2}\mathrm{d}x$;

(10) $\displaystyle\int \dfrac{3x^4+3x^2+1}{x^2+1}\mathrm{d}x$;   (11) $\displaystyle\int (1-x^2)\sqrt{x\sqrt{x}}\,\mathrm{d}x$;   (12) $\displaystyle\int \left(\dfrac{3}{1+x^2} - \dfrac{2}{\sqrt{1-x^2}}\right)\mathrm{d}x$;

(13) $\displaystyle\int \left(2\mathrm{e}^x + \dfrac{3}{x}\right)\mathrm{d}x$;   (14) $\displaystyle\int \mathrm{e}^x\left(1-\dfrac{\mathrm{e}^{-x}}{\sqrt{x}}\right)\mathrm{d}x$;   (15) $\displaystyle\int 3^{-x}(2\cdot 3^x - 3\cdot 2^x)\mathrm{d}x$;

(16) $\int \sec x(\sec x - \tan x)\mathrm{d}x$； (17) $\int \cos^2 \dfrac{x}{2}\mathrm{d}x$； (18) $\int \dfrac{\mathrm{d}x}{1+\cos 2x}$；

(19) $\int \dfrac{\cos 2x}{\cos x - \sin x}\mathrm{d}x$； (20) $\int \dfrac{\cos 2x}{\cos^2 x \sin^2 x}\mathrm{d}x$.

5. 一曲线通过点 $(\mathrm{e}^2, 3)$ 且在任一点处的切线斜率等于该点横坐标的倒数，求该曲线的方程.

6. 证明函数 $\arcsin(2x-1)$，$\arccos(1-2x)$，$2\arcsin\sqrt{x}$ 及 $2\arctan\sqrt{\dfrac{x}{1-x}}$ 都是 $\dfrac{1}{\sqrt{x(1-x)}}$ 的原函数.

第二节　不定积分的换元积分法

利用基本积分公式与积分的性质，所能计算的不定积分是非常有限的. 因此，有必要进一步来研究不定积分的求法. 本节把复合函数的微分法反过来用于求不定积分，利用中间变量的代换，得到复合函数的积分法，称为**换元积分法**，简称**换元法**. 换元法通常分为两类，即第一类换元法与第二类换元法.

一、第一类换元积分法

积分运算是微分运算的逆运算，从这一点出发来讨论换元积分法.

对于复合函数 $F[\varphi(x)]$，设 $F'(u) = f(u)$，有

$$\mathrm{d}F[\varphi(x)] = f[\varphi(x)]\mathrm{d}\varphi(x) = f[\varphi(x)]\varphi'(x)\mathrm{d}x,$$

把此等式中的三部分作为被积表达式，分别求积分，可得

$$\int f[\varphi(x)]\varphi'(x)\mathrm{d}x = \int f[\varphi(x)]\mathrm{d}\varphi(x) = \int \mathrm{d}F[\varphi(x)] = F[\varphi(x)] + C.$$

引进中间变量 $u = \varphi(x)$，由

$$\left[\int f(u)\mathrm{d}u\right]_{u=\varphi(x)} = [F(u)+C]_{u=\varphi(x)} = F[\varphi(x)] + C,$$

即有

$$\int f[\varphi(x)]\varphi'(x)\mathrm{d}x = \int f[\varphi(x)]\mathrm{d}\varphi(x) = \left[\int f(u)\mathrm{d}u\right]_{u=\varphi(x)}.$$

在上述分析过程中，应保证所列各个不定积分都存在. 为此，对函数 $f(u)$ 及 $\varphi(x)$ 应有一定的要求. 在本章第一节中已经指出：连续函数的原函数一定存在，因此，如果函数 $f(u)$ 及 $\varphi'(x)$ 连续，即可保证所列各个不定积分都存在. 于是有以下定理：

定理1　设 $f(u)$ 具有原函数，$u = \varphi(x)$ 可导且 $\varphi'(x)$ 连续，则有换元积分公式

$$\int f[\varphi(x)]\varphi'(x)\mathrm{d}x = \left[\int f(u)\mathrm{d}u\right]_{u=\varphi(x)}. \tag{4-2}$$

如何应用式 $(4-2)$ 来求不定积分？设要求不定积分 $\int g(x)\mathrm{d}x$，如果函数 $g(x)$ 可以化为

$g(x) = f[\varphi(x)]\varphi'(x)$ 的形式,那么

$$\int g(x)\mathrm{d}x = \int f[\varphi(x)]\varphi'(x)\mathrm{d}x = \int f[\varphi(x)]\mathrm{d}\varphi(x) = \left[\int f(u)\mathrm{d}u\right]_{u=\varphi(x)}.$$

这样,函数 $g(x)$ 的积分即转化为函数 $f(u)$ 的积分. 如果能求得 $f(u)$ 的原函数,那么也就得到了 $g(x)$ 的原函数.

一般地,如果被积函数的形式是 $f[\varphi(x)]\varphi'(x)$ (或可以化为这种形式),且 $u = \varphi(x)$ 在某区间上可导,$f(u)$ 具有原函数 $F(u)$,则可以在 $\int f[\varphi(x)]\varphi'(x)\mathrm{d}x$ 的被积函数中将 $\varphi'(x)\mathrm{d}x$ 凑成微分 $\mathrm{d}\varphi(x)$,然后对新变量 u 求不定积分,就得到下面的公式:

$$\int f[\varphi(x)]\varphi'(x)\mathrm{d}x = \int f[\varphi(x)]\mathrm{d}\varphi(x) = \left[\int f(u)\mathrm{d}u\right]_{u=\varphi(x)} = F(u) + C = F[\varphi(x)] + C.$$

这种积分方法称为**第一类换元积分法**,因其实质是将被积函数的部分因子 $\varphi'(x)$ 和 $\mathrm{d}x$ 凑成微分 $\mathrm{d}\varphi(x)$,然后再利用基本积分公式求解,故又称为**凑微分法**.

例1 求 $\int 2\cos 2x\mathrm{d}x$.

解 被积函数中,$\cos 2x$ 是一个复合函数,$\cos 2x = \cos u$,$u = 2x$,常数因子 2 恰好是中间变量 u 的导数. 因此,作变换 $u = 2x$,便有

$$\int 2\cos 2x\mathrm{d}x = \int \cos 2x \cdot 2\mathrm{d}x = \int \cos 2x\mathrm{d}(2x) = \int \cos u\mathrm{d}u = \sin u + C,$$

再以 $u = 2x$ 代入,即得 $\qquad \int 2\cos 2x\mathrm{d}x = \sin 2x + C.$

例2 求 $\int \dfrac{1}{3+2x}\mathrm{d}x$.

解 被积函数 $\dfrac{1}{3+2x} = \dfrac{1}{u}$,$u = 3 + 2x$. 这里缺少 $\dfrac{\mathrm{d}u}{\mathrm{d}x} = 2$ 这样的一个因子,但由于 $\dfrac{\mathrm{d}u}{\mathrm{d}x}$ 是个常数,故可改变系数凑出这个因子:

$$\frac{1}{3+2x} = \frac{1}{2} \cdot \frac{1}{3+2x} \cdot 2 = \frac{1}{2} \cdot \frac{1}{3+2x} \cdot (3+2x)',$$

从而令 $u = 3 + 2x$,便有

$$\int \frac{1}{3+2x}\mathrm{d}x = \int \frac{1}{2} \cdot \frac{1}{3+2x} \cdot (3+2x)'\mathrm{d}x = \frac{1}{2}\int \frac{1}{3+2x}\mathrm{d}(3+2x)$$

$$= \frac{1}{2}\int \frac{1}{u}\mathrm{d}u = \frac{1}{2}\ln|u| + C = \frac{1}{2}\ln|3+2x| + C.$$

一般地,对于积分 $\int f(ax+b)\mathrm{d}x$,总可作变换 $u = ax + b$,把它化为

$$\int f(ax+b)\mathrm{d}x = \int \frac{1}{a}f(ax+b)\mathrm{d}(ax+b) = \frac{1}{a}\left[\int f(u)\mathrm{d}u\right]_{u=ax+b}.$$

例3 求 $\int 2xe^{x^2}\mathrm{d}x$.

解 被积函数中的一个因子为 $\mathrm{e}^{x^2} = \mathrm{e}^u$，$u = x^2$；剩下的因子 $2x$ 恰好是中间变量 $u = x^2$ 的导数，于是有

$$\int 2x\mathrm{e}^{x^2}\mathrm{d}x = \int \mathrm{e}^{x^2}\mathrm{d}(x^2) = \int \mathrm{e}^u\mathrm{d}u = \mathrm{e}^u + C = \mathrm{e}^{x^2} + C.$$

在本例中，如果被积函数中没有 $2x$ 这个因子，即对于积分 $\int \mathrm{e}^{x^2}\mathrm{d}x$，是不能用变换 $u = x^2$ 去解的. 这是因为：虽然 x^2 是被积函数复合结构中的中间变量，但缺少 $\dfrac{\mathrm{d}u}{\mathrm{d}x} = 2x$ 这个因子. 如果像本例那样凑上这个因子，变为 $\mathrm{e}^{x^2} = \dfrac{1}{2x}\mathrm{e}^{x^2}2x = \dfrac{1}{2x}\mathrm{e}^{x^2}(x^2)'$，那么还是不能化成 $f\big[\varphi(x)\big]\varphi'(x)$ 的形式.

例 4 求 $\int x\sqrt{1-x^2}\,\mathrm{d}x$.

解 被积函数中一个因子为 $\sqrt{1-x^2} = \sqrt{u}$，$u = 1-x^2$，剩下的因子 x 与中间变量的导数 $u' = -2x$ 只差一个常数因子，凑一个系数便有

$$\int x\sqrt{1-x^2}\,\mathrm{d}x = \int \left(-\frac{1}{2}\right)\sqrt{1-x^2}\,(-2x)\mathrm{d}x = -\frac{1}{2}\int \sqrt{1-x^2}\,\mathrm{d}(1-x^2)$$

$$= -\frac{1}{2}\int \sqrt{u}\,\mathrm{d}u = -\frac{1}{2} \cdot \frac{2}{3}u^{\frac{3}{2}} + C = -\frac{1}{3}(1-x^2)^{\frac{3}{2}} + C.$$

例 5 求 $\int \tan x\mathrm{d}x$.

解 用三角恒等式把被积函数变形，然后选择变量代换：

$$\int \tan x\mathrm{d}x = \int \frac{\sin x}{\cos x}\mathrm{d}x = \int \frac{-(\cos x)'}{\cos x}\mathrm{d}x = -\int \frac{\mathrm{d}\cos x}{\cos x}$$

$$= -\int \frac{\mathrm{d}u}{u} = -\ln|u| + C = -\ln|\cos x| + C.$$

同样的方法可以求得

$$\int \cot x\mathrm{d}x = \ln|\sin x| + C.$$

通过上面诸例，可见第一类换元积分法恰是复合函数微分法的逆运算. 第一类换元积分法的关键在于"凑微分"，使被积表达式 $g(x)\mathrm{d}x$ 可以看作复合函数 $f\big[\varphi(x)\big]$ 与微分 $\mathrm{d}\varphi(x)$ 之积. 此外，当运算比较熟练后，设定中间变量 $\varphi(x) = u$ 和回代过程 $u = \varphi(x)$ 可以省略，将 $\varphi(x)$ 当作 u 积分就行了.

例 6 求 $\int \sec x\mathrm{d}x$.

解 $$\int \sec x\mathrm{d}x = \int \sec x \cdot \frac{\sec x + \tan x}{\sec x + \tan x}\mathrm{d}x = \int \frac{\sec^2 x + \sec x\tan x}{\sec x + \tan x}\mathrm{d}x$$

$$= \int \frac{\mathrm{d}(\sec x + \tan x)}{\sec x + \tan x} = \ln|\sec x + \tan x| + C.$$

类似可得 $$\int \csc x \mathrm{d}x = \ln|\csc x - \cot x| + C.$$

例7 求 $\int \dfrac{1}{a^2 + x^2}\mathrm{d}x \,(a \neq 0)$.

解 $\int \dfrac{1}{a^2 + x^2}\mathrm{d}x = \dfrac{1}{a^2}\int \dfrac{1}{1 + \left(\dfrac{x}{a}\right)^2}\mathrm{d}x = \dfrac{1}{a}\int \dfrac{1}{1 + \left(\dfrac{x}{a}\right)^2}\mathrm{d}\left(\dfrac{x}{a}\right) = \dfrac{1}{a}\arctan \dfrac{x}{a} + C.$

例8 求 $\int \cos^4 x \mathrm{d}x$.

解 $\int \cos^4 x \mathrm{d}x = \dfrac{1}{4}\int (1 + \cos 2x)^2 \mathrm{d}x = \dfrac{1}{4}\int (1 + 2\cos 2x + \cos^2 2x)\mathrm{d}x$

$\qquad\qquad = \dfrac{1}{8}\int (3 + 4\cos 2x + \cos 4x)\mathrm{d}x = \dfrac{1}{8}\left(3x + 2\sin 2x + \dfrac{1}{4}\sin 4x\right) + C.$

例9 求 $\int \dfrac{\mathrm{d}x}{x(1 + 2\ln x)}$.

解 $\int \dfrac{\mathrm{d}x}{x(1 + 2\ln x)} = \int \dfrac{\mathrm{d}\ln x}{1 + 2\ln x} = \dfrac{1}{2}\int \dfrac{\mathrm{d}(1 + 2\ln x)}{1 + 2\ln x} = \dfrac{1}{2}\ln|1 + 2\ln x| + C.$

例10 求 $\int \dfrac{1}{\sqrt{x}}\mathrm{e}^{3\sqrt{x}}\mathrm{d}x$.

解 $\int \dfrac{1}{\sqrt{x}}\mathrm{e}^{3\sqrt{x}}\mathrm{d}x = \int \mathrm{e}^{3\sqrt{x}}2\mathrm{d}\sqrt{x} = \dfrac{2}{3}\int \mathrm{e}^{3\sqrt{x}}\mathrm{d}(3\sqrt{x}) = \dfrac{2}{3}\mathrm{e}^{3\sqrt{x}} + C.$

例11 求 $\int \dfrac{1}{a^2 - x^2}\mathrm{d}x \,(a \neq 0)$.

解 由于 $\dfrac{1}{a^2 - x^2} = \dfrac{1}{2a}\left(\dfrac{1}{a + x} + \dfrac{1}{a - x}\right)$，故

$$\int \dfrac{1}{a^2 - x^2}\mathrm{d}x = \dfrac{1}{2a}\int \left(\dfrac{1}{a + x} + \dfrac{1}{a - x}\right)\mathrm{d}x = \dfrac{1}{2a}\left[\int \dfrac{\mathrm{d}(a + x)}{a + x} - \int \dfrac{\mathrm{d}(a - x)}{a - x}\right]$$

$$= \dfrac{1}{2a}\left[\ln|a + x| - \ln|a - x|\right] + C = \dfrac{1}{2a}\ln\left|\dfrac{a + x}{a - x}\right| + C.$$

例12 求 $\int \dfrac{\mathrm{e}^x}{\mathrm{e}^x + 2}\mathrm{d}x$.

解 $\int \dfrac{\mathrm{e}^x}{\mathrm{e}^x + 2}\mathrm{d}x = \int \dfrac{\mathrm{d}(\mathrm{e}^x + 2)}{\mathrm{e}^x + 2} = \ln(\mathrm{e}^x + 2) + C.$

例13 求 $\int \dfrac{1}{x^2}\cos \dfrac{1}{x}\mathrm{d}x$.

解 $\int \dfrac{1}{x^2}\cos \dfrac{1}{x}\mathrm{d}x = -\int \cos \dfrac{1}{x}\mathrm{d}\left(\dfrac{1}{x}\right) = -\sin \dfrac{1}{x} + C.$

第一类换元法在积分学中是经常使用的,不过如何适当地选择变量代换,却没有一般的法则可循. 这种方法的特点是凑微分,要掌握这种方法,需要熟记一些函数的微分公式. 换元积分法技巧性强,需要多做练习,不断归纳,积累经验,才能灵活运用.

通过以上例题,可以归纳出如下一般凑微分形式:

(1) $\int f(ax + b)\mathrm{d}x = \dfrac{1}{a}\int f(ax + b)\mathrm{d}(ax + b)\,(a \neq 0)$;

(2) $\int f(ax^2+b)x\mathrm{d}x = \dfrac{1}{2a}\int f(ax^2+b)\mathrm{d}(ax^2+b)(a\neq 0)$;

(3) $\int f(\mathrm{e}^x)\mathrm{e}^x\mathrm{d}x = \int f(\mathrm{e}^x)\mathrm{d}(\mathrm{e}^x)$;

(4) $\int f(\ln x)\dfrac{1}{x}\mathrm{d}x = \int f(\ln x)\mathrm{d}(\ln x)$;

(5) $\int f(\cos x)\sin x\mathrm{d}x = -\int f(\cos x)\mathrm{d}(\cos x)$;

(6) $\int f(\sin x)\cos x\mathrm{d}x = \int f(\sin x)\mathrm{d}(\sin x)$;

(7) $\int f(\tan x)\sec^2 x\mathrm{d}x = \int f(\tan x)\mathrm{d}(\tan x)$;

(8) $\int f(\arctan x)\cdot\dfrac{1}{1+x^2}\mathrm{d}x = \int f(\arctan x)\mathrm{d}(\arctan x)$;

(9) $\int f\left(\dfrac{1}{x}\right)\dfrac{1}{x^2}\mathrm{d}x = -\int f\left(\dfrac{1}{x}\right)\mathrm{d}\left(\dfrac{1}{x}\right)$;

(10) $\int f(\sqrt{x})\cdot\dfrac{1}{\sqrt{x}}\mathrm{d}x = 2\int f(\sqrt{x})\mathrm{d}(\sqrt{x})$.

从上述例子可见,第一类换元法是一种非常有效的积分法. 首先,必须熟悉基本积分公式,对积分公式应广义地理解,如对公式 $\int\dfrac{1}{x}\mathrm{d}x = \ln|x|+C$,应理解为 $\int\dfrac{1}{u}\mathrm{d}u = \ln|u|+C$, 其中 u 可以是 x 的任一可微函数. 其次,应熟悉微分运算,针对具体的积分要选准某个基本积分公式,凑微分使变量一致.

例 14　求 $\int\sin 2x\mathrm{d}x$.

解法一　$\int\sin 2x\mathrm{d}x = \dfrac{1}{2}\int\sin 2x\mathrm{d}(2x) = -\dfrac{1}{2}\cos 2x + C$;

解法二　$\int\sin 2x\mathrm{d}x = 2\int\sin x\cos x\mathrm{d}x = 2\int\sin x\mathrm{d}(\sin x) = \sin^2 x + C$;

解法三　$\int\sin 2x\mathrm{d}x = 2\int\sin x\cos x\mathrm{d}x = -2\int\cos x\mathrm{d}(\cos x) = -\cos^2 x + C$.

例 14 表明,同一个不定积分,选择不同的积分方法,得到的结果形式不相同,这是完全正常的. 因为 $-\dfrac{1}{2}\cos 2x = -\dfrac{1}{2}(1-2\sin^2 x) = \sin^2 x - \dfrac{1}{2}$, $-\cos^2 x = \sin^2 x - 1$, 三种解法的原函数仅差一个常数,都包含到任意常数 C 中. 由此可见,在不定积分中,任意常数是不可缺少的.

二、第二类换元积分法

由以上的讨论可以看出,当积分 $\int g(x)\mathrm{d}x$ 不易求得,而将它凑微分化为 $\int f[\varphi(x)]\mathrm{d}\varphi(x)$ 的形式易于积分时,利用第一类换元积分法可以方便地求出积分. 但有时问题恰好相反,积分 $\int f(x)\mathrm{d}x$ 不易求出,但选择适当的变量代换 $x = \psi(t)$,以 $f(x) = f[\psi(t)]$,$\mathrm{d}x = \psi'(t)\mathrm{d}t$

代入后,将积分化为 $\int f[\psi(t)]\psi'(t)\mathrm{d}t$ 的形式反而易于积分. 此时可以通过这种代换来求积分. 这种方法称为**第二类换元积分法**.

定理2 设 $x = \psi(t)$ 是单调、可导的函数,并且 $\psi'(t) \neq 0$. 又设 $f[\psi(t)]\psi'(t)$ 具有原函数,则有换元积分公式

$$\int f(x)\mathrm{d}x = \left[\int f[\psi(t)]\psi'(t)\mathrm{d}t\right]_{t=\bar{\psi}(x)}.$$

其中 $t = \bar{\psi}(x)$ 是 $x = \psi(t)$ 的反函数.

证 设 $f[\psi(t)]\psi'(t)$ 的原函数为 $\Phi(t)$,记 $\Phi[\bar{\psi}(x)] = F(x)$,利用复合函数的求导法则及反函数的导数公式,得到

$$F'(x) = \frac{\mathrm{d}\Phi}{\mathrm{d}t} \cdot \frac{\mathrm{d}t}{\mathrm{d}x} = f[\psi(t)]\psi'(t) \cdot \frac{1}{\psi'(t)} = f[\psi(t)] = f(x).$$

即 $F(x)$ 是 $f(x)$ 的原函数,所以有

$$\int f(x)\mathrm{d}x = F(x) + C = \Phi[\bar{\psi}(x)] + C = \left[\int f[\psi(t)]\psi'(t)\mathrm{d}t\right]_{t=\bar{\psi}(x)}.$$

这就证明了公式

$$\int f(x)\mathrm{d}x = \int f[\psi(t)]\mathrm{d}\psi(t) = \int f[\psi(t)]\psi'(t)\mathrm{d}t = \Phi(t) + C = \Phi[\bar{\psi}(x)] + C.$$

第二类换元积分法常用于求无理函数的积分.

1. 被积函数含有根式 $\sqrt[n]{ax + b}\,(a \neq 0)$

例15 求 $\int \dfrac{1}{2 + \sqrt{x-1}}\mathrm{d}x$.

解 这个积分不能用前面介绍过的方法计算,原因在于被积函数中含有根式 $\sqrt{x-1}$,不便于直接作积分运算,为此设法去掉这个根式.

设 $\sqrt{x-1} = t$,则 $x = t^2 + 1$, $\mathrm{d}x = 2t\mathrm{d}t$. 于是

$$\int \frac{1}{2 + \sqrt{x-1}}\mathrm{d}x = \int \frac{1}{2+t}2t\mathrm{d}t = 2\int \frac{t+2-2}{2+t}\mathrm{d}t = 2\int\left(1 - \frac{2}{2+t}\right)\mathrm{d}t$$

$$= 2t - 4\ln|2+t| + C = 2\sqrt{x-1} - 4\ln|2 + \sqrt{x-1}| + C.$$

一般地说,当被积函数含有形如 $\sqrt[n]{ax+b}$ 的根式时,可作代换 $\sqrt[n]{ax+b} = t$,解出 x 与 $\mathrm{d}x$,再一起代入被积表达式,积分后回代变量,就得到所求的不定积分.

2. 被积函数含有 $\sqrt{a^2 - x^2}$ 或 $\sqrt{x^2 \pm a^2}\,(a \neq 0)$

例16 求 $\int \sqrt{a^2 - x^2}\mathrm{d}x\,(a > 0)$.

解 被积函数含有根式 $\sqrt{a^2 - x^2}$,不便于积分,为此可令 $x = a\sin t\left(-\dfrac{\pi}{2} < t < \dfrac{\pi}{2}\right)$,消去根式. 此时 $\sqrt{a^2 - x^2} = a\cos t$, $\mathrm{d}x = a\cos t\mathrm{d}t$, 于是

$$\int \sqrt{a^2 - x^2}\, dx = \int a\cos t \cdot a\cos t\, dt = \frac{1}{2}a^2 \int (1 + \cos 2t)\, dt = \frac{1}{2}a^2 \left(t + \frac{1}{2}\sin 2t\right) + C.$$

由于 $x = a\sin t$，$-\dfrac{\pi}{2} < t < \dfrac{\pi}{2}$，所以 $t = \arcsin \dfrac{x}{a}$，$\sin t = \dfrac{x}{a}$，

$$\cos t = \sqrt{1 - \sin^2 t} = \frac{\sqrt{a^2 - x^2}}{a}，\ \sin 2t = 2\sin t\cos t = \frac{2x}{a^2}\sqrt{a^2 - x^2}.$$

故　　　　$\displaystyle\int \sqrt{a^2 - x^2}\, dx = \dfrac{a^2}{2}\arcsin \dfrac{x}{a} + \dfrac{x}{2}\sqrt{a^2 - x^2} + C.$

也可用图解法（图 4-3）直接得到

$$\cos t = \frac{\sqrt{a^2 - x^2}}{a}.$$

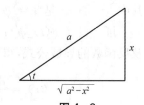

图 4-3

这种方法简捷，以后常采用这种方法回代.

例 17　求 $\displaystyle\int \dfrac{dx}{\sqrt{a^2 + x^2}}\ (a > 0).$

解　令 $x = a\tan t\ \left(-\dfrac{\pi}{2} < t < \dfrac{\pi}{2}\right)$，可以消去根式 $\sqrt{a^2 + x^2}$. 此时

$$\sqrt{a^2 + x^2} = \sqrt{a^2 + a^2\tan^2 t} = a\sec t，\ dx = a\sec^2 t\, dt.$$

于是

$$\int \frac{dx}{\sqrt{a^2 + x^2}} = \int \frac{1}{a\sec t}a\sec^2 t\, dt = \int \sec t\, dt = \ln|\sec t + \tan t| + C_1.$$

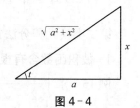

图 4-4

由图 4-4 可知，$\sec t = \dfrac{\sqrt{a^2 + x^2}}{a}$，所以

$$\int \frac{dx}{\sqrt{a^2 + x^2}} = \ln\left|\frac{\sqrt{a^2 + x^2}}{a} + \frac{x}{a}\right| + C_1 = \ln(x + \sqrt{a^2 + x^2}) + C \quad (C = C_1 - \ln a).$$

例 18　求 $\displaystyle\int \dfrac{dx}{\sqrt{x^2 - a^2}}\ (a > 0).$

解　令 $x = a\sec t\ \left(0 < t < \dfrac{\pi}{2}\right)$，可消去根式 $\sqrt{x^2 - a^2}$. 此时

$$\sqrt{x^2 - a^2} = \sqrt{a^2\sec^2 t - a^2} = a\tan t，\ dx = a\sec t\tan t\, dt.$$

于是　　　　$\displaystyle\int \dfrac{dx}{\sqrt{x^2 - a^2}} = \int \dfrac{a\sec t\tan t}{a\tan t}\, dt = \int \sec t\, dt = \ln|\sec t + \tan t| + C_1.$

因为 $\sec t = \dfrac{x}{a}$，由图 4-5 知 $\tan t = \dfrac{\sqrt{x^2 - a^2}}{a}$，所以

$$\int \frac{dx}{\sqrt{x^2 - a^2}} = \ln\left|\frac{x}{a} + \frac{\sqrt{x^2 - a^2}}{a}\right| + C_1$$

$$= \ln|x + \sqrt{x^2 - a^2}| + C \quad (C = C_1 - \ln a).$$

以上三个例子使用的代换称为**三角代换**，归纳如下：

（1）当被积函数含有 $\sqrt{a^2-x^2}$ 时，作代换 $x=a\sin t$；

（2）当被积函数含有 $\sqrt{a^2+x^2}$ 时，作代换 $x=a\tan t$；

（3）当被积函数含有 $\sqrt{x^2-a^2}$ 时，作代换 $x=a\sec t$.

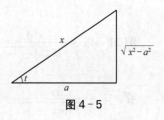

图 4-5

由于三角代换的回代过程比较麻烦，所以，若能直接用公式或凑微分来积分，就要避免使用三角代换. 例如

$$\int x\sqrt{4-x^2}\,dx=-\frac{1}{2}\int\sqrt{4-x^2}\,d(4-x^2),$$

这比使用变换 $x=2\sin t$ 来计算要简便得多.

本节得到的一些积分结果常作公式使用，将它们列在下面，作为对本章第一节基本公式的补充：

（14）$\displaystyle\int\tan x\,dx=-\ln|\cos x|+C$；

（15）$\displaystyle\int\cot x\,dx=\ln|\sin x|+C$；

（16）$\displaystyle\int\sec x\,dx=\ln|\sec x+\tan x|+C$；

（17）$\displaystyle\int\csc x\,dx=\ln|\csc x-\cot x|+C$；

（18）$\displaystyle\int\frac{dx}{a^2+x^2}=\frac{1}{a}\arctan\frac{x}{a}+C\,(a\neq0)$；

（19）$\displaystyle\int\frac{dx}{a^2-x^2}=\frac{1}{2a}\ln\left|\frac{x+a}{x-a}\right|+C\,(a\neq0)$；

（20）$\displaystyle\int\frac{dx}{\sqrt{a^2-x^2}}=\arcsin\frac{x}{a}+C\,(a>0)$；

（21）$\displaystyle\int\frac{dx}{\sqrt{x^2\pm a^2}}=\ln|x+\sqrt{x^2\pm a^2}|+C\,(a\neq0)$.

如果被积函数含有 $\sqrt{ax^2+bx+c}$，则先将 ax^2+bx+c 配方，然后作变量代换.

例 19　求 $\displaystyle\int\frac{dx}{\sqrt{4x^2+4x+3}}$.

解　$\displaystyle\int\frac{dx}{\sqrt{4x^2+4x+3}}=\int\frac{dx}{\sqrt{(2x+1)^2+2}}=\frac{1}{2}\int\frac{d(2x+1)}{\sqrt{(2x+1)^2+2}}$

$$=\frac{1}{2}\ln|2x+1+\sqrt{4x^2+4x+3}|+C.$$

例 20　求 $\displaystyle\int\frac{x+1}{\sqrt{4x^2+9}}\,dx$.

解　$\displaystyle\int\frac{x+1}{\sqrt{4x^2+9}}\,dx=\int\frac{\frac{1}{8}d(4x^2+9)}{\sqrt{4x^2+9}}+\int\frac{\frac{1}{2}d(2x)}{\sqrt{(2x)^2+3^2}}$

$$=\frac{1}{8}\cdot2\cdot\sqrt{4x^2+9}+\frac{1}{2}\ln(2x+\sqrt{4x^2+9})+C$$

$$= \frac{1}{4}\sqrt{4x^2+9} + \frac{1}{2}\ln(2x+\sqrt{4x^2+9}) + C.$$

例 21 求 $\displaystyle\int \frac{\mathrm{d}x}{\sqrt{1+x-x^2}}$.

解 $\displaystyle\int \frac{\mathrm{d}x}{\sqrt{1+x-x^2}} = \int \frac{\mathrm{d}\left(x-\frac{1}{2}\right)}{\sqrt{\left(\frac{\sqrt{5}}{2}\right)^2 - \left(x-\frac{1}{2}\right)^2}} = \arcsin\frac{2x-1}{\sqrt{5}} + C.$

练习题 4-2

1. 填空题:

(1) $\mathrm{d}x = \underline{\hspace{2cm}}\mathrm{d}(9x)$;

(2) $\mathrm{d}x = \underline{\hspace{2cm}}\mathrm{d}(7x-3)$;

(3) $x\mathrm{d}x = \underline{\hspace{2cm}}\mathrm{d}(x^2)$;

(4) $x\mathrm{d}x = \underline{\hspace{2cm}}\mathrm{d}(5x^2)$;

(5) $\mathrm{e}^{2x}\mathrm{d}x = \underline{\hspace{2cm}}\mathrm{d}(\mathrm{e}^{2x})$;

(6) $\mathrm{e}^{-\frac{x}{2}}\mathrm{d}x = \underline{\hspace{2cm}}\mathrm{d}(1+\mathrm{e}^{-\frac{x}{2}})$;

(7) $\dfrac{\mathrm{d}x}{x} = \underline{\hspace{2cm}}\mathrm{d}(5\ln x)$;

(8) $\dfrac{\mathrm{d}x}{1+9x^2} = \underline{\hspace{2cm}}\mathrm{d}(\arctan 3x)$;

(9) $\dfrac{\mathrm{d}x}{\sqrt{1-x^2}} = \underline{\hspace{2cm}}\mathrm{d}(1-\arcsin x)$;

(10) $\dfrac{x\mathrm{d}x}{\sqrt{1-x^2}} = \underline{\hspace{2cm}}\mathrm{d}(\sqrt{1-x^2})$.

2. 若 $\displaystyle\int f(x)\mathrm{d}x = F(x)+C$, 则:

(1) $\displaystyle\int \mathrm{e}^x f(\mathrm{e}^x)\mathrm{d}x = \underline{\hspace{2cm}}$;

(2) $\displaystyle\int \sin x f(\cos x)\mathrm{d}x = \underline{\hspace{2cm}}$;

(3) $\displaystyle\int x f(x^2+1)\mathrm{d}x = \underline{\hspace{2cm}}$;

(4) $\displaystyle\int \frac{1}{\sqrt{x}}f(-\sqrt{x})\mathrm{d}x = \underline{\hspace{2cm}}$.

3. 选择题:

(1) 设 $f(x) = \mathrm{e}^{-x}$, 则 $\displaystyle\int \frac{f'(\ln x)}{x}\mathrm{d}x = ($).

    A. $-\dfrac{1}{x}+C$ B. $\dfrac{1}{x}+C$ C. $\ln x+C$ D. $-\ln x+C$

(2) 设 $f(x)$ 连续且不等于 0, 若 $\displaystyle\int x f(x)\mathrm{d}x = \arcsin x+C$, 则 $\displaystyle\int \frac{\mathrm{d}x}{f(x)} = ($).

    A. $\dfrac{2}{3}(1-x^2)^{\frac{3}{2}}+C$ B. $\dfrac{1}{3}(1-x^2)^{\frac{3}{2}}+C$

    C. $-\dfrac{2}{3}(1-x^2)^{\frac{3}{2}}+C$ D. $-\dfrac{1}{3}(1-x^2)^{\frac{3}{2}}+C$

(3) $\displaystyle\int \frac{\mathrm{e}^{\sqrt{x}}}{\sqrt{x}}\mathrm{d}x = ($).

    A. $\mathrm{e}^{\sqrt{x}}+C$ B. $\dfrac{1}{2}\mathrm{e}^{\sqrt{x}}+C$ C. $2\mathrm{e}^{\sqrt{x}}+C$ D. $-\mathrm{e}^{\sqrt{x}}+C$

(4) $\displaystyle\int \frac{1}{x\sqrt{1-(\ln x)^2}}\mathrm{d}x = ($).

    A. $\arcsin(\ln x)+C$ B. $\arccos(\ln x)+C$

C. $\arctan(\ln x)+C$　　　　　　　　　　　　D. $\sqrt{1-(\ln x)^2}+C$

4. 求下列不定积分:

(1) $\displaystyle\int e^{5x}\,dx$;

(2) $\displaystyle\int(3-2x)^3\,dx$;

(3) $\displaystyle\int\frac{dx}{1-2x}$;

(4) $\displaystyle\int\frac{dx}{\sqrt[3]{2-3x}}$;

(5) $\displaystyle\int(\sin at-e^{\frac{t}{b}})\,dt$;

(6) $\displaystyle\int\cos^2 3t\,dt$;

(7) $\displaystyle\int\frac{\sin\sqrt{t}}{\sqrt{t}}\,dt$;

(8) $\displaystyle\int\tan^{10}x\sec^2 x\,dx$;

(9) $\displaystyle\int\frac{dx}{x\ln x\ln\ln x}$;

(10) $\displaystyle\int\frac{dx}{\sin x\cos x}$;

(11) $\displaystyle\int\frac{dx}{e^x+e^{-x}}$;

(12) $\displaystyle\int xe^{-x^2}\,dx$;

(13) $\displaystyle\int x\cos(x^2)\,dx$;

(14) $\displaystyle\int\frac{x\,dx}{\sqrt{2-3x^2}}$;

(15) $\displaystyle\int\frac{3x^3}{1-x^4}\,dx$;

(16) $\displaystyle\int x^2\sqrt{1+x^3}\,dx$;

(17) $\displaystyle\int\frac{\sin x\cos x}{1+\sin^4 x}\,dx$;

(18) $\displaystyle\int\frac{\sin x}{\cos^3 x}\,dx$;

(19) $\displaystyle\int\frac{2x-1}{\sqrt{1-x^2}}\,dx$;

(20) $\displaystyle\int\frac{1-x}{\sqrt{9-4x^2}}\,dx$;

(21) $\displaystyle\int\cos^3 x\,dx$;

(22) $\displaystyle\int\frac{\sin x+\cos x}{\sqrt[3]{\sin x-\cos x}}\,dx$;

(23) $\displaystyle\int\sin 2x\cos 3x\,dx$;

(24) $\displaystyle\int\cos x\cos\frac{x}{2}\,dx$;

(25) $\displaystyle\int\sin 5x\sin 7x\,dx$;

(26) $\displaystyle\int\tan^3 x\sec x\,dx$;

(27) $\displaystyle\int\frac{\arctan\sqrt{x}}{\sqrt{x}\,(1+x)}\,dx$;

(28) $\displaystyle\int\frac{dx}{(\arcsin x)^2\sqrt{1-x^2}}$;

(29) $\displaystyle\int\frac{1+\ln x}{(x\ln x)^2}\,dx$;

(30) $\displaystyle\int\frac{x^2\,dx}{\sqrt{a^2-x^2}}\,(a>0)$;

(31) $\displaystyle\int\frac{\sqrt{x^2-9}}{x}\,dx$;

(32) $\displaystyle\int\frac{dx}{\sqrt{(a^2-x^2)^3}}\,(a>0)$;

(33) $\displaystyle\int\frac{dx}{\sqrt{(x^2+a^2)^3}}\,(a>0)$;　(34) $\displaystyle\int\frac{dx}{\sqrt{(x^2-a^2)^3}}\,(a>0)$.

第三节　不定积分的分部积分法

前面在复合函数微分法的基础上,得到了换元积分法. 现在利用两个函数乘积的微分法,来推导另一种求积分的基本方法——分部积分法.

设函数 $u=u(x)$ 及 $v=v(x)$ 具有连续导数. 由前述可知,两个函数乘积的导数公式为

$$(uv)'=u'v+uv',$$

移项,得

$$uv'=(uv)'-u'v.$$

对上式两边求不定积分,得

$$\int uv'\,dx=uv-\int u'v\,dx.\tag{4-3}$$

式(4-3)称为**分部积分公式**. 如果求 $\int uv'\mathrm{d}x$ 有困难, 而求 $\int u'v\mathrm{d}x$ 比较容易时, 分部积分公式就能发挥作用了.

为方便起见, 式(4-3)也可写作

$$\int u\mathrm{d}v = uv - \int v\mathrm{d}u. \tag{4-4}$$

下面通过例子来说明如何运用这个重要公式.

例1　求 $\int x\cos x\mathrm{d}x$.

解　这个积分用换元积分法不容易得到结果. 现在试用分部积分法来求它. 由于被积函数 $x\cos x$ 是两个函数的乘积, 选其中一个为 u, 那么另一个即为 v'.

现在选取 $u = x$, $v' = \cos x$, 则 $u' = 1$, $v = \sin x$, 代入式(4-3), 得

$$\int x\cos x\mathrm{d}x = x\sin x - \int \sin x\mathrm{d}x,$$

而 $\int \sin x\mathrm{d}x$ 容易求出, 于是

$$\int x\cos x\mathrm{d}x = x\sin x + \cos x + C.$$

如果选取 $u = \cos x$, $v' = x$, 则 $u' = -\sin x$, $v = \dfrac{1}{2}x^2$, 代入式(4-3)得

$$\int x\cos x\mathrm{d}x = \frac{x^2}{2}\cos x + \int \frac{x^2}{2}\sin x\mathrm{d}x.$$

上式右端的积分比原来的积分更不容易求出, 所以按这种方式选取 u 和 v' 是不恰当的.

由此可见, 如果 u 和 v' 选取不当, 就求不出结果. 所以应用分部积分法时, 恰当选取 u 和 v' 是一个关键. 应该怎样选取 u 和 v', 一般来说要考虑下面两点:

(1) v 要容易求得;

(2) 积分 $\int vu'\mathrm{d}x$ 要比原积分 $\int uv'\mathrm{d}x$ 容易计算.

例2　求 $\int x\mathrm{e}^x\mathrm{d}x$.

解　设 $u = x$, $v' = \mathrm{e}^x$, 则 $u' = 1$, $v = \mathrm{e}^x$. 于是

$$\int x\mathrm{e}^x\mathrm{d}x = x\mathrm{e}^x - \int \mathrm{e}^x\mathrm{d}x = x\mathrm{e}^x - \mathrm{e}^x + C = (x-1)\mathrm{e}^x + C.$$

下面用式(4-4)的形式来求不定积分, 这时要把被积表达式拆成 u 和 $\mathrm{d}v$ 两部分.

例3　求 $\int x^2\mathrm{e}^x\mathrm{d}x$.

解　设 $u = x^2$, $\mathrm{d}v = \mathrm{e}^x\mathrm{d}x = \mathrm{d}\mathrm{e}^x$, 于是

$$\int x^2\mathrm{e}^x\mathrm{d}x = \int x^2\mathrm{d}\mathrm{e}^x = x^2\mathrm{e}^x - \int \mathrm{e}^x\mathrm{d}x^2 = x^2\mathrm{e}^x - \int 2x\mathrm{e}^x\mathrm{d}x.$$

这里 $\int 2x\mathrm{e}^x\,\mathrm{d}x$ 比 $\int x^2\mathrm{e}^x\,\mathrm{d}x$ 容易积分,因为被积函数中 x 的幂次降低了一次. 对 $\int 2x\mathrm{e}^x\,\mathrm{d}x$ 再作一次分部积分,就得

$$\int x^2\mathrm{e}^x\,\mathrm{d}x = x^2\mathrm{e}^x - \int 2x\,\mathrm{de}^x = x^2\mathrm{e}^x - 2x\mathrm{e}^x + 2\int \mathrm{e}^x\,\mathrm{d}x$$
$$= x^2\mathrm{e}^x - 2x\mathrm{e}^x + 2\mathrm{e}^x + C = (x^2 - 2x + 2)\mathrm{e}^x + C.$$

总结上面三个例子可以知道,如果函数是指数为正整数的幂函数和正(余)弦函数或指数函数的乘积,就可以考虑用分部积分法,并选幂函数为 u. 经过一次分部积分,就可以使幂函数的次数降低一次.

例 4 求 $\int x\ln x\,\mathrm{d}x$.

解 设 $u = \ln x$, $\mathrm{d}v = x\,\mathrm{d}x = \mathrm{d}\left(\dfrac{x^2}{2}\right)$,于是

$$\int x\ln x\,\mathrm{d}x = \int \ln x\,\mathrm{d}\left(\frac{x^2}{2}\right) = \frac{x^2}{2}\ln x - \int \frac{1}{2}x^2\,\mathrm{d}\ln x$$
$$= \frac{1}{2}x^2\ln x - \frac{1}{2}\int x^2 \cdot \frac{1}{x}\,\mathrm{d}x = \frac{1}{2}x^2\ln x - \frac{1}{4}x^2 + C.$$

例 5 求 $\int \arccos x\,\mathrm{d}x$.

解 设 $u = \arccos x$, $\mathrm{d}v = \mathrm{d}x$,于是

$$\int \arccos x\,\mathrm{d}x = x\arccos x - \int x\,\mathrm{d}(\arccos x)$$
$$= x\arccos x + \int \frac{x}{\sqrt{1-x^2}}\,\mathrm{d}x = x\arccos x - \sqrt{1-x^2} + C.$$

例 6 求 $\int x\arctan x\,\mathrm{d}x$.

解
$$\int x\arctan x\,\mathrm{d}x = \frac{1}{2}\int \arctan x\,\mathrm{d}(x^2) = \frac{1}{2}x^2\arctan x - \frac{1}{2}\int x^2\,\mathrm{d}(\arctan x)$$
$$= \frac{1}{2}x^2\arctan x - \frac{1}{2}\int \frac{x^2}{1+x^2}\,\mathrm{d}x = \frac{1}{2}x^2\arctan x - \frac{1}{2}\int \left(1 - \frac{1}{1+x^2}\right)\mathrm{d}x$$
$$= \frac{1}{2}x^2\arctan x - \frac{1}{2}(x - \arctan x) + C$$
$$= \frac{1}{2}(x^2 + 1)\arctan x - \frac{1}{2}x + C.$$

总结上面三个例子可以知道,如果被积函数是幂函数和对数函数或反三角函数的乘积,就可以考虑用分部积分法,并选对数函数或反三角函数为 u.

下面两个例子中使用的方法也是比较典型的.

例 7 求 $\int \mathrm{e}^x\sin x\,\mathrm{d}x$.

解
$$\int \mathrm{e}^x\sin x\,\mathrm{d}x = \int \sin x\,\mathrm{de}^x = \mathrm{e}^x\sin x - \int \mathrm{e}^x\cos x\,\mathrm{d}x,$$

上式最后一个积分与原积分是同一个类型的. 对它再用一次分部积分法, 有

$$\int e^x \sin x dx = e^x \sin x - \int \cos x d e^x = e^x \sin x - \left(e^x \cos x + \int e^x \sin x dx \right)$$

$$= e^x (\sin x - \cos x) - \int e^x \sin x dx,$$

右边的积分与原积分相同, 把它移到左端与原积分合并, 再两端同除以 2, 便得

$$\int e^x \sin x dx = \frac{1}{2} e^x (\sin x - \cos x) + C.$$

因上式右端已不包含积分项, 所以必须加上任意常数 C.

例 8 求 $\int \sec^3 x dx$.

解 $\int \sec^3 x dx = \int \sec x \cdot \sec^2 x dx = \int \sec x d \tan x = \sec x \tan x - \int \tan x \cdot \sec x \tan x dx$

$$= \sec x \tan x - \int \sec x (\sec^2 x - 1) dx = \sec x \tan x - \int \sec^3 x dx + \int \sec x dx$$

$$= \sec x \tan x + \ln | \sec x + \tan x | - \int \sec^3 x dx,$$

移项, 再两端同除以 2, 便得

$$\int \sec^3 x dx = \frac{1}{2} \sec x \tan x + \frac{1}{2} \ln | \sec x + \tan x | + C.$$

在积分过程中, 往往要兼用换元积分法与分部积分法. 有时经分部积分后接着求积分时就可能用到换元法. 有时也可先用换元, 再进行分部积分. 下面举两个两种方法都用到的例子.

例 9 求 $\int x \cos^3 x dx$.

解 $\int x \cos^3 x dx = \int x \cos^2 x d \sin x = \int x (1 - \sin^2 x) d \sin x = \int x d \left(\sin x - \frac{1}{3} \sin^3 x \right)$

$$= x \left(\sin x - \frac{1}{3} \sin^3 x \right) - \int \left(\sin x - \frac{1}{3} \sin^3 x \right) dx$$

$$= x \left(\sin x - \frac{1}{3} \sin^3 x \right) - \int \sin x dx + \frac{1}{3} \int \sin^3 x dx$$

$$= x \left(\sin x - \frac{1}{3} \sin^3 x \right) + \cos x + \frac{1}{3} \int \sin x (1 - \cos^2 x) dx$$

$$= x \left(\sin x - \frac{1}{3} \sin^3 x \right) + \cos x - \frac{1}{3} \cos x + \frac{1}{3} \int \cos^2 x d (\cos x)$$

$$= x \left(\sin x - \frac{1}{3} \sin^3 x \right) + \frac{2}{3} \cos x + \frac{1}{9} \cos^3 x + C.$$

例 10 求 $\int e^{\sqrt{x}} dx$.

解 首先想到要去掉根式, 为此, 令 $\sqrt{x} = t$, 则 $x = t^2$, $dx = 2t dt$, 于是有

$$\int e^{\sqrt{x}} dx = \int e^t 2t dt = 2 \int t e^t dt.$$

这时,可看出用分部积分法.利用例 2 的结果,并用 $t=\sqrt{x}$ 代回,便得

$$\int e^{\sqrt{x}}dx = 2\int te^t dt = 2(t-1)e^t + C = 2(\sqrt{x}-1)e^{\sqrt{x}}+C.$$

小结 下述几种类型积分,均可用分部积分公式求解,且 u,dv 的设法有规律可循:

(1) $\int x^n e^{ax}dx$, $\int x^n \sin ax\,dx$, $\int x^n \cos ax\,dx$,可设 $u=x^n$;

(2) $\int x^n \ln x\,dx$, $\int x^n \arcsin x\,dx$, $\int x^n \arctan x\,dx$,可设 $u=\ln x$, $\arcsin x$, $\arctan x$;

(3) $\int e^{ax}\sin bx\,dx$, $\int e^{ax}\cos bx\,dx$,可设 $u=\sin bx$, $\cos bx$.

注 对于情况(3),也可设 $u=e^{ax}$,但一经选定,再次分部积分时,必须仍按原来的选择,否则会出现循环计算的情形.也就是说,在连续使用分部积分公式时,u,dv 的选择要保持上下一致.

例 11 一电场中质子运动的加速度 $a(t)=-20(1+2t)^{-2}$(单位:m/s^2).如果 $t=0$ s 时,$v=0.3$ m/s,求质子的运动速度函数.

解 由加速度和速度的关系 $v'(t)=a(t)$,有

$$v(t)=\int v'(t)dt = \int -20(1+2t)^{-2}dt$$
$$=\int -20(1+2t)^{-2}\cdot\frac{1}{2}d(1+2t) = 10(1+2t)^{-1}+C.$$

将 $t=0$, $v=0.3$ 代入上式,得 $C=-9.7$.所以

$$v(t)=10(1+2t)^{-1}-9.7.$$

练习题 4-3

求下列不定积分:

1. $\int x\sin x\,dx$;
2. $\int \ln x\,dx$;
3. $\int \arcsin x\,dx$;

4. $\int xe^{-x}dx$;
5. $\int x^2\ln x\,dx$;
6. $\int x\ln(x-1)dx$;

7. $\int \ln\frac{x}{2}dx$;
8. $\int x\cos\frac{x}{2}dx$;
9. $\int x^2\arctan x\,dx$;

10. $\int x\tan^2 x\,dx$;
11. $\int x^2\cos x\,dx$;
12. $\int te^{-2t}dt$;

13. $\int \ln(x+\sqrt{x^2+1})dx$;
14. $\int (\ln x)^2 dx$;
15. $\int (x^2-1)\sin 2x\,dx$;

16. $\int x\sin x\cos x\,dx$;
17. $\int x\cos^2 x\,dx$;
18. $\int x^2\cos^2\frac{x}{2}dx$;

19. $\int (\arcsin x)^2 dx$;
20. $\int \frac{(\ln x)^3}{x^2}dx$;
21. $\int e^{\sqrt[3]{x}}dx$;

22. $\int e^{-x}\cos x\,dx$;
23. $\int e^{-2x}\sin\frac{x}{2}dx$;
24. $\int e^{ax}\cos bx\,dx$.

第四节 几种特殊类型函数的积分

一、有理函数的积分

有理函数又称**有理分式**,是指由两个多项式的商所表示的函数,即具有下列形式的函数:

$$\frac{P(x)}{Q(x)} = \frac{a_0 x^n + a_1 x^{n-1} + \cdots + a_{n-1} x + a_n}{b_0 x^m + b_1 x^{m-1} + \cdots + b_{m-1} x + b_m},$$

其中,m 和 n 都是非负整数,$a_0, a_1, \cdots, a_n$ 及 $b_0, b_1, \cdots, b_m$ 都是实数,并且 $a_0 b_0 \neq 0$. 当分子次数低于分母次数时,叫**有理真分式**;当分子次数不低于分母次数时,叫**有理假分式**. 有理假分式总可以利用多项式除法化为整式与真分式之和,例如:

$$\frac{x^3 + x + 1}{x^2 + 1} = x + \frac{1}{x^2 + 1}.$$

由于多项式的积分易于计算,因而以下主要讨论真分式的积分问题. 为讨论方便,总假定所讨论的真分式的分子与分母没有公因式(否则可先约分化简). 采用的主要方法是将真分式分解为若干个不能再分解的简单分式之和,再分项积分. 这种方法叫**部分分式法**.

利用代数学的知识,可以证明下列结论:

(1) 实系数多项式可在实数范围内分解为一次与二次不可约因式之积;

(2) 若有理真分式的分母含有因式 $(x-a)^n$,则该真分式的分解式中含有如下形式的项:

$$\frac{A_1}{x-a} + \frac{A_2}{(x-a)^2} + \cdots + \frac{A_n}{(x-a)^n},$$

其中 $A_i(i = 1, 2, \cdots, n)$ 为常数.

(3) 若有理真分式的分母含有因式 $(x^2 + px + q)^k (p^2 - 4q < 0)$,则该真分式的分解式中含有如下项:

$$\frac{M_1 x + N_1}{x^2 + px + q} + \frac{M_2 x + N_2}{(x^2 + px + q)^2} + \cdots + \frac{M_k x + N_k}{(x^2 + px + q)^k},$$

其中 $M_i, N_i (i = 1, 2, \cdots, k)$ 为常数.

由上述结论可知,真分式总可化为下面两类简单分式的代数和:

(1) $\dfrac{A}{(x-a)^s}$;   (2) $\dfrac{Mx + N}{(x^2 + px + q)^r}$.

因而有理分式的积分问题最终归结为对这两类分式的积分.

例1 将 $\dfrac{1}{x(x-1)^2}$ 分解为部分分式,并求 $\displaystyle\int \frac{\mathrm{d}x}{x(x-1)^2}$.

解 分母为 $x(x-1)^2$,可设

$$\frac{1}{x(x-1)^2} = \frac{A}{x} + \frac{B}{x-1} + \frac{C}{(x-1)^2},$$

两边同乘以 $x(x-1)^2$，有

$$1 = A(x-1)^2 + Bx(x-1) + Cx$$
$$= (A+B)x^2 + (C-2A-B)x + A.$$

上式为恒等式，故对应项系数相等. 比较同类项系数，得

$$\begin{cases} A+B = 0, \\ C-2A-B = 0, \\ A = 1. \end{cases}$$

解此方程组，得　　　　　　　　　$A = 1, B = -1, C = 1.$

故　　　　　　　　$\frac{1}{x(x-1)^2} = \frac{1}{x} - \frac{1}{x-1} + \frac{1}{(x-1)^2}.$

右端即所求部分分式. 两边积分得

$$\int \frac{dx}{x(x-1)^2} = \int \left(\frac{1}{x} - \frac{1}{x-1} + \frac{1}{(x-1)^2} \right) dx = \ln|x| - \ln|x-1| - \frac{1}{x-1} + C.$$

例2　求 $\int \frac{x}{x^3 - x^2 + x - 1} dx.$

解　先将被积函数化为部分分式. 由于

$$x^3 - x^2 + x - 1 = (x-1)(x^2+1),$$

故设　　　　　　　$\frac{x}{x^3 - x^2 + x - 1} = \frac{A}{x-1} + \frac{Bx+C}{x^2+1}.$

采用另一种方法（赋值法）来求待定系数 A、B、C. 上式去分母，得

$$x = A(x^2+1) + (Bx+C)(x-1).$$

上式为恒等式. 取 $x=1$，得 $A = \frac{1}{2}$；再取 $x=0$，得 $C = \frac{1}{2}$；最后取 $x=2$，得 $B = -\frac{1}{2}.$

故　　　　　　$\frac{x}{x^3 - x^2 + x - 1} = \frac{1}{2(x-1)} - \frac{x-1}{2(x^2+1)}.$

上式两端积分，得 $\int \left(\frac{x}{x^3 - x^2 + x - 1} \right) dx = \frac{1}{2} \int \left(\frac{1}{x-1} - \frac{x}{x^2+1} + \frac{1}{x^2+1} \right) dx$

$$= \frac{1}{2} \ln|x-1| - \frac{1}{4} \ln(x^2+1) + \frac{1}{2} \arctan x + C.$$

由以上例题可以看出，有理函数积分的主要思路是：

(1) 假分式化为整式与真分式之和；

(2) 真分式化为部分分式之和；

(3) 逐项积分.

不过，由于化部分分式的运算比较烦琐，因而上述用待定系数法进行真分式分解的做法

常不是最好的方法.

例如,积分 $\int \dfrac{x^2}{(x-1)^{10}}\mathrm{d}x$ 是有理函数的积分,用部分分式法进行分解运算则很烦琐,但若令 $x-1=t$ 作换元,由于 $x^2=(t+1)^2$,$\mathrm{d}x=\mathrm{d}t$,则很容易求出积分(请读者自己完成).

又如,对积分 $\int \dfrac{2x^2-5}{x^4-5x^2+6}\mathrm{d}x$,若用前述理论将被积函数化为部分分式,运算将相当复杂,但

$$\frac{2x^2-5}{x^4-5x^2+6}=\frac{x^2-2+x^2-3}{(x^2-2)(x^2-3)}=\frac{1}{x^2-3}+\frac{1}{x^2-2}.$$

再用积分公式(19)即可方便地求出积分.

因此,在求有理函数积分时不要机械地运用前述理论,而应灵活运用各种积分和化简方法.

下面再举几个分母为二次三项式真分式的积分的例子.

例3　求 $\int \dfrac{\mathrm{d}x}{x^2+2x+3}$.

解　$\int \dfrac{\mathrm{d}x}{x^2+2x+3}=\int \dfrac{\mathrm{d}(x+1)}{(x+1)^2+(\sqrt{2})^2}$.

利用积分公式(18)便得

$$\int \frac{\mathrm{d}x}{x^2+2x+3}=\frac{1}{\sqrt{2}}\arctan \frac{x+1}{\sqrt{2}}+C.$$

例4　求 $\int \dfrac{x-1}{x^2+2x+3}\mathrm{d}x$.

解　$\displaystyle\int \frac{x-1}{x^2+2x+3}\mathrm{d}x=\int \frac{x+1-2}{x^2+2x+3}\mathrm{d}x=\int \frac{(x+1)\mathrm{d}x}{x^2+2x+3}-2\int \frac{\mathrm{d}x}{x^2+2x+3}$

$$=\frac{1}{2}\int \frac{\mathrm{d}(x^2+2x+3)}{x^2+2x+3}-2\int \frac{\mathrm{d}(x+1)}{(x+1)^2+(\sqrt{2})^2}$$

$$=\frac{1}{2}\ln(x^2+2x+3)-\sqrt{2}\arctan \frac{x+1}{\sqrt{2}}+C.$$

二、三角函数有理式的积分

由三角函数及常数经有限次四则运算得到的式子叫**三角函数有理式**.由于全部三角函数都是 $\sin x$ 与 $\cos x$ 的有理式,因此三角函数有理式总可化为 $\sin x$ 与 $\cos x$ 的有理式.

作变量代换 $\tan \dfrac{x}{2}=t$,则有

$$x=2\arctan t,\ \mathrm{d}x=\frac{2}{1+t^2}\mathrm{d}t,$$

$$\sin x=\frac{2\sin \dfrac{x}{2}\cos \dfrac{x}{2}}{\cos^2 \dfrac{x}{2}+\sin^2 \dfrac{x}{2}}=\frac{2\tan \dfrac{x}{2}}{1+\tan^2 \dfrac{x}{2}}=\frac{2t}{1+t^2},$$

$$\cos x = \frac{\cos^2 \frac{x}{2} - \sin^2 \frac{x}{2}}{\cos^2 \frac{x}{2} + \sin^2 \frac{x}{2}} = \frac{1 - \tan^2 \frac{x}{2}}{1 + \tan^2 \frac{x}{2}} = \frac{1 - t^2}{1 + t^2}.$$

由此可见，$\sin x$ 与 $\cos x$ 的有理式积分可以化为 t 的有理函数积分. 因此，三角函数有理式的积分都可通过代换 $\tan \frac{x}{2} = t$ 化为有理函数的积分，该代换被称为"**万能代换**".

例 5 求 $\displaystyle\int \frac{1 + \sin x}{\sin x(1 + \cos x)} \mathrm{d}x$.

解 设 $\tan \frac{x}{2} = t$，将 $\sin x$、$\cos x$、$\mathrm{d}x$ 关于 t 的表达式代入积分，得

$$\int \frac{1 + \sin x}{\sin x(1 + \cos x)} \mathrm{d}x = \int \frac{1 + \dfrac{2t}{1 + t^2}}{\dfrac{2t}{1 + t^2}\left(1 + \dfrac{1 - t^2}{1 + t^2}\right)} \cdot \frac{2}{1 + t^2} \mathrm{d}t = \frac{1}{2} \int \left(t + 2 + \frac{1}{t}\right) \mathrm{d}t$$

$$= \frac{1}{4} t^2 + t + \frac{1}{2} \ln |t| + C = \frac{1}{4} \tan^2 \frac{x}{2} + \tan \frac{x}{2} + \frac{1}{2} \ln \left|\tan \frac{x}{2}\right| + C.$$

由于任何三角函数有理式都可以用正弦函数与余弦函数的有理式表出，所以变量代换 $t = \tan \frac{x}{2}$ 对三角函数有理式的积分都可以应用. 不过对某些特殊的三角函数有理式的积分来说，万能代换也不是最简单的方法，例如求积分 $\displaystyle\int \frac{\cos x}{1 + \sin x} \mathrm{d}x$，只要设 $u = 1 + \sin x$，即得

$$\int \frac{\cos x}{1 + \sin x} \mathrm{d}x = \int \frac{\mathrm{d}(1 + \sin x)}{1 + \sin x} = \ln(1 + \sin x) + C.$$

具体解题时应灵活运用各种不同的方法，方能事半功倍.

三、简单无理函数的积分

这里，只举几个被积函数中含有根式 $\sqrt[n]{ax + b}$ 的积分的例子.

例 6 求 $\displaystyle\int \frac{\sqrt{x - 1}}{x} \mathrm{d}x$.

解 为了去掉根号，可以设 $\sqrt{x - 1} = u$，于是 $x = u^2 + 1$, $\mathrm{d}x = 2u\mathrm{d}u$，从而所求积分为

$$\int \frac{\sqrt{x - 1}}{x} \mathrm{d}x = \int \frac{u}{u^2 + 1} \cdot 2u\mathrm{d}u = 2 \int \frac{u^2}{u^2 + 1} \mathrm{d}u = 2 \int \left(1 - \frac{1}{u^2 + 1}\right) \mathrm{d}u$$

$$= 2(u - \arctan u) + C = 2(\sqrt{x - 1} - \arctan \sqrt{x - 1}) + C.$$

例 7 求 $\displaystyle\int \frac{\mathrm{d}x}{1 + \sqrt[3]{x + 2}}$.

解 设 $\sqrt[3]{x + 2} = u$，则 $x = u^3 - 2$, $\mathrm{d}x = 3u^2 \mathrm{d}u$. 于是

$$\int \frac{\mathrm{d}x}{1+\sqrt[3]{x+2}} = \int \frac{3u^2}{1+u}\mathrm{d}u = 3\int \left(u-1+\frac{1}{1+u}\right)\mathrm{d}u = 3\left[\frac{1}{2}u^2-u+\ln(1+u)\right]+C$$

$$= \frac{3}{2}\sqrt[3]{(x+2)^2} - 3\sqrt[3]{x+2} + 3\ln(1+\sqrt[3]{x+2}) + C.$$

例 8 求 $\displaystyle\int \frac{\mathrm{d}x}{(1+\sqrt[3]{x})\sqrt{x}}$.

解 被积函数中出现了两个根式 $\sqrt[3]{x}$ 及 $\sqrt{x}$，为了能同时消去它们，令 $t=\sqrt[6]{x}$，则 $x=t^6$，于是

$$\int \frac{\mathrm{d}x}{(1+\sqrt[3]{x})\sqrt{x}} = \int \frac{6t^5\,\mathrm{d}t}{(1+t^2)t^3} = 6\int \frac{t^2}{1+t^2}\mathrm{d}t = 6\int \left(1-\frac{1}{1+t^2}\right)\mathrm{d}t$$

$$= 6(t-\arctan t) + C = 6(\sqrt[6]{x}-\arctan\sqrt[6]{x}) + C.$$

下面举几个不定积分在经济学中应用的例子.

例 9 已知某厂生产某种产品总产量 $Q(t)$ 的变化率是时间 t 的函数 $Q'(t)=136t+20$，当 $t=0$ 时 $Q=0$，求该产品的总产量函数 $Q(t)$.

解 因为 $Q'(t)=136t+20$，所以

$$Q(t) = \int (136t+20)\mathrm{d}t = 68t^2+20t+C.$$

又因为 $t=0$ 时 $Q=0$，代入上式，得 $C=0$. 故所求总产量函数为

$$Q(t) = 68t^2+20t.$$

例 10 某厂生产某种产品，已知每月生产的产品的边际成本是 $C'(Q)=2+\dfrac{7}{\sqrt[3]{Q^2}}$，且固定成本是 5 000 元，求总成本 C 与月产量 Q 的函数关系.

分析：边际成本即成本函数的导数；固定成本 5 000 元即初始条件，产量为零时的成本.

解 因为 $C'(Q)=2+\dfrac{7}{\sqrt[3]{Q^2}}$，所以

$$C(Q) = \int \left(2+\frac{7}{\sqrt[3]{Q^2}}\right)\mathrm{d}Q = 2Q+21\cdot\sqrt[3]{Q}+C_0 \quad (C_0 \text{为任意常数}).$$

又因为固定成本为 5 000 元，即 $C(0)=5\,000$，代入上式，得 $C_0=5\,000$. 于是，所求函数为

$$C(Q) = 2Q+21\cdot\sqrt[3]{Q}+5\,000.$$

练习题 4-4

求下列不定积分：

1. $\displaystyle\int \frac{\mathrm{d}x}{4-x^2}$；

2. $\displaystyle\int \frac{x^3}{x+3}\mathrm{d}x$；

3. $\displaystyle\int \frac{x^3}{9+x^2}\mathrm{d}x$；

4. $\displaystyle\int \frac{x+1}{x^2(x-1)}\mathrm{d}x$；

5. $\displaystyle\int \frac{\mathrm{d}x}{(x+1)(x-2)}$；

6. $\displaystyle\int \frac{2x+3}{x^2+3x-10}\mathrm{d}x$；

7. $\displaystyle\int \frac{3}{x^3+1}\mathrm{d}x$;　　8. $\displaystyle\int \frac{x^2+1}{(x+1)^2(x-1)}\mathrm{d}x$;　　9. $\displaystyle\int \frac{x}{(x+1)(x+2)(x+3)}\mathrm{d}x$.

10. $\displaystyle\int \frac{\sqrt{x+1}-1}{\sqrt{x+1}+1}\mathrm{d}x$;　　11. $\displaystyle\int \frac{\mathrm{d}x}{\sqrt{x}+\sqrt[4]{x}}$;　　12. $\displaystyle\int \frac{\mathrm{d}x}{1+\sin x+\cos x}$.

第五节　演示与实验——用 MATLAB 求函数的不定积分

用 MATLAB 求函数的不定积分的运算是由命令 int( ) 来实现的,其调用格式和功能见表 4-1.

表 4-1　求函数的不定积分的调用格式和功能说明

调用格式	功 能 说 明
int(f)	求函数 f 关于 syms 定义的符号变量的不定积分
int(f, x)	求函数 f 关于变量 x 的不定积分

例1 求 $\displaystyle\int \frac{1}{x\ln x}\mathrm{d}x$.

解 >> clear

>> syms x

>> int(1/(x * log(x)))

ans =

　log(log(x))

注 用 MATLAB 求函数的不定积分时,所得结果中省略了常数 C.

例2 求 $\displaystyle\int \sin\sqrt{x}\,\mathrm{d}x$.

解 >> clear

>> syms x

>> int(sin(sqrt(x)))

ans =

　$2 * \sin(x^{\wedge}(1/2)) - 2 * x^{\wedge}(1/2) * \cos(x^{\wedge}(1/2))$

例3 求 $\displaystyle\int \frac{1}{\sqrt{x^2+a^2}}\mathrm{d}x \quad (a>0)$.

解 >> clear

>> clear

>> syms x a

>> int(1/sqrt(x^2+a^2), x)

ans =

　$\log(x + (x^{\wedge}2 + a^{\wedge}2)^{\wedge}(1/2))$

例 4 求 $\displaystyle\int \mathrm{e}^x \sin x\,\mathrm{d}x$.

解 >> clear

>> syms x

>> int(exp(x) * sin(x))

ans =

$\quad -1/2*\exp(x)*\cos(x)+1/2*\exp(x)*\sin(x)$

例 5 求 $\displaystyle\int \mathrm{e}^x \sqrt{\mathrm{e}^x + x}\,\mathrm{d}x$.

解 >> clear

>> syms x

>> int(exp(x) * sqrt(exp(x)+x))

ans =

$\quad 2/3*(-3+x+\exp(x))*(\exp(x)+x)\wedge(1/2)+\mathrm{int}((1-x)/(\exp(x)+x)\wedge(1/2),x)$

注 不是所有函数的不定积分都可以得到明确的形式,对于得不到它的标准函数形式的,MATLAB 给出的结果仍为不定积分的形式.

练习题 4-5

求下列不定积分:

1. $\displaystyle\int \dfrac{1}{x^2(1+x^2)}\,\mathrm{d}x$;

2. $\displaystyle\int \dfrac{1}{1+\mathrm{e}^x}\,\mathrm{d}x$;

3. $\displaystyle\int \arctan\sqrt{x}\,\mathrm{d}x$;

4. $\displaystyle\int \dfrac{1}{\sqrt{x^2-a^2}}\,\mathrm{d}x\,(a>0)$.

第六节　不定积分模型

由于不定积分是微分的逆运算,即知道了函数的导函数,反过来求原函数,因此,凡是涉及已知某个量的导函数求原函数的问题,都可以采用不定积分的数学模型加以解决.

下面分别对不定积分在几何、物理学、经济学和生物学中的应用举一些实例.

一、在几何中的应用

以下两个例子主要用到不定积分和原函数的概念.

例 1 设 $f(x)$ 的导函数 $f'(x)$ 为如图 4-6 所示的二次抛物线,且 $f(x)$ 的极小值为 2,极大值为 6,试求 $f(x)$.

解 由题意可设 $f'(x)=ax(x-2)(a<0)$,则

$$f(x)=\int ax(x-2)\,\mathrm{d}x=a\left(\dfrac{x^3}{3}-x^2\right)+C.$$

$$f'(x)=ax^2-2ax,\quad f''(x)=2ax-2a.$$

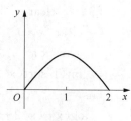

图 4-6

因为 $f'(0)=0$，$f'(2)=0$，且 $f''(0)>0$，$f''(2)<0$，故极小值为 $f(0)=2$，极大值为 $f(2)=6$，又 $f(0)=C$，$f(2)=6$，故 $C=2$，$a=-3$. 于是

$$f(x)=-3\left(\frac{x^3}{3}-x^2\right)+2=-x^3+3x^2+2.$$

例 2 设 $F(x)$ 是 $f(x)$ 的一个原函数，$F(1)=\frac{\sqrt{2}}{4}$，当 $x>0$ 时，$f(x)F(x)=\dfrac{\arctan\sqrt{x}}{\sqrt{x}(1+x)}$，试求 $f(x)$.

解 由题意知 $F'(x)F(x)=\dfrac{\arctan\sqrt{x}}{\sqrt{x}(1+x)}$，则

$$\int F(x)\mathrm{d}F(x)=\int\frac{\arctan\sqrt{x}}{\sqrt{x}(1+x)}\mathrm{d}x=2\int\frac{\arctan\sqrt{x}}{(1+x)}\mathrm{d}\sqrt{x}$$

$$=2\int\arctan\sqrt{x}\,\mathrm{d}\arctan\sqrt{x}=(\arctan\sqrt{x})^2+C,$$

即 $\frac{1}{2}F^2(x)=(\arctan\sqrt{x})^2+C$，由 $F(1)=\frac{\sqrt{2}}{4}$，解得 $C=0$. 所以 $F(x)=\sqrt{2}\arctan\sqrt{x}$，于是

$$f(x)=F'(x)=(\sqrt{2}\arctan\sqrt{x})'=\frac{\arctan\sqrt{x}}{\sqrt{2x}(1+x)}.$$

二、在物理学中的应用

例 3 某北方城市常年积雪，滑冰场完全靠自然结冰，结冰的速度由 $\dfrac{\mathrm{d}y}{\mathrm{d}t}=k\sqrt{t}$（$k>0$，为常数）确定，其中 y 是从结冰起到时刻 t 时冰的厚度，求结冰厚度 y 关于时间 t 的函数.

解 设结冰厚度 y 关于时间 t 的函数为 $y=y(t)$，则

$$y=\int kt^{\frac{1}{2}}\mathrm{d}t=\frac{2}{3}kt^{\frac{3}{2}}+C,$$

其中常数 C 由结冰时间确定. 如果 $t=0$ 时开始结冰的厚度为 0，即 $y(0)=0$，代入上式得 $C=0$，即 $y=\frac{2}{3}kt^{\frac{3}{2}}$ 为结冰厚度关于时间的函数.

例 4 一电路中电流关于时间的变化率为 $\dfrac{\mathrm{d}i}{\mathrm{d}t}=4t-0.06t^2$，若 $t=0$ 时 $i=2\,\mathrm{A}$，求电流 i 关于时间 t 的函数.

解 由 $\dfrac{\mathrm{d}i}{\mathrm{d}t}=4t-0.06t^2$，求不定积分得

$$i(t)=\int(4t-0.06t^2)\mathrm{d}t=2t^2-0.02t^3+C.$$

将 $i(0)=2$ 代入上式，得 $C=2$，则

$$i(t) = 2t^2 - 0.02t^3 + 2.$$

三、在经济学中的应用

例 5 已知某公司的边际成本函数 $C'(x) = 3x\sqrt{x^2+1}$,边际效益函数为 $R'(x) = \dfrac{7}{2}x(x^2+1)^{\frac{3}{4}}$,设固定成本是 10 000 万元,试求此公司的成本函数和收益函数.

解 因为边际成本函数为 $C'(x) = 3x\sqrt{x^2+1}$,所以成本函数为

$$C(x) = \int C'(x)\,\mathrm{d}x = \int 3x\sqrt{x^2+1}\,\mathrm{d}x = \frac{3}{2}\int \sqrt{x^2+1}\,\mathrm{d}(x^2+1)$$

$$= \frac{3}{2} \cdot \frac{1}{\frac{1}{2}+1}(x^2+1)^{\frac{3}{2}} + C = (x^2+1)^{\frac{3}{2}} + C.$$

又因固定成本为初始条件下产量为零时的成本,即 $C(0) = 10\,000$ 万元,代入上式得 $C = 9\,999$ 万元,故所求成本函数为 $C(x) = (x^2+1)^{\frac{3}{2}} + 9\,999$(万元).

类似地,收益与产品产量关系为

$$R(x) = \int R'(x)\,\mathrm{d}x = \int \frac{7}{2}x(x^2+1)^{\frac{3}{4}}\,\mathrm{d}x$$

$$= \frac{7}{2} \cdot \frac{1}{2}\int (x^2+1)^{\frac{3}{4}}\,\mathrm{d}(x^2+1) = (x^2+1)^{\frac{7}{4}} + C.$$

又当 $x = 0$ 时,$R(0) = 0$,可得 $C = -1$,故所求收益函数为 $R(x) = (x^2+1)^{\frac{7}{4}} - 1$.

四、在生物学中的应用

1. 问题的提出

植物生长主要依靠碳和氮元素,植物需要的碳主要由大气提供,通过光合作用由叶吸收;而氮由土壤提供,通过植物的根部吸收.植物吸收这些元素,在植物体内输送、结合,从而生长.这一过程的机理尚未完全研究清楚,有许多复杂的生物学模型试图解释这个过程.激素肯定在植物生长的过程中起着重要的作用,这种作用有待于进一步弄清楚,现在这方面的研究正方兴未艾.

通过对植物生长过程的观察,可以发现以下五个基本事实:

(1) 碳由叶部吸收,氮由根部吸收;

(2) 植物生长对碳氮元素的需求大致有一个固定的比例;

(3) 碳可由叶部输送到根部,氮也可由根部输送至叶部;

(4) 在植物生长的每一时刻补充的碳元素的多少与其叶部尺寸有关,补充的氮与其根部尺寸有关;

(5) 植物生长过程中,叶部尺寸和根部尺寸维持着某种均衡的关系.

根据上述基本事实,避开其他更加复杂的因素,考虑能否建立一个描述单株植物在光合作用和从土壤吸收养料情形下生长规律的实用的数学模型.

2. 植物生长过程中能量转换

植物组织生长所需要的能量是由促使从大气中获得碳和从土壤中获得氮相结合的光合作用提供的. 即将建立的模型主要考虑这两种元素,不考虑其他的化学物质.

叶接收光照同时吸收二氧化碳通过光合作用形成糖. 根吸收氮并通过代谢转化为蛋白质,蛋白质构成新的细胞和组织的成分. 糖是能量的来源.

糖的能量有以下四方面的用途:

(1) 工作能. 根部吸收氮和在植物内部输送碳和氮需要的能量.

(2) 转化能. 将氮转化为蛋白质,将葡萄糖转化为其他糖类和脂肪所需的能量.

(3) 结合能. 将大量分子结合成为组织需要的能量.

(4) 维持能. 用来维持很容易分解的蛋白质结构稳定的能量.

在植物的每个细胞中,碳和氮所占的比例大体上是固定的,新产生细胞中碳和氮也保持相同的比例. 不妨将植物想象成由保存在一些"仓库"中的碳和氮构成的,碳和氮可以在植物的其他部分和仓库之间运动. 诚然,这样的仓库实际上并不存在,但对人们直观想象植物的生长过程是有好处的. 通常植物被分成根、茎、叶三部分,这里将其转化为两部分:生长在地下的根部和生长在地上的叶部.

由于植物生长过程比较复杂,下面将分三个阶段分别建立三个独立的模型,但由于所学知识的限制,这里我们只讨论初步模型.

3. 植物生长初步模型

若不区分植物的根部和叶部,也不区分碳和氮,笼统地将生长过程视作植物吸收养料而长大,可以得到一个简单的数学模型.

由于不区分根和叶也不区分碳和氮,设想植物吸收的养料和植物的体积成正比是有一定道理的. 设植物的质量为 W,体积为 V,则 $\dfrac{\mathrm{d}W}{\mathrm{d}t}$ 与 V 成正比,即

$$\frac{\mathrm{d}W}{\mathrm{d}t} = kV,$$

其中 k 为比例系数. 若设 ρ 为植物的密度,则 $\dfrac{\mathrm{d}W}{\mathrm{d}t} = k\dfrac{W}{\rho}$(植物生长方程).

将植物生长方程改写为 $\dfrac{\mathrm{d}W}{W} = \dfrac{k}{\rho}\mathrm{d}t$,对 t 积分有 $\ln W = \dfrac{k}{\rho}t + C_1$, $W = \mathrm{e}^{\frac{k}{\rho}t + C_1} = C\mathrm{e}^{\frac{k}{\rho}t}$,若 $W\mid_{t=0} = W_0$,则 $C = W_0$. 故

$$W = W_0\mathrm{e}^{\frac{k}{\rho}t},$$

其中 W_0 为初始时植物的质量. 这里常数 k 不仅与可供给的养料有关,而且与养料转化成的能量中的结合能、维持能和工作能的比例有关.

这个生长方程的解是一个指数函数,随时间的增长可无限增大,这是不符合实际的. 事实上,随着植物长大,需要的维持能增加了,结合能随之减少,植物生长减缓,所以要修改这个模型. 于是为了反映这一现象,可将 k 取为变量,随着植物的长大而变小. 例如,取 $k = a - bW$, a, b 为正常数,生长方程化为

$$\frac{\mathrm{d}W}{\mathrm{d}t} = (a - bW)\frac{W}{\rho},$$

令 $k=\dfrac{a}{\rho}$, $W_m=\dfrac{k\rho}{b}$, 上式可写成

$$\frac{\mathrm{d}W}{\mathrm{d}t}=kW\frac{W_m-W}{W_m},$$

即 $\dfrac{\mathrm{d}W}{(W_m-W)W}=\dfrac{k}{W_m}\mathrm{d}t$, 两端积分有

$$\int\frac{\mathrm{d}W}{(W_m-W)W}=\int\frac{k}{W_m}\mathrm{d}t,$$

$$\frac{1}{W_m}\int\left(\frac{1}{W_m-W}+\frac{1}{W}\right)\mathrm{d}W=\int\frac{k}{W_m}\mathrm{d}t,$$

$$\ln\frac{W}{W_m-W}=kt+C_2,$$

即 $\dfrac{W}{W_m-W}=Ce^{kt}$, $t=0$ 时, $W=W_0$, 代入得 $C=\dfrac{W_0}{W_m-W_0}$, 所以

$$\frac{W}{W_m-W}=\frac{W_0}{W_m-W_0}e^{kt},$$

解方程得

$$W(t)=\frac{W_m}{1-\left(1-\dfrac{W_m}{W_0}\right)e^{-kt}}.$$

显然, $W(t)$ 是 t 的单调增加函数, 且当 $t\to\infty$ 时, $W(t)\to W_m$, 即 W_m 的实际意义是植物的极大的质量.

事实上, 本问题要全部得到解决, 还须建立碳氮需求比例模型, 寻求植物生长与碳氮的函数关系以及质量守恒方程, 最后是对模型的求解与验证.

练习题 4 - 6

1. 质点以初速度 v_0 铅直上抛, 不计阻力, 求它的运动规律.

2. 已知某物体沿直线运动, 在时刻 t 的加速度为 t^2+1, 且当 $t=0$ 时, 速度 $v=1$, 距离 $s=0$, 试求该物体的运动方程.

3. 设平面上有一运动着的质点, 它在 x 轴方向和 y 轴方向的分速度分别为 $v_x=5\sin t$, $v_y=2\cos t$, 又 $x\mid_{t=0}=5$, $y\mid_{t=0}=0$, 求质点的运动方程.

4. 某产品的边际收益函数与边际成本函数分别为 $R'(Q)=18($万元 $/t)$, $C'(Q)=3Q^2-18Q+33($万元 $/t)$, 其中 Q 为产量(单位: t), $0\leqslant Q\leqslant 10$, 且固定成本为 10 万元, 求当产量 Q 为多少时利润最大?

本章小结

一、本章主要内容与重点

本章主要内容有: 原函数与不定积分的概念和性质, 不定积分的换元积分法和分部积分

法,几种特殊类型函数的积分.

重点 原函数与不定积分的概念,两类换元积分法,分部积分法,简单有理函数的积分.

二、学习指导

(一)原函数与不定积分的概念与性质

1. 原函数

有时可根据原函数的定义来验证 $F(x)$ 是否为 $f(x)$ 的原函数.

2. 利用不定积分的几何意义,求满足某些条件的积分曲线族或特殊曲线等

区分原函数与不定积分这两个概念,熟练掌握基本积分公式是学好不定积分的基础.

3. 积分与微分(导数)的关系

微分运算(以记号 d 表示)与积分运算(以记号 $\int$ 表示)是互逆的,即当记号 $\int$ 与 d 连在一起时,或者抵消,或者抵消后差一个常数.

(二)不定积分的计算方法

1. 直接积分法

利用基本积分公式或经过简单变换后,用基本积分公式计算不定积分.

直接或间接地利用基本积分公式求不定积分,读者务必认真练习.

2. 两类换元积分法

(1)第一类换元积分法:在熟记基本积分公式的基础上利用凑微分法求不定积分.

熟练掌握某些微分公式对于使用凑微分法求不定积分是很有帮助的,这些微分公式在本章第二节中已列出,请读者熟记.

(2)第二类换元积分法:主要介绍了根式代换和三角代换.

要在熟记基本积分公式的基础上多做练习,积累经验,辨清两种换元积分法的实质,熟练掌握这一重要的积分方法.

3. 分部积分法

分部积分法是不定积分的基本方法之一,主要用于被积函数是两个不同的基本初等函数的乘积的情形.

实施分部积分的关键是正确选择 u 与 dv,使得转换后的不定积分 $\int u dv$ 比原先的积分 $\int v du$ 容易计算.一个经验性的方法在本章第三节中给出,请读者参阅.

第一类换元积分法是本章的难点,熟悉第二类换元积分法和熟练掌握分部积分法可以扩大求解不定积分的范围.

(三)有理函数和三角函数的不定积分

了解有理函数和三角函数的不定积分,提高计算各类不定积分的能力也是十分必要的.本课程只要求读者计算较简单的习题.

(四)不定积分模型

凡是涉及已知某个量的导函数求原函数的问题都可以采用不定积分的数学模型加以解决.

(五)两点说明

(1)积分的计算远比导数运算复杂,为使用方便,往往把常用的积分公式汇集成表,以便

查阅.

(2) 尽管初等函数在其连续区间上一定存在原函数,但有的原函数不一定能用初等函数表示,如 $\int e^{-x^2} dx$, $\int \dfrac{\sin x}{x} dx$, $\int \sin x^2 dx$ 等.

总之,求不定积分与求导数相比有较大的灵活性,只有通过大量解题才能逐步掌握其解法.学习时要善于根据被积函数特点,用类比、归纳的方法,总结所解习题规律,只要肯下功夫,不定积分一定能学好,为以后学习积分学其他知识打下坚实基础.

 习题四

1. 填空题:

(1) $x + \sin x$ 的一个原函数是_____,而_____ 的原函数是 $x + \sin x$;

(2) 若 $f(x)$ 的一个原函数为 $\ln x$,则 $f'(x) = $ _____;

(3) 设 $\int f(x) dx = 2^x + \cos x + C$,则 $f(x) = $ _____;

(4) 设 $f'(x^2) = \dfrac{1}{x}(x > 0)$,则 $f(x) = $ _____.

2. 选择题:

(1) 若 $f'(x) = g'(x)$,则下列式子一定成立的是(   ).

    A. $f(x) = g(x)$ B. $\int df(x) = \int dg(x)$

    C. $\left[\int f(x) dx\right]' = \left[\int g(x) dx\right]'$ D. $f(x) = g(x) + 1$

(2) 若 $f(x)$ 的一个原函数为 $\ln 2x$,则 $f'(x) = $ (   ).

    A. $2x\ln(2x)$ B. $\ln 2x$ C. $\dfrac{1}{x}$ D. $-\dfrac{1}{x^2}$

(3) 若 $f(x)$ 的一个原函数为 $\cos x$,则 $\int f'(x) dx = $ (   ).

    A. $-\sin x + C$ B. $\sin x + C$ C. $-\cos x + C$ D. $\cos x + C$

(4) 设 $f(x)$ 是连续函数,且 $\int f(x) dx = F(x) + C$,则下列各式正确的是(   ).

    A. $\int f(x^2) dx = F(x^2) + C$ B. $\int f(3x + 2) dx = F(3x + 2) + C$

    C. $\int f(e^x) dx = F(e^x) + C$ D. $\int f(\ln 2x) \cdot \dfrac{1}{x} dx = F(\ln 2x) + C$

3. 设 $\int f(x) dx = F(x) + C$,写出下列各题的答案:

(1) $\int e^{-x} f(e^{-x}) dx$;   (2) $\int f(\sqrt{x}) \cdot \dfrac{dx}{\sqrt{x}}$;

(3) $\int f(\ln x) \dfrac{dx}{x}$;   (4) $\int \cos x f(\sin x) dx$.

4. 设 $\int f(x) dx = x^2 + C$,求 $\int x f(1 - x^2) dx$.

5. 求不定积分:

(1) $\int \cos(3x+4)\,\mathrm{d}x$; (2) $\int e^{2x}\,\mathrm{d}x$ (3) $\int (1+x)^n\,\mathrm{d}x$;

(4) $\int 2^{2x+3}\,\mathrm{d}x$; (5) $\int \dfrac{x}{\sqrt{1-x^2}}\,\mathrm{d}x$; (6) $\int \dfrac{\mathrm{d}x}{x\ln x}$;

(7) $\int \dfrac{x^3}{x^8-2}\,\mathrm{d}x$; (8) $\int \dfrac{\mathrm{d}x}{\sin x\cos x}$; (9) $\int \sqrt{1-x^2}\,\arcsin x\,\mathrm{d}x$;

(10) $\int \dfrac{\ln x}{x^3}\,\mathrm{d}x$; (11) $\int (\ln x)^2\,\mathrm{d}x$; (12) $\int \arctan\sqrt{x}\,\mathrm{d}x$;

(13) $\int \dfrac{\sqrt{x}-2\sqrt[3]{x}-1}{\sqrt[4]{x}}\,\mathrm{d}x$; (14) $\int x\cdot\arcsin x\,\mathrm{d}x$; (15) $\int \cos(\ln x)\,\mathrm{d}x$;

(16) $\int e^x\sin^2 x\,\mathrm{d}x$.

6. 一物体由静止开始作直线运动,经 t s 后的速度为 $3t^2$ m/s,问:经 3 s 后物体离开出发点的距离是多少?

7. 某曲线通过点 $(1,3)$ 且在任一点处的切线斜率等于该点横坐标立方的 4 倍,求该曲线的方程.

8. 已知 $f(x)$ 的一个原函数为 $\dfrac{\sin x}{x}$,证明:$\int xf'(x)\,\mathrm{d}x = \cos x - \dfrac{2\sin x}{x} + C$.

阅读材料

微积分学的创始人——莱布尼茨

莱布尼茨(Leibniz,1646—1716),德国数学家、自然科学家、哲学家,和牛顿同为微积分学的创建人.

莱布尼茨的多才多艺在历史上很少有人能和他相比.他的著作包括历史、语言、生物、地质、机械、物理、法律、外交、神学等方面.莱布尼茨 1661 年入莱比锡大学学习法律,又曾到耶拿大学学习几何,1666 年在纽伦堡阿尔特多夫取得法学博士学位.他当时写出的论文《论组合的技巧》已含有数理逻辑的早期思想,后来的一系列工作使他成为数理逻辑的创始人.

1667 年莱布尼茨投身于外交界,在美因茨的大主教 J.P.von 舍恩博恩的手下工作.在这期间,莱布尼茨到欧洲各国游历,接触数学界的名流,同他们保持密切的联系.特别是在巴黎受到 C.惠更斯的启发,决心钻研数学.在这之后数年,他迈入数学领域,开始创造性的工作.1676 年,来到汉诺威,任腓特烈公爵顾问及图书馆馆长.此后 40 年,常居汉诺威,直到去世.

莱布尼茨终生奋斗的主要目标是寻求一种可以获得知识和创造发明的普遍方法.这种努力导致许多数学的发现,最突出的是微积分学.微积分的创立,奠定了近代数学和近代科学的基础.应该指出,微积分所处理的一些具体问题,如求切线问题、求面积问题、瞬时速度问题以及函数的极大极小值问题等,在牛顿和莱布尼茨之前至少有数十位数学家研究过,他们为微积分的诞生做了开创性贡献.但是他们这些工作是零碎的、不连贯的,缺乏统一性.牛顿和莱布尼茨的特殊功绩在于,他们站在更高的角度,分析与综合了前人的工作,将前人解决各种具体问题的特殊技巧,统一为两类普遍的算法——微分与积分,并发现了微分和积分互为逆运算,建立了所谓的微积分基本定理(现称为牛顿-莱布尼茨公式),从而完成了微积分发明中最关键的一步,并为其深入发展和广泛应用铺平了道路.由于受当时历史条件的限制,牛顿和莱布尼茨建立的微积分的理论基础还不十分牢靠,有些概念比较模糊,因此引发了长期关于微积分的逻辑基础的争论和探讨.经过18、19世纪一大批数学家的努力,特别是在法国数学家柯西首先成功地建立了极限理论之后,以极限的观点定义了微积分的基本概念,并简洁而严格地证明了微积分基本定理即牛顿-莱布尼茨公式,才给微积分建立了一个基本严格的完整体系.

牛顿是在研究物体运动时发现微积分的,莱布尼茨是在研究曲线的切线和曲线包围的面积时发现微积分的.牛顿当时采用的微分和积分符号现在已不用,而莱布尼茨所采用的符号现今仍在使用.莱布尼茨比别人更早更明确地认识到,好的符号能大大节省思维劳动,运用符号的技巧是数学成功的关键之一.他常常对各种数学符号进行长时期的比较研究,然后再选用他认为最好的符号.他创设的符号还有除号"/",比号"：",相似号"∽",全等号"≌",并"∪",交"∩",此外还有对数、函数、行列式的符号等.许多数学符号的普遍使用与他的提倡和影响密切相关.

莱布尼茨设计了一个能做乘法的计算机,1673年他特地到巴黎去制造.这是继帕斯卡加法机(1642年)之后计算工具的又一进步.莱布尼茨还系统地阐述了二进制记数法,并把它和中国的八卦联系起来.在哲学方面,他倡导客观唯心主义的单子论.

第五章

定积分及其应用

变数的数学——其中最重要的部分是微积分——本质上不外是辩证法在数学方面的运用.

——恩格斯

【学习目标】

1. 理解定积分的概念,了解定积分的性质.
2. 了解变上限函数的意义与性质.
3. 熟练掌握牛顿-莱布尼茨公式.
4. 熟练掌握定积分的换元法与分部积分法.
5. 了解广义积分的概念,会计算广义积分.
6. 能正确地用定积分来表达一些几何量和物理量(面积、体积、弧长、功等).
7. 会用 MATLAB 求定积分.
8. 会利用定积分建立数学模型,解决一些简单的实际问题.

不定积分是微分法逆运算的一个侧面,本章要介绍的定积分是它的另一个侧面.定积分起源于求图形的面积和体积等实际问题.古希腊的阿基米德用"穷竭法",我国的刘徽用"割圆术",都曾计算过一些几何体的面积和体积,这些均为定积分的雏形.直到 17 世纪中叶,牛顿和莱布尼茨先后提出了定积分的概念,并发现了积分与微分之间的内在联系,给出了计算定积分的一般方法,从而使定积分成为解决有关实际问题的有力工具,并使各自独立的微分学与积分学联系在一起,构成完整的理论体系——微积分学.

本章先从几何问题与物理问题引入定积分的定义,然后讨论定积分的性质和计算方法,并简要介绍广义积分的概念和计算,最后举例说明定积分在实际问题中的应用.

第一节　定积分的概念与性质

本节将从两个实际问题出发引出定积分的概念,然后讨论定积分的性质.

一、两个实例

(一) 曲边梯形的面积

在初等数学中,学过求矩形、三角形等以直线为边的图形的面积,但在实际问题中,往往需要求以曲线为边的图形(曲边形)的面积.

所谓**曲边梯形**是指如图 5-1 所示的图形,它的三条边是直线段,其中有两条直线段垂直于第三条为底边的直线段,而第四条边是曲线.

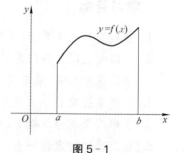

图 5-1

那么,曲边梯形的面积如何计算呢?

我们知道矩形面积＝底×高,曲边梯形和矩形的区别在于:矩形的四边是直的,而曲边梯形一边是弯曲的.所以曲边梯形的高 $f(x)$ 是随着 x 的变化而变化的,计算其面积就不太容易.然而,由于 $f(x)$ 在区间 $[a,b]$ 上是连续的,在很小一段区间上它的变化也很小,因此,若把区间 $[a,b]$ 划分为许多小区间,在每个小区间上用其中某一点处的高来近似代替同一小区间上的小曲边梯形的高,则每个小曲边梯形就可以近似看成小矩形,我们就以所有这些小矩形的面积之和作为曲边梯形面积的近似值.当把区间 $[a,b]$ 无限细分,使得每个小区间的长度趋于零时,所有小矩形面积之和的极限就可以定义为**曲边梯形的面积**.这个定义同时也给出了计算曲边梯形面积的方法:

1. 分割

在区间 $[a,b]$ 中任意插入 $n-1$ 个分点:

$$a = x_0 < x_1 < x_2 < \cdots < x_{i-1} < x_i < \cdots < x_{n-1} < x_n = b,$$

把区间 $[a,b]$ 分成 n 个小区间:

$$[x_0, x_1], [x_1, x_2], \cdots, [x_{i-1}, x_i], \cdots, [x_{n-1}, x_n],$$

每个小区间段的长度依次为 $\Delta x_i = x_i - x_{i-1}(i = 1, 2, \cdots, n)$,过每个分点 $x_i(i = 1, 2, \cdots, n-1)$ 作 x 轴的垂线,把曲边梯形分成 n 个小曲边梯形(图 5-2).

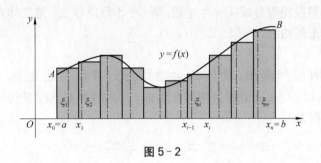

图 5-2

2. 近似代替

在每个小区间 $[x_{i-1}, x_i]$ 上任取一点 ξ_i,用以 $[x_{i-1}, x_i]$ 为底,$f(\xi_i)$ 为高的小矩形近似代替第 i 个小曲边梯形($i = 1, 2, \cdots, n$),则第 i 个小曲边梯形的面积近似为 $f(\xi_i)\Delta x_i$.

3. 求和

将这样得到的 n 个小矩形的面积之和作为所求的曲边梯形面积 A 的近似值,即

$$A \approx f(\xi_1)\Delta x_1 + f(\xi_2)\Delta x_2 + \cdots + f(\xi_n)\Delta x_n = \sum_{i=1}^{n} f(\xi_i)\Delta x_i.$$

4. 取极限

为保证所有小区间的长度都趋于零,要求小区间长度中的最大值趋于零,若记

$$\lambda = \max\{\Delta x_1, \Delta x_2, \cdots, \Delta x_n\},$$

则上述条件可表示为 $\lambda \to 0$. 当 $\lambda \to 0$ 时(这时小区间的个数 n 无限增多,即 $n \to \infty$),取上述和式的极限,便得到曲边梯形的面积

$$A = \lim_{\lambda \to 0} \sum_{i=1}^{n} f(\xi_i)\Delta x_i.$$

(二) 变速直线运动的路程

设一物体作直线运动,已知速度 $v = v(t)$ 是时间 t 的连续函数,求在时间间隔 $[T_1, T_2]$ 上物体所经过的路程 s.

物理学中,对于匀速直线运动,有公式:路程＝速度×时间. 现在速度不是常量,因此,不能直接使用这个公式计算路程. 然而物体运动的速度变化是连续的,在很短的时间内,速度变化很小,可近似看成匀速. 因此,完全可以用类似于求曲边梯形面积的方法来计算路程 s.

1. 分割

在区间 $[T_1, T_2]$ 内任意插入 $n-1$ 个分点:$t_1, t_2, \cdots, t_{n-1}$,使

$$T_1 = t_0 < t_1 < t_2 < \cdots < t_{n-1} < t_n = T_2$$

称为区间$[T_1，T_2]$的一个分法,记为 T. 分法 T 将时间区间$[T_1，T_2]$分成了 n 个小段:

$$[t_0，t_1]，[t_1，t_2]，\cdots，[t_{n-1}，t_n].$$

记 $\Delta t_i = t_i - t_{i-1}$ 为第 i 个小区间$[t_{i-1}，t_i]$的长度,即第 i 小段时间的间隔$(i = 1，2，\cdots，n)$. 这样也就把所求的整段路程分成了 n 个小段. 第 i 个小段路程 Δs_i 是物体在时刻 t_{i-1} 到时刻 t_i 这段时间间隔内所走的路程$(i = 1，2，\cdots，n)$.

2. 近似代替

在每个小段时间间隔里,物体的运动可近似看作匀速运动. $\forall \xi_i \in [t_{i-1}，t_i]$ $(i = 1，2，\cdots，n)$,以 $v(\xi_i)$ 近似作为物体在时刻 t_{i-1} 到时刻 t_i 这段时间间隔内的运动速度,则第 i 个小段的路程为

$$\Delta s_i \approx v(\xi_i)\Delta t_i \quad (i = 1，2，\cdots，n).$$

3. 求和

把所有小段路程都加起来,就可以得到所求的路程. 于是,所求的路程为

$$s = \sum_{i=1}^{n} \Delta s_i \approx \sum_{i=1}^{n} v(\xi_i)\Delta t_i.$$

4. 取极限

显然,把整段时间区间$[T_1，T_2]$分得越细越密,$v(\xi_i)\Delta t_i$ 越接近 Δs_i,从而 $\sum\limits_{i=1}^{n} v(\xi_i)\Delta t_i$ 就越接近 $s = \sum\limits_{i=1}^{n} \Delta s_i$. 设 $\lambda = \max\{\Delta t_1，\Delta t_2，\cdots，\Delta t_n\}$,则 $\lambda \to 0$ 时就相当于把时间区间$[T_1，T_2]$无限分下去,并使每个小区间的长度无限趋近于 0. 于是,当 $\lambda \to 0$ 时,$\sum\limits_{i=1}^{n} v(\xi_i)\Delta t_i \to s$,即

$$\lim_{\lambda \to 0} \sum_{i=1}^{n} v(\xi_i)\Delta t_i = s.$$

上面两个实例,一个是几何方面的例子,一个是物理方面的例子,意义完全不同. 但从最后的结果来看,所求的量的结构表示是一样的,都是和式的极限,并且解决问题的过程也是类似的. 抛开这些问题的具体意义,将它们共同的地方抽象出来,就得到定积分的概念.

二、定积分的概念

定义 1 设函数 $f(x)$ 在区间$[a，b]$上有界. 在区间$[a，b]$内任意插入 $n-1$ 个分点:x_1,x_2,$\cdots$,x_{n-1},使

$$a = x_0 < x_1 < x_2 < \cdots < x_{n-1} < x_n = b$$

称为区间$[a，b]$的一个**分法**,记为 T. 分法 T 将区间$[a，b]$分成了 n 个小区间:$[x_0，x_1]$,$[x_1，x_2]$,$\cdots$,$[x_{n-1}，x_n]$,记 $\Delta x_i = x_i - x_{i-1}$ 为第 i 个小区间$[x_{i-1}，x_i]$的长度 $(i = 1，2，\cdots，n)$.

$\forall \xi_i \in [x_{i-1}，x_i](i=1，2，\cdots，n)$,作乘积

$$f(\xi_i)\Delta x_i (i = 1, 2, \cdots, n).$$

把上述所作的乘积都加起来,得到和式

$$\sigma(T, \xi) = \sum_{i=1}^{n} f(\xi_i)\Delta x_i,$$

称为函数 $f(x)$ 在区间 $[a, b]$ 上的**积分和**.

显然,积分和 $\sigma(T, \xi) = \sum_{i=1}^{n} f(\xi_i)\Delta x_i$ 与分法 T 有关,与一组 $\xi = \{\xi_i \mid \xi_i \in [x_{i-1}, x_i]\}$ 的取法也有关.

定义 2 设函数 $f(x)$ 在区间 $[a, b]$ 上有界. 任给区间 $[a, b]$ 的一个分法 T 和一组 $\xi = \{\xi_i \mid \xi_i \in [x_{i-1}, x_i]\}$,有积分和

$$\sigma(T, \xi) = \sum_{i=1}^{n} f(\xi_i)\Delta x_i.$$

记 $\lambda = \max\{\Delta x_1, \Delta x_2, \cdots, \Delta x_n\}$.

若当 $\lambda \to 0$ 时,积分和 $\sigma(T, \xi) = \sum_{i=1}^{n} f(\xi_i)\Delta x_i$ 存在极限,且与分法 T 及 ξ_i 在 $[x_{i-1}, x_i]$ 的取法无关,则称函数 $f(x)$ 在区间 $[a, b]$ 上**可积**,这个极限是函数 $f(x)$ 在区间 $[a, b]$ 上的**定积分**,记为 $\int_a^b f(x)\mathrm{d}x$. 即

$$\int_a^b f(x)\mathrm{d}x = \lim_{\lambda \to 0} \sum_{i=1}^{n} f(\xi_i)\Delta x_i.$$

其中 $f(x)$ 称为**被积函数**,$f(x)\mathrm{d}x$ 称为**被积表达式**,x 称为**积分变量**,$[a, b]$ 称为**积分区间**,a 称为**积分下限**,b 称为**积分上限**.

若当 $\lambda \to 0$ 时,积分和的极限不存在,则称函数 $f(x)$ 在区间 $[a, b]$ 上**不可积**.

关于定积分的定义,还要注意下面几点:

(1) 定积分 $\int_a^b f(x)\mathrm{d}x$ 是一种和式的极限,是一个确定的数,它与分法 T 无关,与 ξ_i 在 $[x_{i-1}, x_i]$ 的取法也无关.

(2) 定积分 $\int_a^b f(x)\mathrm{d}x$ 只与被积函数和积分区间有关,而与积分变量的记号无关. 即

$$\int_a^b f(x)\mathrm{d}x = \int_a^b f(y)\mathrm{d}y = \int_a^b f(t)\mathrm{d}t = \int_a^b f(u)\mathrm{d}u.$$

(3) 当 $\lambda \to 0$ 时,分点个数 $n \to \infty$;但分点个数 $n \to \infty$ 时,不一定有 $\lambda \to 0$.

(4) 当 $a = b$ 时,$\int_a^a f(x)\mathrm{d}x = \int_a^a f(x)\mathrm{d}x = 0$;当 $a > b$ 时,$\int_a^b f(x)\mathrm{d}x = -\int_b^a f(x)\mathrm{d}x$.

对于一个给定的函数,它满足什么条件时,其定积分就一定存在呢?下面给出可积的两个充分条件.

定理 1 若 $f(x)$ 在 $[a, b]$ 上连续,则 $f(x)$ 在 $[a, b]$ 上可积.

定理 2 若 $f(x)$ 在 $[a, b]$ 上有界,且只有有限个间断点,则 $f(x)$ 在 $[a, b]$ 上可积.

由定积分的定义,曲线 $y = f(x)(f(x) > 0)$、x 轴及直线 $x = a$、$x = b$ 所围成的曲边梯形的面积 $A = \int_a^b f(x) \mathrm{d}x$,物体以变速 $v = v(t)$ 在 $[T_1, T_2]$ 上所经过的路程 $s = \int_{T_1}^{T_2} v(t) \mathrm{d}t$.

例1 用定义计算 $\int_0^1 x^2 \mathrm{d}x$.

解 令 $f(x) = x^2$,显然它在 $[0, 1]$ 上连续.其积分与区间 $[0, 1]$ 的分法及点 ξ_i 的取法无关.为了便于计算,将 $[0, 1]$ n 等分,分点 $x_i = \dfrac{i}{n}(i = 1, 2, \cdots, n)$.每个小区间长度为 $\Delta x_i = \dfrac{1}{n}$,从而 $\lambda = \dfrac{1}{n}$.取 $\xi_i = x_i = \dfrac{i}{n}$,则有 $\displaystyle\int_0^1 x^2 \mathrm{d}x = \lim_{\lambda \to 0} \sum_{i=1}^n \xi_i^2 \Delta x_i = \lim_{n \to \infty} \sum_{i=1}^n \left(\dfrac{i}{n}\right)^2 \cdot \dfrac{1}{n} = \displaystyle\lim_{n \to \infty} \dfrac{1}{n^3} \sum_{i=1}^n i^2 = \lim_{n \to \infty} \dfrac{1}{n^3} \cdot \dfrac{1}{6} n(n+1)(2n+1) = \dfrac{1}{3}$.

三、定积分的几何意义

(1) 当 $f(x) \geqslant 0$ 时,定积分 $\int_a^b f(x) \mathrm{d}x$ 在几何上表示由曲线 $y = f(x)$ 与直线 $x = a$,$x = b$ 和 x 轴围成的曲边梯形的面积(图 5-1):

$$\int_a^b f(x) \mathrm{d}x = A.$$

(2) 当 $f(x) < 0$ 时,定积分 $\int_a^b f(x) \mathrm{d}x$ 在几何上表示由曲线 $y = f(x)$ 与直线 $x = a$,$x = b$ 和 x 轴围成的曲边梯形的面积的负值(图 5-3):

$$\int_a^b f(x) \mathrm{d}x = -A.$$

(3) 当函数 $f(x)$ 在 $[a, b]$ 上有正有负时,定积分 $\int_a^b f(x) \mathrm{d}x$ 在几何上表示由曲线 $y = f(x)$ 与直线 $x = a$,$x = b$ 和 x 轴围成的各种图形的面积的代数和,在 x 轴上方的图形面积取正值,在 x 轴下方的图形面积取负值(图 5-4):

$$\int_a^b f(x) \mathrm{d}x = A_1 - A_2 + A_3.$$

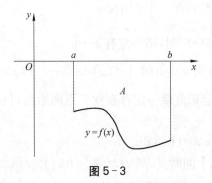

图 5-3

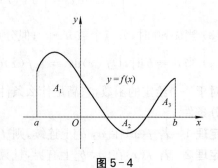

图 5-4

四、定积分的性质

下面各性质中假设函数 $f(x)$ 和 $g(x)$ 在区间 $[a, b]$ 上都是连续的.

性质 1 $\int_a^b [f(x) \pm g(x)] \mathrm{d}x = \int_a^b f(x) \mathrm{d}x \pm \int_a^b g(x) \mathrm{d}x.$

两个函数代数和的定积分等于各函数的定积分的代数和.

此性质可以推广到有限多个函数代数和的情况.

性质 2 $\int_a^b k f(x) \mathrm{d}x = k \int_a^b f(x) \mathrm{d}x$ (k 为常数).

被积函数中的常数因子可以提到积分号前.

下列几个性质用定积分的几何意义说明.

性质 3(积分区间的可加性)

$$\int_a^b f(x) \mathrm{d}x = \int_a^c f(x) \mathrm{d}x + \int_c^b f(x) \mathrm{d}x.$$

不论 c 点在区间 $[a, b]$ 内还是在 $[a, b]$ 外,只要两个积分存在,则性质 3 是正确的.

例 2 (1) $\int_a^b x^2 \mathrm{d}x - \int_a^c x^2 \mathrm{d}x + \int_b^c x^2 \mathrm{d}x = 0;$

(2) $\int_{-1}^{\frac{1}{2}} x^3 \mathrm{d}x + \int_{\frac{1}{2}}^{\frac{1}{4}} x^3 \mathrm{d}x + \int_{\frac{1}{4}}^1 x^3 \mathrm{d}x = \int_{-1}^1 x^3 \mathrm{d}x = 0.$

性质 4 如果被积函数 $f(x) = k$ (k 为任意常数),则

$$\int_a^b k \mathrm{d}x = k(b - a).$$

特别地,当 $k = 1$ 时, $\int_a^b 1 \mathrm{d}x = \int_a^b \mathrm{d}x = b - a.$

性质 5 若在区间 $[a, b]$ 上有 $f(x) \leqslant g(x)$,则

$$\int_a^b f(x) \mathrm{d}x \leqslant \int_a^b g(x) \mathrm{d}x.$$

这个性质说明,若要比较两个定积分的大小,只要比较被积函数的大小即可.

推论: $\left| \int_a^b f(x) \mathrm{d}x \right| \leqslant \int_a^b |f(x)| \mathrm{d}x.$

性质 6(估值定理) 如果函数 $f(x)$ 在区间 $[a, b]$ 上的最小值和最大值分别为 m 和 M,则

$$m(b - a) \leqslant \int_a^b f(x) \mathrm{d}x \leqslant M(b - a).$$

此性质的几何解释是:由曲线 $y = f(x)$,直线 $x = a$,$x = b$ 及 x 轴所围成的曲边梯形的面积介于以区间 $[a, b]$ 的长度为底,分别以 m 和 M 为高的两个矩形面积之间(图 5-5).

性质 7(定积分中值定理) 如果函数 $f(x)$ 在区间 $[a, b]$ 上连续,则在 $[a, b]$ 上至少存在一点 ξ,使得

$$\int_a^b f(x)\mathrm{d}x = f(\xi)(b-a),\ \xi \in [a,\,b].$$

此性质的几何解释是:由曲线 $y=f(x)$,直线 $x=a$,$x=b$ 及 x 轴所围成的曲边梯形的面积等于以区间 $[a,\,b]$ 长度为底,$[a,\,b]$ 中的一点 ξ 处的函数值 $f(\xi)$ 为高的矩形的面积(图 5-6).$f(\xi)$ 称为连续函数 $f(x)$ 在区间 $[a,\,b]$ 上的平均值.

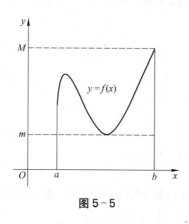

图 5-5

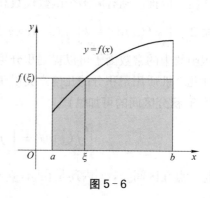

图 5-6

例 3 利用定积分的性质,比较 $\int_1^2 (\ln x)^3 \mathrm{d}x$ 与 $\int_1^2 (\ln x)^2 \mathrm{d}x$ 的大小.

解 在区间 $[1,2]$ 上,$\ln x$ 满足不等式 $0 \leqslant \ln x \leqslant \ln 2 < 1$,因此,$(\ln x)^3 \leqslant (\ln x)^2$,由定积分的性质 5,得

$$\int_1^2 (\ln x)^3 \mathrm{d}x \leqslant \int_1^2 (\ln x)^2 \mathrm{d}x.$$

例 4 估计定积分的值 $\int_{-1}^1 \mathrm{e}^{-x^2}\mathrm{d}x$.

解 先求被积函数 $f(x) = \mathrm{e}^{-x^2}$ 在区间 $[-1,\,1]$ 上的最大值和最小值. 为此,求 $f'(x) = -2x\mathrm{e}^{-x^2}$,令 $f'(x) = 0$,得驻点 $x = 0$.

比较驻点 $x=0$,区间端点 $x=\pm 1$ 的函数值:$f(0) = 1$,$f(\pm 1) = \dfrac{1}{\mathrm{e}}$,得最小值 $m = \dfrac{1}{\mathrm{e}}$,最大值 $M = 1$.

根据估值定理,得 $\dfrac{2}{\mathrm{e}} \leqslant \int_{-1}^1 \mathrm{e}^{-x^2}\mathrm{d}x \leqslant 2$.

练习题 5-1

1. 利用定积分的几何意义说明下列各式:

(1) $\int_0^1 x\mathrm{d}x = \dfrac{1}{2}$;

(2) $\int_{-1}^1 \sqrt{1-x^2}\,\mathrm{d}x = \dfrac{\pi}{2}$;

(3) $\int_0^{2\pi} \sin x\mathrm{d}x = 0$;

(4) $\int_{-\frac{\pi}{2}}^{\frac{\pi}{2}} \cos x\mathrm{d}x = 2\int_0^{\frac{\pi}{2}} \cos x\mathrm{d}x.$

2. 利用定积分的性质,估计下列定积分值的范围:

(1) $\int_{-1}^{1}(4x^2-2x^3+5)\mathrm{d}x$;　　　　　　(2) $\int_{0}^{2}\mathrm{e}^{2-x}\mathrm{d}x$;

(3) $\int_{\frac{1}{2}}^{2}(1+x^2)\mathrm{d}x$;　　　　　　(4) $\int_{\mathrm{e}}^{\mathrm{e}^2}\ln x\mathrm{d}x$.

3. 比较下列积分值的大小:

(1) $\int_{0}^{1}x\mathrm{d}x$ 与 $\int_{0}^{1}\sin x\mathrm{d}x$;　　　　(2) $\int_{0}^{1}\mathrm{e}^x\mathrm{d}x$ 与 $\int_{0}^{1}(1+x)\mathrm{d}x$;

(3) $\int_{0}^{1}\sqrt{1+x^3}\,\mathrm{d}x$ 与 $\int_{0}^{1}\left(1+\frac{1}{2}x^3\right)\mathrm{d}x$;　　(4) $\int_{1}^{2}\ln x\mathrm{d}x$ 与 $\int_{1}^{2}(\ln x)^2\mathrm{d}x$.

第二节　微积分基本公式

通过上节的学习,发现用定义来计算定积分的值是一件十分困难的事.本节将介绍一种简便有效的计算方法,这就是牛顿-莱布尼茨(Newton-Leibniz)公式,即微积分基本公式.

一、变上限的定积分

设 $f(x)$ 在 $[a,b]$ 上连续,x 为 $[a,b]$ 上任一点,现在考察 $f(x)$ 在部分区间 $[a,x]$ 上的定积分 $\int_{a}^{x}f(x)\mathrm{d}x$. 由于 $f(x)$ 在 $[a,x]$ 上连续,所以定积分 $\int_{a}^{x}f(x)\mathrm{d}x$ 一定存在.这里字母 x 既是积分变量,又是积分上限.为避免混淆,把积分变量 x 改用其他字母,如 t,即 $\int_{a}^{x}f(t)\mathrm{d}t$. 将 $\int_{a}^{x}f(t)\mathrm{d}t$ 称为**变上限定积分**,并且它是积分上限 x 的函数,记为 $\varPhi(x)$,即

$$\varPhi(x)=\int_{a}^{x}f(t)\mathrm{d}t.$$

从几何上看,这个函数 $\varPhi(x)$ 表示区间 $[a,x]$ 上曲边梯形的面积(图 5-7 中阴影部分).

关于变上限定积分有以下定理:

定理 1　如果函数 $f(x)$ 在 $[a,b]$ 上连续,则变上限定积分 $\varPhi(x)=\int_{a}^{x}f(t)\mathrm{d}t$ 在区间 $[a,b]$ 上可导,并且它的导数等于被积函数,即

$$\varPhi'(x)=\left[\int_{a}^{x}f(t)\mathrm{d}t\right]'=f(x).$$

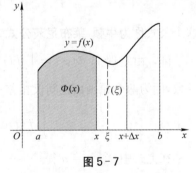

图 5-7

由定理 1 可知,变上限定积分 $\varPhi(x)=\int_{a}^{x}f(t)\mathrm{d}t$ 是函数 $f(x)$ 在区间 $[a,b]$ 上的一个原函数,这就肯定了连续函数的原函数总是存在的,所以,上述定理也称为**原函数存在定理**.这样就解决了前面遗留下来的原函数的存在性问题.

例 1　求下列函数的导数:

(1) $\Phi(x) = \int_0^x \sin t^2 \,dt$；　　　　　　　(2) $\Phi(x) = \int_x^0 \cos(3t+1)\,dt$；

(3) $\Phi(x) = \int_0^{x^2} \sqrt{1+t^2}\,dt$；　　　　　　(4) $\Phi(x) = \int_{x^2}^{x^3} \dfrac{1}{\sqrt{1+t^2}}\,dt$．

解　(1) 根据定理 1，得

$$\Phi'(x) = \left[\int_0^x \sin t^2 \,dt\right]' = \sin x^2.$$

(2) 根据定理 1，得

$$\Phi'(x) = \left[\int_x^0 \cos(3t+1)\,dt\right]' = \left[-\int_0^x \cos(3t+1)\,dt\right]' = -\cos(3x+1).$$

(3) 积分上限是 x^2，它是 x 的函数，所以，变上限定积分是 x 的复合函数，由复合函数求导法则，根据定理 1 得

$$\Phi'(x) = \left[\int_0^{x^2} \sqrt{1+t^2}\,dt\right]' = \sqrt{1+(x^2)^2}\cdot(x^2)' = 2x\sqrt{1+x^4}.$$

(4) 由于积分的上下限都是变量，先把它拆成两个积分之和，然后再求导：

$$\Phi'(x) = \left(\int_{x^2}^{x^3} \frac{1}{\sqrt{1+t^2}}\,dt\right)' = \left(\int_{x^2}^{a} \frac{1}{\sqrt{1+t^2}}\,dt + \int_a^{x^3} \frac{1}{\sqrt{1+t^2}}\,dt\right)'$$

$$= -\left(\int_a^{x^2} \frac{1}{\sqrt{1+t^2}}\,dt\right)' + \left(\int_a^{x^3} \frac{1}{\sqrt{1+t^2}}\,dt\right)' = -\frac{2x}{\sqrt{1+x^4}} + \frac{3x^2}{\sqrt{1+x^6}}.$$

二、牛顿-莱布尼茨公式

定理 2　如果函数 $F(x)$ 是连续函数 $f(x)$ 在 $[a, b]$ 上的一个原函数，则

$$\int_a^b f(x)\,dx = F(b) - F(a).$$

这个公式称为**牛顿-莱布尼茨公式**，它是计算定积分的基本公式，也称为**微积分基本公式**.

证　由定理 1，$\Phi(x) = \displaystyle\int_a^x f(t)\,dt$ 是 $f(x)$ 的一个原函数，又知 $F(x)$ 也是 $f(x)$ 的一个原函数，因为两个原函数之间仅相差一个常数，所以

$$\int_a^x f(t)\,dt = F(x) + C \quad (a \leqslant x \leqslant b).$$

在上式中，令 $x = a$ 得 $C = -F(a)$，代入上式得

$$\int_a^x f(t)\,dt = F(x) - F(a).$$

再令 $x = b$，并把积分变量 t 换成 x，便得到

$$\int_a^b f(x)\,dx = F(b) - F(a).$$

通常把 $F(b) - F(a)$ 记为 $\left[F(x)\right]_a^b$ 或 $F(x)\big|_a^b$，于是牛顿-莱布尼茨公式可写成

$$\int_a^b f(x)\mathrm{d}x = \left[F(x)\right]_a^b = F(b) - F(a),$$

此式表明一个连续函数在区间 $[a, b]$ 上的定积分等于它的一个原函数在区间 $[a, b]$ 上的增量.

定理 1 和定理 2 揭示了微分与积分以及定积分与不定积分之间的内在联系,因此统称微积分基本定理.

例 2　求定积分 $\int_0^1 x^2 \mathrm{d}x$.

解　因 $\dfrac{x^3}{3}$ 是 x^2 的一个原函数,由牛顿-莱布尼茨公式,有

$$\int_0^1 x^2 \mathrm{d}x = \left[\frac{x^3}{3}\right]_0^1 = \frac{1}{3} - \frac{0}{3} = \frac{1}{3}.$$

例 3　求 $\int_{-1}^1 \dfrac{\mathrm{d}x}{1+x^2}$.

解　由于 $\arctan x$ 是 $\dfrac{1}{1+x^2}$ 的一个原函数,所以有

$$\int_{-1}^1 \frac{\mathrm{d}x}{1+x^2} = \left[\arctan x\right]_{-1}^1 = \frac{\pi}{4} - \left(-\frac{\pi}{4}\right) = \frac{\pi}{2}.$$

例 4　求 $\int_0^1 x\mathrm{e}^{x^2}\mathrm{d}x$.

解　$\displaystyle\int_0^1 x\mathrm{e}^{x^2}\mathrm{d}x = \frac{1}{2}\int_0^1 \mathrm{e}^{x^2}\mathrm{d}x^2 = \left[\frac{1}{2}\mathrm{e}^{x^2}\right]_0^1 = \frac{1}{2}(\mathrm{e} - \mathrm{e}^0) = \frac{1}{2}(\mathrm{e} - 1).$

例 5　设 $f(x) = \begin{cases} x+1, & x \geqslant 1 \\ \dfrac{1}{2}x^2, & x < 1 \end{cases}$,求 $\int_0^2 f(x)\mathrm{d}x$.

解　$\displaystyle\int_0^2 f(x)\mathrm{d}x = \int_0^1 \frac{1}{2}x^2 \mathrm{d}x + \int_1^2 (x+1)\mathrm{d}x = \left[\frac{1}{6}x^3\right]_0^1 + \left[\frac{1}{2}x^2 + x\right]_1^2 = \frac{8}{3}.$

练习题 5 - 2

1. 设 $y = \int_0^x \sin t\mathrm{d}t$,求 $y'(0)$, $y'\left(\dfrac{\pi}{4}\right)$.

2. 求下列函数的导数:

(1) $\Phi(x) = \displaystyle\int_0^x \cos(t^2)\mathrm{d}t$;　　　　　　(2) $F(x) = \displaystyle\int_x^3 \frac{1}{\sqrt{1+t^2}}\mathrm{d}t$.

3. 求下列极限:

(1) $\displaystyle\lim_{x\to 0}\frac{\displaystyle\int_0^x \sin(t^2)\mathrm{d}t}{x}$;　　　　　　(2) $\displaystyle\lim_{x\to 0}\frac{\displaystyle\int_0^x \arctan t\mathrm{d}t}{x^2}$.

4. 计算下列各定积分:

(1) $\displaystyle\int_0^1 (2x^2 + 3x - 4)\mathrm{d}x$;　　(2) $\displaystyle\int_2^3 \left(\sqrt{x} + \frac{1}{\sqrt{x}}\right)\mathrm{d}x$;　　(3) $\displaystyle\int_1^2 \left(x + \frac{1}{x}\right)^2 \mathrm{d}x$;

(4) $\int_1^2 \dfrac{2x^2+1}{x}\mathrm{d}x$;　　　　(5) $\int_1^e \dfrac{\mathrm{d}x}{x^2(1+x^2)}$;　　　　(6) $\int_1^{\sqrt{3}} \dfrac{1+2x^2}{x^2(1+x^2)}\mathrm{d}x$;

(7) $\int_4^9 \sqrt{x}(1+\sqrt{x})\mathrm{d}x$;　　(8) $\int_0^{\sqrt{3}a} \dfrac{\mathrm{d}x}{a^2+x^2}$;　　　　(9) $\int_0^{\frac{\pi}{4}} \tan^2\theta\mathrm{d}\theta$;

(10) $\int_{\frac{1}{\pi}}^{\frac{2}{\pi}} \dfrac{\sin\dfrac{1}{x}}{x^2}\mathrm{d}x$.

第三节　定积分的换元积分法和分部积分法

在计算定积分时,如果利用不定积分的基本公式或第一类换元积分法就可以求得被积函数的原函数,则可直接利用牛顿-莱布尼茨公式求得定积分. 但是,用第二类换元积分法或分部积分法是很麻烦的. 本节介绍定积分的**换元积分法**与**分部积分法**.

例1　求 $\int_0^1 \sqrt{1-x^2}\,\mathrm{d}x$.

解　首先用不定积分的换元积分法求 $\int \sqrt{1-x^2}\,\mathrm{d}x$.

令 $x=\sin t$,则 $\mathrm{d}x=\cos t\mathrm{d}t$, 于是

$$\int \sqrt{1-x^2}\,\mathrm{d}x = \int \cos^2 t\mathrm{d}t = \frac{1}{2}\int (1+\cos 2t)\mathrm{d}t = \frac{1}{2}t + \frac{1}{4}\sin 2t + C$$

$$= \frac{1}{2}\arcsin x + \frac{1}{2}x\sqrt{1-x^2} + C.$$

然后应用牛顿-莱布尼茨公式得

$$\int_0^1 \sqrt{1-x^2}\,\mathrm{d}x = \left[\frac{1}{2}(\arcsin x + x\sqrt{1-x^2})\right]_0^1 = \frac{\pi}{4}.$$

显然,这样计算过程过于冗长,下面介绍简便的方法——定积分的换元积分法.

一、定积分的换元积分法

定理　若函数 $f(x)$ 在区间 $[a,b]$ 上连续,函数 $x=\varphi(t)$ 在区间 $[\alpha,\beta]$ 上单调且有连续导数 $\varphi'(t)$,当 t 在 $[\alpha,\beta]$ 上变化时,$\varphi(t)$ 在 $[a,b]$ 上变化,且 $\varphi(\alpha)=a$, $\varphi(\beta)=b$,则

$$\int_a^b f(x)\mathrm{d}x = \int_\alpha^\beta f[\varphi(t)]\varphi'(t)\mathrm{d}t.$$

应用换元积分法,例1可以简单地计算如下:在换元的同时,根据所设的代换 $x=\sin t$,相应地改变定积分的上下限. 当 $x=0$ 时,$t=0$;当 $x=1$ 时,$t=\dfrac{\pi}{2}$,则不必将 t 换回 x,就能求得定积分:

$$\int_0^1 \sqrt{1-x^2}\,\mathrm{d}x = \int_0^{\frac{\pi}{2}} \cos^2 t\mathrm{d}t = \left[\frac{1}{2}t + \frac{1}{4}\sin 2t\right]_0^{\frac{\pi}{2}} = \frac{\pi}{4}.$$

例2 计算 $\displaystyle\int_0^4 \frac{1}{1+\sqrt{x}}\mathrm{d}x$.

解 令 $\sqrt{x}=t$, 则 $x=t^2$, $\mathrm{d}x=2t\mathrm{d}t$. 当 $x=0$ 时, $t=0$; 当 $x=4$ 时, $t=2$.

$$\int_0^4 \frac{1}{1+\sqrt{x}}\mathrm{d}x = \int_0^2 \frac{2t}{1+t}\mathrm{d}t = 2\int_0^2\left(1-\frac{1}{1+t}\right)\mathrm{d}t = 2[t-\ln|1+t|]_0^2 = 4-2\ln 3.$$

例3 计算 $\displaystyle\int_1^4 \frac{1}{x+\sqrt{x}}\mathrm{d}x$.

解 设 $\sqrt{x}=t$, 则 $x=t^2$, $\mathrm{d}x=2t\mathrm{d}t$. 当 $x=1$ 时, $t=1$; 当 $x=4$ 时, $t=2$.

$$\int_1^4 \frac{1}{x+\sqrt{x}}\mathrm{d}x = \int_1^2 \frac{2t\mathrm{d}t}{t^2+t} = 2\int_1^2 \frac{1}{t+1}\mathrm{d}t = 2\ln[t+1]_1^2 = 2(\ln 3 - \ln 2).$$

例4 计算 $\displaystyle\int_{\ln 3}^{\ln 8} \sqrt{1+\mathrm{e}^x}\,\mathrm{d}x$.

解 令 $\sqrt{1+\mathrm{e}^x}=t$, 则 $x=\ln(t^2-1)$, $\mathrm{d}x=\dfrac{2t}{t^2-1}\mathrm{d}t$. 当 $x=\ln 3$ 时, $t=2$; 当 $x=\ln 8$ 时, $t=3$. 于是

$$\int_{\ln 3}^{\ln 8} \sqrt{1+\mathrm{e}^x}\,\mathrm{d}x = \int_2^3 \frac{2t^2}{t^2-1}\mathrm{d}t = 2\int_2^3\left(1+\frac{1}{t^2-1}\right)\mathrm{d}t = \left[2t+\ln\left|\frac{t-1}{t+1}\right|\right]_2^3 = 2+\ln\frac{3}{2}.$$

例5 设函数 $f(x)$ 在 $[-a,a]$ 上连续 $(a>0)$, 证明:

(1) 当 $f(x)$ 为偶函数时, $\displaystyle\int_{-a}^{a} f(x)\mathrm{d}x = 2\int_0^a f(x)\mathrm{d}x$;

(2) 当 $f(x)$ 为奇函数时, $\displaystyle\int_{-a}^{a} f(x)\mathrm{d}x = 0$.

证 $\displaystyle\int_{-a}^{a} f(x)\mathrm{d}x = \int_{-a}^{0} f(x)\mathrm{d}x + \int_0^a f(x)\mathrm{d}x$, 在等号右边的第一个式子中令 $x=-t$, 则 $\mathrm{d}x=-\mathrm{d}t$, 当 $x=-a$ 时, $t=a$, 于是

$$\int_{-a}^{0} f(x)\mathrm{d}x = \int_a^0 f(-t)(-\mathrm{d}t) = \int_0^a f(-t)\mathrm{d}t = \int_0^a f(-x)\mathrm{d}x.$$

(1) 由于 $f(x)$ 是偶函数, $f(-x)=f(x)$, 从而

$$\int_{-a}^{a} f(x)\mathrm{d}x = \int_0^a f(-x)\mathrm{d}x + \int_0^a f(x)\mathrm{d}x = 2\int_0^a f(x)\mathrm{d}x.$$

(2) 由于 $f(x)$ 是奇函数, $f(-x)=-f(x)$, 从而

$$\int_{-a}^{a} f(x)\mathrm{d}x = \int_0^a f(-x)\mathrm{d}x + \int_0^a f(x)\mathrm{d}x = 0.$$

注 本例的结果可作为定理使用, 在计算对称区间上的积分时, 可使计算简化.

例6 求 $\displaystyle\int_{-1}^{1} \frac{x^3\sin^2 x}{1+x^2+x^4}\mathrm{d}x$.

解 易知 $\dfrac{x^3\sin^2 x}{1+x^2+x^4}$ 为奇函数, 因此

$$\int_{-1}^{1} \frac{x^3 \sin^2 x}{1 + x^2 + x^4} \mathrm{d}x = 0.$$

二、定积分的分部积分法

设 $u = u(x)$，$v = v(x)$ 在区间 $[a, b]$ 上有连续的导数 $u' = u'(x)$，$v' = v'(x)$，则由不定积分的分部积分法

$$\int u(x)v'(x)\mathrm{d}x = u(x)v(x) - \int v(x)u'(x)\mathrm{d}x,$$

两边在 $[a, b]$ 上积分，得

$$\int_a^b u(x)v'(x)\mathrm{d}x = \left[u(x)v(x) \right]_a^b - \int_a^b v(x)u'(x)\mathrm{d}x.$$

这就是**定积分的分部积分公式**，可以简记为

$$\int_a^b u\mathrm{d}v = \left[uv \right]_a^b - \int_a^b v\mathrm{d}u.$$

注意在使用定积分的分部积分公式时，关键仍然是 $u(x)$ 和 $v(x)$ 的选取，选取的方法与不定积分的分部积分法是一致的.

例7 计算 $\int_0^1 x\mathrm{e}^x \mathrm{d}x$.

解 $\int_0^1 x\mathrm{e}^x \mathrm{d}x = \int_0^1 x\mathrm{d}\mathrm{e}^x = \left[x\mathrm{e}^x \right]_0^1 - \int_0^1 \mathrm{e}^x \mathrm{d}x = \mathrm{e} - \left[\mathrm{e}^x \right]_0^1 = 1.$

例8 计算 $\int_0^{\sqrt{3}} \arctan x \mathrm{d}x$.

解 $\int_0^{\sqrt{3}} \arctan x \mathrm{d}x = \left[x\arctan x \right]_0^{\sqrt{3}} - \int_0^{\sqrt{3}} \frac{x}{1 + x^2} \mathrm{d}x$

$= \frac{\sqrt{3}}{3}\pi - \left[\frac{1}{2}\ln(1 + x^2) \right]_0^{\sqrt{3}} = \frac{\sqrt{3}}{3}\pi - \ln 2.$

例9 计算 $\int_1^2 x\ln x \mathrm{d}x$.

解 $\int_1^2 x\ln x \mathrm{d}x = \frac{1}{2}\int_1^2 \ln x \mathrm{d}x^2 = \left[\frac{1}{2}x^2\ln x \right]_1^2 - \frac{1}{2}\int_1^2 x\mathrm{d}x = 2\ln 2 - \left[\frac{1}{4}x^2 \right]_1^2 = 2\ln 2 - \frac{3}{4}.$

练习题 5-3

1. 计算下列定积分：

(1) $\int_0^8 \frac{1}{\sqrt[3]{x} + 1} \mathrm{d}x$；   (2) $\int_0^1 x^2\sqrt{1 - x^2} \mathrm{d}x$；   (3) $\int_0^4 \frac{x + 2}{\sqrt{2x + 1}} \mathrm{d}x$；

(4) $\int_{-1}^1 \sqrt{4 - x^2} \mathrm{d}x$；   (5) $\int_{-\sqrt{3}}^{\sqrt{3}} \frac{x^5 \sin^2 x}{x^2 + x^4} \mathrm{d}x$；   (6) $\int_{-a}^a \frac{\mathrm{d}x}{(a^2 + x^2)^{\frac{3}{2}}}$.

2. 计算下列定积分：

(1) $\int_1^{\mathrm{e}} \ln x \mathrm{d}x$；   (2) $\int_0^1 \arctan x \mathrm{d}x$；   (3) $\int_0^{\pi} x\cos 2x \mathrm{d}x$；

(4) $\int_0^1 x\mathrm{e}^{-x}\mathrm{d}x$；　　　　　(5) $\int_0^1 \dfrac{\arctan x}{1+x^2}\mathrm{d}x$；　　　　　(6) $\int_1^{\mathrm{e}} \dfrac{\ln x}{\sqrt{x}}\mathrm{d}x$.

3. 设 $f(x)$ 是以 $T(T>0)$ 为周期的连续函数. 证明：对任何常数 a，有

$$\int_a^{a+T} f(x)\mathrm{d}x = \int_0^T f(x)\mathrm{d}x.$$

4. 设 $f(x)$ 是 $[0,1]$ 上的连续函数，证明：

(1) $\int_0^{\frac{\pi}{2}} f(\sin x)\mathrm{d}x = \int_0^{\frac{\pi}{2}} f(\cos x)\mathrm{d}x$；　　　　　(2) $\int_0^{\pi} xf(\sin x)\mathrm{d}x = \pi\int_0^{\frac{\pi}{2}} f(\sin x)\mathrm{d}x$；

(3) $\int_0^{\pi} xf(\sin x)\mathrm{d}x = \dfrac{\pi}{2}\int_0^{\pi} f(\sin x)\mathrm{d}x$.

第四节　广义积分

在前面所讨论的定积分中，都只是在有限的积分区间内而且被积函数是有界的情形下进行的，这种积分属于通常意义下的积分，简称**常义积分**. 在实际问题中，常遇到积分区间为无穷区间，或被积函数为无界函数的积分，前面积分的概念已经不适用，因此，有必要将积分作进一步推广，从而产生了广义积分的概念.

一、无穷区间上的广义积分

定义 1　设函数 $f(x)$ 在区间 $[a,+\infty)$ 上连续，取 $b>a$，如果极限 $\lim\limits_{b\to+\infty}\int_a^b f(x)\mathrm{d}x$ 存在，则称此极限为函数 $f(x)$ 在无穷区间 $[a,+\infty)$ 上的广义积分，记作 $\int_a^{+\infty} f(x)\mathrm{d}x$，即

$$\int_a^{+\infty} f(x)\mathrm{d}x = \lim_{b\to+\infty}\int_a^b f(x)\mathrm{d}x.$$

这时也称**广义积分** $\int_a^{+\infty} f(x)\mathrm{d}x$ **收敛**；如果上述极限不存在，则称**广义积分** $\int_a^{+\infty} f(x)\mathrm{d}x$ **发散**.

类似地，若函数 $f(x)$ 在区间 $(-\infty,b]$ 上连续，取 $a<b$，如果极限 $\lim\limits_{a\to-\infty}\int_a^b f(x)\mathrm{d}x$ 存在，则称此极限为函数 $f(x)$ 在区间 $(-\infty,b]$ 上的广义积分，记作 $\int_{-\infty}^b f(x)\mathrm{d}x$，即

$$\int_{-\infty}^b f(x)\mathrm{d}x = \lim_{a\to-\infty}\int_a^b f(x)\mathrm{d}x.$$

这时也称**广义积分** $\int_{-\infty}^b f(x)\mathrm{d}x$ **收敛**；如果上述极限不存在，则称**广义积分** $\int_{-\infty}^b f(x)\mathrm{d}x$ **发散**.

若函数 $f(x)$ 在区间 $(-\infty,+\infty)$ 上连续，且广义积分 $\int_{-\infty}^0 f(x)\mathrm{d}x$ 和 $\int_0^{+\infty} f(x)\mathrm{d}x$ 都收敛，则函数 $f(x)$ 在区间 $(-\infty,+\infty)$ 上广义积分收敛且定义为

$$\int_{-\infty}^{+\infty} f(x)\mathrm{d}x = \int_{-\infty}^0 f(x)\mathrm{d}x + \int_0^{+\infty} f(x)\mathrm{d}x.$$

注　为方便起见,设 $F(x)$ 是函数 $f(x)$ 的一个原函数,且广义积分收敛,根据牛顿-莱布尼茨公式,广义积分也可简记为

$$\int_a^{+\infty} f(x)\mathrm{d}x = F(+\infty) - F(a) = [F(x)]_a^{+\infty},$$

$$\int_{-\infty}^b f(x)\mathrm{d}x = F(b) - F(-\infty) = [F(x)]_{-\infty}^b,$$

$$\int_{-\infty}^{+\infty} f(x)\mathrm{d}x = F(+\infty) - F(-\infty) = [F(x)]_{-\infty}^{+\infty}.$$

其中,$F(+\infty) = \lim\limits_{x\to+\infty} F(x)$,$F(-\infty) = \lim\limits_{x\to-\infty} F(x)$.

例1　计算下列广义积分:

(1) $\displaystyle\int_0^{+\infty} \frac{1}{1+x^2}\mathrm{d}x$;　　　　　　　　　(2) $\displaystyle\int_{-\infty}^0 \frac{1}{1+x^2}\mathrm{d}x$;

(3) $\displaystyle\int_{-\infty}^{+\infty} \frac{1}{1+x^2}\mathrm{d}x$;　　　　　　　　　(4) $\displaystyle\int_{-\infty}^0 x\mathrm{e}^x\mathrm{d}x$.

解　(1) $\displaystyle\int_0^{+\infty} \frac{1}{1+x^2}\mathrm{d}x = \lim_{b\to+\infty}\int_0^b \frac{1}{1+x^2}\mathrm{d}x = \lim_{b\to+\infty}[\arctan x]_0^b = \lim_{b\to+\infty}\arctan b = \frac{\pi}{2}$;

(2) $\displaystyle\int_{-\infty}^0 \frac{1}{1+x^2}\mathrm{d}x = \lim_{a\to-\infty}\int_a^0 \frac{1}{1+x^2}\mathrm{d}x = \lim_{a\to-\infty}[\arctan x]_a^0 = -\lim_{a\to-\infty}\arctan a = \frac{\pi}{2}$;

(3) $\displaystyle\int_{-\infty}^{+\infty} \frac{1}{1+x^2}\mathrm{d}x = [\arctan x]_{-\infty}^{+\infty} = \pi$;

(4) 因为 $\displaystyle\int x\mathrm{e}^x\mathrm{d}x = \int x\mathrm{d}(\mathrm{e}^x) = x\mathrm{e}^x - \int \mathrm{e}^x\mathrm{d}x = x\mathrm{e}^x - \mathrm{e}^x + C$, 所以

$$\int_{-\infty}^0 x\mathrm{e}^x\mathrm{d}x = [x\mathrm{e}^x - \mathrm{e}^x]_{-\infty}^0 = -1 - \lim_{x\to-\infty}(x\mathrm{e}^x - \mathrm{e}^x) = -1.$$

例2　计算由曲线 $y = \mathrm{e}^{-x}$ 下方,x 轴上方以及 y 轴右方所定区域的面积(图 5-8).

解　如图,任取 $b > 0$,不难推知,所求面积为

$$A = \lim_{b\to+\infty}\int_0^b \mathrm{e}^{-x}\mathrm{d}x = [-\mathrm{e}^{-x}]_0^{+\infty} = 1.$$

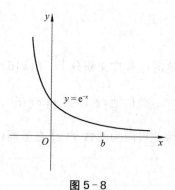

例3　讨论广义积分 $\displaystyle\int_a^{+\infty} \frac{1}{x^p}\mathrm{d}x(a > 0)$ 的收敛性.

解　当 $p = 1$ 时,

$$\int_a^{+\infty} \frac{1}{x^p}\mathrm{d}x = \int_a^{+\infty} \frac{1}{x}\mathrm{d}x = [\ln x]_a^{+\infty} = +\infty;$$

图 5-8

当 $p \neq 1$ 时,$\displaystyle\int_a^{+\infty} \frac{1}{x^p}\mathrm{d}x = \left[\frac{x^{1-p}}{1-p}\right]_a^{+\infty} = \begin{cases} +\infty, & p < 1, \\ \dfrac{a^{1-p}}{p-1}, & p > 1. \end{cases}$

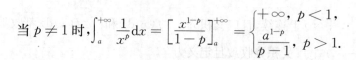

综上所述,当 $p > 1$ 时,该广义积分收敛,其值为 $\dfrac{a^{1-p}}{p-1}$;当 $p \leqslant 1$ 时,该广义积分发散.

二、无界函数的广义积分

定义 2 设函数 $f(x)$ 在 $(a, b]$ 上连续，且 $\lim\limits_{x \to a^+} f(x) = \infty$. 取 $\varepsilon > 0$，如果 $\lim\limits_{\varepsilon \to 0^+} \int_{a+\varepsilon}^b f(x) \mathrm{d}x$ 存在，则此极限值称为**函数 $f(x)$ 在区间 $(a, b]$ 上的广义积分**，记作 $\int_a^b f(x) \mathrm{d}x$，即

$$\int_a^b f(x) \mathrm{d}x = \lim_{\varepsilon \to 0^+} \int_{a+\varepsilon}^b f(x) \mathrm{d}x.$$

这时也称**广义积分收敛**，否则称**广义积分发散**.

同样，如果 $f(x)$ 在区间 $[a, b)$ 上连续，且 $\lim\limits_{x \to b^-} f(x) = \infty$. 取 $\varepsilon > 0$，如果 $\lim\limits_{\varepsilon \to 0^+} \int_a^{b-\varepsilon} f(x) \mathrm{d}x$ 存在，那么此极限值称为**函数 $f(x)$ 在区间 $[a, b)$ 上的广义积分**，记作 $\int_a^b f(x) \mathrm{d}x$，即

$$\int_a^b f(x) \mathrm{d}x = \lim_{\varepsilon \to 0^+} \int_a^{b-\varepsilon} f(x) \mathrm{d}x.$$

设 $f(x)$ 在 $[a, b]$ 上除 $c(c \in (a, b))$ 点外连续，且 $\lim\limits_{x \to c} f(x) = \infty$，如果广义积分 $\int_a^c f(x) \mathrm{d}x$ 与 $\int_c^b f(x) \mathrm{d}x$ 都收敛，那么这两个广义积分之和称为 $f(x)$ 在 $[a, b]$ 上的广义积分，记作 $\int_a^b f(x) \mathrm{d}x$，即

$$\int_a^b f(x) \mathrm{d}x = \int_a^c f(x) \mathrm{d}x + \int_c^b f(x) \mathrm{d}x.$$

此时也称**广义积分收敛**，否则称**广义积分发散**.

例 4 计算 $\int_0^1 \dfrac{1}{\sqrt{1-x^2}} \mathrm{d}x$.

解 因为 $\lim\limits_{x \to 1^-} \dfrac{1}{\sqrt{1-x^2}} = \infty$，所以该积分为广义积分. 取 $\varepsilon > 0$，又因为

$$\lim_{\varepsilon \to 0^+} \int_0^{1-\varepsilon} \frac{1}{\sqrt{1-x^2}} \mathrm{d}x = \lim_{\varepsilon \to 0^+} [\arcsin x]_0^{1-\varepsilon} = \lim_{\varepsilon \to 0^+} \arcsin(1-\varepsilon) = \frac{\pi}{2},$$

所以广义积分 $\qquad\qquad \int_0^1 \dfrac{1}{\sqrt{1-x^2}} \mathrm{d}x = \dfrac{\pi}{2}$.

例 5 计算 $\int_{-1}^1 \dfrac{1}{x^2} \mathrm{d}x$.

解 因为 $\lim\limits_{x \to 0} \dfrac{1}{x^2} = +\infty$，$x = 0$ 是被积函数的无穷间断点，所以积分为广义积分.

$\int_{-1}^1 \dfrac{1}{x^2} \mathrm{d}x = \int_{-1}^0 \dfrac{1}{x^2} \mathrm{d}x + \int_0^1 \dfrac{1}{x^2} \mathrm{d}x$，取 $\varepsilon > 0$，因为

$$\int_0^1 \frac{1}{x^2} \mathrm{d}x = \lim_{\varepsilon \to 0^+} \int_\varepsilon^1 x^{-2} \mathrm{d}x = \lim_{\varepsilon \to 0^+} \left[-\frac{1}{x} \right]_\varepsilon^1 = -\lim_{\varepsilon \to 0^+} \left(1 - \frac{1}{\varepsilon} \right) = +\infty,$$

所以广义积分发散.

练习题 5-4

1. 计算下列各广义积分:

(1) $\int_1^{+\infty} \dfrac{1}{x^4}\mathrm{d}x$;

(2) $\int_{-\infty}^{+\infty} \dfrac{\mathrm{d}x}{x^2+2x+2}$;

(3) $\int_0^{+\infty} \dfrac{x}{1+x^2}\mathrm{d}x$;

(4) $\int_0^1 \dfrac{x\mathrm{d}x}{\sqrt{1-x^2}}$.

2. 下列计算是否正确? 为什么?

$$\int_{-1}^1 \frac{1}{x^2}\mathrm{d}x = \left[-\frac{1}{x}\right]_{-1}^1 = -2.$$

3. 讨论下列广义积分的敛散性:

(1) $\int_0^{+\infty} x^{\alpha-1}\mathrm{e}^{-x}\mathrm{d}x(\alpha>0)$;

(2) $\int_a^b \dfrac{1}{(x-a)^p}\mathrm{d}x(p>0)$;

(3) $\int_0^1 \ln x\mathrm{d}x$;

(4) $\int_a^b \dfrac{1}{(b-x)^p}\mathrm{d}x(a<b,\ p>0)$.

第五节　定积分的应用

定积分在科学技术中有着广泛的应用. 本节介绍定积分在几何上和物理学上的一些应用,重点是掌握微元法将实际问题表示成定积分的分析方法.

一、微元法

应用定积分理论解决实际问题的第一步是将实际问题化为定积分的计算问题,这一步是关键,也较为困难. 下面介绍将实际问题化为定积分的计算问题的方法.

定积分的所有应用问题都具有一个固定的模式:求与某个区间$[a,b]$上的变量$f(x)$有关的总量A,这个量A可以是面积、体积、弧长、功等. 用如下步骤去确定这个量.

1. 分割

用分点

$$a=x_0<x_1<\cdots<x_n=b$$

将$[a,b]$分为n个子区间.

2. 近似

找一个连续函数$f(x)$,使得在第i个子区间$[x_{i-1},x_i]$上,A_i可以用量

$$f(\xi_i)(x_i-x_{i-1}),\ \xi_i\in[x_{i-1},x_i]\quad(i=1,2,\cdots,n)$$

来近似代替,这一步是问题的核心.

3. 求和

将所有这些近似值加起来,得总量A的近似值

$$\sum_{i=1}^{n} f(\xi_i) \Delta x_i, \ \Delta x_i = x_i - x_{i-1}.$$

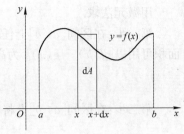

4. 取极限

当分割无限细密时,得出

$$A = \int_a^b f(x)\mathrm{d}x.$$

图 5-9

对上面的求积过程可作如下较为简捷的处理:$f(\xi_i)$ 用 $f(x)$ 代替,Δx_i 用 $\mathrm{d}x$ 代替,和号 $\sum$ 用积分号 $\int$ 代替(图 5-9),即用

$$\int_a^b f(x)\mathrm{d}x \ 代替 \sum_{i=1}^{n} f(\xi_i)\Delta x_i.$$

已经指出,第二步的"近似"是关键.在具有代表性的任一小区间 $[x, x+\mathrm{d}x]$ 上,以"匀代不匀"找出微分

$$\mathrm{d}A = f(x)\mathrm{d}x,$$

然后从 a 到 b 积分,就可求出量 A.这种在微小的局部上进行数量分析的方法叫作**微元法**.

例如,已知质点运动的速度为 $v(t)$,计算在时间间隔 $[a, b]$ 上质点所走过的路程 s.

任取一小段时间间隔 $[t, t+\mathrm{d}t]$,在这一段时间 $\mathrm{d}t$ 内,以匀速代变速,得到路程的微分

$$\mathrm{d}s = v(t)\mathrm{d}t,$$

有了这个微分式,只要从 a 到 b 积分,就得到质点在 $[a, b]$ 这段时间内走过的路程

$$s = \int_a^b v(t)\mathrm{d}t.$$

二、平面图形的面积

1. 直角坐标情形

(1) 求由曲线 $y = f(x)$ 与直线 $x = a$,$x = b$ 及 x 轴所围成的平面图形的面积 A.

如果 $f(x) > 0$,则 A 的微元是

$$\mathrm{d}A = f(x)\mathrm{d}x;$$

如果 $f(x)$ 在 $[a, b]$ 上不是非负的,那么它的面积 A 的微元应是以 $|f(x)|$ 为高,$\mathrm{d}x$ 为底的矩形面积,即

$$\mathrm{d}A = |f(x)|\mathrm{d}x.$$

于是,不论 $f(x)$ 是否为非负的,总有

$$A = \int_a^b |f(x)|\mathrm{d}x.$$

(2) 设连续函数 $f(x)$ 和 $g(x)$ 满足条件 $g(x) \leqslant f(x)$,$x \in [a, b]$.求曲线 $y = f(x)$,$y = g(x)$ 及直线 $x = a$,$x = b$ 所围成的平面图形的面积 A(图 5-10).

用微元法求.

第一步:在区间$[a,b]$上任取一小区间$[x,x+\mathrm{d}x]$,并考虑它上面的图形的面积,这块面积可用以$[f(x)-g(x)]$为高,以$\mathrm{d}x$为底的矩形面积来近似代替,于是

$$\mathrm{d}A=[f(x)-g(x)]\mathrm{d}x.$$

第二步:在区间$[a,b]$上将$\mathrm{d}A$无限求和,得到

$$A=\int_a^b[f(x)-g(x)]\mathrm{d}x. \tag{5-1}$$

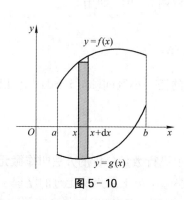

图 5-10

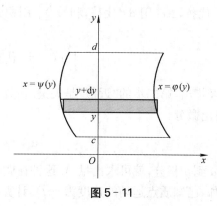

图 5-11

类似地,用微元法可得:

(3) 由连续曲线$x=\varphi(y)$,$x=\psi(y)(\varphi(y)\geqslant\psi(y))$与直线$y=c$,$y=d$所围成的平面图形(图 5-11)的面积为

$$A=\int_c^d[\varphi(y)-\psi(y)]\mathrm{d}y. \tag{5-2}$$

例1 求由曲线$xy=1$与直线$x=1$,$x=3$及x轴围成的平面图形的面积A.

解 先画出所求的平面图形(图 5-12),则

$$A=\int_1^3\frac{1}{x}\mathrm{d}x=\ln|x|\,\Big|_1^3=\ln 3.$$

例2 计算两条抛物线$y=x^2$与$x=y^2$所围成的图形的面积.

解 求解面积问题,一般需要先画一草图(图 5-13),要求的是阴影部分的面积.需要先

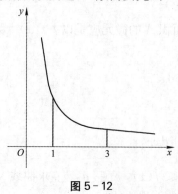

图 5-12

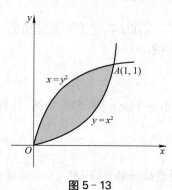

图 5-13

找出交点坐标,以便确定积分限,为此解方程组 $\begin{cases} y = x^2 \\ x = y^2 \end{cases}$,得交点 $(0,0)$ 和 $(1,1)$. 选取 x 为积分变量,则积分区间为 $[0,1]$,根据式 $(5-1)$,所求的面积为

$$A = \int_0^1 (\sqrt{x} - x^2) \mathrm{d}x = \left[\frac{2}{3} x \sqrt{x} - \frac{1}{3} x^3 \right]_0^1 = \frac{1}{3}.$$

一般地,求解面积问题的步骤为:

① 作草图,求曲线的交点,确定积分变量和积分限.

② 写出积分公式.

③ 计算定积分.

例3 求由曲线 $y^2 = 2x$ 与直线 $y = x - 4$ 所围成的平面图形的面积.

解 作图(图 5-14),解方程组

$$\begin{cases} y^2 = 2x \\ y = x - 4 \end{cases}$$

得交点坐标为 $(2,-2)$ 和 $(8,4)$. 选取 y 为积分变量,积分区间为 $[-2,4]$. 根据式 $(5-2)$,所求的面积为

$$A = \int_{-2}^4 \left(y + 4 - \frac{1}{2} y^2 \right) \mathrm{d}y = \left[\frac{1}{2} y^2 + 4y - \frac{1}{6} y^3 \right]_{-2}^4 = 18.$$

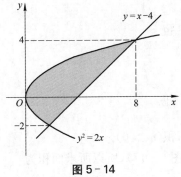

图 5-14

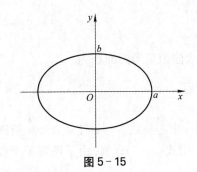

图 5-15

例4 求椭圆 $\dfrac{x^2}{a^2} + \dfrac{y^2}{b^2} = 1$ 所围成的图形的面积.

解 如图 5-15 所示的椭圆关于两坐标轴都对称,所以,所求的面积 A 为

$$A = 4 \int_0^a y \mathrm{d}x.$$

应用定积分的换元积分法,令 $x = a\cos t$,则 $y = b\sin t$, $\mathrm{d}x = -a\sin t \mathrm{d}t$. 当 $x = 0$ 时,$t = \dfrac{\pi}{2}$;当 $x = a$ 时,$t = 0$. 所以

$$A = 4 \int_{\frac{\pi}{2}}^0 b\sin t(-a\sin t) \mathrm{d}t = -4ab \int_{\frac{\pi}{2}}^0 \sin^2 t \mathrm{d}t$$

$$= 4ab\int_0^{\frac{\pi}{2}} \frac{1-\cos 2t}{2}\mathrm{d}t = 2ab\left[t - \frac{1}{2}\sin 2t\right]_0^{\frac{\pi}{2}} = \pi ab.$$

即椭圆的面积等于 πab. 这可以作为公式使用.

当 $a = b$ 时, 就得到圆面积公式 $A = \pi a^2$.

一般地, 当曲边梯形的曲边 $y = f(x)$ ($f(x) \geqslant 0$, $x \in [a, b]$) 由参数方程

$$\begin{cases} x = x(t) \\ y = y(t) \end{cases}$$

给出时, 且 $x(\alpha) = a$, $x(\beta) = b$, $x(t)$ 在 $[\alpha, \beta]$ (或 $[\beta, \alpha]$) 上具有连续导数, $y = y(t)$ 连续, 则由曲边梯形的面积公式及定积分的换元公式可知, 曲边梯形的面积为

$$A = \int_a^b f(x)\mathrm{d}x = \int_\alpha^\beta y(t)x'(t)\mathrm{d}t.$$

2. 极坐标情形

某些平面图形, 用极坐标来计算它们的面积比较方便.

设由曲线 $\rho = \rho(\theta)$ 及射线 $\theta = \alpha$, $\theta = \beta$ 围成一图形 (简称为**曲边扇形**), 现在要计算它的面积 (图 5-16). 这里 $\rho(\theta)$ 在 $[\alpha, \beta]$ 上连续, 且 $\rho(\theta) \geqslant 0$.

用微元法推导计算面积的公式.

取极角 θ 为积分变量, 它的变化区间为 $[\alpha, \beta]$. 相应于任一小区间 $[\theta, \theta + \mathrm{d}\theta]$ 的窄曲边扇形的面积可以用半径为 $\rho = \rho(\theta)$, 中心角为 $\mathrm{d}\theta$ 的圆扇形的面积来近似代替, 从而得到这个小曲边扇形面积的近似值, 即曲边扇形的面积微元

$$\mathrm{d}A = \frac{1}{2}[\rho(\theta)]^2\mathrm{d}\theta.$$

于是, 所求曲边扇形的面积为

$$A = \int_\alpha^\beta \frac{1}{2}[\rho(\theta)]^2\mathrm{d}\theta. \tag{5-3}$$

例5　求心形线 $\rho = a(1 + \cos\theta)$ 所围图形的面积 ($a > 0$).

解　用式 (5-3) 计算. 由于图形关于极轴对称 (图 5-17), 所以所求面积为

$$A = 2 \cdot \frac{1}{2}\int_0^\pi a^2(1 + \cos\theta)^2\mathrm{d}\theta = a^2\int_0^\pi (1 + 2\cos\theta + \cos^2\theta)\mathrm{d}\theta$$

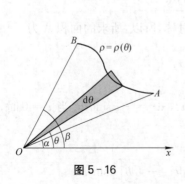

图 5-16

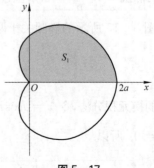

图 5-17

$$= a^2 \int_0^\pi \left(\frac{3}{2} + 2\cos\theta + \frac{1}{2}\cos 2\theta \right) d\theta = a^2 \left[\frac{3}{2}\theta + 2\sin\theta + \frac{1}{4}\sin 2\theta \right]_0^\pi = \frac{3}{2}\pi a^2.$$

三、旋转体的体积

由平面图形 D 绕定直线 l 旋转一周生成的立体称为**旋转体**,定直线 l 称为**旋转轴**.下面只讨论旋转轴是坐标轴的情形.

连续曲线 $y = f(x)$ $(f(x) \geqslant 0)$ 与直线 $x = a$,$x = b$ 及 x 轴所围成的曲边梯形绕 x 轴旋转一周生成的旋转体(图 5 - 18)体积可用微元法求得.

在区间 $[a, b]$ 上任取一子区间 $[x, x+dx]$(图 5 - 18),将该子区间上的旋转体视作底面积为 $\pi [f(x)]^2$、高为 dx 的薄圆柱,得体积微元

$$dV = \pi [f(x)]^2 dx = \pi y^2 dx,$$

则旋转体的体积为

$$V = \pi \int_a^b y^2 dx = \pi \int_a^b [f(x)]^2 dx. \tag{5-4}$$

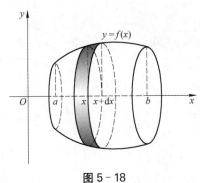

图 5 - 18

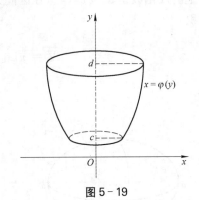

图 5 - 19

类似地,可得:

连续曲线 $x = \varphi(y)$ $(\varphi(y) \geqslant 0)$ 与直线 $y = c$,$y = d$ 及 y 轴所围成的曲边梯形绕 y 轴旋转一周生成的旋转体(图 5 - 19)体积为

$$V = \pi \int_c^d x^2 dy = \pi \int_c^d [\varphi(y)]^2 dy. \tag{5-5}$$

设有立体 Ω 介于垂直于 x 轴的两个平面 $x = a$,$x = b$ 之间 $(a < b)$,且对于任意 $x \in [a, b]$,过该点且垂直于 x 轴的平面截 Ω 所得的截面面积为 $A(x)$.若 $A(x)$ 是 x 的连续函数,用微元法求立体 Ω 的体积.

显然体积对区间具有可加性,取 x 为积分变量,它的变化区间为 $[a, b]$;立体中相应 $[a, b]$ 上任一小区间 $[x, x+dx]$ 的一薄片的体积近似于底面积为 $A(x)$、高为 dx 扁柱体的体积,即体积元素 $dV = A(x)dx$,从而得到所求立体的体积 $V = \int_a^b A(x)dx$.

上述求立体体积的方法通常称为"**扁柱体法**".

例6 求由椭圆 $\dfrac{x^2}{a^2} + \dfrac{y^2}{b^2} = 1$ 所围成的图形分别绕 x 轴和 y 轴旋转所生成的旋转体(图

5-20)的体积.

解　由于椭圆关于坐标轴对称,所以所求的体积 V 是椭圆在第一象限内形成的曲边梯形绕坐标轴旋转所生成的旋转体体积的 2 倍,绕 x 轴旋转时,由式(5-4)得

$$V = 2\pi\int_0^a y^2\mathrm{d}x = 2\pi\int_0^a \frac{b^2}{a^2}(a^2 - x^2)\mathrm{d}x = 2\pi\frac{b^2}{a^2}\Big[a^2 x - \frac{1}{3}x^3\Big]_0^a = \frac{4}{3}\pi ab^2.$$

绕 y 轴旋转时,由式(5-5)得

$$V = 2\pi\int_0^b x^2\mathrm{d}y = 2\pi\int_0^b \frac{a^2}{b^2}(b^2 - y^2)\mathrm{d}y = 2\pi\frac{a^2}{b^2}\Big[b^2 y - \frac{1}{3}y^3\Big]_0^b = \frac{4}{3}\pi a^2 b.$$

当 $a = b$ 时,旋转椭球体就成为半径为 a 的球体,它的体积为 $\frac{4}{3}\pi a^3$.

对有些旋转体的体积,例如由曲线 $y = x(x-1)^2$ 和直线 $y = 0$ 所围成图形绕 y 轴旋转一周而成的立体体积,如果采用"扁柱体法",就必须先在 $x \in (0, 1)$ 内求出最大值点 $x = a$ 和对应曲线上的点 (a, b),然后解三次方程 $y = x(x-1)^2$,将 x 表示成 y 的函数:在区间 $x \in [0, a]$ 上的反函数是 $x = g_2(y)$,在区间 $x \in (a, 1]$ 上的反函数是 $x = g_1(y)$(图 5-21),然后求体积

$$V = \pi\int_0^b \big[g_1^2(y) - g_2^2(y)\big]\mathrm{d}y$$

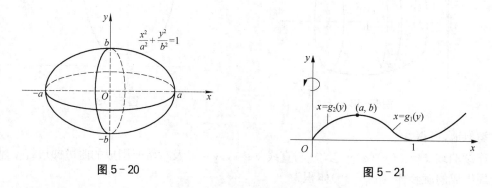

图 5-20　　　　　　　　　　　　图 5-21

这显然很麻烦,有时甚至很难计算,下面介绍"圆柱薄壳法".

设 Ω 是由 $y = f(x)(f(x)\geqslant 0)$, $y = 0$, $x = a$ 和 $x = b(b > a \geqslant 0)$ 所围成曲边梯形绕 y 轴旋转所得的立体(图 5-22).在 $[a, b]$ 的任取小区间 $[x, x+\mathrm{d}x]$ 上,对应于以 $f(x)$ 为高、$\mathrm{d}x$ 为宽的小矩形绕 y 轴旋转一周,得到一圆柱薄壳(图 5-23),以它的体积作为体积元素

$$\mathrm{d}V = 2\pi x f(x)\mathrm{d}x$$

把体积元素 $\mathrm{d}V$ 作为被积表达式,在闭区间 $[a, b]$ 上作定积分,得体积

$$V = \int_a^b 2\pi xy\mathrm{d}x = \int_a^b 2\pi x f(x)\mathrm{d}x. \tag{5-6}$$

这种计算旋转体体积的方法,所用的体积元素 $\mathrm{d}V$ 是以旋转轴为轴线的圆柱薄壳,用它计算旋转体体积的方法就称为"圆柱薄壳法".

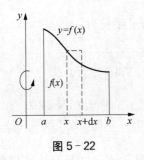

图 5-22

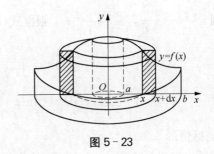

图 5-23

例 7 计算由 $y=x(x-1)^2$ 和直线 $y=0$ 所围成的图形绕 y 轴旋转所得立体的体积.

解 如图 5-21 所示,利用式(5-6)计算体积

$$V = \int_0^1 2\pi xy\,\mathrm{d}x = \int_0^1 2\pi x^2(x-1)^2\,\mathrm{d}x = 2\pi\int_0^1(x^4-2x^3+x^2)\,\mathrm{d}x = 2\pi\left(\frac{1}{5}-\frac{1}{2}+\frac{1}{3}\right) = \frac{\pi}{15}.$$

用圆柱薄壳法计算 $y=x(x-1)^2$ 与 y 轴围成图形绕 y 轴旋转所得立体体积,较为简便.

四、平面曲线的弧长

1. 直角坐标情形

设曲线弧 $y=f(x)(a\leqslant x\leqslant b)$,$f(x)$ 在 $[a,b]$ 上有一阶连续导数,则有**弧长元素**(即弧微分)

$$\mathrm{d}s = \sqrt{(\mathrm{d}x)^2+(\mathrm{d}y)^2} = \sqrt{1+y'^2}\,\mathrm{d}x,$$

以 $\sqrt{1+y'^2}\,\mathrm{d}x$ 为被积表达式,在闭区间 $[a,b]$ 上作定积分,便可得曲线弧长

$$s = \int_a^b \sqrt{1+y'^2}\,\mathrm{d}x = \int_a^b \sqrt{1+f'^2(x)}\,\mathrm{d}x. \tag{5-7}$$

例 8 求曲线 $y=2x^{\frac{3}{2}}$ 在 $x=\frac{1}{3}$ 与 $x=\frac{5}{3}$ 间的一段弧长.

解 因 $y=2x^{\frac{3}{2}}$,$y'=3x^{\frac{1}{2}}$,于是由式(5-7)有

$$s = \int_{\frac{1}{3}}^{\frac{5}{3}} \sqrt{1+(3x^{\frac{1}{2}})^2}\,\mathrm{d}x = \int_{\frac{1}{3}}^{\frac{5}{3}} \sqrt{1+9x}\,\mathrm{d}x$$

$$= \frac{1}{9}\cdot\frac{2}{3}(1+9x)^{\frac{3}{2}}\Big|_{\frac{1}{3}}^{\frac{5}{3}} = \frac{2}{27}(4^3-2^3) = 4\frac{4}{27}.$$

2. 参数方程情形

设曲线弧由参数方程 $\begin{cases} x=\varphi(t) \\ y=\psi(t) \end{cases}(\alpha\leqslant t\leqslant\beta)$ 给出,且 $\varphi(t)$,$\psi(t)$ 在 $[\alpha,\beta]$ 上具有连续导数,则有弧长元素

$$\mathrm{d}s = \sqrt{(\mathrm{d}x)^2+(\mathrm{d}y)^2} = \sqrt{\varphi'^2(t)+\psi'^2(t)}\,\mathrm{d}t,$$

故曲线弧长

$$s = \int_\alpha^\beta \sqrt{\varphi'^2(t)+\psi'^2(t)}\,\mathrm{d}t. \tag{5-8}$$

例 9 求曲线 $\begin{cases} x=\arctan t \\ y=\dfrac{1}{2}\ln(1+t^2) \end{cases}$ 上对应于从 $t=0$ 到 $t=1$ 的一段弧长.

解 因 $x' = \dfrac{1}{1+t^2}$,$y' = \dfrac{t}{1+t^2}$,根据式(5-8),所求弧长为

$$s = \int_0^1 \sqrt{x'^2 + y'^2}\,dt = \int_0^1 \sqrt{\left(\dfrac{1}{1+t^2}\right)^2 + \left(\dfrac{t}{1+t^2}\right)^2}\,dt$$

$$= \int_0^1 \dfrac{1}{\sqrt{1+t^2}}\,dt = \left[\ln(t + \sqrt{1+t^2})\right]\Big|_0^1 = \ln(1+\sqrt{2}).$$

3. 极坐标情形

设曲线弧由极坐标方程 $r = r(\theta)$ $(\alpha \leqslant \theta \leqslant \beta)$ 给出,且 $r = r(\theta)$ 具有连续导数,则有弧长元素

$$ds = \sqrt{x'^2(\theta) + y'^2(\theta)}\,d\theta = \sqrt{r^2(\theta) + r'^2(\theta)}\,d\theta,$$

故曲线弧长
$$s = \int_\alpha^\beta \sqrt{r^2(\theta) + r'^2(\theta)}\,d\theta. \tag{5-9}$$

这里要注意,积分上限应大于积分下限.

例 10 求关于 y 轴对称的心形线 $r = 1 + \sin\theta$ 的周长.

解 $r' = 1 + \cos\theta$,根据式(5-9),又由于心形线关于 y 轴对称,故心形线全长为

$$s = 2\int_{-\frac{\pi}{2}}^{\frac{\pi}{2}} \sqrt{r^2 + r'^2}\,d\theta = 2\int_{-\frac{\pi}{2}}^{\frac{\pi}{2}} \sqrt{(1+\sin\theta)^2 + \cos^2\theta}\,d\theta$$

$$= 2\int_{-\frac{\pi}{2}}^{\frac{\pi}{2}} \sqrt{2 + 2\sin\theta}\,d\theta = 2\sqrt{2}\int_{-\frac{\pi}{2}}^{\frac{\pi}{2}} \dfrac{\sqrt{1-\sin^2\theta}}{\sqrt{1-\sin\theta}}\,d\theta = 2\sqrt{2}\int_{-\frac{\pi}{2}}^{\frac{\pi}{2}} \dfrac{\cos\theta}{\sqrt{1-\sin\theta}}\,d\theta$$

$$= -4\sqrt{2}\,\sqrt{1-\sin\theta}\,\Big|_{-\frac{\pi}{2}}^{\frac{\pi}{2}} = 8.$$

五、定积分在物理学中的应用

1. 变力所做的功

由物理学知道,在常力 F 的作用下,物体沿力的方向移动了距离 s,则力 F 对物体所做的功为 $W = F \cdot s$.但在实际问题中,物体所受的力经常是变化的,现在来讨论如何求变力做功的问题.

设物体在变力 $F = f(x)$ 的作用下,沿 x 轴由 a 移动到 b,而且变力方向保持与 x 轴一致.仍采用微元法来计算力 F 在这段路程中所做的功.

在区间 $[a, b]$ 上任取一小区间 $[x, x+dx]$,当物体从 x 移动到 $x+dx$ 时,变力 $F = f(x)$ 所做的功近似于把变力看作常力所做的功,从而功元素为

$$dW = f(x)dx,$$

因此所求的功为 $W = \int_a^b f(x)dx$.

例 11 把一个带 $+q$ 电量的点电荷放在 r 轴上坐标原点处,它产生一个电场,这个电场对周围的电荷产生作用力.由物理学知道,如果有一个单位正电荷放在这个电场中距原点 O 为 r 的地方,那么电场对它的作用力大小为

$$F = k\,\dfrac{q}{r^2}\ (k\ 为常数).$$

如图 5-24 所示,当这个单位正电荷在电场中从 $r=a$ 处沿 r 轴移到 $r=b$ 处($a < b$)时,计算电场力对它所做的功.

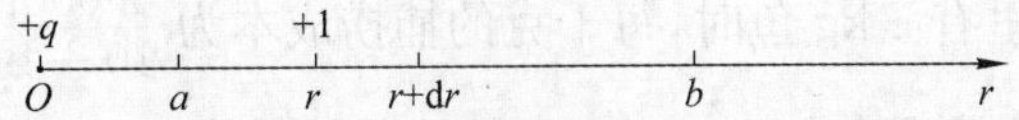

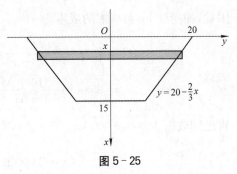

图 5-24

解 积分变量为 r,积分区间为 $[a,b]$,在区间 $[a,b]$ 上任取一小区间 $[r, r+dr]$,与它相对应的电场力 F 所做的功的近似值,即功元素为 $dW = Fdr$.

在 $[a,b]$ 上积分,则所求电场力所做的功为

$$W = \int_a^b k\frac{q}{r^2}dr = kq\int_a^b \frac{1}{r^2}dr = kq\left[-\frac{1}{r}\right]_a^b = kq\left(\frac{1}{a} - \frac{1}{b}\right).$$

例 12 一圆台形水池,深 15 m,上下口半径分别为 20 m 和 10 m,如果把其中盛满的水全部抽干,需要做多少功?

解 水是被"一层层"地抽出去的,在这个过程中,不但每层水的重力在变,提升的高度也在连续地变化.其中,抽出任意一层水(x 处厚为 dx 的扁圆柱体,如图 5-25 阴影部分)所做的功为抽水做功的微元 dW,即

$$dW = dm \cdot g \cdot x = dV \cdot \gamma \cdot g \cdot x$$
$$= \gamma g x\left(20 - \frac{2}{3}x\right)^2 \pi dx,$$

图 5-25

于是

$$W = \int_0^{15} \gamma g x\left(20 - \frac{2}{3}x\right)^2 \pi dx = \gamma g \pi \int_0^{15} x\left(20 - \frac{2}{3}x\right)^2 dx$$
$$= \gamma g \pi\left[200x^2 - \frac{80}{9}x^3 + \frac{1}{9}x^4\right]_0^{15} = 20\,625\gamma g\pi = 202\,125\,000\pi \text{ (J)}.$$

2. 液体压力

液面下 h 深处水平放置的面积为 A 的薄板承受的液体压力 P 可以由压强乘以面积得到,即 $P = \gamma g h \cdot A$,其中 γ 为液体密度,压强 $\gamma g h$ 是个常量(匀压强).

现在如把薄板垂直放置,薄板上的压强还是常量吗?还能用上边那个简单的公式吗?请看下面的例子.

例 13 三峡大坝有一上底、下底、高分别为 40、20、15 m 的等腰梯形闸门,闸门垂直放置且上边与水面齐(图 5-25),试计算闸门一侧所承受的水压力.

解 回顾例 12,抽水做功微元 dW 为把 x 处一层水抽出所做的功;类似地,侧压力微元 dP 为 x 处一层水对应的闸门的一个小窄条(图 5-22 阴影部分)所承受的水压力,即

$$dP = \gamma g x dA = \gamma g x 2y dx = 2\gamma g x\left(20 - \frac{2}{3}x\right)dx.$$

于是

$$P = \int_0^{15} 2\gamma g x\left(20 - \frac{2}{3}x\right)dx = \gamma g\int_0^{15}\left(40x - \frac{4}{3}x^2\right)dx$$
$$= 9\,800\left[20x^2 - \frac{4}{9}x^3\right]_0^{15} = 29\,400\,000 \text{ (N)}.$$

六、定积分在经济与管理学中的应用

例 14 假设当鱼塘里有 z kg 鱼时,每千克的捕捞成本为 $\dfrac{2\,000}{10+z}$ 元(塘中鱼越少,捕鱼越难,成本越高).据估计,鱼塘现有鱼 10 000 kg,问从鱼塘捕捞 6 000 kg 鱼需要多少成本?这时每千克鱼的平均捕捞成本是多少?

解 根据题意,当鱼塘里有 z kg 鱼时,捕捞成本函数为

$$C(z) = \frac{2\,000}{10+z} \quad (z > 0).$$

假设塘中现有鱼量为 M,捕获的鱼量为 T. 当捕了 x kg 后,塘中剩下的鱼量为 $M-x$,此时再捕 $\mathrm{d}x$ kg 鱼所需的成本为

$$\mathrm{d}C = C(M-x)\mathrm{d}x = \frac{2\,000}{10+(M-x)}\mathrm{d}x.$$

因此,捕捞 T kg 鱼所需的成本为

$$C = \int_0^T \frac{2\,000}{10+(M-x)}\mathrm{d}x = \left[-2\,000\ln(10+(M-x))\right]_0^T$$
$$= 2\,000\ln\frac{10+M}{10+M-T}.$$

将已知数据 $M = 10\,000$ kg、$T = 6\,000$ kg 代入,可求出总捕捞成本为

$$C = 2\,000\ln\frac{10\,010}{4\,010} = 1\,829.59(元).$$

这时每千克鱼的平均捕捞成本是

$$C = 1\,829.59 \div 6\,000 \approx 0.30(元).$$

练习题 5 - 5

1. 计算由下列曲线围成的图形的面积:

(1) $y = x^2 - 4$, $y = 0$;   (2) $y = \ln x$, $y = \ln 2$, $y = \ln 7$, $x = 0$;

(3) $y = x^3$, $y = 2x$;   (4) $y = (x+1)^2 - 4$, $x = -5$, $x = 3$, $y = 0$.

2. 计算由下列曲线围成的图形绕指定轴旋转而成的旋转体的体积:

(1) $2x - y + 4 = 0$, $x = 0$, $y = 0$,绕 x 轴;   (2) $y = x^2 - 4$, $y = 0$,绕 y 轴;

(3) $y = x^2$, $y^2 = x$,绕 x 轴;

(4) $y = \cos x$, $x = 0$, $x = \pi$, $y = 0$,绕 x 轴.

3. 用圆柱薄壳法计算下列曲线所围成的图形绕指定轴旋转所得立体体积:

(1) $y = \sqrt{x}$, $y = 0$, $x = 1$, $x = 4$,绕 y 轴;

(2) $y = x^2 - 6x + 10$, $y = -x^2 + 6x - 6$,绕 y 轴;

(3) $y = \sqrt{x-1}$, $y = 0$, $x = 5$,绕 $y = 3$;   (4) $y = x - x^2$, $y = 0$,绕 $x = 2$.

4. 在 x 轴上作直线运动的质点,在任意点 x 处所受的力为 $F(x) = 1 - \mathrm{e}^{-x}$,试求质点从 $x = 0$

运动到 $x=1$ 处所做的功.

5. 一底为 8 cm 高为 12 cm 的矩形薄片垂直沉没于水中,上底在水深 5 cm 处并与水面平行,求薄片一侧所受的压力.

6. 求曲线 $f(x)=\sqrt{4-x^2}$ 在 $x=0$ 与 $x=2$ 之间的弧长.

7. 求悬链线 $y=\dfrac{1}{2}(e^x+e^{-x})$ 位于 $x=-1$ 与 $x=1$ 之间的长度.

8. 求曲线 $y=\dfrac{1}{3}x^3+\dfrac{1}{4x}$ 从 $x=1$ 到 $x=2$ 的弧长.

9. 求圆的渐开线 $\begin{cases} x=a(\cos t+t\sin t) \\ y=a(\sin t-t\cos t) \end{cases}$ 自 $t=0$ 至 $t=\pi$ 一段弧的长度.

10. 求对数螺线 $r=e^{a\theta}$ 自 $\theta=0$ 至 $\theta=\varphi$ 一段弧长.

第六节　演示与实验——用 MATLAB 做定积分计算

一、用 MATLAB 求函数的定积分

用 MATLAB 求函数的定积分的运算也是由命令 int() 来实现的,其调用格式和功能见表 5-1.

表 5-1　求函数的定积分的调用格式和功能说明

调用格式	功　能　说　明
int(f,a,b)	求函数 f 关于 syms 定义的符号变量从 a 到 b 的定积分
int(f,x,a,b)	求函数 f 关于变量 x 从 a 到 b 的定积分

例 1　求 $\displaystyle\int_0^1 x\arctan x\,\mathrm{d}x$.

解　>> clear

>> syms x

>> f=x*atan(x);

>> int(f,0,1)

ans =

　1/4*pi-1/2

例 2　求 $\displaystyle\int_0^2 |x-1|\,\mathrm{d}x$.

解　>> clear

>> syms x

>> f=abs(x-1);

>> int(f,0,2)

ans =

  1

例 3 求 $\displaystyle\int_0^a \sqrt{a^2-x^2}\,\mathrm{d}x$.

解   >> clear

>> syms x a

>> f=sqrt(a^2-x^2);

>> int(f,x,0,a)   %可以使用 simple()命令化简

ans =

  (pi*a^2)/4

例 4 求 $\displaystyle\int_0^1 \mathrm{e}^{-x^2}\,\mathrm{d}x$.

解   >> clear

>> syms x

>> f=exp(-x^2);

>> A=int(f,0,1)

A=

    1/2*erf(1)*pi^(1/2)   %含有误差函数 erf,且该函数为非初等函数

>> double(A)   %求定积分 A 的数值

ans =

    0.7468

例 5 求 $\displaystyle\int_2^3 \mathrm{e}^x \sqrt{\mathrm{e}^x+x}\,\mathrm{d}x$.

解   >> clear

>> syms x

>> f=exp(x)*sqrt(exp(x)+x);

>> int(f,2,3)

Warning：Explicit integral could not be found.

> In sym. int at 58

ans=

  int(exp(x)*(exp(x)+x)^(1/2),x=2,3)

>> double(int(f,2,3))

Warning：Explicit integral could not be found.

ans =

  50.9011

注 被积函数找不到原函数,而无法给出相应定积分的准确结果,因此系统给出警告信息.但系统却可以给出数值结果.

例 6 求由抛物线 $y=x^2$ 和 $x=y^2$ 所围平面图形的面积.

解   >> clear

```
>> syms x y
>> E1=y-x^2;
>> E2=x-y^2;
>> p=solve(E1,E2);
>> p0=double([p. x p. y])          %求积分区域的边界曲线的交点
p0 =
            0                    0
      1. 0000               1. 0000
  -0.5000 - 0.8660i   -0.5000 + 0.8660i
  -0.5000 + 0.8660i   -0.5000 - 0.8660i
```

%绘制积分区域的图形
```
>> ezplot(E1,[0,1,0,1])
>> hold on
>> ezplot(E2,[0,1,0,1])
>> gtext('y=x^2')
>> gtext('x=y^2')
>> gtext('(0,0)')
>> gtext('(1,1)')
>>   title('积分区域')
```
运行结果如图 5-26 所示.
```
>>   A=int(sqrt(x)-x^2,0,1)
A =
   1/3
```

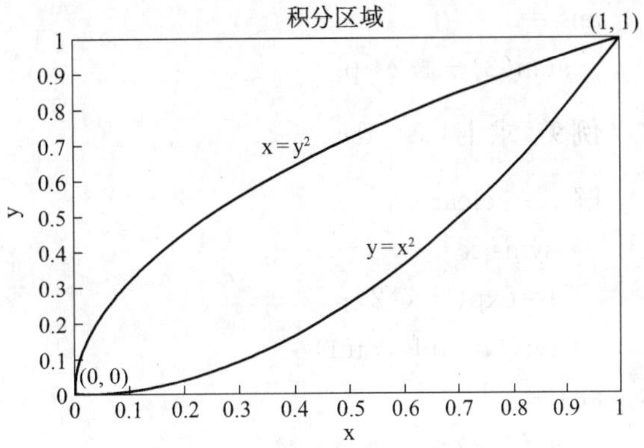

图 5-26

二、用 MATLAB 求函数的广义积分

用 MATLAB 求函数的广义积分的运算也是由命令 int() 来实现的,其调用格式和功能见表 5-2.

表 5-2   求函数的广义积分的调用格式和功能说明

调用格式	功 能 说 明
int(f,a,+inf)	求函数 f 关于 syms 定义的符号变量从 a 到 $+\infty$ 的广义积分
int(f,x,a,+inf)	求函数 f 关于变量 x 从 a 到 $+\infty$ 的广义积分
int(f,-inf,b)	求函数 f 关于 syms 定义的符号变量从 $-\infty$ 到 b 的广义积分
int(f,x,-inf,b)	求函数 f 关于变量 x 从 $-\infty$ 到 b 的广义积分
int(f,-inf,+inf)	求函数 f 关于 syms 定义的符号变量从 $-\infty$ 到 $+\infty$ 的广义积分
int(f,x,-inf,+inf)	求函数 f 关于变量 x 从 $-\infty$ 到 $+\infty$ 的广义积分

例 7   求 $\int_{0}^{+\infty} \dfrac{1}{1+x^2}\mathrm{d}x$.

解   >> clear

```
>> syms x
>> f=1/(1+x^2);
>> int(f,0,+inf)
ans =
    1/2*pi
```

例8 求 $\int_{-\infty}^{0} \dfrac{1}{x^2+4x+5}\mathrm{d}x$.

解 `>> clear`
```
>> syms x
>> f=1/(x^2+4*x+5);
>> int(f,-inf,0)
ans =
    atan(2)+1/2*pi
```

例9 求 $\int_{-\infty}^{+\infty} \mathrm{e}^{-x^2}\mathrm{d}x$.

解 `>> clear`
```
>> syms x
>> f=exp(-x^2);
>> int(f,-inf,+inf)
ans =
    pi^(1/2)
```

例10 计算 $\int_{\cos x}^{\sin x} \dfrac{\mathrm{d}t}{\sqrt{1+t}}$，并求它的导数.

解 `>> clear`
```
>> syms x t
>> f=1/sqrt(1+t);
>> y=int(f,t,cos(x),sin(x))
y =
    2/3*(1+sin(x))^(3/2)-2/3*(1+cos(x))^(3/2)
>> diff(y,x)
ans =
    (1+sin(x))^(1/2)*cos(x)+(1+cos(x))^(1/2)*sin(x)
```

例11 求极限 $\lim\limits_{x\to 0} \dfrac{\int_0^x \arctan t\,\mathrm{d}t}{x^2}$.

解 `>> clear`
```
>> syms x t
>> limit(int(atan(t),t,0,x)/x^2,x,0)
ans =
    1/2
```

练习题 5-6

1. 求下列定积分：

(1) $\displaystyle\int_0^5 \dfrac{x^3}{x^2+1}dx$;

(2) $\displaystyle\int_1^e \dfrac{1}{x\,\sqrt{1+\ln x}}dx$;

(3) $\displaystyle\int_0^1 \sin\sqrt{x}\,dx$;

(4) $\displaystyle\int_0^{\sqrt{3}a} \dfrac{1}{a^2+x^2}dx$.

2. 求下列广义积分：

(1) $\displaystyle\int_0^{+\infty} e^{-x}dx$;

(2) $\displaystyle\int_{-\infty}^{-1} \dfrac{1}{x(x^2+1)}dx$.

3. 求下列函数的导数：

(1) $\displaystyle\int_0^x \cos^2 t\,dt$;

(2) $\displaystyle\int_1^{x^3} e^{t^2}\,dt$.

4. 求下列极限：

(1) $\displaystyle\lim_{x\to 0}\dfrac{\displaystyle\int_0^x \cos t^2\,dt}{x}$;

(2) $\displaystyle\lim_{x\to 0}\dfrac{\displaystyle\int_{\cos x}^1 e^{-t^2}\,dt}{x^2}$.

5. 求由抛物线 $y=x^2-1$ 和直线 $y=x+1$ 所围平面图形的面积.

第七节　定积分模型

定积分是求某种总量的数学模型,在几何、物理、经济、流行病学等方面都有广泛应用.也正是这些应用,推动着积分学的不断发展和完善.因此,在学习过程中,不仅要掌握计算某些实际问题的公式,还要深刻领会用定积分解决实际问题的基本思想方法——微元法,不断积累和提高数学的应用能力.

一、数值逼近的数学模型

一般情形下,利用定积分计算平面图形的面积需要知道平面图形边界曲线的方程,而有些实际问题中这些边界曲线的方程很难求出,这时往往可以采用矩形法、梯形法或抛物线法对定积分做近似计算,分割越细,逼近程度越好.

利用牛顿-莱布尼茨公式虽然可以精确地计算定积分的值,但它仅适用于被积函数的原函数能用初等函数表达出来的情形.如果这点办不到或者不容易办到,就要考虑近似计算的方法.在定积分的很多应用问题中,被积函数甚至没有解析表达式(只是一条实验记录曲线,或者是一组离散的采样值),这时只能用近似方法去计算相应的定积分.其实,根据定积分的定义,每一个积分和都可看作定积分的一个近似值,即

$$\int_a^b f(x)dx \approx \sum_{i=1}^n f(\xi_i)\Delta x_i.$$

在几何意义上,这是用一系列小矩形面积近似小曲边梯形面积的结果(图 5-27),所以把这个近似方法称为**矩**

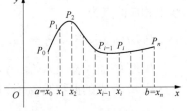

图 5-27

形法.

将积分区间$[a, b]$作n等分,分点依次为

$$a = x_0 < x_1 < \cdots < x_n = b, \quad \Delta x_i = \frac{b-a}{n},$$

相应的函数值为　$y_0, y_1, \cdots, y_n \quad (y_i = f(x_i), \ i = 0, 1, \cdots, n),$

曲线$y = f(x)$上相应的点为

$$P_0, P_1, \cdots, P_n \quad (P_i = (x_i, y_i), \ i = 0, 1, \cdots, n).$$

如果每个区间的ξ_i都取区间的左端点,则

$$\int_a^b f(x)\mathrm{d}x \approx \sum_{i=1}^n f(\xi_i)\Delta x_i = \frac{b-a}{n}(y_0 + y_1 + \cdots + y_{n-1}).$$

称此式为**左矩形公式**.

如果每个区间的ξ_i都取区间的右端点,则

$$\int_a^b f(x)\mathrm{d}x \approx \sum_{i=1}^n f(\xi_i)\Delta x_i = \frac{b-a}{n}(y_1 + y_2 + \cdots + y_n).$$

称此式为**右矩形公式**.

将曲线上的每一段弧$\overset{\frown}{P_{i-1}P_i}$用直线段$\overline{P_{i-1}P_i}$来代替,这使得每个$[x_{i-1}, x_i]$上的曲边梯形形成了真正的梯形,其面积为

$$\frac{y_{i-1} + y_i}{2}\Delta x_i \quad (i = 0, 1, 2, \cdots, n).$$

于是各个小梯形的面积之和就是曲边梯形面积的近似值,即

$$\int_a^b f(x)\mathrm{d}x \approx \sum_{i=1}^n \frac{y_{i-1} + y_i}{2}\Delta x_i \approx \frac{b-a}{n}\sum_{i=1}^n \left(\frac{y_0}{2} + y_1 + y_2 + \cdots + y_{n-1} + \frac{y_n}{2}\right).$$

称此式为**梯形公式**.

由梯形法求近似值,当$y = f(x)$为凹曲线时,它就偏小;当$y = f(x)$为凸曲线时,它就偏大.如果每段改用与它凸性相接近的抛物线来近似时,就可减少上述缺点.下面介绍抛物线法.

将积分区间$[a, b]$作$2n$等分(图5-28),分点依次为

$a = x_0 < x_1 < \cdots < x_{2n} = b, \Delta x_i = \dfrac{b-a}{2n}$,对应的函数值为

$y_0, y_1, y_2, \cdots, y_{2n}(y_i = f(x_i), i = 0, 1, 2, \cdots, 2n)$,曲线上相应的点为

$P_0, P_1, P_2, \cdots, P_{2n}, P_i = (x_i, y_i) \quad (i = 0, 1, 2, \cdots, 2n).$

用过$(x_{2k-2}, y_{2k-2}), (x_{2k-1}, y_{2k-1})$和$(x_{2k}, y_{2k})(k = 1,$

$2, \cdots, n)$三点的抛物线$p_k(x)$代替曲线$f(x)$,就可得到定

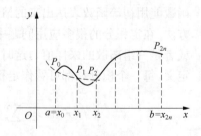

图5-28

积分的近似值：

$$\int_a^b f(x)\mathrm{d}x \approx \sum_{k=1}^{n}\int_{x_{2k-2}}^{x_{2k}} p_k(x)\mathrm{d}x = \sum_{k=1}^{n}\frac{b-a}{6n}(y_{2k-2}+4y_{2k-1}+y_{2k}).$$

即 $\displaystyle\int_a^b f(x)\mathrm{d}x \approx \frac{b-a}{6n}\big[y_0+y_{2n}+4(y_1+y_3+\cdots+y_{2n-1})+2(y_2+y_4+\cdots+y_{2n-2})\big].$

这就是**抛物线法公式**，也称为**辛普森(Simpson)公式**.

从几何直观上看，梯形法比矩形法精确，辛普森法比梯形法精确.

例1(钓鱼问题)　某游乐场新建一鱼塘，在钓鱼季节来临之前将鱼放入鱼塘，鱼塘的平均深度为 4 m，计划开始时每立方米放 1 条鱼，并且在钓鱼季节结束时所剩的鱼是开始时的 $\dfrac{1}{4}$. 如果一张钓鱼证平均可钓 20 条鱼，试问最多可卖出多少张钓鱼证？鱼塘面积如图 5-29 所示，其中宽度单位为 m，间距为 10 m.

分析　设鱼塘面积为 $S(\mathrm{m}^2)$，则鱼塘体积为 $4S(\mathrm{m}^3)$，因为开始时每立方米有 1 条鱼，所以应有 $4S$ 条鱼. 由于结束时鱼剩 $\dfrac{1}{4}$，于是被钓的鱼是 $4S\times\dfrac{3}{4}=3S$；又因每张钓鱼证平均可钓 20 条鱼，所以最多可卖钓鱼证为 $\dfrac{3}{20}S$(张)，因此问题归结为求鱼塘的面积. 由题目已知条件及图 5-29 可知，可利用定积分的"分割""近似""求和"的思想，求出鱼塘面积的近似值.

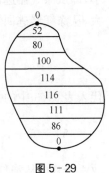

图 5-29

解　如图 5-29 所示，将图形分割为 8 等份，间距为 10 m，即 $\Delta x_i=$ 10 m，设宽度为 $f(x)$，则有 $f(x_0)=0$ m，$f(x_1)=86$ m，$f(x_2)=111$ m，$f(x_3)=116$ m，$f(x_4)=114$ m，$f(x_5)=100$ m，$f(x_6)=80$ m，$f(x_7)=52$ m，$f(x_8)=0$ m.

现利用梯形近似曲边梯形，任一小梯形面积为

$$S_i=\frac{1}{2}\big[f(x_{i-1})+f(x_i)\big]\Delta x_i=\frac{10}{2}\big[f(x_{i-1})+f(x_i)\big]\quad(i=1,2,\cdots,8).$$

故总面积为 $\quad\displaystyle S=\sum_{i=1}^{8}S_i=5\sum_{i=1}^{8}\big[f(x_{i-1})+f(x_i)\big]$

$$=5\big[f(x_0)+2f(x_1)+2f(x_2)+\cdots+2f(x_7)+f(x_8)\big]$$

$$=10\big[f(x_1)+f(x_2)+\cdots+f(x_7)\big]$$

$$=10(86+111+116+114+100+80+52)=6\,590(\mathrm{m}^3).$$

由于 $\dfrac{3S}{20}=\dfrac{3\times 6\,590}{20}=988.5$，因此，最多可卖钓鱼证 988 张.

例2　煤气厂生产煤气，煤气中的污染物质是通过涤气器去除的，而这种涤气器的有效作用随使用时间加长会变得越来越低. 每月月初进行用以显示污染物质自动从涤气器中逃回煤气中的速率的检测，其结果见表 5-3.

表 5-3 污染物从涤气器逃回煤气中的速率检测表

时间/月	0	1	2	3	4	5	6
速率/(t/月)	5	7	8	10	13	16	20

试给出这六个月内逃回的污染物质总量的一个范围.

解 由于煤气中的污染物质从涤气器逃回来的速率是非均匀的,所以设其速率为 $v = v(t)$,所求六个月内逃回煤气中的污染物质总量 Q 可用定积分计算:

$$Q = \int_0^6 v(t)\,dt.$$

由题意知,$v(t)$是一个单调增加的函数.因此,对时间 $t \in [0, 6]$ 进行等分,每个子区间的长度为 $\Delta t_i = 1(i = 1, \cdots, 6)$,若取子区间 $[t_{i-1}, t_i]$ 的左端点,则 $v = v(t_{i-1})$ 的速度值较小,即从涤气器逃回煤气中的污染物质较少;反之,若取右端点,则 $v(t) = v(t_i)$ 的速度值较大,从涤气器逃回煤气中的污染物质较多.根据定积分的定义及性质

$$\sum_{i=1}^6 v(t_{i-1}) \leqslant Q = \int_0^6 v(t)\,dt \leqslant \sum_{i=1}^6 v(t_i),$$

代入表 5-3 中的值进行计算,则

$$59 = 5 + 7 + 8 + 10 + 13 + 16 \leqslant \int_0^6 v(t)\,dt \leqslant 7 + 8 + 10 + 13 + 16 + 20 = 74,$$

故六个月内从涤气器逃回的污染物质总量为 $59\sim74$ t.

上述数值逼近的方法是定积分近似计算中的矩形法.

二、扫雪机清扫积雪模型

例3 冬天大雪纷飞,在长 10 km 的公路上,有一台扫雪车负责清扫积雪,每当路面积雪平均厚度达到 0.5 m 时,扫雪机开始工作.但扫雪机开始工作后,大雪仍然下个不停,当积雪厚度达到 1.5 m 时,扫雪机将无法工作.如果大雪以恒速 $R = 0.025$ cm/s 下了一个小时,问扫雪任务能否完成?

1. 模型假设

(1) 扫雪机的工作速度 v(m/s)与积雪厚度 h 成正比;

(2) 扫雪机在没有雪的路上行驶速度为 10 m/s;

(3) 扫雪机以工作速度前进的距离就是已经完成清扫的路段.

2. 模型建立与求解

设 t 表示时间,从扫雪机开始工作起计时开始,$s(t)$ 表示 t 时刻扫雪机行驶的距离.由模型假设(1)可得

$$v = k_1 h + k_2,$$

其中 k_1 为比例系数,k_2 为初始参数.

由 $h = 0$ 时,$v = 10$;$h = 1.5$ 时,$v = 0$,得扫雪机与扫雪厚度的函数关系为

$$v = 10\left(1 - \frac{2}{3}h\right).$$

由于积雪厚度 h 随 t 而增加，t 时刻增加厚度为 $Rt\,(\mathrm{cm}) = \dfrac{Rt}{100}\,(\mathrm{m})$，所以

$$h(t) = 0.5 + \frac{Rt}{100},$$

代入上式得

$$v(t) = \frac{10}{3}\left(2 - \frac{Rt}{50}\right).$$

由速度与距离的关系可得扫雪距离的积分模型

$$s(t) = \int_0^t v(x)\mathrm{d}x = \frac{10}{3}\int_0^t \left(2 - \frac{Rx}{50}\right)\mathrm{d}x = \frac{20}{3}t - \frac{R}{30}t^2.$$

当 $v(t) = 0$ 时，扫雪机停止工作，记此时刻为 T，则

$$\frac{10}{3}\left(2 - \frac{Rt}{50}\right) = 0,$$

解得 $T = \dfrac{100}{R}$，当 $R = 0.025\,\mathrm{cm/s}$ 时，$T = 4\,000\,\mathrm{s} \approx 66.67\,\mathrm{min}$，此时

$$s(T) = s(4\,000) \approx 13.33\,\mathrm{km},$$

所以扫雪 10 km 的任务可以完成.

三、人口统计模型

1. 人口统计模型（Ⅰ）

某城市 2020 年的人口密度近似为 $P(r) = \dfrac{4}{r^2 + 20}$. $P(r)$ 表示距市中心 r km 区域内的人口数，单位为每平方公里 10 万人. 试求距市中心 2 km 区域内的人口数. 若人口密度近似为 $P(r) = 1.2\mathrm{e}^{-0.2r}$ 单位不变，试求距市中心 2 km 区域内的人口数.

（1）**模型假设**. 假设从城市中心画一条放射线，把这条线上从 0 到 2 之间分成 n 个小区间，每个小区间的长度为 Δr，每个小区间确定了一个环，如图 5-30 所示.

（2）**模型建立与求解**. 估算每个环中的人口数并把它们相加，就得到了总人口数.

第 j 个环的面积为

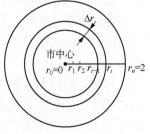

图 5-30

$$\pi r_j^2 - \pi r_{j-1}^2 = \pi r_j^2 - \pi(r_j - \Delta r)^2 = 2\pi r_j \Delta r - \pi(\Delta r)^2.$$

当 n 很大时，Δr 很小，$\pi(\Delta r)^2$ 相当于 $2\pi r_j \Delta r$ 来说很小，可忽略不计，所以此环的面积近似为 $2\pi r_j \Delta r$.

在第 j 个环内，人口密度可看成常数 $P(r_j)$，所以此环内的人口数近似为 $P(r_j) \cdot 2\pi r_j \Delta r$.

距市中心 2 km 区域内的人口数近似为 $\displaystyle\sum_{j=1}^{n} P(r_j) \cdot 2\pi r_j \Delta r$，即人口数 $N = \displaystyle\int_0^2 P(r) 2\pi r \mathrm{d}r$.

当 $P(r) = \dfrac{4}{r^2+20}$ 时，

$$N = \int_0^2 2\pi \cdot \frac{4}{r^2+20} r dr$$

$$= 4\pi \int_0^2 \frac{2r}{r^2+20} dr = 4\pi \ln(r^2+20) \Big|_0^2 = 4\pi \ln \frac{24}{20} \approx 2.291 \times 10^5.$$

距市中心 2 km 区域内的人口数大约为 229 100.

当 $P(r) = 1.2 e^{-0.2r}$ 时，

$$N = \int_0^2 2.4\pi r e^{-0.2r} dr$$

$$= 2.4\pi \int_0^2 r e^{-0.2r} dr = 2.4\pi \frac{r e^{-0.2r}}{-0.2} \Big|_0^2 - 2.4\pi \int_0^2 \frac{e^{-0.2r}}{-0.2} dr$$

$$= -24\pi e^{-0.4} + 12\pi \left(\frac{e^{-0.2r}}{-0.2} \right) \Big|_0^2 = -24\pi e^{-0.4} + (-60\pi e^{-0.4} + 60\pi) \approx 11.602 \times 10^5.$$

距市中心 2 km 区域内的人口数大约为 1 160 200.

(3) **模型讨论**. 本题中选取的两个人口密度 $P(r) = \dfrac{4}{r^2+20}$，$P(r) = 1.2 e^{-0.2r}$ 有一个共同的性质 $P'(r) < 0$，即随着 r 的增大，$P(r)$ 减少. 这是符合实际的，因为随着距市中心的距离越远，人口密度越小. 另外，需要指出的是，当人口密度 $P(r)$ 选取不同的模式时，估算出的人口数可能会相差很大，因此，选择适当的人口密度模式对于准确地估算人口数至关重要.

2. **人口统计模型(Ⅱ)**

设 $P(t)$ 表示 t 时刻某城市的人口数，假设人口变化动力学受下列两条规则的影响：

(1) t 时刻净增人口以每年 $r(t)$ 的比率增加；

(2) 在一段时期内，例如从 T_1 到 T_2，由于死亡或迁移，T_1 时刻的人口数 $P(T_1)$ 的一部分在 T_2 时刻仍然存在，用 $h(T_2-T_1)P(T_1)$ 来表示，$0 < h(T_2-T_1) < 1$，T_2-T_1 是这段时间的长度.

试建立在任意时刻 t 人口规模的模型.

模型建立与求解：

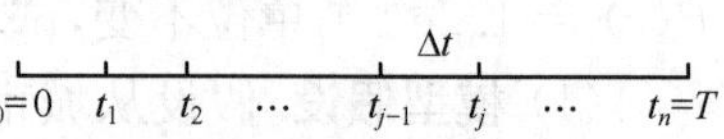

把 $[0, T]$ 的时间区间分成 n 等份，每个小区间的长度为 Δt(图 5-31).

图 5-31

初始时刻的人口数为 $P(0)$，到时刻 T 将只剩下 $h(T)P(0)$. 当 Δt 很小时，从时刻 t_{j-1} 到 t_j，净增人口的比率近似为常数 $r(t_j)$，这段时期净增的人口数近似为 $r(t_j)\Delta t$. t_j 时刻的人口到时刻 T 时只剩下 $h(T-t_j)r(t_j)\Delta t$. 所以在 T 时刻的总人数近似为

$$h(T)P(0) + h(T-t_1)r(t_1)\Delta t + h(T-t_2)r(t_2)\Delta t + \cdots + h(T-t_n)r(t_n)\Delta t$$

$$\approx h(T)P(0) + \int_0^T h(T-t)r(t) dt.$$

当 n 无限增大时，$P(T) = h(T)P(0) + \int_0^T h(T-t)r(t) dt.$

下面请看一具体实例.

设 $r(t) = 5 \times 10^4 + 10^5 t$，$h(t) = e^{-t/40}$，2020 年该城市的人口数为 10^7，则 2030 年该城市的人口数为

$$P(10) = h(10)P(0) + \int_0^{10} h(10-t)r(t)\mathrm{d}t$$

$$= e^{-1/4} \times 10^7 + \int_0^{10} e^{-(10-t)/40}(5 \times 10^4 + 10^5 t)\mathrm{d}t$$

$$= 10^7 e^{-1/4} + e^{-1/4}\left(5 \times 10^4 \int_0^{10} e^{t/40}\mathrm{d}t + 10^5 \int_0^{10} t e^{t/40}\mathrm{d}t\right)$$

$$= 2 \times 10^6 (1 - e^{-1/4}) + 10^7 (17 \times e^{-1/4} - 12) \approx 1.28 \times 10^7.$$

2030 年该城市大约有人口 1 280 万.

四、人体血流量的数学模型

人体的血液在血管内作层状流速（图 5-32），用公式表示为

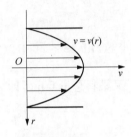

图 5-32

$$v(r) = \frac{p}{4\eta l}(R^2 - r^2),$$

其中，v 表示血液沿血管方向流动的速率；R 表示血管半径；l 表示血管长度；r 表示离血管中心轴的距离 $(0 \leqslant r \leqslant R)$；$p$ 表示血管两端的压力；η 表示血黏度.

假定血管截面是圆形，为了计算血液的流量（单位时间流过一截面血液的总量），在 $[0, R]$ 中任一 $[r, r+\mathrm{d}r]$ 层的血管截面积元素 $\mathrm{d}A = 2\pi r\mathrm{d}r$（圆环面积的近似值）上，血液的流速为 $v(r)$，于是单位时间内流过环形截面的血流量是 $v(r)\mathrm{d}A$，从而可得单位时间流过血管截面的血液总量

$$F = \int_0^R v(r)\mathrm{d}A = \int_0^R \frac{p}{4\eta l}(R^2 - r^2) \cdot 2\pi r\mathrm{d}r$$

$$= \frac{\pi p}{2\eta l}\int_0^R r(R^2 - r^2)\mathrm{d}r = \frac{\pi p}{2\eta l}\left(\frac{R^2 r^2}{2} - \frac{r^4}{4}\right)\Big|_0^R = \frac{\pi p R^4}{8\eta l},$$

这就是帕赛尔（Poiseuille）定律，表示血流量与血管半径的 4 次方成正比.

人体心脏输出血流量的测量如下：人的心血管系统的运行是血液通过静脉从身体各部位返回右心房，再由肺动脉把血液压到肺部进行氧合作用后经肺静脉返回左心房，又通过主动脉流入身体各部位. 心脏输出是单位时间心脏输出的血液量，又称作血液流向动脉的流速.

染料稀释方法是用来测量心脏输出的方法. 把染料注射入右心房（图中↓），按心脏血管系统的运行，又从心脏流入主动脉，在主动脉内插入一探针（图中↓），在一个时间区间 $[0, T]$ 内，以相同的间隔测量染料的浓度，直至染料全部流失：

$$身体各部 \xrightarrow{\text{静脉}} \downarrow 右心房 \xrightarrow{\text{肺动脉}} 肺部 \xrightarrow{\text{肺静脉}} 左心房 \downarrow \xrightarrow{\text{主动脉}} 身体各部$$
（氧合作用）

设 $c(t)$ 是时刻 t 的染料浓度，F 是血流速度（单位时间的血流量），在 $[t, t+\Delta t]$ 时间段内，染料量元素 $\mathrm{d}A = F \cdot c(t)\mathrm{d}t$，它在 $[0, T]$ 上的定积分为染料总量

$$A = \int_0^T F \cdot c(t)\mathrm{d}t = F\int_0^T c(t)\mathrm{d}t.$$

故心脏输出的血流速度

$$F = \frac{A}{\int_0^T c(t)\mathrm{d}t}.$$

例 4 已知注入右心房的染料总量 5 mg,染料浓度 $c(t)$(单位:mg/L),测得数据如下表:

t/s	0	1	2	3	4	5	6	7	8	9	10
$c(t)/(\mathrm{mg/L})$	0	0.4	2.8	6.5	9.8	8.9	6.1	4.0	2.3	1.1	0

试计算心脏输出的血流速度.

解 根据公式 $F = \dfrac{A}{\int_0^T c(t)\mathrm{d}t}$,利用辛普森法先计算 $\int_0^T c(t)\mathrm{d}t$,这里 $T = 10$,$\Delta t = 1$,

$$\int_0^T c(t)\mathrm{d}t \approx \frac{1}{3}[0 + 2(2.8 + 9.8 + 6.1 + 2.3) + 4(0.4 + 6.5 + 8.9 + 4.0 + 1.1)] \approx 41.87.$$

又染料总量 5 mg,即 $A = 5$,故血流速度

$$F = \frac{A}{\int_0^T c(t)\mathrm{d}t} \approx \frac{5}{41.87} \approx 0.12(\mathrm{L/s}) = 7.2(\mathrm{L/min}).$$

练习题 5-7

1. 在农田水利设计中,有时须测量河流断面的面积. 设从某河流测得一断面处的宽度为 20 m,每隔 2 m 处测得河水深度如下表:

x/m	0	2	4	6	8	10	12	14	16	18	20
y/m	0.3	0.9	1.7	2.6	3.1	3.7	4.2	3.6	2.5	1.2	0.5

其中 x 是测点到一岸的距离,y 是对应深度,试计算河床断面的面积值.

2. 某一动物种群增长率为 $200 + 50t$(万只 / 年),其中 t 为年,求从第 4 年到第 10 年动物增长多少?

3. 已知注入右心房的染料总量 6 mg,染料浓度(mg/L)测得数据如下表:

t/s	0	2	4	6	8	10	12	14	16	18	20
$c(t)/(\mathrm{mg/L})$	0	2.1	4.5	7.3	5.8	3.6	2.8	1.4	0.6	0.2	0

试用辛普森法近似计算心脏血液输出的速度.

本章小结

一、本章主要内容与重点

本章主要内容有:定积分的概念与性质,牛顿-莱布尼茨公式,定积分的换元积分法与分

部积分法,广义积分,定积分的应用.

重点　定积分的概念与性质,牛顿-莱布尼茨公式,定积分的换元积分法与分部积分法,利用定积分计算平面图形的面积.

二、学习指导

定积分及其应用是微积分学的又一重点.深刻理解定积分的概念,熟悉定积分的计算方法,学会用定积分解决实际问题,对于学好一元函数和多元函数微积分都是十分重要的.

(一) 定积分的概念

函数 $y = f(x)$ 在区间 $[a, b]$ 上的定积分是通过积分和的极限定义的:

$$\int_a^b f(x)\mathrm{d}x = \lim_{\lambda \to 0} \sum_{i=1}^n f(\xi_i)\Delta x_i.$$

其中 $\lambda = \max\limits_{1 \leqslant i \leqslant n}\{\Delta x_i\}$.

(二) 定积分的几何意义

定积分 $\int_a^b f(x)\mathrm{d}x$ 在几何上表示由曲线 $y = f(x)$ 与直线 $x = a$, $x = b$ 和 x 轴围成的各种图形的面积的代数和,在 x 轴上方的图形面积取正值,在 x 轴下方的图形面积取负值.

利用定积分的几何意义可计算较简单的定积分.

(三) 定积分的性质

定积分的性质在积分的理论和计算中都是很重要的.

(1) 在不要求或不易计算定积分值时,可利用估值不等式估计定积分的取值范围.

(2) 对于分段函数或被积函数含有绝对值符号的定积分,通常利用区间可加性分段积分.

还有一些关于定积分的结论也是很重要的:

(1) 定积分是由被积函数与积分区间所确定的,而与积分变量所采用的符号无关,即

$$\int_a^b f(x)\mathrm{d}x = \int_a^b f(t)\mathrm{d}t.$$

(2) 互换定积分的上、下限,定积分要变号,即

$$\int_a^b f(x)\mathrm{d}x = -\int_b^a f(x)\mathrm{d}x.$$

特殊地,当 $a = b$ 时,规定 $\int_a^a f(x)\mathrm{d}x = 0$.

(3) 设函数 $f(x)$ 在对称区间 $[-a, a]$ 上连续 $(a > 0)$,有:

当 $f(x)$ 为偶函数时,$\int_{-a}^a f(x)\mathrm{d}x = 2\int_0^a f(x)\mathrm{d}x$;

当 $f(x)$ 为奇函数时,$\int_{-a}^a f(x)\mathrm{d}x = 0$.

(四) 定积分的计算

1. 变上限定积分

变上限定积分也是本章的重点与难点.只有熟悉变上限定积分的求导运算,才能解决有变限积分函数参与的求极限、判断函数的单调性与求极值等问题.

$$\Phi'(x) = \left[\int_a^x f(t)\mathrm{d}t\right]' = f(x).$$

一般地,如果 $g(x)$ 可导,则 $\left[\int_a^{g(x)} f(t)\mathrm{d}t\right]' = f[g(x)] \cdot g'(x)$.

2. 牛顿-莱布尼茨公式

$\int_a^b f(x)\mathrm{d}x = F(b) - F(a)$,其中 $F(x)$ 是 $f(x)$ 的原函数.

这一公式说明只须计算 $f(x)$ 的一个原函数,就可以求得 $f(x)$ 在区间 $[a, b]$ 上的定积分.

牛顿-莱布尼茨公式在积分学中占有极其重要的地位,它揭示了定积分与不定积分这两个基本概念之间的关系.

3. 定积分的换元积分法

(1) 在换元时,一定要注意在变换被积表达式的同时要相应地改变积分限.

(2) 定积分作换元时,要求变换 $x = \varphi(t)$ 是单调函数,且同时写出变换 $x = \varphi(t)$ 与逆变换 $t = \varphi^{-1}(x)$,特别要注意换元后一定要换新的积分限.

(3) 利用凑微分法计算定积分时,不换元可不换限.

根据被积函数的特点选择适当的换元是本章的难点,掌握换元法须通过一定的练习才能逐步入门,熟能生巧.

4. 定积分的分部积分法

$$\int_a^b u\,\mathrm{d}v = [uv]_a^b - \int_a^b v\,\mathrm{d}u.$$

(1) 用分部积分法计算定积分,先利用不定积分的分部积分法求出其中一个原函数,再用牛顿-莱布尼茨公式求得结果.

(2) 不定积分与定积分的分部积分法的差别是定积分经分部积分后,积出部分就代入上、下限,即积出一步代一步,不必等到最后一起代上、下限,而不定积分是求被积函数的全体原函数.

(五) 广义积分

广义积分,原则上是把它化为一个定积分,通过求极限的方法确定该广义积分是否收敛.

(六) 定积分的应用

学习的目的在于应用,定积分在几何、物理、力学、经济学上均有广泛应用. 本课程主要应用是在直角坐标系下计算平面图形的面积,平面图形绕坐标轴旋转所得旋转体的体积等.

(七) 定积分模型

定积分是人类认识客观世界的典型数学模型之一. 用定积分求某一总量时,通常并不通过定积分的定义得到定积分表达式,而是利用本章介绍的微元法,先求出该总量的微元,然后再积分求出该总量.

用微元法求总量的微元时,要涉及对总量的分割,需要找到合适的积分变量,所以选择积分变量通常对计算也是非常重要的. 所以,微元法是定积分应用的重要技巧.

在处理应用问题时,以定积分的概念为基础,根据实际问题建立相应的积分表达式."微元法"深刻地体现了"化整为零—在局部处以直代曲—积零为整"的微积分思想方法,初学者应注意理解并努力掌握这种思想方法,从而进一步提高分析问题和解决问题的能力.

 ## 习题五

1. 填空题:

(1) 利用定积分的几何意义, $\int_{-r}^{r} \sqrt{r^2 - x^2}\,\mathrm{d}x =$ _____;

(2) 曲线 $y = \mathrm{e}^x$, $y = \mathrm{e}^{-x}$ 及直线 $x = 1$ 所围图形的面积是 _____;

(3) 比较大小, $\int_0^1 x^2\,\mathrm{d}x$ _____ $\int_0^1 x^4\,\mathrm{d}x$;

(4) $\lim\limits_{x \to 0} \dfrac{\int_0^x \tan t\,\mathrm{d}t}{x^2} =$ _____;   (5) $\int_0^{+\infty} \dfrac{\mathrm{d}x}{x^2 + 2x + 2} =$ _____.

2. 选择题:

(1) 定积分定义 $\int_a^b f(x)\,\mathrm{d}x = \lim\limits_{\lambda \to 0} \sum\limits_{i=1}^n f(\xi_i)\Delta x_i$ 说明( ).

    A. $[a, b]$ 必须 n 等分, ξ_i 是 $[x_{i-1}, x_i]$ 中任意一点

    B. $[a, b]$ 可任意分, ξ_i 是 $[x_{i-1}, x_i]$ 中任意一点

    C. $[a, b]$ 必须 n 等分, $\lambda = \max\{\Delta x_i\} \to 0$, ξ_i 可在 $[x_{i-1}, x_i]$ 中任意取

    D. $[a, b]$ 可任意分, $\lambda = \max\{\Delta x_i\} \to 0$, ξ_i 可在 $[x_{i-1}, x_i]$ 中任意取

(2) 如果 $\int_0^k (2x - 3x^2)\,\mathrm{d}x = 0$, 那么 $k = ($).

    A. -1 B. 0 C. 1 D. 0 或 1

(3) $\int_0^{\sqrt{2}} x\mathrm{e}^{x^2}\,\mathrm{d}x = ($).

    A. $\mathrm{e}^2 - 1$ B. $\dfrac{1}{2}(\mathrm{e}^2 - 1)$ C. e^2 D. $\mathrm{e}^2 + 1$

(4) 曲线 $y = \cos x$ 与直线 $y = 1$, $x = \dfrac{\pi}{2}$ 所围成的平面图形的面积是(   ).

    A. $\dfrac{3}{2}$ B. $\dfrac{\pi}{4}$ C. $\dfrac{\pi}{2}$ D. $\dfrac{\pi}{2} - 1$

(5) $\int_{-\infty}^{+\infty} \dfrac{2}{1 + x^2}\,\mathrm{d}x = ($).

    A. $-\pi$ B. 2π C. $-\dfrac{\pi}{2}$ D. $\dfrac{\pi}{2}$

3. 判断下列等式是否正确:

(1) $\int_a^b f(x)\,\mathrm{d}x + \int_b^a f(x)\,\mathrm{d}x = 0$.   (   )

(2) $\int_a^b f(x)\,\mathrm{d}x = \int_a^b f(t)\,\mathrm{d}t$.   (   )

(3) $\int_{-a}^{a} f(x)\,\mathrm{d}x = 0$.   (   )

(4) $\int_a^a f(x)\mathrm{d}x = 0.$ （　）

(5) $\int_a^b \mathrm{d}x = a - b.$ （　）

4. 求下列定积分：

(1) $\int_4^9 \dfrac{1}{\sqrt{x}}\mathrm{d}x$;

(2) $\int_0^{\frac{\pi}{6}} \sin 2x\mathrm{d}x$;

(3) $\int_0^{\sqrt{3}} x\sqrt{1+x^2}\,\mathrm{d}x$;

(4) $\int_1^9 \dfrac{1}{x+\sqrt{x}}\mathrm{d}x$;

(5) $\int_0^1 x^2\sqrt{1-x^2}\,\mathrm{d}x$;

(6) $\int_1^2 x\ln x\mathrm{d}x$;

(7) $\int_0^1 \mathrm{e}^{\sqrt{x}}\mathrm{d}x$;

(8) $\int_{-\infty}^0 \dfrac{\mathrm{e}^x}{1+\mathrm{e}^x}\mathrm{d}x.$

5. 求由曲线 $y=\sin x$ 和 $y=\cos x$ 与直线 $x=0$, $x=\dfrac{\pi}{2}$ 所围成平面图形的面积.

6. 求由曲线 $y=2\sqrt{x}$ 与直线 $x=1$, $y=0$ 所围成平面图形分别绕 x, y 轴旋转所得旋转体的体积.

7. 修建大桥的桥墩时，先要下围图，抽尽其中的水以便施工，已知围图的直径为 20 m，水深 27 m，围图高出水面 3 m，则抽尽围图里的水所做的功为多少？

8. 一横放的半径为 r 的圆柱形水桶，里面盛有半桶油，则桶的一个端面所受的压力为多少（油的密度为 ρ）？

9. 求曲线 $y=x^2-\dfrac{1}{8}\ln x$ 由点 $(1,1)$ 到点 $\left(\mathrm{e}, \mathrm{e}^2-\dfrac{1}{8}\right)$ 的一段弧长.

10. 求曲线弧长：

(1) $y=\dfrac{1}{3}(x^2+2)^{\frac{3}{2}}$, $0\leqslant x\leqslant 1$;

(2) $y=\ln(\cos x)$, $0\leqslant x\leqslant \dfrac{\pi}{4}$;

(3) $y=\ln x$, $\sqrt{3}\leqslant x\leqslant\sqrt{8}$.

11. 求已给曲线 $y=\int_{-\frac{\pi}{2}}^x \sqrt{\cos t}\,\mathrm{d}t$ 的长.

12. 求 $r\theta=1$, 自 $\theta=\dfrac{3}{4}$ 至 $\theta=\dfrac{4}{3}$ 一段弧的长度.

13. 计算曲线 $y=\ln(1-x^2)$ 上相应于 $0\leqslant x\leqslant\dfrac{1}{2}$ 的一段弧的长度.

14. 证明：(1) $\int_0^1 x^m(1-x)^n\mathrm{d}x = \int_0^1 x^n(1-x)^m\mathrm{d}x.$

(2) $\int_0^{2\pi} \sin^n x\mathrm{d}x = \begin{cases} 4\int_0^{\frac{\pi}{2}} \sin^n x\mathrm{d}x, & n\text{ 为偶数}; \\ 0, & n\text{ 为奇数}. \end{cases}$

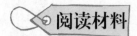

牛顿与莱布尼茨谁对微积分的贡献大？

一、牛顿的"流数术"

牛顿（Newton，1643—1727）1643 年生于英格兰沃尔索普村的一个农民家庭．1661 年牛顿进入剑桥大学三一学院，受教于巴罗·笛卡儿的《几何学》和沃利斯的《无穷算术》，这两部著作引导牛顿走上了创立微积分之路．

牛顿于 1664 年秋开始研究微积分问题，在家乡躲避瘟疫期间取得了突破性进展．1666 年，牛顿将其前两年的研究成果整理成一篇总结性论文——《流数简论》，这也是历史上第一篇系统的微积分文献．在简论中，牛顿以运动学为背景提出了微积分的基本问题，发明了"正流数术"（微分）；从确定面积的变化率入手通过反微分计算面积，又建立了"反流数术"；并将面积计算与求切线问题的互逆关系作为一般规律明确地揭示出来，将其作为微积分普遍算法的基础论述了"微积分基本定理"．

这样，牛顿就以正、反流数术亦即微分和积分，将自古以来求解无穷小问题的各种方法和特殊技巧有机地统一起来．正是在这种意义下，牛顿创立了微积分．

牛顿对于发表自己的科学著作持非常谨慎的态度．1687 年，牛顿出版了他的力学巨著《自然哲学的数学原理》，这部著作中包含他的微积分学说，也是牛顿微积分学说的最早的公开表述，因此该巨著成为数学史上划时代的著作．而他的微积分论文直到 18 世纪初才在朋友的再三催促下相继发表．

二、莱布尼茨的微积分工作

莱布尼茨（Leibniz，1646—1716）出生于德国莱比锡一个教授家庭，青少年时期受到良好的教育．1672—1676 年，莱布尼茨作为迈因茨选帝侯的大使在巴黎工作．这四年成为莱布尼茨科学生涯的最宝贵时间，微积分的创立等许多重大的成就都是在这一时期完成或奠定了基础．

1684 年，莱布尼茨整理、概括自己 1673 年以来微积分研究的成果，在《教师学报》上发表了第一篇微分学论文《一种求极大值与极小值以及求切线的新方法》，它包含了微分记号以及函数和、差、积、商、乘幂与方根的微分法则，还包含了微分法在求极值、拐点以及光学等方面的广泛应用．1686 年，莱布尼茨又发表了他的第一篇积分学论文，这篇论文初步论述了积分或求积问题与微分或切线问题的互逆关系，包含积分符号并给出了摆线方程．

莱布尼茨对微积分学基础的解释和牛顿一样也是含混不清的，有时他的是有穷量，有时又是小于任何指定的量，但不是零．

三、牛顿和莱布尼茨各自独立创立了微积分

就微积分的创立而言，尽管牛顿和莱布尼茨在背景、方法和形式上存在差异、各有特色，但两者的功绩是相当的．然而，一个局外人的一本小册子却引起了"科学史上最不幸的一章"：微积分发明优先权的争论．瑞士数学家德丢勒在这本小册子中认为，莱布尼茨的微积分工作从牛顿那里有所借鉴，进一步莱布尼茨又被英国数学家指责为剽窃者．这样就造成了支持莱布尼茨的数学家和支持牛顿的数学家两派的不和，甚至互相尖锐地攻击对方．这件事的结果，使得两派数学家在数学的发展上分道扬镳，停止了思想交流．

在牛顿和莱布尼茨两人去世后很久，事情终于得到澄清，调查证实两人确实是相互独立地完成了微积分的发明．就发明时间而言，牛顿早于莱布尼茨；就发表时间而言，莱布尼茨先于牛顿．

"微积分基本定理"也称为牛顿-莱布尼茨定理，牛顿和莱布尼茨各自独立地发现了这一定理．微积分基本定理是微积分中最重要的定理，它建立了微分和积分之间的联系，指出微分和积分互为逆运算．

第六章

常微分方程

科学需要实验,但实验不能绝对精确.如有数学理论,则全靠推论,就完全正确了. 这是科学不能离开数学的原因,许多科学的基本观念,往往需要数学观念来表示.

——陈省身

〔学习目标〕

1. 理解常微分方程、方程的阶、解、通解、初始条件和特解等概念.
2. 掌握可分离变量的微分方程及一阶线性微分方程的解法.
3. 会用降阶法解一些简单的二阶方程.
4. 掌握二阶常系数齐次线性微分方程的解法.
5. 掌握二阶常系数非齐次线性微分方程的解法.
6. 会用微分方程知识解决简单的相关实际问题.
7. 会用 MATLAB 求解微分方程.
8. 会用常微分方程的基本理论,对实际问题建立数学模型,分析判断微分方程类型并进行求解.

函数是客观事物的内部联系在数量方面的反映,利用函数关系又可以对客观事物的规律性进行研究.因此如何寻求函数关系,在实践中具有重要意义.在许多问题中,往往不能直接找出所需要的函数关系,但是根据问题所提供的情况,有时可以列出含有要找的函数及其导数的关系式.这样的关系式就是所谓微分方程.微分方程建立以后,对它进行研究,找出未知函数来,这就是解微分方程.本章主要介绍微分方程的一些基本概念和几种常用的微分方程的解法,并通过举例给出微分方程在实际问题中的一些简单应用.

第一节 常微分方程的基本概念

一、两个引例

下面通过几何及物理学中的两个具体例题来说明微分方程的基本概念.

例1 已知一条曲线过点$(1,2)$,且在该曲线上任意点$P(x,y)$处的切线斜率为$2x$,求这条曲线的方程.

解 设所求曲线的方程为$y=y(x)$,根据导数的几何意义,可知$y=y(x)$应满足关系式

$$\frac{dy}{dx}=2x. \tag{6-1}$$

此外,函数$y=y(x)$还应满足下列条件:

$$当 x=1 时,y=2. \tag{6-2}$$

把式(6-1)两端积分,得

$$y=\int 2x dx=x^2+C. \tag{6-3}$$

其中,C是任意常数.

把条件(6-2)代入式(6-3),得

$$2=1^2+C,$$

由此解出$C=1$,并代入式(6-3),即得所求曲线方程

$$y=x^2+1. \tag{6-4}$$

例2 列车在平直线路上以$20\ m/s$(相当于$72\ km/h$)的速度行驶;当制动时列车获得加速度$-0.4\ m/s^2$.问开始制动后多少时间列车才能停住,以及列车在这段时间里行驶了多少路程?

解 设列车在开始制动后$t\ s$时行驶了$s\ m$.根据题意,反映制动阶段列车运动规律的函数$s=s(t)$应满足关系式

$$\frac{d^2 s}{dt^2} = -0.4. \tag{6-5}$$

此外,未知函数 $s = s(t)$ 还应满足下列条件:

$$当 t = 0 时, s = 0, v = \frac{ds}{dt} = 20. \tag{6-6}$$

把式(6-5)两端积分一次,得

$$v = \frac{ds}{dt} = -0.4t + C_1, \tag{6-7}$$

再积分一次,得
$$s = -0.2t^2 + C_1 t + C_2. \tag{6-8}$$

其中,C_1, C_2 都是任意常数.

把条件(6-6)代入式(6-7),得 $C_1 = 20$;再把条件(6-6)代入式(6-8),得 $C_2 = 0$. 把 C_1, C_2 的值代入式(6-7)及式(6-8),得

$$v = -0.4t + 20, \tag{6-9}$$

$$s = -0.2t^2 + 20t. \tag{6-10}$$

在式(6-9)中令 $v = 0$,得到列车从开始制动到完全停住所需的时间

$$t = \frac{20}{0.4} = 50 \text{ s},$$

再把 $t = 50$ s 代入式(6-10),得到列车在制动阶段行驶的路程

$$s = -0.2 \times 50^2 + 20 \times 50 = 500 \text{ m}.$$

类似这样的例子还有,如:

物体冷却的数学模型

$$\frac{dT}{dt} = -k(T - 20),其中 k(k > 0) 为比例常数.$$

自由落体运动的数学模型

$$\frac{d^2 x}{dt^2} = g,其中 g 为重力加速度.$$

容易发现,这些例子的数学模型中都含有未知函数的导数,这样的方程称为微分方程,不考虑它们的实际背景,可归纳出微分方程的基本概念.

二、微分方程的概念

1. 微分方程的定义

上述两个例子中的式(6-1)及式(6-5)都含有未知函数的导数,它们都是微分方程.

一般的,凡表示未知函数、未知函数的导数与自变量之间的关系的方程,称为**微分方程**,有时也简称方程. 当微分方程中所含的未知函数是一元函数时,这时的微分方程称为**常微分**

方程. 这里必须指出,在微分方程中,自变量及未知函数可以不出现,但未知函数的导数则必须出现. 当微分方程中所含的未知函数是多元函数时,这时的微分方程称为**偏微分方程**.

本书主要是讨论常微分方程,今后所讲到的"微分方程"一词,没有特别声明时均理解为常微分方程.

2. 微分方程的阶

微分方程中所出现的未知函数的最高阶导数的阶数,称为**微分方程的阶**. 例如,方程 (6-1) 是一阶微分方程;方程 (6-5) 是二阶微分方程. 又如,方程 $x^3 y''' + x^2 y'' - 4xy' = 3x^2$ 是三阶微分方程;方程 $y^{(4)} - 4y''' + 10y'' - 12y' + 5y = \sin 2x$ 是四阶微分方程.

3. 微分方程的解

由前面的例子看到,在研究某些实际问题时,首先要建立微分方程,然后找出满足微分方程的函数(解微分方程),就是说,找出这样的函数,把这个函数及它的导数代入微分方程时,能使该方程成为恒等式. 这样的函数就称为该**微分方程的解**.

微分方程的解有两种形式:一种不含任意常数,一种含有任意常数. 如果微分方程的解中含有任意常数,且相互独立的任意常数的个数与微分方程的阶数相同,这样的解称为**微分方程的通解**. 例如,函数 (6-3) 是方程 (6-1) 的解,它含有一个任意常数,而方程 (6-1) 是一阶的,所以函数 (6-3) 是方程 (6-1) 的通解. 又如,函数 (6-8) 是方程 (6-5) 的解,它含有两个任意常数,而方程 (6-5) 是二阶的,所以函数 (6-8) 是方程 (6-5) 的通解. 不含任意常数的解,称为**微分方程的特解**.

微分方程的通解是否一定为微分方程的全部解?(考虑微分方程 $yy' - y = 0$)

4. 初始条件与初值问题

由于通解中含有任意常数,所以它还不能完全确定地反映某一客观事物的规律性. 要完全确定地反映客观事物的规律性,必须确定这些常数的值. 为此,要根据问题的实际情况,提出确定这些常数的条件. 一般地,用未知函数及其各阶导数在某个特定点的值作为确定通解中任意常数的条件,称为**初始条件**. 例如,本节例 1 中的条件 (6-2) 及例 2 中的条件 (6-6) 便是这样的条件.

设微分方程中的未知函数为 $y = f(x)$,如果微分方程是一阶的,通常初始条件是:

当 $x = x_0$ 时, $\qquad\qquad y = y_0$

或写成 $\qquad\qquad y|_{x=x_0} = y_0.$

其中 x_0, y_0 都是给定的值;如果微分方程是二阶的,通常初始条件是:

当 $x = x_0$ 时, $\qquad\qquad y = y_0, \ y' = y_1$

或写成 $\qquad\qquad y|_{x=x_0} = y_0, \ y'|_{x=x_0} = y_1.$

其中 x_0, y_0 和 y_1 都是给定的值.

根据初始条件确定了通解中的任意常数以后,就得到微分方程的特解. 把求微分方程满足初始条件的解,即特解的问题,称为**初值问题**.

5. 线性相关与线性无关

设函数 $y_1(x), y_2(x)$ 是定义在区间 (a, b) 内的函数,若存在两个不全为零的数 k_1, k_2,使得对于 (a, b) 内的任一 x,恒有

$$k_1 y_1 + k_2 y_2 = 0$$

成立,则称函数 y_1, y_2 在 (a, b) 内**线性相关**,否则称为**线性无关**.

可见,y_1,y_2 线性相关的充分必要条件是 $\dfrac{y_1}{y_2}$ $(y_2 \neq 0)$ 在 (a, b) 内恒为常数.若 $\dfrac{y_1}{y_2}$ $(y_2 \neq 0)$ 不恒为常数,则 y_1,y_2 线性无关.

例如,e^x 与 e^{2x} 线性无关,e^x 与 $2e^x$ 线性相关.

于是,当 y_1 与 y_2 线性无关时,函数 $y = C_1 y_1 + C_2 y_2$ 中含有两个独立的任意常数 C_1 与 C_2.

例 3　验证:函数

$$x = C_1 \cos kt + C_2 \sin kt \tag{6-11}$$

是微分方程

$$\frac{\mathrm{d}^2 x}{\mathrm{d}t^2} + k^2 x = 0 \ (k \neq 0) \tag{6-12}$$

的通解,并求微分方程(6-12)满足初始条件 $x \mid_{t=0} = A$, $\left. \dfrac{\mathrm{d}x}{\mathrm{d}t} \right|_{t=0} = 0$ 的特解.

证　求出所给函数(6-11)的一阶及二阶导数

$$\frac{\mathrm{d}x}{\mathrm{d}t} = -C_1 k \sin kt + C_2 k \cos kt, \tag{6-13}$$

$$\frac{\mathrm{d}^2 x}{\mathrm{d}t^2} = -k^2 (C_1 \cos kt + C_2 \sin kt). \tag{6-14}$$

把式(6-11)及式(6-14)代入方程(6-12),得

$$-k^2 (C_1 \cos kt + C_2 \sin kt) + k^2 (C_1 \cos kt + C_2 \sin kt) \equiv 0.$$

即函数(6-11)及其导数代入方程(6-12)后,使该方程成为一个恒等式,因此函数(6-11)是方程(6-12)的解.又函数(6-11)中含有两个任意常数,而方程(6-12)为二阶微分方程,所以函数(6-11)是方程(6-12)的通解.

将条件 $x \mid_{t=0} = A$ 代入式(6-11),得 $C_1 = A$,将条件 $\dfrac{\mathrm{d}x}{\mathrm{d}t} \mid_{t=0} = 0$ 代入式(6-13),得 $C_2 = 0$. 于是所求的特解为

$$x = A \cos kt.$$

练习题 6-1

1. 试说出下列各微分方程的阶数:

(1) $x(y')^2 - 2yy' + x = 0$;

(2) $y'' + y' - 10y = 3x^2$;

(3) $xy''' + 2y'' + x^2 y = 0$;

(4) $y^{(5)} + \cos y + 4x = 0$;

(5) $y^{(4)} - 5x^2 y' = 0$;

(6) $y''' + 2y'' + 3y' + y = x^2 + 1$.

2. 指出下列各题中的函数是否为所给微分方程的解:

(1) $xy' = 2y$, $y = 5x^2$;

(2) $y'' + y = 0$, $y = 3\sin x - 4\cos x$;

(3) $y'' - 2y' + y = 0$, $y = x^2 e^x$;

(4) $y'' - 2y' + y = 0$, $y = e^x + e^{-x}$.

3. 在下列各题中,验证所给二元方程所确定的函数为所给微分方程的解:

(1) $(x-2y)y' = 2x-y$, $x^2 - xy + y^2 = C$;

(2) $(xy-x)y'' + x(y')^2 + yy' - 2y' = 0$, $y = \ln(xy)$.

4. 在下列各题中,确定函数关系式中所含的参数,使函数满足所给的初始条件:

(1) $x^2 - y^2 = C$, $y|_{x=0} = 5$; (2) $y = (C_1 + C_2 x)e^{2x}$, $y|_{x=0} = 0$, $y'|_{x=0} = 1$;

(3) $y = C_1 \sin(x - C_2)$, $y|_{x=\pi} = 1$, $y'|_{x=\pi} = 0$.

5. 验证 $y = Cx^3$ 是方程 $3y - xy' = 0$ 的通解(C 为任意常数),并求满足初始条件 $y|_{x=1} = \dfrac{1}{3}$ 的特解.

6. 求曲线族 $(x-C)^2 + y^2 = 1$ 满足的微分方程,其中 C 为任意常数.

7. 已知 $\displaystyle\int_0^1 f(ux)\mathrm{d}u = \frac{1}{2}f(x) + 1$,求 $y = f(x)$ 所满足的微分方程.

8. 某物质起化学反应的速度与该物质尚未起化学反应的剩余量成正比,又当 $t=0$ 时,该物质总量为 a,试写出该物质起化学反应的量 $x = x(t)$ 满足的微分方程.

第二节 可分离变量的微分方程、齐次方程

在第一节中,我们已经知道有些方程是可以通过积分的方法进行求解的,这种把微分方程的求解问题转化为积分问题的方法称为初等积分法,这种方法是求一些一阶和可化为一阶的微分方程的解的最基本方法.本节将介绍几种可以积分求解的一阶微分方程.可分离变量的微分方程是一阶常微分方程的一种最基本的形式,熟练掌握其求解方法,对后续其他类型微分方程的求解将起到很好的促进作用.

一、可分离变量的微分方程

一般地,把具有 $y' = f(x) \cdot g(y)$ 形式的**微分方程**,称为**可分离变量的微分方程**. 其中 $f(x)$, $g(y)$ 分别是变量 x, y 的连续函数,且 $g(y) \neq 0$. 这类方程的特点是:经过适当运算,可将两个不同变量的函数与微分分离到方程两边. 也就是说,能把微分方程写成一端只含 y 的函数和 $\mathrm{d}y$,另一端只含 x 的函数和 $\mathrm{d}x$. 因此,这类方程的解法如下:

(1) 分离变量:

$$\frac{1}{g(y)}\mathrm{d}y = f(x)\mathrm{d}x;$$

(2) 两边积分:

$$\int \frac{\mathrm{d}y}{g(y)} = \int f(x)\mathrm{d}x;$$

(3) 求出积分,得通解:

$$G(y) = F(x) + C.$$

式中,$G(y)$,$F(x)$ 分别是 $\dfrac{1}{g(y)}$,$f(x)$ 的原函数,C 为任意常数.

例 1 求微分方程 $y' + xy = 0$ 的通解.

解 方程变形为 $\dfrac{\mathrm{d}y}{\mathrm{d}x} = -xy$.

分离变量,得

$$\frac{\mathrm{d}y}{y} = -x\mathrm{d}x \quad (y \neq 0),$$

两边积分,得

$$\int \frac{1}{y}\mathrm{d}y = -\int x\mathrm{d}x,$$

求得

$$\ln|y| = -\frac{1}{2}x^2 + C_1.$$

所以

$$|y| = \mathrm{e}^{-\frac{1}{2}x^2 + C_1} = \mathrm{e}^{C_1}\mathrm{e}^{-\frac{1}{2}x^2},$$

即

$$y = \pm \mathrm{e}^{C_1}\mathrm{e}^{-\frac{1}{2}x^2}.$$

令 $C = \pm \mathrm{e}^{C_1}$,则得所求微分方程的通解为

$$y = C\mathrm{e}^{-\frac{1}{2}x^2} \quad (C \text{ 为任意常数}).$$

例 2 求微分方程 $y' = 2xy^2 (y \neq 0)$ 的通解.

解 分离变量,得

$$\frac{1}{y^2}\mathrm{d}y = 2x\mathrm{d}x,$$

两边积分,得

$$\int \frac{1}{y^2}\mathrm{d}y = \int 2x\mathrm{d}x,$$

即

$$-\frac{1}{y} = x^2 + C.$$

所以,所求微分方程的通解为

$$y = -\frac{1}{x^2 + C}.$$

例 3 求微分方程 $xy^2\mathrm{d}x + (1+x^2)\mathrm{d}y = 0$ 满足初始条件 $y|_{x=0} = 1$ 的特解.

解 方程变形为

$$(1+x^2)\mathrm{d}y = -xy^2\mathrm{d}x.$$

分离变量,得

$$\frac{\mathrm{d}y}{y^2} = -\frac{x}{1+x^2}\mathrm{d}x,$$

两边积分,得

$$\int \frac{\mathrm{d}y}{y^2} = \int -\frac{x}{1+x^2}\mathrm{d}x,$$

即

$$\frac{1}{y} = \frac{1}{2}\ln(1+x^2) + C.$$

将初始条件 $y\big|_{x=0}=1$ 代入上式,得 $C=1$. 故所求微分方程的特解为

$$\frac{1}{y}=\frac{1}{2}\ln(1+x^2)+1,$$

即

$$y=\frac{2}{\ln(1+x^2)+2}.$$

例 4　设降落伞从跳伞塔下落后,所受空气阻力与速度成正比(比例系数为 k,可设 $k>0$),并设降落伞脱钩时($t=0$)速度为 0,求降落伞下落速度与时间的函数关系.

解　设降落伞下落速度为 $v(t)$,它在下落时,同时受到重力 P 与阻力 R 的作用(图 6-1).重力的大小为 mg,方向与 v 一致,阻力的大小为 kv,方向与 v 相反,从而降落伞所受外力为 $F=mg-kv$.根据牛顿第二运动定律(设加速度为 a),$F=ma=m\dfrac{\mathrm{d}v}{\mathrm{d}t}$,得函数 $v(t)$ 应满足的微分方程为

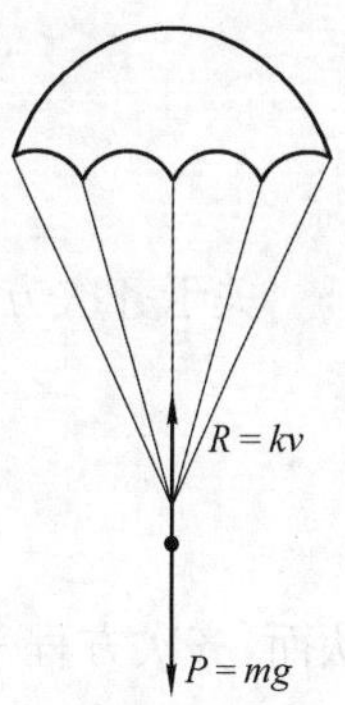

$$m\frac{\mathrm{d}v}{\mathrm{d}t}=mg-kv. \qquad (6-15)$$

且有初始条件 $v\big|_{t=0}=0$. 把方程(6-15)分离变量,得

$$\frac{\mathrm{d}v}{mg-kv}=\frac{1}{m}\mathrm{d}t,$$

两端积分,得

$$\int\frac{\mathrm{d}v}{mg-kv}=\int\frac{1}{m}\mathrm{d}t.$$

考虑到 $mg-kv>0$,得

$$-\frac{1}{k}\ln(mg-kv)=\frac{t}{m}+C_1,$$

即

$$mg-kv=\mathrm{e}^{-\frac{k}{m}t-kC_1},$$

$$v=\frac{mg}{k}-C\mathrm{e}^{-\frac{k}{m}t}\quad\left(C=\frac{1}{k}\mathrm{e}^{-kC_1}\right).$$

$R=kv$

$P=mg$

图 6-1

将初始条件 $v\big|_{t=0}=0$ 代入上式,得 $C=\dfrac{mg}{k}$. 于是所求的特解为

$$v=\frac{mg}{k}\left(1-\mathrm{e}^{-\frac{k}{m}t}\right).$$

由上式可以看出,随着时间 t 的增大,速度 v 逐渐接近于常数 $\dfrac{mg}{k}$,且不会超过 $\dfrac{mg}{k}$,也就是说,跳伞后开始阶段是加速运动,但以后逐渐接近于等速运动.

一般地,利用微分方程解决实际问题的步骤为:

(1) 建立微分方程,并写出初始条件;

(2) 利用数学方法求出方程的通解;

(3) 利用初始条件确定任意常数,求出特解.

二、齐次方程

若一阶微分方程 $\dfrac{\mathrm{d}y}{\mathrm{d}x} = f(x, y)$ 中的函数 $f(x, y)$ 可写成关于 $\dfrac{y}{x}$ 的函数,即 $f(x, y) = \varphi\left(\dfrac{y}{x}\right)$,则称该方程为**齐次方程**.

例如,$(x+y)\mathrm{d}x + (y-x)\mathrm{d}y = 0$ 是齐次方程,因为该方程可化为

$$\frac{\mathrm{d}y}{\mathrm{d}x} = \frac{x+y}{x-y} = \frac{1+\dfrac{y}{x}}{1-\dfrac{y}{x}}.$$

关于齐次方程 $\dfrac{\mathrm{d}y}{\mathrm{d}x} = \varphi\left(\dfrac{y}{x}\right)$ 的求解方法,可作代换 $u = \dfrac{y}{x}$,则 $y = ux$,于是

$$\frac{\mathrm{d}y}{\mathrm{d}x} = \frac{\mathrm{d}(ux)}{\mathrm{d}x} = x\frac{\mathrm{d}u}{\mathrm{d}x} + u,$$

从而,齐次方程 $\dfrac{\mathrm{d}y}{\mathrm{d}x} = \varphi\left(\dfrac{y}{x}\right)$ 可化成 $x\dfrac{\mathrm{d}u}{\mathrm{d}x} + u = \varphi(u)$,即

$$\frac{\mathrm{d}u}{\mathrm{d}x} = \frac{\varphi(u) - u}{x}.$$

分离变量,得

$$\frac{\mathrm{d}u}{\varphi(u) - u} = \frac{\mathrm{d}x}{x},$$

两端积分,可得

$$\int \frac{\mathrm{d}u}{\varphi(u) - u} = \int \frac{\mathrm{d}x}{x}.$$

求出积分后,再用 $u = \dfrac{y}{x}$ 回代,便得所给齐次方程的通解.

例 5　求微分方程 $xy' = y(1 + \ln y - \ln x)$ 的通解.

解　原方程可化为

$$\frac{\mathrm{d}y}{\mathrm{d}x} = \frac{y}{x}\left(1 + \ln \frac{y}{x}\right),$$

令 $u = \dfrac{y}{x}$,则 $\dfrac{\mathrm{d}y}{\mathrm{d}x} = x\dfrac{\mathrm{d}u}{\mathrm{d}x} + u$,于是原方程可化为

$$x\frac{\mathrm{d}u}{\mathrm{d}x} + u = u(1 + \ln u),$$

即

$$x\frac{\mathrm{d}u}{\mathrm{d}x} = u\ln u.$$

分离变量,得

$$\frac{\mathrm{d}u}{u\ln u} = \frac{\mathrm{d}x}{x},$$

两端积分,得

$$\int \frac{\mathrm{d}u}{u\ln u} = \int \frac{\mathrm{d}x}{x},$$

即 $\ln|\ln u|=\ln|x|+C_1$,也就是 $|\ln u|=e^{C_1}|x|$,故有

$$\ln u=\pm e^{C_1}x.$$

记 $C=\pm e^{C_1}$,即得
$$u=e^{Cx}.$$

将 $u=\dfrac{y}{x}$ 代入,即得原微分方程的通解为

$$y=xe^{Cx}\quad（C\text{ 为任意常数}）.$$

例6　求解初值问题 $\begin{cases} y'=2\tan\dfrac{y}{x}+\dfrac{y}{x} \\ y\,|_{x=1}=\dfrac{\pi}{2} \end{cases}.$

解　令 $u=\dfrac{y}{x}$,则 $y'=\dfrac{\mathrm{d}y}{\mathrm{d}x}=x\dfrac{\mathrm{d}u}{\mathrm{d}x}+u$,于是原方程可化为

$$x\frac{\mathrm{d}u}{\mathrm{d}x}+u=2\tan u+u,$$

即
$$x\frac{\mathrm{d}u}{\mathrm{d}x}=2\tan u.$$

分离变量,得
$$\frac{\mathrm{d}u}{\tan u}=\frac{2}{x}\mathrm{d}x,$$

即
$$\frac{\cos u}{\sin u}\mathrm{d}u=\frac{2}{x}\mathrm{d}x.$$

两端积分,得

$$\ln|\sin u|=2\ln|x|+C_1,\text{从而可得}\sin u=\pm e^{C_1}x^2.$$

记 $C=\pm e^{C_1}$,即得
$$\sin u=Cx^2.$$

将 $u=\dfrac{y}{x}$ 代入,即得原微分方程的通解为

$$\sin\frac{y}{x}=Cx^2.$$

将初始条件 $y\,|_{x=1}=\dfrac{\pi}{2}$ 代入通解中,解得 $C=1$,从而有

$$\sin\frac{y}{x}=x^2.$$

接下来,借助树的增长来引入一种在许多领域有广泛应用的数学模型——**逻辑斯谛方程**.

一棵小树刚栽下去的时候长得比较慢,渐渐地,小树长高了而且长得越来越快,几年不见,绿荫底下已经可乘凉了;但长到某一高度后,它的生长速度趋于稳定,然后再慢慢降下来.这一现象具有普遍性.现在来建立这种现象的数学模型.

如果假设树的生长速度与它目前的高度成正比,则显然不符合两头尤其是后期的生长

情形，因为树不可能越长越快；但如果假设树的生长速度正比于最大高度与目前高度的差，则又明显不符合中间一段的生长过程. 折中一下，假定它的生长速度既与目前的高度，又与最大高度与目前高度之差成正比.

设树生长的最大高度为 H，在 t（年）时的高度为 $h(t)$，则有

$$\frac{\mathrm{d}h(t)}{\mathrm{d}t} = kh(t)\big[H - h(t)\big],$$

其中 $k > 0$，为比例常数. 这个方程称为 **Logistic 方程**. 它是可分离变量的一阶常微分方程.

注 Logistic 的中文音译名是"逻辑斯谛"."逻辑"在字典中的解释是"客观事物发展的规律性"，因此许多现象本质上都符合这种规律. 除了生物种群的繁殖外，还有信息的传播、新技术的推广、传染病的扩散以及某些商品的销售等. 例如流感的传染，在任其自然发展（例如初期未引起人们注意）的阶段，可以设想它的速度既正比于得病的人数又正比于未传染到的人数. 开始时患病的人不多，因而传染速度较慢；但随着健康人与患者接触，受传染的人越来越多，传染的速度也越来越快；最后，传染速度自然而然地渐渐降低，因为已经没有多少人可被传染了.

例如，1837 年，荷兰生物学家 Verhulst 提出一个人口模型

$$\frac{\mathrm{d}y}{\mathrm{d}t} = y(k - by), \ y(t_0) = y_0,$$

式中 k, b 称为生命系数.

这个模型称为**人口阻滞增长模型**. 不细讨论这个模型，只提应用它预测世界人口数的两个有趣的结果.

有生态学家估计 k 的自然值是 0.029. 利用 20 世纪 60 年代世界人口年平均增长率为 2% 以及 1965 年人口总数 33.4 亿这两个数据，计算得 $b = 2$，从而估计得出：

(1) 世界人口总数将趋于极限 107.6 亿.

(2) 到 2000 年时世界人口总数为 59.6 亿.

后一个数字很接近 2000 年时的实际人口数，世界人口在 1999 年刚进入 60 亿.

练习题 6-2

1. 求下列微分方程的通解：

(1) $xy' - y\ln y = 0$；

(2) $3x^2 + 5x - 5y' = 0$；

(3) $\sqrt{1 - x^2}\, y' = \sqrt{1 - y^2}$；

(4) $y' - xy' = a(y^2 + y')$；

(5) $(1 + \mathrm{e}^x)yy' - \mathrm{e}^x = 0$；

(6) $2x^2 yy' - y^2 - 1 = 0$；

(7) $(1 + x^2)y' - y\ln y = 0$；

(8) $x^2 y' - (x - 1)y = 0$；

(9) $\cos x \sin y\, \mathrm{d}x + \sin x \cos y\, \mathrm{d}y = 0$；

(10) $\dfrac{\mathrm{d}y}{\mathrm{d}x} = 10^{x+y}$；

(11) $x \dfrac{\mathrm{d}y}{\mathrm{d}x} = y\ln\dfrac{y}{x}$；

(12) $(x^3 + y^3)\mathrm{d}x - 3xy^2\mathrm{d}y = 0$.

2. 求下列微分方程满足所给初始条件的特解：

(1) $y' = e^{2x-y}$, $y\mid_{x=0} = 0$;　　　　(2) $\cos x \sin y \mathrm{d}y = \cos y \sin x \mathrm{d}x$, $y\mid_{x=0} = \dfrac{\pi}{4}$;

(3) $y' \sin x = y \ln y$, $y\mid_{x=\frac{\pi}{2}} = e$;　　(4) $\cos y \mathrm{d}x + (1 + e^{-x}) \sin y \mathrm{d}y = 0$, $y\mid_{x=0} = \dfrac{\pi}{4}$;

(5) $x \mathrm{d}y + 2y \mathrm{d}x = 0$, $y\mid_{x=2} = 1$.

3. 质量为 1 g 的质点受外力作用作直线运动,外力和时间成正比,和质点运动的速度成反比. 在 $t = 10$ s 时,速度等于 50 cm/s,外力为 $4\,\mathrm{g} \cdot \mathrm{cm/s}^2$,问从运动开始经过了 1 min 后质点的速度是多少?

4. 已知曲线在任一点处的切线斜率等于这个点的纵坐标,且曲线通过点 $(0, 1)$,求该曲线的方程.

5. 对于许多鱼类的种群,鱼的体重 W 与长度 L 是密切相关的,生物学家研究后发现,两者满足如下关系: $\dfrac{\mathrm{d}W}{\mathrm{d}L} = 3\dfrac{W}{L}$,试求鱼的体重与长度的函数关系.

6. 在一次谋杀发生后,受害者的尸体于晚上 7:30 被发现. 法医于晚上 8:20 到达现场,测得尸体温度为 32.6 ℃;1 h 后,当尸体即将被抬走时,测得尸体温度为 31.4 ℃. 此案最大的嫌疑犯是张某,但张某声称自己是无罪的,并有证人说:"下午张某一直在办公室上班,5:00 时打了一个电话,打完电话后就离开了办公室."经调查,从张某办公室到凶案现场需 5 min,请问张某有作案时间吗?

第三节　一阶线性微分方程

一、一阶线性微分方程的定义

形如

$$\frac{\mathrm{d}y}{\mathrm{d}x} + P(x)y = Q(x) \tag{6-16}$$

的方程,称为**一阶线性微分方程**,其中 $P(x)$, $Q(x)$ 为已知函数. 所谓线性微分方程是指方程关于未知函数及未知函数的导数是一次的方程,例如 $\dfrac{\mathrm{d}y}{\mathrm{d}x} + x^2 y = \sin x$ 是一阶线性微分方程,$yy' = x$,$y\dfrac{\mathrm{d}y}{\mathrm{d}x} + x^2 y = \sin x$ 都不是一阶线性微分方程.

当 $Q(x) \equiv 0$ 时,称方程(6-16)为**齐次线性方程**;当 $Q(x) \neq 0$ 时,称方程(6-16)是**非齐次线性方程**. 齐次方程与非齐次方程的解有着非常密切的联系. 下面介绍其解法.

二、一阶线性微分方程的解法

先求齐次线性方程的解,在方程(6-16)中,令 $Q(x) \equiv 0$,得齐次方程

$$\frac{\mathrm{d}y}{\mathrm{d}x} + P(x)y = 0. \tag{6-17}$$

将方程(6-17)分离变量,得
$$\frac{\mathrm{d}y}{y} = -P(x)\mathrm{d}x.$$

两边积分,得
$$\ln|y| = -\int P(x)\mathrm{d}x + C_1.$$

即
$$y = \pm\, \mathrm{e}^{C_1}\mathrm{e}^{-\int P(x)\mathrm{d}x}.$$

令 $C = \pm\, \mathrm{e}^{C_1}$,得
$$y = C\mathrm{e}^{-\int P(x)\mathrm{d}x}. \tag{6-18}$$

当 $C = 0$ 时,$y = 0$ 仍是方程(6-17)的解,因此,式(6-18)中的 C 可取任意实数. 式(6-18)即为一阶齐次线性方程(6-17)的通解. 这里记号 $\int P(x)\mathrm{d}x$ 表示 $P(x)$ 的某个确定的原函数.

下面采用所谓的"**常数变易法**"求一阶非齐次线性方程(6-16)的通解. 将式(6-18)中的常数 C 换成 x 的未知函数 $u(x)$,即令 $y = u(x)\mathrm{e}^{-\int P(x)\mathrm{d}x}$,代入方程(6-16),可得

$$\frac{\mathrm{d}u}{\mathrm{d}x}\mathrm{e}^{-\int P(x)\mathrm{d}x} - u(x)P(x)\mathrm{e}^{-\int P(x)\mathrm{d}x} + u(x)P(x)\mathrm{e}^{-\int P(x)\mathrm{d}x} = Q(x),$$

即
$$\frac{\mathrm{d}u}{\mathrm{d}x} = Q(x)\mathrm{e}^{\int P(x)\mathrm{d}x},$$

两边积分,得
$$u(x) = \int Q(x)\mathrm{e}^{\int P(x)\mathrm{d}x}\mathrm{d}x + C.$$

从而有一阶非齐次线性微分方程的通解公式

$$y = \mathrm{e}^{-\int P(x)\mathrm{d}x}\left[\int Q(x)\mathrm{e}^{\int P(x)\mathrm{d}x}\mathrm{d}x + C\right] \tag{6-19}$$

或
$$y = C\mathrm{e}^{-\int P(x)\mathrm{d}x} + \mathrm{e}^{-\int P(x)\mathrm{d}x}\int Q(x)\mathrm{e}^{\int P(x)\mathrm{d}x}\mathrm{d}x. \tag{6-20}$$

式(6-20)右端第一项是对应的齐次线性方程(6-17)的通解,第二项是非齐次线性方程(6-16)的一个特解(在式(6-20)中取 $C = 0$ 便得到这个特解). 由此可知,一阶非齐次线性方程的通解等于对应的齐次线性方程的通解与非齐次线性方程的一个特解之和.

用常数变易法求一阶非齐次线性方程通解的步骤:

(1) 求出非齐次线性方程所对应的齐次方程的通解;

(2) 将求出的齐次方程通解中的任意常数 C 换成 x 的未知函数 $u(x)$,代入非齐次方程,求出 $u(x)$;

(3) 写出非齐次线性方程的通解.

在求一阶非齐次线性方程的通解时,可采用常数变易法,也可以直接利用通解公式来求解.

例1 求方程 $2y' - y = \mathrm{e}^x$ 的通解.

解法一 使用常数变易法求解.

将原方程变形为 $y' - \frac{1}{2}y = \frac{1}{2}\mathrm{e}^x$,其对应的齐次线性方程为 $y' - \frac{1}{2}y = 0$.

分离变量,两边积分,求得通解为

$$y = Ce^{\frac{x}{2}}.$$

设所给非齐次线性方程的解为 $y = u(x)e^{\frac{x}{2}}$,将 y,y' 代入原方程,得

$$u'(x)e^{\frac{x}{2}} = \frac{1}{2}e^x,$$

于是
$$u(x) = \int \frac{1}{2}e^{\frac{x}{2}}dx = e^{\frac{x}{2}} + C.$$

所以,原方程的通解为

$$y = u(x)e^{\frac{x}{2}} = Ce^{\frac{x}{2}} + e^x.$$

解法二　利用通解公式求解.

将原方程变形为 $y' - \frac{1}{2}y = \frac{1}{2}e^x$,则 $P(x) = -\frac{1}{2}$,$Q(x) = \frac{1}{2}e^x$,所以由通解公式 (6-19)得原方程通解为

$$y = e^{-\int -\frac{1}{2}dx}\left(\int \frac{1}{2}e^x e^{\int -\frac{1}{2}dx}dx + C\right) = e^{\frac{x}{2}}\left(\int \frac{1}{2}e^x e^{-\frac{x}{2}}dx + C\right) = e^{\frac{x}{2}}(e^{\frac{x}{2}} + C) = e^x + Ce^{\frac{x}{2}}.$$

例2　求方程 $\frac{dy}{dx} - \frac{2y}{x+1} = (x+1)^{\frac{5}{2}}$ 的通解.

解　这是一个非齐次线性方程,先求对应的齐次方程的通解.

对应的齐次方程为 $\frac{dy}{dx} - \frac{2}{x+1}y = 0$. 分离变量,得 $\frac{dy}{y} = \frac{2dx}{x+1}$,

两边积分,得
$$\ln|y| = 2\ln|x+1| + C_1,$$
即
$$y = C(x+1)^2 \quad (C = \pm e^{C_1}).$$

用常数变易法,把 C 换成 u,即令 $y = u(x+1)^2$,那么

$$\frac{dy}{dx} = u'(x+1)^2 + 2u(x+1)$$

代入所给非齐次方程,得
$$u' = (x+1)^{\frac{1}{2}},$$

两端积分,得
$$u(x) = \frac{2}{3}(x+1)^{\frac{3}{2}} + C.$$

再把上式代入 $y = u(x+1)^2$,即得所求微分方程的通解

$$y = (x+1)^2\left[\frac{2}{3}(x+1)^{\frac{3}{2}} + C\right].$$

例3　求方程 $\frac{dy}{dx} + y = e^{-x}$ 的通解.

解　注意到 $P(x) = 1$,$Q(x) = e^{-x}$,由一阶线性微分方程通解公式得

$$y = e^{-\int dx}\left(\int e^{-x}e^{\int dx}dx + C\right),$$

故
$$y = (x + C)e^{-x}$$

即为所求方程的通解.

例 4　求解方程 $\dfrac{dy}{dx} - \dfrac{y}{x} = x^2$ 的通解.

解　因为 $P(x) = -\dfrac{1}{x}$，$Q(x) = x^2$，由一阶非齐次线性微分方程的通解公式得

$$y = e^{\int \frac{dx}{x}}\left(\int x^2 e^{-\int \frac{dx}{x}}dx + C\right).$$

解得原方程通解为
$$y = \frac{1}{2}x^3 + Cx.$$

例 5　求微分方程 $xy' - y = 1 + x^3$ 满足初始条件 $y\,|_{x=1} = 0$ 的特解.

解　将原方程变形为

$$y' - \frac{1}{x}y = \frac{1}{x} + x^2,$$

这是一阶非齐次线性方程，其中 $P(x) = -\dfrac{1}{x}$，$Q(x) = \dfrac{1}{x} + x^2$.

由一阶非齐次线性方程的通解公式，得

$$y = e^{\int \frac{1}{x}dx}\left[\int \left(\frac{1}{x} + x^2\right)e^{-\int \frac{1}{x}dx}dx + C\right] = x\left[\int \left(\frac{1}{x} + x^2\right)\frac{1}{x}dx + C\right]$$

$$= x\left(-\frac{1}{x} + \frac{1}{2}x^2 + C\right) = \frac{1}{2}x^3 + Cx - 1.$$

所以，原方程的通解为
$$y = \frac{1}{2}x^3 + Cx - 1.$$

将初始条件 $y\,|_{x=1} = 0$ 代入上式，得 $C = \dfrac{1}{2}$. 因此，所求微分方程的特解为

$$y = \frac{1}{2}x^3 + \frac{1}{2}x - 1.$$

例 6　求一曲线方程，这曲线过原点，并且它在点 (x, y) 处切线的斜率等于 $2x + y$.

解　依题意可得一阶线性微分方程

$$\frac{dy}{dx} = 2x + y, \quad y(0) = 0,$$

即
$$\frac{dy}{dx} - y = 2x, \quad y(0) = 0.$$

因 $P(x) = -1$，$Q(x) = 2x$，故由一阶非齐次线性微分方程的通解公式得

$$y = e^{\int dx}\left(C + \int 2x e^{-\int dx}dx\right) = e^x(C - 2xe^{-x} - 2e^{-x}) = Ce^x - 2x - 2.$$

把 $y(0) = 0$ 代入,得 $C = 2$,故

$$y = 2e^x - 2x - 2 = 2(e^x - x - 1)$$

为所求的曲线方程.

三、伯努利方程

方程 $\dfrac{dy}{dx} + P(x)y = Q(x)y^n (n \neq 0, 1)$ 称为**伯努利方程**.

特别地,当 $n = 0$ 时,$\dfrac{dy}{dx} + P(x)y = Q(x)y^n$ 为一阶线性微分方程.

当 $n = 1$ 时,$\dfrac{dy}{dx} + P(x)y = Q(x)y^n$ 为可分离变量的微分方程.

方程两边同除以 y^n,得

$$y^{-n}\frac{dy}{dx} + P(x)y^{1-n} = Q(x).$$

令 $z = y^{1-n}$,则有

$$\frac{dz}{dx} = (1-n)y^{-n}\frac{dy}{dx}.$$

原方程化为

$$\frac{1}{1-n}\frac{dz}{dx} + P(x)z = Q(x),$$

即

$$\frac{dz}{dx} + (1-n)P(x)z = (1-n)Q(x)$$

为一阶线性微分方程,故

$$z = e^{-\int(1-n)P(x)dx}\left[\int(1-n)Q(x)e^{\int(1-n)P(x)dx}dx + C\right].$$

再以 y^{1-n} 代替 z,便得到伯努利方程的通解.

归纳伯努利方程的求解步骤如下:

(1) 两端同除以 y^n;

(2) 作代换 $z = y^{1-n}$;

(3) 解关于 z 的线性微分方程;

(4) 回代,便得到伯努利方程的通解.

例 7 求方程 $\dfrac{dy}{dx} + \dfrac{y}{x} = (\ln x)y^2$ 的通解.

解 以 y^2 除方程的两端,得

$$y^{-2}\frac{dy}{dx} + \frac{1}{x}y^{-1} = \ln x,$$

即

$$-\frac{d(y^{-1})}{dx} + \frac{1}{x}y^{-1} = \ln x.$$

令 $z = y^{-1}$,则上述方程化为 $\dfrac{dz}{dx} - \dfrac{1}{x}z = -\ln x$. 这是一个线性方程,它的通解为

$$z = x\left[C - \frac{1}{2}(\ln x)^2\right].$$

以 y^{-1} 代 z，得所求方程的通解为

$$yx\left[C - \frac{1}{2}(\ln x)^2\right] = 1.$$

四、利用变量代换解微分方程

利用变量代换，把一个微分方程化为可分离变量的微分方程，或化为已经知道其求解步骤的方程，这是解微分方程最常用的方法.

例8　解方程 $xy' + y = y(\ln x + \ln y)$.

解　令 $xy = u$，则 $\dfrac{\mathrm{d}u}{\mathrm{d}x} = y + x\dfrac{\mathrm{d}y}{\mathrm{d}x}$，于是方程化为

$$\frac{\mathrm{d}u}{\mathrm{d}x} = \frac{u}{x}\ln u.$$

解得 $u = \mathrm{e}^{Cx}$，即 $xy = \mathrm{e}^{Cx}$.

例9　解方程 $\dfrac{\mathrm{d}y}{\mathrm{d}x} = \dfrac{1}{x+y}$.

解　若把所给方程变形为 $\dfrac{\mathrm{d}x}{\mathrm{d}y} = x + y$，即为一阶线性方程，则按一阶线性方程的解法可求得通解. 但这里用变量代换来解所给方程.

令 $x + y = u$，则原方程化为

$$\frac{\mathrm{d}u}{\mathrm{d}x} - 1 = \frac{1}{u}, \quad 即 \frac{\mathrm{d}u}{\mathrm{d}x} = \frac{u+1}{u}.$$

分离变量，得 $\qquad\qquad\qquad \dfrac{u}{u+1}\mathrm{d}u = \mathrm{d}x,$

两端积分，得 $\qquad\qquad\qquad u - \ln|u+1| = x - \ln|C|.$

以 $u = x + y$ 代入上式，得

$$y - \ln|x+y+1| = -\ln|C| \quad 或 \quad x = C\mathrm{e}^y - y - 1.$$

注　通过以上例子，可以看出在解微分方程时，要灵活应用，注意多观察方程的特点，对不同形式的方程采用不同的思维和方法.

练习题 6 - 3

1. 求下列微分方程的通解：

(1) $\dfrac{\mathrm{d}y}{\mathrm{d}x} - y = \mathrm{e}^x$；　　　　(2) $xy' + y = x^2 + 3x + 2$；　(3) $y' + y\cos x = \mathrm{e}^{-\sin x}$；

(4) $y' + y\tan x = \sin 2x$；　(5) $\dfrac{\mathrm{d}y}{\mathrm{d}x} + 2xy = 4x$；　　　　(6) $y' - \dfrac{y}{x} = x\sin x$；

(7) $y' + ay = b\sin x$（其中 a, b 为常数）; (8) $\dfrac{dy}{dx} + 3y = 2$;

(9) $\dfrac{dy}{dx} = (x+y)^2$; (10) $\dfrac{dy}{dx} - 3xy = xy^2$.

2. 求下列微分方程满足所给初始条件的特解:

(1) $\dfrac{dy}{dx} - y\tan x = \sec x$, $y\big|_{x=0} = 0$; (2) $\dfrac{dy}{dx} + \dfrac{y}{x} = \dfrac{\sin x}{x}$, $y\big|_{x=\pi} = 1$;

(3) $\dfrac{dy}{dx} + 3y = 8$, $y\big|_{x=0} = 2$; (4) $\dfrac{dy}{dx} + \dfrac{2-3x^2}{x^3}y = 1$, $y\big|_{x=1} = 0$;

(5) $y' - y = 2xe^x$, $y\big|_{x=0} = 1$; (6) $\dfrac{dy}{dx} + y\cot x = 5e^{\cos x}$, $y\big|_{x=\frac{\pi}{2}} = -4$.

3. 已知一阶微分方程 $\dfrac{dy}{dx} = 3x$, 求:

(1) 它的通解; (2) 过点 $(2, 5)$ 的特解;

(3) 与直线 $y = 2x - 1$ 相切的曲线方程.

4. 写出由下列条件确定的曲线所满足的微分方程:

(1) 曲线在点 (x, y) 处的切线斜率等于该点横坐标的平方;

(2) 曲线上点 $P(x, y)$ 处的法线与 x 轴的交点为 Q, 且线段 PQ 被 y 轴平分.

5. 设有一质量为 m 的质点作直线运动, 从速度等于零的时刻起, 有一个与运动方向一致、大小与时间成正比（比例系数为 k_1）的力作用于它, 此外还受一与速度成正比（比例系数为 k_2）的阻力作用. 求质点运动的速度与时间的函数关系.

6. 设 $f(x)$ 是连续函数, 且由 $\displaystyle\int_0^x tf(t)\,dt = x^2 + f(x)$ 确定, 求 $f(x)$.

7. 在某池塘内养鱼, 该池塘最多能养鱼 1 000 尾, 在时刻 t, 鱼数 y 是时间 t 的函数 $y = y(t)$, 其变化率与鱼数 y 及 $1\,000 - y$ 成正比. 已知在池塘内放养鱼 100 尾, 3 个月后池塘内有鱼 250 尾, 求放养 t 月后池塘鱼数 $y = y(t)$ 的表达式.

第四节　可降阶的高阶微分方程

从这一节起将讨论二阶及二阶以上的微分方程, 即所谓高阶微分方程. 对于有些高阶微分方程, 可以通过代换将它化成较低阶的方程来求解, 以二阶微分方程

$$y'' = f(x, y, y')$$

而论, 如果能设法作代换把它从二阶降至一阶, 那么就有可能应用前面几节中所讲的方法来求它的解了.

下面介绍三种容易降阶的高阶微分方程的求解方法.

一、$y^{(n)} = f(x)$ 型微分方程

微分方程

$$y^{(n)} = f(x) \tag{6-21}$$

的右端仅含有自变量 x. 容易看出,只要把 $y^{(n-1)}$ 作为新的未知函数,那么方程(6-21)就是新未知函数的一阶微分方程. 两边积分,就得到一个 $n-1$ 阶的微分方程

$$y^{(n-1)} = \int f(x)\mathrm{d}x + C_1.$$

同理可得

$$y^{(n-2)} = \int \left[\int f(x)\mathrm{d}x + C_1 \right] \mathrm{d}x + C_2.$$

依此法继续进行,接连积分 n 次,便得方程(6-21)的含有 n 个任意常数的通解.

例1 求方程 $y''' = \mathrm{e}^x + 1$ 的通解.

解 对方程两边积分,得

$$y'' = \int (\mathrm{e}^x + 1)\mathrm{d}x = \mathrm{e}^x + x + C_1,$$

再积分,得

$$y' = \int (\mathrm{e}^x + x + C_1)\mathrm{d}x = \mathrm{e}^x + \frac{1}{2}x^2 + C_1 x + C_2,$$

第三次积分,得 $y = \int \left(\mathrm{e}^x + \frac{1}{2}x^2 + C_1 x + C_2 \right)\mathrm{d}x = \mathrm{e}^x + \frac{1}{6}x^3 + \frac{1}{2}C_1 x^2 + C_2 x + C_3,$

即为所求微分方程的通解.

例2 求方程 $y''' = \cos x$ 的通解.

解 对方程两边积分,得

$$y'' = \int \cos x \mathrm{d}x = \sin x + C_1,$$

再积分,得

$$y' = \int (\sin x + C_1)\mathrm{d}x = -\cos x + C_1 x + C_2,$$

第三次积分,得 $y = \int (-\cos x + C_1 x + C_2)\mathrm{d}x = -\sin x + \frac{1}{2}C_1 x^2 + C_2 x + C_3$

即为所给方程的通解.

例3 一汽车以 10 m/s 的速度作匀速直线运动,又以匀减速刹车,5 s 后完全停下来,求刹车时的路程函数,并求刹车距离.

解 依题意,刹车时的加速度 $a = -\dfrac{10}{5} = -2 \text{ m/s}^2$,令刹车时 $t = 0$,此时速度 $v = 10$,刹车距离 $s = 0$;则当 $t = 5$ 时,$v = 0$. 由加速度和路程的关系得

$$\frac{\mathrm{d}^2 s}{\mathrm{d}t^2} = -2 \quad \text{或} \quad s'' = -2.$$

两边积分,得

$$s' = -2t + C_1, \quad s = -t^2 + C_1 t + C_2.$$

代入初始条件,计算得 $C_1 = 10$,$C_2 = 0$,故刹车时的路程函数为

$$s = -t^2 + 10t.$$

当 $t = 5$ 时, 刹车距离为 $s = -5^2 + 10 \times 5 = 25$ m.

二、$y'' = f(x, y')$ 型微分方程

方程

$$y'' = f(x, y') \qquad (6-22)$$

的右端不显含未知函数 y, 如果设 $y' = p$, 则 $y'' = p'$, 原方程就成为 $p' = f(x, p)$. 这是一个关于变量 x, p 的一阶微分方程, 设通解为 $p = \varphi(x, C_1)$, 即

$$\frac{\mathrm{d}y}{\mathrm{d}x} = \varphi(x, C_1).$$

两边积分, 得原方程的通解 $\qquad y = \int \varphi(x, C_1)\mathrm{d}x + C_2.$

例 4 求微分方程 $y'' - \dfrac{2}{x+1}y' = 0$ 的通解.

解 所给方程是 $y'' = f(x, y')$ 型. 令 $y' = p$, 则 $y'' = p'$, 将它们代入原方程, 得

$$p' - \frac{2}{x+1}p = 0.$$

分离变量, 得 $\qquad \dfrac{\mathrm{d}p}{p} = \dfrac{2}{x+1}\mathrm{d}x,$

两边积分, 得 $\qquad \ln|p| = \ln(x+1)^2 + C,$

即 $\qquad p = C_1(x+1)^2 \quad (C_1 = \pm e^C).$

所以 $\qquad y' = C_1(x+1)^2.$

对上式两边再积分, 得原方程的通解

$$y = \frac{1}{3}C_1(x+1)^3 + C_2.$$

例 5 求微分方程 $(1+x^2)y'' = 2xy'$ 满足初始条件 $y\,|_{x=0} = 1$, $y'\,|_{x=0} = 3$ 的特解.

解 所给方程是 $y'' = f(x, y')$ 型. 令 $y' = p$, 则 $y'' = p'$, 将它们代入原方程, 得

$$(1+x^2)p' = 2xp.$$

分离变量, 得 $\qquad \dfrac{\mathrm{d}p}{p} = \dfrac{2x}{1+x^2}\mathrm{d}x,$

两边积分, 得 $\qquad \ln|p| = \ln(1+x^2) + C,$

即 $\qquad p = C_1(1+x^2) \quad (C_1 = \pm e^C).$

所以 $\qquad y' = C_1(1+x^2).$

由初始条件 $y'\,|_{x=0} = 3$, 得 $C_1 = 3$. 于是有

$$y' = 3(1+x^2).$$

对上式两边再积分,得
$$y = x^3 + 3x + C_2,$$

又由初始条件 $y\big|_{x=0} = 1$,得 $C_2 = 1$. 所以原方程的特解为
$$y = x^3 + 3x + 1.$$

三、$y'' = f(y, y')$ 型微分方程

方程
$$y'' = f(y, y') \tag{6-23}$$

中不明显地含有自变量 x. 为了求出它的解,令 $y' = p$,并利用复合函数的求导法则把 y'' 化为对 y 的导数,即

$$y'' = \frac{\mathrm{d}p}{\mathrm{d}x} = \frac{\mathrm{d}p}{\mathrm{d}y} \cdot \frac{\mathrm{d}y}{\mathrm{d}x} = p \frac{\mathrm{d}p}{\mathrm{d}y}.$$

这样,方程(6-23)就变为
$$p \frac{\mathrm{d}p}{\mathrm{d}y} = f(y, p),$$

这是一个关于变量 y, p 的一阶微分方程. 设它的通解为

$$y' = p = \varphi(y, C_1),$$

分离变量并积分,便得方程(6-23)的通解为

$$\int \frac{\mathrm{d}y}{\varphi(y, C_1)} = x + C_2.$$

例6 求微分方程 $yy'' - y'^2 = 0$ 的通解.

解 方程 $yy'' - y'^2 = 0$ 中不明显地含自变量 x,设 $y' = p$,则 $y'' = p \dfrac{\mathrm{d}p}{\mathrm{d}y}$,代入方程得

$$yp \frac{\mathrm{d}p}{\mathrm{d}y} - p^2 = 0.$$

在 $y \neq 0$、$p \neq 0$ 时,约去 p 并分离变量,得

$$\frac{\mathrm{d}p}{p} = \frac{\mathrm{d}y}{y},$$

两端积分,得
$$\ln|p| = \ln|y| + C,$$
即
$$p = C_1 y \text{ 或 } y' = C_1 y \quad (C_1 = \pm e^C).$$

再分离变量并两端积分,便得原方程的通解为

$$\ln|y| = C_1 x + C_3,$$
即
$$y = C_2 e^{C_1 x} \quad (C_2 = \pm e^{C_3}).$$

若 $p = 0$,则 $y = C$(C 为任意常数),因此,原方程的通解可统一写为

$$y = C_2 e^{C_1 x}.$$

例7　设地球质量为 M, 万有引力常数为 G, 地球半径为 R, 今有一质量为 m 的火箭, 由地面以初速度 $v_0 = \sqrt{\dfrac{2GM}{R}}$ 垂直向上发射, 试求火箭高度 r 与时间 t 的关系.

解　如图 6-2 所示建立坐标系.

火箭所受的地心引力是

$$f = -\frac{GMm}{(R+r)^2},$$

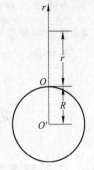

图 6-2

由牛顿第二定律得

$$m\frac{\mathrm{d}^2 r}{\mathrm{d}t^2} = -\frac{GMm}{(R+r)^2},$$

于是得到方程

$$\frac{\mathrm{d}^2 r}{\mathrm{d}t^2} = -\frac{GM}{(R+r)^2}.$$

令 $\dfrac{\mathrm{d}r}{\mathrm{d}t} = p$, 则 $\dfrac{\mathrm{d}^2 r}{\mathrm{d}t^2} = p\dfrac{\mathrm{d}p}{\mathrm{d}r}$, 代入方程得 $p\dfrac{\mathrm{d}p}{\mathrm{d}r} = -\dfrac{GM}{(R+r)^2}$. 积分后得

$$\frac{1}{2}p^2 = \frac{GM}{R+r} + C.$$

将初始条件 $p(0) = \sqrt{2\dfrac{GM}{R}}$, $r(0) = 0$ 代入上式, 得 $C = 0$. 于是

$$p^2 = \frac{2GM}{R+r}$$

或

$$\frac{\mathrm{d}r}{\mathrm{d}t} = \sqrt{\frac{2GM}{R+r}}.$$

积分后得

$$\frac{2}{3}(R+r)^{\frac{3}{2}} = \sqrt{2GM}\,t + C_1.$$

以初始条件 $r(0) = 0$ 代入上式, 得 $C_1 = \dfrac{2}{3}R^{\frac{3}{2}}$. 所以, 火箭高度与时间的关系为

$$\frac{2}{3}(R+r)^{\frac{3}{2}} = \sqrt{2GM}\,t + \frac{2}{3}R^{\frac{3}{2}}.$$

练习题 6-4

1. 求下列各微分方程的通解:

(1) $y'' = x + \sin x$;　　　(2) $yy'' + y'^2 = y'$;　　　(3) $y'' = \dfrac{1}{1+x^2}$;

(4) $y'' = y' + x$;　　　(5) $xy'' + y' = 0$;　　　(6) $y''(1+e^x) + y' = 0$;

(7) $y'' = 1 + y'^2$;　　　(8) $y^3 y'' - 1 = 0$.

2. 求下列各微分方程满足所给初始条件的特解:

(1) $y''' = e^{2x}$, $y|_{x=1} = y'|_{x=1} = y''|_{x=1} = 0$;

(2) $y'' = e^{2y}$, $y|_{x=0} = y'|_{x=0} = 0$;

(3) $y'' = 3\sqrt{y}$，$y\mid_{x=0} = 1$，$y'\mid_{x=0} = 2$；

(4) $y'' + y'^2 = 1$，$y\mid_{x=0} = y'\mid_{x=0} = 0$.

3. 设 $y = f(x)$ 在点 x 处的二阶导数为 $y'' = x$，且曲线 $y = f(x)$ 过点 $M(0,1)$，在该点处与直线 $y = \dfrac{1}{2}x + 1$ 相切，求曲线 $y = f(x)$ 的表达式.

4. 设有一质量为 m 的物体，在空气中由静止开始下落，如果空气阻力为 $R = C^2v^2$（其中 C 为常数，v 为物体运动的速度），试求物体下落的距离 s 与时间 t 的函数关系.

第五节　二阶常系数齐次线性微分方程

一、二阶常系数齐次线性微分方程的定义

定义　形如

$$y'' + py' + qy = 0 \tag{6-24}$$

的方程（其中 p，q 为常数），称为二阶常系数齐次线性微分方程.

二、二阶常系数齐次线性微分方程解的性质

定理（齐次线性方程解的叠加原理）　若 y_1，y_2 是齐次线性方程（6-24）的两个解，则 $y = C_1y_1 + C_2y_2$ 也是方程（6-24）的解，且当 y_1 与 y_2 线性无关时，$y = C_1y_1 + C_2y_2$ 就是方程（6-24）的通解.

证　将 $y = C_1y_1 + C_2y_2$ 直接代入方程（6-24）的左端，得

$$(C_1y''_1 + C_2y''_2) + p(C_1y'_1 + C_2y'_2) + q(C_1y_1 + C_2y_2)$$
$$= C_1(y''_1 + py'_1 + qy_1) + C_2(y''_2 + py'_2 + qy_2)$$
$$= C_1 \cdot 0 + C_2 \cdot 0 = 0.$$

所以，$y = C_1y_1 + C_2y_2$ 是方程（6-24）的解.

由于 y_1，y_2 线性无关，所以 C_1 与 C_2 是两个独立的任意常数，这与方程（6-24）的阶数相同，因此，$y = C_1y_1 + C_2y_2$ 是方程（6-24）的通解.

三、二阶常系数齐次线性微分方程的解法

由齐次线性方程解的叠加原理可知，欲求齐次线性方程（6-24）的通解，只须求出它的两个线性无关的特解即可. 为此，先分析齐次线性方程具有什么特点. 齐次线性方程（6-24）左端是未知函数与未知函数的一阶导数、二阶导数的某种组合，且它们分别乘以"适当"的常数后，可合并成零，这就是说，适合于方程（6-24）的函数 y 必须与其一阶导数、二阶导数只差一个常数因子，而具有此特征的最简单的函数是 e^{rx}（其中 r 是常数）. 为此令 $y = e^{rx}$ 为方程（6-24）的特解，并代入方程（6-24）得 $r^2e^{rx} + pre^{rx} + qe^{rx} = 0$.

因为 $e^{rx} \neq 0$，所以有

$$r^2 + pr + q = 0. \tag{6-25}$$

由此可见,只要 r 满足方程(6-25),函数 $y = e^{rx}$ 就是方程(6-24)的解.称方程(6-25)为微分方程(6-24)的**特征方程**,称方程(6-25)的根为**特征根**.下面就特征方程(6-25)的不同特征根讨论齐次线性方程(6-24)的解.

特征方程(6-25)的两个根 r_1,r_2 可以用公式

$$r_{1,2} = \frac{-p \pm \sqrt{p^2 - 4q}}{2}$$

求出,它们有三种不同的情形:

(1) 当 $p^2 - 4q > 0$ 时,r_1,r_2 是两个不相等的实根:

$$r_1 = \frac{-p + \sqrt{p^2 - 4q}}{2}, \quad r_2 = \frac{-p - \sqrt{p^2 - 4q}}{2}.$$

(2) 当 $p^2 - 4q = 0$ 时,r_1,r_2 是两个相等的实根:$r_1 = r_2 = -\dfrac{p}{2}$.

(3) 当 $p^2 - 4q < 0$ 时,r_1,r_2 是一对共轭复根:$r_1 = \alpha + \mathrm{i}\beta$,$r_2 = \alpha - \mathrm{i}\beta$,其中

$$\alpha = -\frac{p}{2}, \quad \beta = \frac{\sqrt{4q - p^2}}{2}.$$

相应的,微分方程(6-24)的通解也有三种不同的情形,分别讨论如下:

(1) 当特征方程(6-25)有两个不同的实根 r_1 和 r_2 时,则方程(6-24)有两个线性无关的解 $y_1 = e^{r_1 x}$,$y_2 = e^{r_2 x}$.此时方程(6-24)有通解

$$y = C_1 e^{r_1 x} + C_2 e^{r_2 x}.$$

(2) 当特征方程(6-25)有两个相同实根时,即 $r_1 = r_2 = r$,方程(6-24)只有一个解 $y_1 = e^{rx}$.为了得出微分方程(6-24)的通解,还须求出另一个解 y_2,并且要求 y_1,y_2 线性无关.

设 $\dfrac{y_2}{y_1} = u(x)$,即 $y_2 = e^{rx} u(x)$,下面来求 $u(x)$.

将 y_2 求导,得

$$y_2' = e^{rx}(u' + ru), \quad y_2'' = e^{rx}(u'' + 2ru' + r^2 u).$$

将 y_2、y_2' 和 y_2'' 代入微分方程(6-24),得

$$e^{rx}[(u'' + 2ru' + r^2 u) + p(u' + ru) + qu] = 0,$$

约去 e^{rx},并以 u''、u'、u 为准合并同类项,得

$$u'' + (2r + p)u' + (r^2 + pr + q)u = 0.$$

由于 r 是特征方程(6-25)的二重根,因此 $r^2 + pr + q = 0$,且 $2r + p = 0$,于是得

$$u'' = 0.$$

因为这里只要得到一个不为常数的解,所以不妨选取 $u = x$,由此得到微分方程(6-24)

的另一个解

$$y_2 = xe^{rx},$$

且 y_1，y_2 线性无关，于是此时方程(6-24)有通解

$$y = C_1 e^{rx} + C_2 x e^{rx} = (C_1 + C_2 x) e^{rx}.$$

(3) 当特征方程(6-25)有一对共轭复根时，即 $r_{1,2} = \alpha \pm \beta i$（其中 α，β 均为实常数，且 $\beta \neq 0$），此时方程(6-24)有两个线性无关的解 $y_1 = e^{(\alpha+\beta i)x}$ 和 $y_2 = e^{(\alpha-\beta i)x}$，故方程(6-24)的通解为

$$y = A e^{(\alpha+\beta i)x} + B e^{(\alpha-\beta i)x} = e^{\alpha x}(A e^{i\beta x} + B e^{-i\beta x}).$$

利用欧拉公式 $e^{i\theta} = \cos\theta + i\sin\theta$，还可得到实数形式的通解

$$y = e^{\alpha x}(C_1 \cos\beta x + C_2 \sin\beta x),$$

其中，C_1，C_2 是任意常数.

通常情况下，如无特别声明，均要求写出实数形式的解.

根据上述讨论，求二阶常系数齐次线性微分方程通解的步骤如下：

第一步　写出微分方程(6-24)的特征方程 $r^2 + pr + q = 0$；

第二步　求出特征方程(6-25)的特征根 r_1，r_2；

第三步　根据特征根的不同情形，按下表写出微分方程(6-24)的通解：

特征方程 $r^2 + pr + q = 0$ 的两个根 r_1，r_2	微分方程 $y'' + py' + qy = 0$ 的通解
两个不相等的实根 r_1，r_2	$y = C_1 e^{r_1 x} + C_2 e^{r_2 x}$
两个相等的实根 $r_1 = r_2 = r$	$y = (C_1 + C_2 x) e^{rx}$
一对共轭复根 $r_{1,2} = \alpha \pm \beta i$	$y = e^{\alpha x}(C_1 \cos\beta x + C_2 \sin\beta x)$

例1　求方程 $y'' + 5y' + 6y = 0$ 的通解.

解　该方程的特征方程为

$$r^2 + 5r + 6 = 0,$$

其特征根为 $r_1 = -2$，$r_2 = -3$，是两个不相等的实根. 所以，所给微分方程的通解为

$$y = C_1 e^{-2x} + C_2 e^{-3x} \quad (C_1, C_2 \text{ 为任意常数}).$$

例2　求方程 $y'' - 2y' - 3y = 0$ 的通解.

解　该方程的特征方程为 $r^2 - 2r - 3 = 0$，其特征根为 $r_1 = -1$，$r_2 = 3$，是两个不相等的实根. 所以，所给微分方程的通解为

$$y = C_1 e^{-x} + C_2 e^{3x} \quad (C_1, C_2 \text{ 为任意常数}).$$

例3　求方程 $y'' + 4y' + 4y = 0$ 的通解.

解　该方程的特征方程为 $r^2 + 4r + 4 = 0$，其特征根为 $r_1 = r_2 = -2$，是两个相等的实根. 所以，所求微分方程的通解为

$$y = (C_1 + C_2 x)e^{-2x} \quad (C_1, C_2 \text{ 为任意常数}).$$

例 4 求方程 $y'' - 2y' + 5y = 0$ 的通解.

解 该方程的特征方程为 $r^2 - 2r + 5 = 0$,其特征根为 $r_1 = 1 + 2i$,$r_2 = 1 - 2i$,是一对共轭复根. 所以,所求微分方程的通解为

$$y = e^x(C_1 \cos 2x + C_2 \sin 2x) \quad (C_1, C_2 \text{ 为任意常数}).$$

例 5 求方程 $\dfrac{d^2 s}{dt^2} + 2\dfrac{ds}{dt} + s = 0$ 满足初始条件 $s|_{t=0} = 4$,$s'|_{t=0} = -2$ 的特解.

解 所给方程的特征方程为 $r^2 + 2r + 1 = 0$,其特征根为 $r_1 = r_2 = -1$,是两个相等的实根. 因此,所求微分方程的通解为

$$s = (C_1 + C_2 t)e^{-t} \quad (C_1, C_2 \text{ 为任意常数}).$$

将条件 $s|_{t=0} = 4$ 代入通解,得 $C_1 = 4$,从而

$$s = (4 + C_2 t)e^{-t},$$

将上式对 t 求导,得 $s' = (C_2 - 4 - C_2 t)e^{-t},$

再把条件 $s'|_{t=0} = -2$ 代入上式,得 $C_2 = 2$. 于是所求特解为

$$s = (4 + 2t)e^{-t}.$$

练习题 6-5

1. 函数 $y_1 = \sin 3x$,$y_2 = 2\sin 3x$ 是否微分方程 $y'' + 9y = 0$ 的两个解?若是,能否说 $y = C_1 y_1 + C_2 y_2$ 是该方程的通解? 为什么?

2. 验证函数 $y = C_1 e^x + C_2 e^{2x}$ 是方程 $y'' - 3y' + 2y = 0$ 的通解.

3. 已知 $y_1 = e^{2x}$,$y_2 = e^{-x}$ 是微分方程 $y'' + py' + qy = 0$ 的两个特解,试写出该方程的通解,并求满足初始条件 $y|_{x=0} = 1$,$y'|_{x=0} = \dfrac{1}{2}$ 的特解.

4. 求下列微分方程的通解:

   (1) $y'' - 9y = 0$;   (2) $y'' - 4y' = 0$;   (3) $y'' - 2y' - y = 0$;

   (4) $y'' + 4y' + 13y = 0$;   (5) $y'' + y' + y = 0$;   (6) $y'' - 2y' + y = 0$;

   (7) $y'' - 4y' + 5y = 0$;   (8) $y'' + 6y' + 13y = 0$.

5. 求下列微分方程满足初始条件的特解:

   (1) $y'' - 4y' + 3y = 0$,$y|_{x=0} = 6$,$y'|_{x=0} = 10$;

   (2) $4y'' + 4y' + y = 0$,$y|_{x=0} = 2$,$y'|_{x=0} = 0$;

   (3) $y'' - 3y' - 4y = 0$,$y|_{x=0} = 0$,$y'|_{x=0} = -5$;

   (4) $y'' - 4y' + 13y = 0$,$y|_{x=0} = 0$,$y'|_{x=0} = 3$.

6. 设 $y = e^x(C_1 \cos x + C_2 \sin x)$(其中 C_1、C_2 为任意常数)为某个二阶常系数齐次线性方程的通解,试求此微分方程.

第六节　二阶常系数非齐次线性微分方程

一、二阶常系数非齐次线性微分方程的定义

一般地,称形如 $y'' + P(x)y' + Q(x)y = f(x)(f(x) \neq 0)$ 的微分方程为二阶非齐次线性微分方程. 其中, $f(x)$ 称为自由项.

特别地,当 $P(x) = p$、$Q(x) = q$ 均为常数时,方程 $y'' + py' + qy = f(x)$ 称为二阶常系数非齐次线性微分方程.

二、二阶常系数非齐次线性微分方程的解的结构

定理 1　设 $y^*(x)$ 是二阶非齐次线性方程

$$y'' + P(x)y' + Q(x)y = f(x)$$

的一个特解,$Y(x)$ 是对应的齐次方程的通解,那么

$$y = Y(x) + y^*(x)$$

是二阶非齐次线性微分方程的通解.

定理 2　如果 $y_1^*(x)$ 与 $y_2^*(x)$ 分别是方程 $y'' + P(x)y' + Q(x)y = f_1(x)$ 与 $y'' + P(x)y' + Q(x)y = f_2(x)$ 的特解,那么 $y_1^*(x) + y_2^*(x)$ 就是方程

$$y'' + P(x)y' + Q(x)y = f_1(x) + f_2(x)$$

的特解.

这一定理通常称为非齐次线性微分方程的解的**叠加原理**.

注　结合微分方程通解的定义,以上两个定理均可直接代入验证,由读者自己完成,此处不再赘述.

三、二阶常系数非齐次线性方程的解法

求二阶常系数非齐次线性微分方程的通解,归结为求对应的齐次方程的通解和非齐次方程本身的一个特解.

由于二阶常系数齐次线性微分方程的通解的求法已在本章第五节得到解决,所以本节仅介绍当方程 $y'' + py' + qy = f(x)$ 中的 $f(x)$ 以下列两种形式出现时特解 $y^*(x)$ 的求法.

1. $f(x) = P_m(x)e^{\lambda x}$ 型

其中 λ 是常数,$P_m(x)$ 为 x 的一个 m 次多项式.

当 $f(x) = P_m(x)e^{\lambda x}$ 时,可以猜想,方程的特解也应具有这种形式. 因此,设特解形式为 $y^* = Q(x)e^{\lambda x}$,将其代入方程,得等式

$$Q''(x) + (2\lambda + p)Q'(x) + (\lambda^2 + p\lambda + q)Q(x) = P_m(x).$$

(1) 如果 λ 不是特征方程 $r^2 + pr + q = 0$ 的根,则 $\lambda^2 + p\lambda + q \neq 0$. 要使上式成立,$Q(x)$

应设为 m 次多项式

$$Q_m(x) = b_0 x^m + b_1 x^{m-1} + \cdots + b_{m-1} x + b_m,$$

通过比较等式两边同次项系数,可确定 b_0,b_1,$\cdots$,b_m,并得所求特解

$$y^* = Q_m(x)\mathrm{e}^{\lambda x}.$$

(2) 如果 λ 是特征方程 $r^2 + pr + q = 0$ 的单根,则 $\lambda^2 + p\lambda + q = 0$,但 $2\lambda + p \neq 0$,要使等式

$$Q''(x) + (2\lambda + p)Q'(x) + (\lambda^2 + p\lambda + q)Q(x) = P_m(x)$$

成立,$Q(x)$ 应设为 $m+1$ 次多项式. 令

$$Q(x) = x Q_m(x),$$

$$Q_m(x) = b_0 x^m + b_1 x^{m-1} + \cdots + b_{m-1} x + b_m,$$

通过比较等式两边同次项系数,可确定 b_0,b_1,$\cdots$,b_m,并得所求特解

$$y^* = x Q_m(x)\mathrm{e}^{\lambda x}.$$

(3) 如果 λ 是特征方程 $r^2 + pr + q = 0$ 的二重根,则 $\lambda^2 + p\lambda + q = 0$,$2\lambda + p = 0$,要使等式

$$Q''(x) + (2\lambda + p)Q'(x) + (\lambda^2 + p\lambda + q)Q(x) = P_m(x)$$

成立,$Q(x)$ 应设为 $m+2$ 次多项式. 令

$$Q(x) = x^2 Q_m(x),$$

$$Q_m(x) = b_0 x^m + b_1 x^{m-1} + \cdots + b_{m-1} x + b_m,$$

通过比较等式两边同次项系数,可确定 b_0,b_1,$\cdots$,b_m,并得所求特解

$$y^* = x^2 Q_m(x)\mathrm{e}^{\lambda x}.$$

综上所述,有如下结论:

如果 $f(x) = P_m(x)\mathrm{e}^{\lambda x}$,则二阶常系数非齐次线性微分方程 $y'' + py' + qy = f(x)$ 有形如

$$y^* = x^k Q_m(x)\mathrm{e}^{\lambda x}$$

的特解,其中 $Q_m(x)$ 是与 $P_m(x)$ 同次的多项式,而 k 按 λ 不是特征方程的根、是特征方程的单根或是特征方程的重根依次取为 0、1 或 2.

例1 求微分方程 $y'' - 2y' - 3y = 3x + 1$ 的一个特解.

解 这是二阶常系数非齐次线性微分方程,且函数 $f(x)$ 是 $P_m(x)\mathrm{e}^{\lambda x}$ 型(其中 $P_m(x) = 3x + 1$,$\lambda = 0$).

与所给方程对应的齐次方程为

$$y'' - 2y' - 3y = 0,$$

它的特征方程为

$$r^2 - 2r - 3 = 0.$$

由于这里 $\lambda = 0$ 不是特征方程的根,所以应设特解为

$$y^* = b_0 x + b_1.$$

把它代入所给方程,得

$$-3b_0 x - 2b_0 - 3b_1 = 3x + 1,$$

比较两端 x 同次幂的系数，得

$$\begin{cases} -3b_0 = 3, \\ -2b_0 - 3b_1 = 1. \end{cases}$$

由此求得 $b_0 = -1$，$b_1 = \dfrac{1}{3}$. 于是求得所给方程的一个特解为

$$y^* = -x + \frac{1}{3}.$$

例 2　求微分方程 $y'' - 5y' + 6y = xe^{2x}$ 的通解.

解　所给方程是二阶常系数非齐次线性微分方程，且 $f(x)$ 是 $P_m(x)e^{\lambda x}$ 型（其中 $P_m(x) = x$，$\lambda = 2$）.

与所给方程对应的齐次方程为

$$y'' - 5y' + 6y = 0,$$

它的特征方程为

$$r^2 - 5r + 6 = 0.$$

特征方程有两个实根 $r_1 = 2$，$r_2 = 3$. 于是所给方程对应的齐次方程的通解为

$$Y = C_1 e^{2x} + C_2 e^{3x}.$$

由于 $\lambda = 2$ 是特征方程的单根，所以应设方程的特解为

$$y^* = x(b_0 x + b_1)e^{2x}.$$

把它代入所给方程，得

$$-2b_0 x + 2b_0 - b_1 = x.$$

比较两端 x 同次幂的系数，得

$$\begin{cases} -2b_0 = 1, \\ 2b_0 - b_1 = 0. \end{cases}$$

由此求得 $b_0 = -\dfrac{1}{2}$，$b_1 = -1$. 于是求得所给方程的一个特解为

$$y^* = x\left(-\frac{1}{2}x - 1\right)e^{2x},$$

从而所求方程的通解为

$$y = C_1 e^{2x} + C_2 e^{3x} - \frac{1}{2}(x^2 + 2x)e^{2x}.$$

2. $f(x) = e^{\lambda x}[P_l(x)\cos \omega x + P_n(x)\sin \omega x]$

以下求解方程 $y'' + py' + qy = e^{\lambda x}[P_l(x)\cos \omega x + P_n(x)\sin \omega x]$ 的特解形式.

应用欧拉公式 $\cos \theta = \dfrac{e^{i\theta} + e^{-i\theta}}{2}$，$\sin \theta = \dfrac{e^{i\theta} - e^{-i\theta}}{2i}$ 可得

$$e^{\lambda x}[P_l(x)\cos\omega x + P_n(x)\sin\omega x]$$

$$= e^{\lambda x}\left[P_l(x)\frac{e^{i\omega x}+e^{-i\omega x}}{2} + P_n(x)\frac{e^{i\omega x}-e^{-i\omega x}}{2i}\right]$$

$$= \frac{1}{2}[P_l(x)-iP_n(x)]e^{(\lambda+i\omega)x} + \frac{1}{2}[P_l(x)+iP_n(x)]e^{(\lambda-i\omega)x}$$

$$= P(x)e^{(\lambda+i\omega)x} + \overline{P}(x)e^{(\lambda-i\omega)x},$$

其中 $P(x)=\frac{1}{2}(P_l-P_n i)$，$\overline{P}(x)=\frac{1}{2}(P_l+P_n i)$ 是互成共轭的 m 次多项式（即它们对应项的系数是共轭复数），而 $m = \max\{l, n\}$.

设方程 $y'' + py' + qy = P(x)e^{(\lambda+i\omega)x}$ 的特解为

$$y_1^* = x^k Q_m(x)e^{(\lambda+i\omega)x},$$

则 $\overline{y_1^*} = x^k \overline{Q}_m(x)e^{(\lambda-i\omega)}$ 必是方程 $y''+py'+qy = \overline{P}(x)e^{(\lambda-i\omega)}$ 的特解，其中 k 按 $\lambda\pm i\omega$ 不是特征方程的根或是特征方程的根依次取 0 或 1.

于是方程 $y''+py'+qy = e^{\lambda x}[P_l(x)\cos\omega x + P_n(x)\sin\omega x]$ 的特解为

$$y^* = x^k Q_m(x)e^{(\lambda+i\omega)x} + x^k \overline{Q}_m(x)e^{(\lambda-i\omega)x}$$

$$= x^k e^{\lambda x}[Q_m(x)(\cos\omega x + i\sin\omega x) + \overline{Q}_m(x)(\cos\omega x - i\sin\omega x)]$$

$$= x^k e^{\lambda x}[R_m^{(1)}(x)\cos\omega x + R_m^{(2)}(x)\sin\omega x].$$

综上所述，有如下结论：

如果 $f(x) = e^{\lambda x}[P_l(x)\cos\omega x + P_n(x)\sin\omega x]$，则二阶常系数非齐次线性微分方程

$$y'' + py' + qy = f(x)$$

的特解可设为
$$y^* = x^k e^{\lambda x}[R_m^{(1)}(x)\cos\omega x + R_m^{(2)}(x)\sin\omega x],$$

其中 $R_m^{(1)}(x)$、$R_m^{(2)}(x)$ 是 m 次多项式，$m = \max\{l, n\}$，而 k 按 $\lambda+i\omega$（或 $\lambda-i\omega$）不是特征方程的根或是特征方程的单根依次取 0 或 1.

例3 求微分方程 $y'' + y = x\cos 2x$ 的一个特解.

解 所给方程是二阶常系数非齐次线性微分方程，且 $f(x)$ 属于 $e^{\lambda x}[P_l(x)\cos\omega x + P_n(x)\sin\omega x]$ 型（其中 $\lambda = 0$，$\omega = 2$，$P_l(x) = x$，$P_n(x) = 0$）.

与所给方程对应的齐次方程为
$$y'' + y = 0,$$

它的特征方程为
$$r^2 + 1 = 0.$$

由于这里 $\lambda + i\omega = 2i$ 不是特征方程的根，所以应设特解为
$$y^* = (ax+b)\cos 2x + (cx+d)\sin 2x.$$

把它代入所给方程，得
$$(-3ax - 3b + 4c)\cos 2x - (3cx + 3d + 4a)\sin 2x = x\cos 2x.$$

比较两端同类项的系数，得

$$\begin{cases} -3a=1, \\ -3b+4c=0, \\ -3c=0, \\ -3d-4a=0. \end{cases}$$

由此解得

$$a=-\frac{1}{3},\ b=0,\ c=0,\ d=\frac{4}{9}.$$

于是求得一个特解为

$$y^*=-\frac{1}{3}x\cos 2x+\frac{4}{9}\sin 2x.$$

练习题 6-6

1. 下列方程具有什么形式的特解：

(1) $y''+5y'+6y=\mathrm{e}^{3x}$；

(2) $y''+5y'+6y=3x\mathrm{e}^{-2x}$；

(3) $y''+2y'+y=-(3x^2+1)\mathrm{e}^{-x}$.

2. 求下列微分方程的通解：

(1) $y''+4y'+3y=x-2$；

(2) $y''-5y'+6y=(2x+1)\mathrm{e}^{2x}$；

(3) $y''-2y'+y=x\mathrm{e}^x$；

(4) $y''+y=3\sin x$；

(5) $y''+y=x+\mathrm{e}^x$；

(6) $y''-2y'+y=(6x^2-4)\mathrm{e}^x+x+1$.

3. 求下列各微分方程满足已知初始条件的特解：

(1) $y''-3y'+2y=5,\ y|_{x=0}=1,\ y'|_{x=0}=2$；

(2) $y''-y=4x\mathrm{e}^x,\ y|_{x=0}=0,\ y'|_{x=0}=1$；

(3) $y''+y'-2y=\cos x-3\sin x,\ y|_{x=0}=1,\ y'|_{x=0}=2$；

(4) $y''+y+\sin 2x=0,\ y|_{x=\pi}=1,\ y'|_{x=\pi}=1$.

第七节　演示与实验——用 MATLAB 解微分方程

用 MATLAB 求常微分方程（组）的解是由函数 dsolve( )实现的，其调用格式和功能说明见表 6-1.

表 6-1　求常微分方程（组）的调用格式和功能说明

调用格式	功能说明
dsolve('eq','cond','var')	求微分方程的通解或特解，其中 eq 代表微分方程，cond 代表微分方程的初始条件. 若不给出初始条件，则求方程的通解；var 代表自变量，默认是按系统默认原则处理
dsolve('eq1','eq2',…,'eqN','cond1','cond2',…,'condN','var1','var2',…'varN')	求解微分方程组 eq1，eq2，…在初始条件 cond1，cond2，…下的特解. 若不给出初始条件，则求方程的通解. var1，var2，…代表求解变量，如不指定，将默认自变量

在 MATLAB 中,用大写字母 D 表示微分方程的导数. 例如:Dy 表示 y',D2y 表示 y'',以此类推;D2$y+2*$D$y-3*x+y-5=0$ 表示微分方程 $y''+2y'-3x+y-5=0$;D$y(0)=3$ 表示 $y'(0)=3$.

例1 求常微分方程 $\dfrac{\mathrm{d}y}{\mathrm{d}x}=\dfrac{y}{x}+\tan\dfrac{y}{x}$ 的通解.

解 >> clear
>> y=dsolve('Dy=y/x+tan(y/x)','x')
y=
   asin(x*C1)*x

例2 求常微分方程 $(1+x^2)\dfrac{\mathrm{d}^2y}{\mathrm{d}x^2}-2x\dfrac{\mathrm{d}y}{\mathrm{d}x}=0$ 的通解.

解 >> clear
>> y=dsolve('(1+x^2)*D2y-2*x*Dy=0','x')
y=
   C1+(1/3*x^3+x)*C2

例3 求常微分方程 $\dfrac{\mathrm{d}^2y}{\mathrm{d}x^2}-3\dfrac{\mathrm{d}y}{\mathrm{d}x}+2y=x\mathrm{e}^{2x}$ 的通解.

解 >> clear
>> y=dsolve('D2y-3*Dy+2*y=x*exp(2*x)','x')
y=
   (1/2*exp(x)*x^2-x*exp(x)+exp(x)+exp(x)*C1+C2)*exp(x)

例4 求初值问题 $\begin{cases}\dfrac{\mathrm{d}v}{\mathrm{d}t}=g-\dfrac{kv}{m}\\ v(0)=0\end{cases}$ 的特解.

解 >> clear
>> syms m k g t
>> v=dsolve('Dv=g-(k*v)/m','v(0)=0','t')
v=
   g/k*m-exp(-k/m*t)*g/k*m

例5 求常微分方程组 $\begin{cases}\dfrac{\mathrm{d}x}{\mathrm{d}t}=2x-3y+3z\\ \dfrac{\mathrm{d}y}{\mathrm{d}t}=4x-5y+3z\\ \dfrac{\mathrm{d}z}{\mathrm{d}t}=4x-4y+2z\end{cases}$ 的通解.

解 >> clear
>>[x y z]=dsolve('Dx=2*x-3*y+3*z','Dy=4*x-5*y+3*z','Dz=4*x-4*y+2*z','t')
x=

$$C3*\exp(2*t)+\exp(-t)*C1$$
$$y=$$
$$C2*\exp(-2*t)+C3*\exp(2*t)+\exp(-t)*C1$$
$$z=$$
$$C2*\exp(-2*t)+C3*\exp(2*t)$$

练习题 6-7

1. 求下列微分方程的通解：

(1) $\mathrm{d}x + xy\,\mathrm{d}y = y^2\,\mathrm{d}x + y\,\mathrm{d}y$；

(2) $y' + \dfrac{1}{x}y = \dfrac{\sin x}{x}$；

(3) $y'' = y' + x$；

(4) $y'' + y' = 2x^2\mathrm{e}^x$．

2. 求下列初值问题的特解：

(1) $\begin{cases} \dfrac{\mathrm{d}y}{\mathrm{d}x} - y\tan x = \sec x, \\ y(0) = 0; \end{cases}$

(2) $\begin{cases} y'' - 10y' - 11y = 0, \\ y\,|_{x=0} = 0, y'\,|_{x=0} = -12. \end{cases}$

第八节　常微分方程模型

前面几节介绍了微分方程的概念及几类简单微分方程的求解问题. 微分方程作为数学科学的中心学科，已经有 300 多年的发展历史，其解法和理论已日臻完善，可以为分析和求方程的解（或数值解）提供足够的方法，这使得微分方程模型具有极大的普遍性、有效性和非常丰富的数学内涵. 在很多实际问题的研究中，经常要涉及各变量的变化率问题. 这些问题的解决通常要建立相应的微分方程模型. 微分方程模型在自然科学中的应用主要以物理、力学等客观规律为基础建立起来，而在经济学、人口预测等社会科学方面的应用则是在类比、假设等措施下建立起来. 微分方程建模对于许多实际问题的解决是一种极有效的数学手段. 本节主要介绍几个用常微分方程建立的简单模型，让读者了解微分方程的应用.

一、减肥问题

随着人们生活水平的不断提高，人们的饮食条件不断改善和提高，肥胖已经成为全社会关注的一个重要的问题. 如何正确对待减肥，是人们必须认真考虑的问题.

1. 问题提出

减肥问题实际上是减少体重的问题. 假定某人每天的饮食可产生 A(J)热量，用于基本新陈代谢每天消耗的热量为 B(J)，用于工作或劳动每天消耗的热量为 C(J/kg). 为简化计算，假定增加（或减少）的体重所需的热量全由脂肪提供，脂肪的含热量为 D(J/kg). 求人体体重随时间的变化规律.

2. 问题求解

设开始减肥时人体体重为 ω_0，t 时刻（单位：天）的体重为 $\omega(t)$，假定 $\omega(t)$ 关于 t 连续而且充分光滑，且在任何一个时间段内体重的变化全由人体的脂肪决定.

根据能量平衡原理,任何时间段内由于体重的改变所引起的人体内能量变化应该等于这段时间内摄入的能量与消耗的能量的差,则在 dt 内由能量平衡原理,有

$$Dd\omega(t) = [A - B - C\omega(t)]dt.$$

记 $a = \dfrac{A-B}{D}$, $b = \dfrac{c}{D}$,则可得

$$\begin{cases} \dfrac{d\omega(t)}{dt} = a - b\omega(t), \\ \omega(0) = \omega_0. \end{cases}$$

这是一阶可分离变量微分方程,解得

$$\omega(t) = \frac{a}{b} + \left(\omega_0 - \frac{a}{b}\right)e^{-bt}.$$

这就是一个简单的减肥数学模型.

3. 模型评价

根据这个模型,有以下结论:

(1) 由于 $\lim\limits_{t \to +\infty} \omega(t) = \dfrac{a}{b}$,故随着时间的增加体重将逐渐趋于常数 $\dfrac{a}{b}$,又 $\dfrac{a}{b} = \dfrac{A-B}{C}$,所以只要节制饮食,加强锻炼,调节新陈代谢,使体重达到希望的值是有可能的.

(2) 假设 $a = 0$,即 $A = B$,则 $\omega(t) = \omega_0 e^{-bt}$,且 $\lim\limits_{t \to +\infty} \omega(t) = 0$,这就是说,如果吃得太少,摄取的热量仅够维持新陈代谢的需要,时间长了就有生命危险.

若 $a < 0$,即 $A < B$,结果也是相同的.

(3) 若 $b = 0$,即 $C = 0$,则方程变为

$$\begin{cases} \dfrac{d\omega(t)}{dt} = a, \\ \omega(0) = \omega_0. \end{cases}$$

方程解为 $\omega(t) = at + \omega_0$,且 $\lim\limits_{t \to +\infty} \omega(t) = +\infty$,这表明,如果只吃饭,不活动,不锻炼,身体就会越来越胖,是非常危险的.

二、文物的年代测定问题

1. 问题提出

1972 年 8 月,湖南长沙出土了马王堆一号墓,出土时因墓中的女尸虽历经多年而未腐曾经震惊世界,但这座墓葬到底是哪个年代? 至今有多少年了? 科学家们经过测量计算,并对墓中物品考证,确定一号墓的主人是汉代长沙国丞相仓的夫人辛追. 那么,科学家们是用什么方法来测定的呢?

2. 模型分析

^{14}C(^{12}C、^{13}C 的同位素)是在大气中宇宙射线中子和氮气作用生成的,具有放射性,并且遵循放射性元素的衰变规律(放射性元素任意时刻的衰变速度与该时刻放射性元素的质量成正比). ^{14}C 能与氧结合成二氧化碳形式被植物吸收,人和动物需要食用植物,于是也在人体和动物

体内存留. 只要植物或动物生存着, 它们就会持续不断地摄取吸收^{14}C, 使得机体内的^{14}C 与空气中的^{14}C 有相同的百分含量. 但是一旦任何一种生物体死亡, 它就停止吸收^{14}C, 存留体内的^{14}C 会以 5 568 年的半衰期开始衰变而不断减少. 因此, 只要测定剩下的放射性^{14}C 的含量, 就可推断其年代.

经测定, 出土时木炭标本中^{14}C 的平均原子衰变速度为 29.78 次/min, 而新砍伐烧成的木炭中^{14}C 平均原子衰变速度为 37.37 次/min.

3. 模型建立与求解

设 y_0 表示该墓葬下葬时木炭标本中^{14}C 的含量, $y(t)$ 表示该墓葬出土时木炭标本中^{14}C 的含量, T 表示^{14}C 的半衰期.

由衰变规律, 可得

$$y'(t) = -ky(t), \tag{6-26}$$

其中 $k > 0$, 为比例系数, 负号表示放射性元素的质量随时间的推移是递减的.

再由 $y(0) = y_0$, 可建立微分方程

$$\begin{cases} \dfrac{\mathrm{d}y}{\mathrm{d}t} = -ky, \\ y(0) = y_0. \end{cases}$$

解这个线性常系数微分方程得 $\quad y = y_0 \mathrm{e}^{-kt}.$

利用^{14}C 的半衰期为 T 来求比例系数 k, 有

$$\frac{y_0}{2} = y_0 \mathrm{e}^{-kT},$$

得 $\qquad\qquad\qquad\qquad k = \dfrac{\ln 2}{T}.$

令 $t = 0$, 则由式(6-26)得 $\quad y'(0) = -ky(0) = -ky_0.$

上式与式(6-26)相除, 得

$$\frac{y'(0)}{y'(t)} = \frac{y_0}{y(t)}. \tag{6-27}$$

把 $y = y_0 \mathrm{e}^{-kt}$ 代入式(6-27), 可得 $t = \dfrac{T}{\ln 2} \ln \dfrac{y'(0)}{y'(t)}.$

考虑到宇宙射线的强度在数千年内变化不会很大, 因而可以认为现代生物体内的衰变速度与马王堆墓葬时年代生物体的衰变速度相等. 即用新砍伐烧成的木炭中^{14}C 的平均原子衰变速度 37.37 次/min 代替下葬时木炭标本中^{14}C 的衰变速度 $y'(0)$. 把 $y'(t) = 29.78$ 次/min、$T = 5\,568$ 代入上式, 得 $t \approx 2\,036$, 从而推断出马王堆一号墓距今约有 2 036 年.

4. 模型应用

利用放射性元素的衰变规律, 通过建立数学模型来测算文物及地质的年代, 一直为考古学家、古人类学家和地质学家所重视, 并得到了广泛的应用, 例如楼兰女尸的年代的测定、耶稣的裹尸布真伪的判定等.

三、人口增长预报问题

随着社会的发展,人们越来越意识到地球资源的有限性,人口与资源之间的矛盾日益突出,人口的增长是当前世界上普遍关注的问题之一,人口增长规律的发现及人口增长的预测对于一个国家制定长远的发展规划也是非常重要的.

事实上,早在 18 世纪人们就开始进行人口预报工作了,提出了许多模型.下面介绍两个最基本的人口模型.

(一) 人口指数增长模型(Malthus 模型)

英国人口学家马尔萨斯(Malthus, 1766—1834)根据英国百余年的人口统计资料,提出了著名的人口增长模型.这个模型的基本假设是:人口的增长率是常数,或者说,单位时间内人口的增长量与当时的人口成正比.

1. 模型假设

(1) 人口在 t 时刻的增长速率为常数 r.

(2) 以 $x(t)$ 表示 t 时刻的人口数,当考查一个国家或一个很大地区的人口时,$x(t)$ 是很大的整数,故可将 $x(t)$ 视为连续、可微函数.

2. 模型建立与求解

根据 r 是常数的基本假设,t 到 $t + \Delta t$ 时间内人口的增量为

$$x(t + \Delta t) - x(t) = rx(t)\Delta t,$$

两端除以 Δt,得

$$\frac{x(t + \Delta t) - x(t)}{\Delta t} = rx(t).$$

令 $\Delta t \to 0$,就可以得到微分方程

$$\frac{\mathrm{d}x(t)}{\mathrm{d}t} = rx(t).$$

记初始时刻($t = 0$) 的人口为 x_0,于是 $x(t)$ 满足如下初值问题:

$$\begin{cases} \dfrac{\mathrm{d}x(t)}{\mathrm{d}t} = rx(t), \\ x(0) = x_0, \end{cases}$$

用分离变量法解得

$$x(t) = x_0 \mathrm{e}^{rt}.$$

当 $r > 0$ 时,人口将按指数规律无限增长,故模型称为指数增长模型(或 Malthus 模型).

3. 模型检验

历史上,指数增长模型与 19 世纪以前欧洲一些地区人口统计数据可以很好地吻合.另外,用它作短期人口预测可以得到较好的结果.这是因为在这些情况下,模型假设人口增长率是常数基本成立.

但是长期来看,任何地区的人口都不可能无限增长,即指数模型不能描述,也不能预测较长时期的人口演变过程.因为人口增长率事实上是在不断地变化着.排除灾难、战争等特殊时期,一般说来,当人口较少时,增长较快,即增长率较大;人口增加到一定数量以后,增长就会慢下来,即增长率变小.

4. 模型讨论

为了进一步的讨论,下面有必要说明此模型建立过程中的假设和限制:

(1) 这里把人口数仅仅看成是时间 t 的函数 $x(t)$,忽略了个体间的差异(如年龄、性别、大小等)对人口增长的影响.

(2) 假定 $x(t)$ 是连续可微的,这对于人口数量足够大,而生育和死亡现象在整个时间段内是随机发生的,可认为是近似成立的.

(3) 人口增长率是常数,表示人处于一种不随时间改变的定常环境中.

(4) 模型所描述的人群应该是在一定空间范围内封闭的,即在所研究的时间范围内不存在迁移(迁入或迁出)现象.

不难看出,这些假设苛刻、不现实,所以模型只符合人口的过去结果,而不能预测未来人口.

(二) 阻滞增长模型(Logistic 模型)

人口增长到一定数量后增长率下降的主要原因是由于自然资源、环境条件等因素对人口的增长起着阻滞作用,并且随着人口的增加,阻滞作用越来越大. 基于此因素,对指数增长模型的基本假设进行修改,就得到阻滞增长模型.

1. 模型假设

(1) 以 $x(t)$ 表示 t 时刻的人口数,当考查一个国家或一个很大地区的人口时,$x(t)$ 是很大的整数,故可将 $x(t)$ 视为连续、可微函数.

(2) 人口的增长速率为常数 r.

(3) 将固有增长率 r 表示为人口 $x(t)$ 的函数 $r(x)$,自然资源和环境条件所能容纳的最大人口数量设为 x_m.

2. 模型建立与求解

由于资源对人口的限制,$r(x)$ 应是 x 的减函数,特别是当 $x(t)$ 达到最大人口数量 x_m 时人口不再增长,即 $r(x_m) = 0$;当人口数 $x(t)$ 超过 x_m 时,应当发生负增长,于是可令

$$r(x) = r\left(1 - \frac{x}{x_m}\right),$$

因子 $1 - \dfrac{x}{x_m}$ 体现了对人口增长的阻滞作用.上式表明,增长率 $r(x)$ 与人口尚未实现部分的比例 $\dfrac{x_m - x}{x_m}$ 成正比,比例系数为固有增长率 r.

用 $r(x)$ 代替指数增长模型中的 r,可得微分方程

$$\begin{cases} \dfrac{\mathrm{d}x(t)}{\mathrm{d}t} = r\left(1 - \dfrac{x}{x_m}\right)x, \\ x(0) = x_0, \end{cases}$$

解得

$$x(t) = \frac{x_m}{1 + \left(\dfrac{x_m}{x_0} - 1\right)\mathrm{e}^{-rt}}.$$

在这个模型中,考虑了资源对人口增长率的阻滞作用,因而称为阻滞增长模型(或 Logistic 模型). Logistic 模型的 $x\text{-}t$ 曲线如图 6-3 所示.

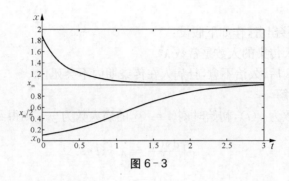

图 6-3

阻滞增长模型,是荷兰生物数学家 Verhulst 19 世纪中叶提出的. 它不仅能够大体上描述人口及许多物种数量(如森林、鱼群等)的变化规律,而且在社会经济领域也有广泛的应用(如耐用消费品的售量).

3. 模型检验

从图 6-3 可以看出,人口总数具有的规律为:当人口数的初始值 $x_0 > x_m$ 时,人口曲线单调递减,而当人口数的初始值 $x_0 < x_m$ 时,人口曲线单调递增;无论人口初始值为多少,当 $t \to \infty$ 时,它们都趋于人口最大容量 x_m.

4. 模型讨论

阻滞增长模型从一定程度上弥补了指数增长模型的不足,可以被用来对相对较长时期的人口作预测,而指数增长模型因为其形式简单常被用来预测短期内的人口.

无论是阻滞增长模型还是指数增长模型,都与人口增长率密切相关,而影响增长率的出生率和死亡率还与年龄、医疗卫生条件的改善、人们生育观念的变化等因素有关,所以,更合乎实际的人口模型应该考虑这些因素. 因此后来人们还给出了其他模型,如连续人口模型、离散人口模型、随机人口模型等.

四、传染病模型

随着卫生设施的改善、医疗水平的提高以及人类文明的不断发展,许多传染病已经得到有效控制,但仍然有传染病暴发或流行,新的传染病还会出现. 在世界的某些地区,特别是在发展中国家和一些贫困地区,还时常会出现传染病流行的情况. 有些传染病的传染性极强,严重危害人们的健康和生命. 因此,建立传染病的数学模型来描述传染病的传播过程、分析受感染人数的变化规律、预报传染病高峰的到来等,一直是人们十分关心的课题.

不同类型的传染病,其传播过程各不相同,研究过程也与其他学科不同. 人们不可能在人群中做传染病的实验以获得数据,因此,有关传染病的数据、资料只能从医疗部门得到,但这些数据往往不够全面和充分,从这些数据中准确确定某些参数,只能估计大概范围. 所以,利用数学建模和计算机仿真便成为研究传染病流行过程的有效途径之一.

一般把传染病流行范围内的人群分为三类:S 类,易感者(susceptible),指未得病者但免疫力低,与患病者接触后易受感染;I 类,已感染者(infective),指染上传染病的人,它可以传染给 S 类;R 类,移出者(removal),指被隔离或因病痊愈而具有免疫力的人.

(一) SI 模型(Ⅰ)

1. 模型假设

SI 模型是一类简化的流行病传播模型,该模型将人群分成易感染者和已感染者两类,不

考虑被传染后病愈和移出者,作如下假设:

(1) 每个病人每天传染的人数是常数 λ_0.

(2) 一个病人得病后,久治不愈,且病人在传染期内不会死亡.

2. 模型建立与求解

记 t 时刻的病人数为 $y(t)$,初始时刻($t = 0$)的病人数为 y_0,则得到微分方程

$$\begin{cases} \dfrac{\mathrm{d}y(t)}{\mathrm{d}t} = \lambda_0 y(t), \\ y(0) = i_0, \end{cases}$$

可以解得

$$y(t) = y_0 e^{\lambda_0 t}.$$

这个结果与传染病初期比较吻合,但随着时间的增加,病人数将无限增加,这显然与实际不符. 事实上,病人接触的人群有健康者和病人,只有健康者才会被传染成为病人,所以在建模过程中要把病人和健康者区分开来考虑.

(二) SI 模型(Ⅱ)

1. 模型假设

记 t 时刻的健康人数为 $s(t)$,根据实际做如下假设:

(1) 总人数为常数 N,记 t 时刻健康者人数和病人数在总人数中占的比例分别为 $s(t)$ 和 $i(t)$ ($s(t) + i(t) = 1$).

(2) 每个病人每天有效接触的平均人数是常数 λ. λ 称为日接触率,表示当病人与健康者有效接触时,每个病人每天使健康者受传染变成的病人数.

(3) 一个病人得病后,久治不愈,且病人在传染期内不会死亡.

2. 模型建立与求解

根据假设,每个病人每天可使 $\lambda s(t)$ 个健康者变成病人. 因为病人数为 $Ni(t)$,所以每天共有 $\lambda N s(t) i(t)$ 个健康者被感染,可得病人的变化率方程为

$$\frac{\mathrm{d}Ni(t)}{\mathrm{d}t} = N\lambda s(t) i(t),$$

即

$$N \frac{\mathrm{d}i(t)}{\mathrm{d}t} = N\lambda s(t) i(t).$$

再记初始时刻 ($t = 0$) 的病人数为 i_0,可得

$$\begin{cases} \dfrac{\mathrm{d}i(t)}{\mathrm{d}t} = \lambda i(t)(1 - i(t)), \\ i(0) = i_0, \end{cases}$$

解得

$$i(t) = \frac{1}{1 + \left(\dfrac{1}{i_0} - 1\right) e^{-\lambda t}}.$$

可以看出当 $i(t) = \dfrac{1}{2}$ 时,$\dfrac{\mathrm{d}i}{\mathrm{d}t}$ 达到最大值,$t_m = \lambda^{-1} \ln\left(\dfrac{1}{i_0} - 1\right)$,它表示传染病的高峰时刻,是需要采取严格措施加以控制的时刻. 日接触率 λ 与许多因素有关,一个地区的卫生医疗

水平越高,日接触率 λ 越小,采取的预防措施越严格,日接触率 λ 越小,减小该地区的人口流动,也相应地减小了日接触率 λ. t_m 与 λ 呈反比,所以,提高医疗水平,改善卫生保健措施,减少人员接触,加强预防宣传等都可以推迟传染病高峰期的到来. 当 $t \to \infty$ 时,$i \to 1$,即所有人最终都将被传染变成病人,这显然与实际情况不符. 其原因是模型中没有考虑到病人可以治愈.

练习题 6-8

1. 细菌的增长率与总数成正比. 如果培养的细菌总数在 24 h 内由 100 增长为 400,那么,前 12 h 后的细菌总数是多少?

2. 放射性元素铀由于不断地有原子放射出微粒子而变成其他元素,铀的含量就不断减少,这种现象叫作衰变. 由原子物理学知道,铀的衰变速度与当时未衰变的铀原子的含量 M 成正比. 已知 $t = 0$ 时铀的含量为 M_0,求在衰变过程中铀含量 $M(t)$ 随时间 t 变化的规律.

3. 某人每天由饮食获取 10 467 J 热量,其中 5 038 J 用于新陈代谢,此外每千克体重须支付 69 J 热量作为运动消耗,其余热量则转化为脂肪,已知以脂肪形式储存的热量利用率为 100%,每千克脂肪含热量 41 868 J,问此人的体重如何随时间而变化?

4. 某地发生一起谋杀案,刑侦人员测得尸体温度为 30 ℃,此时是下午 4 时整. 假设该人被谋杀前的体温为 37 ℃,被杀 2 h 后尸体温度为 35 ℃,周围空气的温度为 20 ℃,试推断谋杀是何时发生的?

5. 在一种溶液中,化学物质 A 分解而形成 B,其速度与未转换的 A 的浓度成比例. 转换 A 的一半用了 20 min,把 B 的浓度 y 表示为时间的函数,并作出图像.

6. 现有一只兔子、一只狼,兔子位于狼的正西 100 m 处. 假设兔子与狼同时发现对方并一起起跑,兔子往正北 60 m 处的巢穴跑,而狼在追兔子. 已知兔子、狼是匀速跑且狼的速度是兔子的 2 倍,问兔子能否安全回到巢穴?

7. 设位于坐标原点的甲舰向位于 x 轴上点 $A(1, 0)$ 处的乙舰发射制导导弹,导弹头始终指向乙舰. 如果乙舰以最大的速度 $v_0(v_0$ 是常数$)$ 沿平行于 y 轴的直线航行,导弹的速度是 $5v_0$,求导弹运行的曲线方程. 又问乙舰行驶多远时,它将被导弹击中?

8. 假定一个雪球半径为 r,其融化时体积的变化率与雪球的表面积成正比,比例常数为 $k > 0(k$ 与空气温度等有关$)$,已知 2 h 内融化了其体积的 1/4,问其余部分在多长时间内融化完?

9. 生活在阿拉斯加海滨的鲑鱼服从 Malthus 增长模型 $\dfrac{\mathrm{d}p(t)}{\mathrm{d}t} = 0.003p(t)$,其中 t 以分钟计.

   在 $t = 0$ 时一群鲨鱼来到此水域定居,开始捕食鲑鱼. 鲨鱼捕杀鲑鱼的速率是 $0.001P^2(t)$,其中 $P(t)$ 是时刻 t 鲑鱼总数. 此外,由于在它们周围出现意外情况,平均每分钟有 0.002 条鲑鱼离开此水域.

   (1) 考虑到两种因素,试修正 Malthus 模型.

   (2) 假设在 $t = 0$ 时存在 100 万条鲑鱼,试求鲑鱼总数 $P(t)$,并问 $t \to \infty$ 时会发生什么情况?

10. 假定警方对司机饮酒后驾车时血液中酒精含量的规定为不超过 80%(mg/ml). 现有一起交通事故,在事故发生 3 h 后,测得司机血液中酒精含量是 56%(mg/ml),又过 2 h 后,测得其酒精含量降为 40%(mg/ml). 试判断:事故发生时,司机是否违反了酒精含量的规定?

11. 在某个人群中推广一种新技术,是通过其中掌握了这项新技术的人进行的.该人群的总人数为 N,在开始时已经掌握新技术的人数为 x_0,在任意时刻 t 已经掌握新技术的人数为 $x(t)$,由于人数较多,可以将 $x(t)$ 视为连续可微变量.如果 $x(t)$ 的变化率与已掌握新技术的人数和尚未掌握新技术的人数之积成正比,比例系数 $k > 0$.求 $x(t)$ 的变化规律.

12. 设 $f(x)$ 在 $[1, +\infty)$ 上连续,若由曲线 $y = f(x)$,直线 $x = 1$、$x = t(t > 1)$ 与 x 轴所围成的平面图形绕 x 轴旋转一周所成的旋转体的体积为

$$V(t) = \frac{\pi}{3}\left[t^2 f(t) - f(1)\right],$$

试求 $y = f(x)$ 所满足的微分方程,并求该微分方程满足条件 $y\mid_{x=2} = \dfrac{2}{9}$ 的特解.

本章小结

一、本章主要内容与重点

本章主要内容有:常微分方程的基本概念,可分离变量的微分方程,一阶线性微分方程,可降阶的高阶微分方程,二阶常系数齐次线性微分方程、二阶常系数非齐次线性微分方程的概念及解法.

重点 可分离变量的微分方程及一阶线性微分方程的解法,二阶常系数齐次线性微分方程的解法.

二、学习指导

(一)常微分方程的基本概念

(1) 微分方程:凡表示未知函数、未知函数的导数与自变量之间的关系的方程,叫作微分方程,有时也简称方程.当微分方程中所含的未知函数是一元函数时,这时的微分方程称为常微分方程.

(2) 微分方程的阶:微分方程中所出现的未知函数的最高阶导数的阶数,叫作微分方程的阶.

(3) 微分方程的解:能使微分方程成为恒等式的函数,称为该微分方程的解.如果微分方程的解中含有任意常数,且相互独立的任意常数的个数与微分方程的阶数相同,这样的解叫作微分方程的通解.不含任意常数的解,称为微分方程的特解.

(4) 初始条件与初值问题:用未知函数及其各阶导数在某个特定点的值作为确定通解中任意常数的条件,称为初始条件.把求微分方程满足初始条件的解,即特解的问题,称为初值问题.

(二)可分离变量的微分方程

一般地,把具有 $y' = f(x)g(y)$ 形式的微分方程,称为可分离变量的微分方程.其中 $f(x)$, $g(y)$ 分别是变量 x, y 的连续函数,且 $g(y) \neq 0$.

该微分方程的解法如下:

(1) 分离变量 $\dfrac{1}{g(y)}\mathrm{d}y = f(x)\mathrm{d}x$;

(2) 两边积分 $\displaystyle\int \dfrac{\mathrm{d}y}{g(y)} = \int f(x)\mathrm{d}x$;

(3) 求出积分,得通解 $G(y) = F(x) + C$,其中 $G(y)$,$F(x)$ 分别是 $\dfrac{1}{g(y)}$,$f(x)$ 的原函数,C 为任意常数.

(三) 齐次方程

形如 $y' = \varphi\left(\dfrac{y}{x}\right)$ 的方程称为齐次方程.

先代换,令 $u = \dfrac{y}{x}$,得 $y' = u + xu'$.原方程化为 $x\dfrac{\mathrm{d}u}{\mathrm{d}x} = \varphi(u) - u$.再分离变量.两边积分.最后再把变量 u 回代.

(四) 一阶线性微分方程

1. 一阶线性微分方程的定义

形如 $\dfrac{\mathrm{d}y}{\mathrm{d}x} + P(x)y = Q(x)$ 的方程,称为一阶线性微分方程,其中 $P(x)$,$Q(x)$ 为已知函数.当 $Q(x) \equiv 0$ 时,称方程为齐次线性方程;当 $Q(x) \neq 0$ 时,称方程是非齐次线性方程.

2. 一阶线性微分方程的通解

(1) 一阶齐次线性微分方程的通解:$y = C\mathrm{e}^{-\int P(x)\mathrm{d}x}$;

(2) 一阶非齐次线性微分方程的通解:$y = \mathrm{e}^{-\int P(x)\mathrm{d}x}\left[\displaystyle\int Q(x)\mathrm{e}^{\int P(x)\mathrm{d}x}\mathrm{d}x + C\right]$.

3. 一阶微分方程的应用

利用一阶微分方程解决某些实际问题的一般步骤为:

(1) 根据实际问题所给的条件,用变化率或微元法建立微分方程,确定初始条件;

(2) 识别所建立的微分方程类型,求出其通解;

(3) 按初始条件确定任意常数,得到特解;

(4) 依问题特点作出物理或几何上的解释等.

本课程的要求,只须利用微分方程解决某些简单的几何、物理或经济实际问题.

(五) 可降阶的高阶微分方程

设法作代换把它降阶,再解一阶微分方程.可降阶的高阶微分方程分三种类型:

(1) $y^{(n)} = f(x)$ 型微分方程:连续积分 n 次,便得方程的含有 n 个任意常数的通解.

(2) $y'' = f(x, y')$ 型微分方程:设 $y' = p$,则 $p' = y'' = f(x, p)$.设通解为 $p = \varphi(x, C_1)$,即 $\dfrac{\mathrm{d}y}{\mathrm{d}x} = \varphi(x, C_1)$,两边积分,得原方程的通解 $y = \displaystyle\int \varphi(x, C_1)\mathrm{d}x + C_2$.

(3) $y'' = f(y, y')$ 型微分方程:令 $y' = p$,并利用复合函数的求导法则把 y'' 化为对 y 的导数,即 $y'' = \dfrac{\mathrm{d}p}{\mathrm{d}x} = \dfrac{\mathrm{d}p}{\mathrm{d}y} \cdot \dfrac{\mathrm{d}y}{\mathrm{d}x} = p\dfrac{\mathrm{d}p}{\mathrm{d}y}$.这样,方程就化为 $p\dfrac{\mathrm{d}p}{\mathrm{d}y} = f(y, p)$.设它的通解为 $y' = p = \varphi(y, C_1)$,分离变量并积分,便得方程的通解为 $\displaystyle\int \dfrac{\mathrm{d}y}{\varphi(y, C_1)} = x + C_2$.

(六) 二阶常系数线性微分方程

1. 二阶常系数齐次线性微分方程的定义

形如 $y'' + py' + qy = 0$ 的方程(p、q 为常数),称为二阶常系数齐次线性微分方程.

2. 二阶常系数齐次线性微分方程解的性质(齐次线性方程解的叠加原理)

若 y_1,y_2 是齐次线性方程的两个解,则 $y = C_1y_1 + C_2y_2$ 也是方程的解,且当 y_1 与 y_2 线

性无关时,$y = C_1 y_1 + C_2 y_2$ 就是方程的通解.

3. 求二阶常系数齐次线性微分方程的通解的步骤

第一步　写出微分方程的特征方程 $r^2 + pr + q = 0$;

第二步　求出特征方程的特征根 r_1, r_2;

第三步　根据特征根的不同情形,按下表写出微分方程的通解:

特征方程 $r^2 + pr + q = 0$ 的两个根 r_1, r_2	微分方程 $y'' + py' + qy = 0$ 的通解
两个不相等的实根 r_1, r_2	$y = C_1 e^{r_1 x} + C_2 e^{r_2 x}$
两个相等的实根 $r_1 = r_2 = r$	$y = (C_1 + C_2 x) e^{rx}$
一对共轭复根 $r_{1,2} = \alpha \pm \beta i$	$y = e^{\alpha x}(C_1 \cos \beta x + C_2 \sin \beta x)$

二阶常系数齐次线性微分方程可以用特征方程的根来确定通解的形式.这种方法也称为特征根法,它的特点是不用积分,只用代数方法便可求得通解.

4. 二阶常系数非齐次线性微分方程的定义

形如 $y'' + py' + qy = f(x)$(p, q 为常数)的方程,称为二阶常系数非齐次线性微分方程.

5. 二阶常系数非齐次线性微分方程解的结构

$y'' + py' + qy = f(x)$ 的通解为 $y = Y + y^*$,其中 Y 是对应的齐次方程 $y'' + py' + qy = 0$ 的通解,y^* 是原非齐次方程的一个特解.

6. 求二阶常系数非齐次线性微分方程的通解步骤:

(1) 求出 $y'' + py' + qy = 0$ 的通解 Y;

(2) 求 $y'' + py' + qy = f(x)$ 的一个特解 y^*,按下表规定 y^* 的形式,用待定系数法求出特解 y^*:

自由项 $f(x)$ 的形式	条　件	特解 y^* 的形式
$f(x) = P_n(x) e^{\lambda x}$	特征根 $r_{1,2} \neq \lambda$ 单根 $r_1 \neq r_2$, $r_1 = \lambda$ 二重根 $r_1 = r_2 = \lambda$	$y^* = Q_n(x) e^{\lambda x}$ $y^* = x Q_n(x) e^{\lambda x}$ $y^* = x^2 Q_n(x) e^{\lambda x}$
$f(x) = A \cos \omega x + B \sin \omega x$	特征根 $r_{1,2} \neq \pm \omega i$ 一对单根 $r_{1,2} = \pm \omega i$	$y^* = a \cos \omega x + b \sin \omega x$ $y^* = x(a \cos \omega x + b \sin \omega x)$

其中 $P_n(x)$ 与 $Q_n(x)$ 是同次多项式.

(3) 写出 $y'' + py' + qy = f(x)$ 的通解 $y = Y + y^*$.

7. 二阶微分方程的应用

利用二阶微分方程解决实际问题,与前面利用一阶微分方程解决实际问题的一般步骤类似.

(七) 常微分方程模型

微分方程的理论和解法都是应用数学的重要分支,微分方程之所以能解决实际问题,根本原因在于方程中的未知函数是工程、经济及科学中要探寻的函数关系.这样,如何对实际问题建立其微分方程就成了重要的问题,这就是微分方程的建模问题.它不仅需要熟知导数、微分在相应问题中的含义即几何、物理、经济的含义等,还需要有一定的专业技术知识,这样才能对实际问题进行正确的抽象和简化,找到其未知量所满足的微分关系式,也就是建立起实际问题的微分方程模型来.

微分方程是数学建模的最重要、最有效的工具之一.应用微分方程解决实际问题,常常有一定的模式,这些模式就是问题所遵循的共性规律,或者分析实际问题时所采用的共同方法.希望读者在学习中特别注意不同模型分析问题的方法,进一步提高分析问题和解决问题的能力.

 习题六

1. 判断题:

   (1) 若 y_1 和 y_2 是二阶齐次线性方程的解,则 $y = C_1 y_1 + C_2 y_2$（C_1，C_2 为任意实数）是其通解. （　　）

   (2) $y'' + y' + y = 0$ 的特征方程为 $r^2 + r + 1 = 0$. （　　）

   (3) $y' = y$ 的通解为 $y = Ce^x$（C 为任意实数）. （　　）

   (4) 常微分方程没有通用的求解方法. （　　）

2. 填空题:

   (1) $x^2 dy + (2xy - x^2) dx = 0$ 是_____微分方程.

   (2) $y'' - 3y' + 9y = 0$ 是_____微分方程.

   (3) 微分方程 $y'' = 3x^2$ 的通解是_____.

   (4) 微分方程 $y'' + 4y = 0$ 的通解是_____.

   (5) 以 $y = C_1 e^{-x} + C_2 e^{2x}$ 为通解的二阶常系数齐次线性微分方程为_____.

   (6) 微分方程 $xy'' + y' = 0$ 的通解为_____.

   (7) 一曲线过原点,且曲线上各点处切线的斜率等于该点横坐标的 2 倍,则此曲线方程为_____.

   (8) 曲线 $e^{x-y} = \dfrac{dy}{dx}$ 过点 $(1, 1)$,则 $y(0) =$_____.

3. 选择题:

   (1) 已知函数 $y = 5x^2$ 是方程 $xy' = 2y$ 的解,则方程的通解为（　　）.

   　A. $y = 5x^2 + C$　B. $y = Cx^2$　　　　C. $y = (x + C)x^2$　　D. $y = 5(x^2 + C)$

   (2) 下列各对函数中线性无关的是（　　）.

   　A. e^x 与 $3e^x$　　　　B. $\cos x$ 与 $5\cos x$　　C. e^{2x} 与 e^{3x}　　　　D. $2\sin x$ 与 $\sin x$

   (3) 微分方程 $y' + \dfrac{2}{x} y + x = 0$,满足 $y|_{x=2} = 0$ 的特解是 $y = $（　　）.

   　A. $\dfrac{4}{x^2} - \dfrac{x^2}{4}$　　　B. $\dfrac{x^2}{4} - \dfrac{4}{x^2}$　　　　C. $x^2(\ln 2 - \ln x)$　　D. $x^2(\ln x - \ln 2)$

   (4) 方程 $y'' - y' = 0$ 的通解是（　　）.

   　A. $e^x + C_1 x + C_2$　B. $C_1 x + C_2$　　　　C. $C_1 e^x + C_2$　　　　D. $C_1 x^2 + C_2 x$

   (5) 微分方程 $xy'^2 - 2yy' + x = 0$ 与 $x^2 y'' - xy' + y = 0$ 的阶数分别是（　　）.

A. 1，1　　　　　B. 1，2　　　　　C. 2，1　　　　　D. 2，2

(6) 微分方程 $y' + 2xy = xe^{-x^2}$，满足初始条件 $y|_{x=0} = 1$ 的特解为(　　).

A. $e^{-x^2}\left(\dfrac{x}{2} + 1\right)$　B. $e^{-x^2}\left(\dfrac{x^2}{2} + 1\right)$　C. $e^{-x^2}\left(1 - \dfrac{x}{2}\right)$　D. $e^{-x^2}\left(1 - \dfrac{x^2}{2}\right)$

4. 求下列微分方程的通解：

(1) $y'' + \sqrt{1 - (y')^2} = 0$;　　(2) $y' + y = \cos x$;　　　(3) $y'' + y' - 2y = 0$;

(4) $y'' - x\ln x = 0$;　　　　　(5) $y\ln x\mathrm{d}x + x\ln y\mathrm{d}y = 0$;　(6) $y'' = \dfrac{y'}{x}$;

(7) $y'' + y' = x^2$.

5. 求下列微分方程的特解：

(1) $y'' + 12y' + 36y = 0$, $y|_{x=0} = 4$, $y'|_{x=0} = 2$;

(2) $\sin y\cos x\mathrm{d}y - \cos y\sin x\mathrm{d}x = 0$, $y|_{x=0} = \dfrac{\pi}{4}$;

(3) $y' + y\cos x = \sin x\cos x$, $y|_{x=0} = 1$;

(4) $9y'' + 6y' + y = 0$, $y|_{x=0} = 3$, $y'|_{x=0} = 0$.

6. 已知某曲线经过点 $(1,1)$，它的切线在纵坐标上的截距等于切点的横坐标，求曲线方程.

7. 一质量为 m 的物体受到冲击而获得的速度为 v_0，沿着水平面滑动，设所受的摩擦力与质量成正比，比例系数为 k，试求此物体能走的距离.

8. 设在一小岛上饲养梅花鹿，开始时只有 10 只. 由于受到食物、生存空间等环境因素的限制，最多只能生存 2 500 只. 已知鹿的种群数量 $N(t)$ 的增长速度与"剩余空间" $2\,500 - N$ 成正比，5 年后鹿群数量 990 只. 试求鹿群数量 $N = N(t)$ 的函数表达式.

9. 已知连续函数 $f(x)$ 满足条件 $f(x) = \displaystyle\int_0^{3x} f\left(\dfrac{t}{3}\right)\mathrm{d}t + e^{2x}$，求 $f(x)$.

10. 设函数 $\varphi(x)$ 可导，且满足 $\varphi(x)\cos x + 2\displaystyle\int_0^x \varphi(t)\sin t\mathrm{d}t = x + 1$，求 $\varphi(x)$.

阅读材料

分析学的化身——欧拉

　　欧拉(Leonhard Euler，1707—1783)，瑞士数学家、力学家、天文学家、物理学家. 1707 年出生在瑞士的巴塞尔(Basel)城，13 岁就进巴塞尔大学读书，得到当时最有名的数学家约翰·伯努利的精心指导.

　　欧拉渊博的知识、无穷无尽的创作精力和空前丰富的著作，都是令人惊叹不已的！他从 19 岁开始发表论文，直到 76 岁，半个多世纪写下了浩如烟海的书籍和论文. 至今几乎每一个数学领域都可以看到欧拉的名字，如从初等几何的欧拉线、多面体的欧拉定理、立体解析几何的欧拉变换公式、四次方程的欧拉解法，到数论中的欧拉函数、微分方程的欧拉方程、级数论的欧拉常数、变分学的欧拉方程、复变函数的欧拉公式. 他对数学分析的贡献更独具匠心，《无穷小分析引论》一书便是他划时代的代表作，当时数学家们称他为"分析学的化身".

　　欧拉是科学史上最多产的一位杰出的数学家，据统计他那不倦的一生，共写下了 886 本书籍和论文,其中分析、代数、数论占 40%,几何占 18%,物理和力学占 28%,天文学占 11%,弹道学、航海学、建筑学等占 3%,彼得堡科学院为了整理他的著作,足足忙碌了 47 年.

欧拉著作的惊人多产并不是偶然的,他可以在任何不良的环境中工作,他常常抱着孩子在膝上完成论文,也不顾孩子在旁边喧哗.他那顽强的毅力和孜孜不倦的治学精神,使他在双目失明以后,也没有停止对数学的研究,在失明后的 17 年间,他还口述了几本书和 400 篇左右的论文.19 世纪伟大数学家高斯曾说:"研究欧拉的著作永远是了解数学的最好方法."

欧拉的父亲保罗·欧拉也是一个数学家,原希望小欧拉学神学,同时教他一点数学.由于小欧拉的才华和异常勤奋的精神,又受到约翰·伯努利的赏识和特殊指导,当他在 19 岁时写了一篇关于船桅的论文,获得巴黎科学院的奖金后,他的父亲就不再反对他攻读数学了.

1725 年约翰·伯努利的儿子丹尼尔·伯努利赴俄国,并向沙皇喀德林一世推荐了欧拉,这样,在 1727 年 5 月 17 日欧拉来到了彼得堡.1733 年,年仅 26 岁的欧拉担任了彼得堡科学院数学教授.1735 年,欧拉解决了一个天文学的难题(计算彗星轨道),这个问题经几个著名数学家几个月的努力才得到解决,而欧拉却用自己发明的方法,三天便完成了.然而过度的工作使他得了眼病,不幸右眼失明了,这时他才 28 岁.1741 年欧拉应普鲁士彼德烈大帝的邀请,到柏林担任科学院物理数学所所长,直到 1766 年,后来在沙皇喀德林二世的诚恳敦聘下重回彼得堡,不料没有多久,左眼视力衰退,最后完全失明.不幸的事情接踵而至,1771 年彼得堡的大火灾殃及欧拉住宅,带病而失明的 64 岁的欧拉被围困在大火中,虽然他被别人从火海中救了出来,但他的书房和大量研究成果全部化为灰烬.

沉重的打击仍然没有使欧拉倒下,他发誓要把损失夺回来.在他完全失明之前,还能朦胧地看见东西,他抓紧这最后的时刻,在一块大黑板上疾书他发现的公式,然后口述其内容,由他的学生特别是大儿子 A·欧拉(数学家和物理学家)笔录.欧拉完全失明以后,仍然以惊人的毅力与黑暗搏斗,凭着记忆和心算进行研究,直到逝世,竟达 17 年之久.

欧拉的记忆力和心算能力是罕见的,他能够复述青年时代笔记的内容,心算并不限于简单的运算,高等数学一样可以用心算去完成.有一个例子足以说明他的本领,欧拉的两个学生把一个复杂的收敛级数的 17 项加起来,算到第 50 位数字,两人相差一个单位,欧拉为了确定究竟谁对,用心算进行全部运算,最后把错误找了出来.欧拉在失明的 17 年中,还解决了很多复杂的分析问题.

欧拉的风格是很高的,拉格朗日是稍后于欧拉的大数学家,从 19 岁起和欧拉通信,讨论等周问题的一般解法,这引起变分法的诞生.等周问题是欧拉多年来苦心考虑的问题,拉格朗日的解法,博得欧拉的热烈赞扬,1759 年 10 月 2 日欧拉在回信中盛赞拉格朗日的成就,并谦虚地压下自己在这方面较不成熟的作品暂不发表,使年轻的拉格朗日的工作得以发表和流传,并赢得巨大的声誉.欧拉晚年的时候,欧洲所有的数学家都把他当作老师,著名数学家拉普拉斯曾说过:"欧拉是我们的导师."欧拉充沛的精力保持到最后一刻,1783 年 9 月 18 日下午,欧拉为了庆祝他计算气球上升定律的成功,请朋友们吃饭,那时天王星刚发现不久,欧拉写出了计算天王星轨道的要领,还和他的孙子逗笑,喝完茶后,突然疾病发作,烟斗从手中落下,口里喃喃地说:"我死了",欧拉"终于"停止了生命和计算.

欧拉还创设了许多数学符号,例如 π(1736 年),i(1777 年),e(1748 年),$\sin$ 和 $\cos$(1748 年),tg(1753 年),Δx(1755 年),$\sum$(1755 年),$f(x)$(1734 年)等.欧拉的一生,是为数学发展而奋斗的一生,他那杰出的智慧、顽强的毅力、孜孜不倦的奋斗精神和高尚的科学道德,永远是值得我们学习的.

附　录

附录一　初等数学常用公式

一、代数

(一) 绝对值与不等式

1. $|a| = \begin{cases} a, & a \geqslant 0 \\ -a, & a < 0 \end{cases}$

2. $\sqrt{a^2} = |a|, \ |-a| = |a|$

3. $-|a| \leqslant a \leqslant |a|$

4. 若 $|a| \leqslant b \ (b>0)$,则 $-b \leqslant a \leqslant b$

5. 若 $|a| \geqslant b \ (b>0)$,则 $a \geqslant b$ 或 $a \leqslant -b$

6. (三角不等式) $|a+b| \leqslant |a| + |b|, \ |a-b| \geqslant |a| - |b|$

7. $|ab| = |a| \cdot |b|$

8. $\left|\dfrac{a}{b}\right| = \dfrac{|a|}{|b|} \ (b \neq 0)$

(二) 指数运算

1. $a^x \cdot a^y = a^{x+y}$　　2. $\dfrac{a^x}{a^y} = a^{x-y}$　　3. $(a^x)^y = a^{xy}$　　4. $(ab)^x = a^x b^x$

5. $\left(\dfrac{a}{b}\right)^x = \dfrac{a^x}{b^x}$　　6. $a^{\frac{x}{y}} = \sqrt[y]{a^x}$　　7. $a^{-x} = \dfrac{1}{a^x}$　　8. $a^0 = 1$

(三) 对数运算 $(a > 0, \ a \neq 1)$

1. $\log_a a = 1$

2. $\log_a 1 = 0$

3. $\log_a (xy) = \log_a x + \log_a y$

4. $\log_a \dfrac{x}{y} = \log_a x - \log_a y$

5. $\log_a x^b = b\log_a x$

6. 对数恒等式 $a^{\log_a y} = y$

7. 换底公式 $\log_a y = \dfrac{\log_b y}{\log_b a}$

8. $\lg e = \log_{10} e = 0.434\,294\,481\,903\cdots$

9. $\ln 10 = \log_e 10 = 2.302\,585\,092\,99\cdots$

(四) 乘法及因式分解公式

1. $(x+a)(x+b) = x^2 + (a+b)x + ab$

2. $(x \pm y)^2 = x^2 \pm 2xy + y^2$

3. $(x \pm y)^3 = x^3 \pm 3x^2 y + 3xy^2 \pm y^3$

4. $x^2 - y^2 = (x+y)(x-y)$

5. $x^3 \pm y^3 = (x \pm y)(x^2 \mp xy + y^2)$

6. $x^n - y^n = (x-y)(x^{n-1} + x^{n-2} y + x^{n-3} y^2 + \cdots + xy^{n-2} + y^{n-1})$

(五) 数列

1. 等差数列

通项公式 $a_n = a_1 + (n-1)d$ (a_1 为首项,d 为公差)

前 n 项和 $S_n = \dfrac{(a_1 + a_n)n}{2} = na_1 + \dfrac{n(n-1)}{2}d$

特例:

$$1+2+3+\cdots+(n-1)+n=\frac{n(n+1)}{2}$$

$$1+3+5+\cdots+(2n-3)+(2n-1)=n^2$$

$$2+4+6+\cdots+(2n-2)+2n=n(n+1)$$

2. 等比数列

通项公式 $a_n = a_1 q^{n-1}$（a_1 为首项，q 为公比，$q \neq 1$）

前 n 项和 $S_n = \dfrac{a_1(1-q^n)}{1-q} = \dfrac{a_1 - a_n q}{1-q}$

3. $1^2 + 2^2 + 3^2 + \cdots + n^2 = \dfrac{1}{6}n(n+1)(2n+1)$

4. $1^3 + 2^3 + 3^3 + \cdots + n^3 = \dfrac{n^2(n+1)^2}{4}$

5. $1^2 + 3^2 + 5^2 + \cdots + (2n-1)^2 = \dfrac{n(4n^2-1)}{3}$

6. $1^3 + 3^3 + 5^3 + \cdots + (2n-1)^3 = n^2(2n^2-1)$

7. $1 - 2 + 3 - \cdots + (-1)^{n-1}n = \begin{cases} \dfrac{1}{2}(n+1), & n \text{ 为奇数} \\ -\dfrac{n}{2}, & n \text{ 为偶数} \end{cases}$

8. $1 \cdot 2 + 2 \cdot 3 + 3 \cdot 4 + \cdots + n(n-1) = \dfrac{1}{3}n(n+1)(n+2)$

（六）二项式公式

$$(a+b)^n = a^n + na^{n-1}b + \frac{n(n-1)}{2!}a^{n-2}b^2 + \frac{n(n-1)(n-2)}{3!}a^{n-3}b^3 + \cdots +$$

$$\frac{n(n-1)\cdots(n-k+1)}{k!}a^{n-k}b^k + \cdots + nab^{n-1} + b^n$$

$$= \sum_{k=0}^{n} C_n^k a^{n-k} b^k$$

二、三角

（一）基本关系式

1. $\tan\alpha = \dfrac{\sin\alpha}{\cos\alpha}$
2. $\cot\alpha = \dfrac{\cos\alpha}{\sin\alpha}$
3. $\tan\alpha = \dfrac{1}{\cot\alpha}$

4. $\sec\alpha = \dfrac{1}{\cos\alpha}$
5. $\csc\alpha = \dfrac{1}{\sin\alpha}$
6. $\sin^2\alpha + \cos^2\alpha = 1$

7. $1 + \tan^2\alpha = \sec^2\alpha$
8. $1 + \cot^2\alpha = \csc^2\alpha$

（二）诱导公式

角 A \ 函数	$A = \dfrac{\pi}{2} \pm \alpha$	$A = \pi \pm \alpha$	$A = \dfrac{3}{2}\pi \pm \alpha$	$A = 2\pi - \alpha$
$\sin A$	$\cos\alpha$	$\mp\sin\alpha$	$-\cos\alpha$	$-\sin\alpha$
$\cos A$	$\mp\sin\alpha$	$-\cos\alpha$	$\pm\sin\alpha$	$\cos\alpha$
$\tan A$	$\mp\cot\alpha$	$\pm\tan\alpha$	$\mp\cot\alpha$	$-\tan\alpha$
$\cot A$	$\mp\tan\alpha$	$\pm\cot\alpha$	$\mp\tan\alpha$	$-\cot\alpha$

(三) 和差公式

1. $\sin(\alpha \pm \beta) = \sin\alpha\cos\beta \pm \cos\alpha\sin\beta$

2. $\cos(\alpha \pm \beta) = \cos\alpha\cos\beta \mp \sin\alpha\sin\beta$

3. $\tan(\alpha \pm \beta) = \dfrac{\tan\alpha \pm \tan\beta}{1 \mp \tan\alpha \cdot \tan\beta}$

4. $\cot(\alpha \pm \beta) = \dfrac{\cot\alpha\cot\beta \mp 1}{\cot\beta \pm \cot\alpha}$

5. $\sin\alpha + \sin\beta = 2\sin\dfrac{\alpha+\beta}{2}\cos\dfrac{\alpha-\beta}{2}$

6. $\sin\alpha - \sin\beta = 2\cos\dfrac{\alpha+\beta}{2}\sin\dfrac{\alpha-\beta}{2}$

7. $\cos\alpha + \cos\beta = 2\cos\dfrac{\alpha+\beta}{2}\cos\dfrac{\alpha-\beta}{2}$

8. $\cos\alpha - \cos\beta = -2\sin\dfrac{\alpha+\beta}{2}\sin\dfrac{\alpha-\beta}{2}$

9. $\sin\alpha\cos\beta = \dfrac{1}{2}\left[\sin(\alpha+\beta) + \sin(\alpha-\beta)\right]$

10. $\cos\alpha\sin\beta = \dfrac{1}{2}\left[\sin(\alpha+\beta) - \sin(\alpha-\beta)\right]$

11. $\cos\alpha\cos\beta = \dfrac{1}{2}\left[\cos(\alpha+\beta) + \cos(\alpha-\beta)\right]$

12. $\sin\alpha\sin\beta = -\dfrac{1}{2}\left[\cos(\alpha+\beta) - \cos(\alpha-\beta)\right]$

(四) 倍角(半角)公式

1. $\sin 2\alpha = 2\sin\alpha\cos\alpha$

2. $\cos 2\alpha = \cos^2\alpha - \sin^2\alpha$

3. $\tan 2\alpha = \dfrac{2\tan\alpha}{1 - \tan^2\alpha}$

4. $\cot 2\alpha = \dfrac{\cot^2\alpha - 1}{2\cot\alpha}$

5. $\sin\dfrac{\alpha}{2} = \pm\sqrt{\dfrac{1 - \cos\alpha}{2}}$

6. $\cos\dfrac{\alpha}{2} = \pm\sqrt{\dfrac{1 + \cos\alpha}{2}}$

7. $\tan\dfrac{\alpha}{2} = \pm\sqrt{\dfrac{1 - \cos\alpha}{1 + \cos\alpha}}$

8. $\cot\dfrac{\alpha}{2} = \pm\sqrt{\dfrac{1 + \cos\alpha}{1 - \cos\alpha}}$

三、初等几何

在下列公式中,字母 R、r 表示半径,h 表示高,l 表示斜高,s 表示弧长.

(一) 圆、圆扇形

1. 圆:圆周长 $= 2\pi r$;圆面积 $= \pi r^2$

2. 圆扇形:圆弧长 $s = r\theta$(圆心角 θ 以弧度计)$= \dfrac{\pi r\theta}{180}$(圆心角 θ 以度计)

扇形面积 $= \dfrac{1}{2}rs = \dfrac{1}{2}r^2\theta$

(二) 正圆锥、正棱锥

1. 正圆锥:体积 $= \dfrac{1}{3}\pi r^2 h$;侧面积 $= \pi r l$;全面积 $= \pi r(r+l)$

2. 正棱锥:体积 $= \dfrac{1}{3} \times$ 底面积 $\times$ 高;侧面积 $= \dfrac{1}{2} \times$ 斜高 $\times$ 底周长

(三) 圆台

体积 $= \dfrac{\pi h}{3}(R^2 + r^2 + Rr)$;侧面积 $= \pi l(R + r)$

(四) 球

体积 $= \dfrac{4}{3}\pi r^3$;表面积 $= 4\pi r^2$

附录二　基本初等函数的图像与性质

函数名称	函数表达式	函数的图形	函数的性质
幂函数	$y = x^\mu$（μ 为任意实数）	（图形：$\mu=2$，$\mu=1$，$\mu=-1$ 等幂函数曲线）	① $\mu>0$ 时过点 $(0,0)$，$(1,1)$，在 $(0,+\infty)$ 上是增函数；② $\mu<0$ 时过点 $(1,1)$，在 $(0,+\infty)$ 上是减函数
指数函数	$y = a^x$（$a>0, a\neq 1$）	（图形：$y=a^x$，$0<a<1$，$a>1$）	① 定义域：$\mathbf{R}$；② 值域：$(0,+\infty)$；③ 图像过定点 $(0,1)$；④ $a>1$ 时在 $\mathbf{R}$ 上是增函数，$a<1$ 时在 $\mathbf{R}$ 上是减函数
对数函数	$y = \log_a x$（$a>0, a\neq 1$）	（图形：$y=\log_a x$，$a>1$，$0<a<1$）	① 定义域：$(0,+\infty)$；② 值域：$\mathbf{R}$；③ 图像过定点 $(1,0)$；④ $a>1$ 时在 $\mathbf{R}$ 上是增函数，$a<1$ 时在 $\mathbf{R}$ 上是减函数
三角函数	$y = \sin x$（正弦函数）	（图形：正弦曲线，$-\pi$，$-\dfrac{\pi}{2}$，$\dfrac{\pi}{2}$，π）	① 定义域：$\mathbf{R}$；② 值域：$[-1,1]$；③ 在 $\left[\left(2k-\dfrac{1}{2}\right)\pi,\left(2k+\dfrac{1}{2}\right)\pi\right]$ 上是增函数，在 $\left[\left(2k+\dfrac{1}{2}\right)\pi,\left(2k+\dfrac{3}{2}\right)\pi\right]$ 上是减函数，$k\in\mathbf{Z}$；④ $\mathbf{R}$ 上的奇函数；⑤ 以 2π 为周期的周期函数

(续表)

函数名称	函数表达式	函数的图形	函数的性质
三角函数	$y = \cos x$ (余弦函数)		① 定义域:$\mathbf{R}$; ② 值域:$[-1, 1]$; ③ 在 $[2k\pi, (2k+1)\pi]$ 上是减函数, 在 $[(2k+1)\pi, (2k+2)\pi]$ 上是增函数;$k \in \mathbf{Z}$; ④ $\mathbf{R}$ 上的偶函数; ⑤ 以 2π 为周期的周期函数
	$y = \tan x$ (正切函数)		① 定义域:$x \neq k\pi + \dfrac{\pi}{2}, k \in \mathbf{Z}$; ② 值域:$\mathbf{R}$; ③ $\left(k\pi - \dfrac{\pi}{2}, k\pi + \dfrac{\pi}{2}\right)$ 上是增函数; ④ $\mathbf{R}$ 上的奇函数; ⑤ 以 π 为周期的周期函数
	$y = \cot x$ (余切函数)		① 定义域:$x \neq k\pi, k \in \mathbf{Z}$; ② 值域:$\mathbf{R}$; ③ $(k\pi, k\pi + \pi)$ 上是减函数; ④ $\mathbf{R}$ 上的奇函数; ⑤ 以 π 为周期的周期函数
反三角函数	$y = \arcsin x$ (反正弦函数)		① 定义域:$[-1, 1]$; ② 值域:$\left[-\dfrac{\pi}{2}, \dfrac{\pi}{2}\right]$; ③ $[-1, 1]$ 上是增函数; ④ $[-1, 1]$ 上的奇函数
	$y = \arccos x$ (反余弦函数)		① 定义域:$[-1, 1]$; ② 值域:$[0, \pi]$; ③ $[-1, 1]$ 上是减函数

（续表）

函数名称	函数表达式	函数的图形	函数的性质
反三角函数	$y = \arctan x$（反正切函数）		① 定义域：$(-\infty, +\infty)$； ② 值域：$\left(-\dfrac{\pi}{2}, \dfrac{\pi}{2}\right)$； ③ $(-\infty, +\infty)$ 上是增函数； ④ $(-\infty, +\infty)$ 上的奇函数
	$y = \text{arccot } x$（反余切函数）		① 定义域：$(-\infty, +\infty)$； ② 值域：$(0, \pi)$； ③ $(-\infty, +\infty)$ 上是减函数

附录三　高等数学常用公式（一）

一、两个重要极限

1. $\lim\limits_{x \to 0} \dfrac{\sin x}{x} = 1$

2. $\lim\limits_{x \to \infty} \left(1 + \dfrac{1}{x}\right)^x = e$ 或 $\lim\limits_{x \to 0}(1+x)^{\frac{1}{x}} = e$

二、导数

（一）导数基本公式

1. $(C)' = 0$（C 为常数）

2. $(x^a)' = \alpha x^{\alpha - 1}$

3. $(a^x)' = a^x \ln a$（$a > 0,\ a \neq 1$）

4. $(e^x)' = e^x$

5. $(\log_a x)' = \dfrac{1}{x \ln a}$（$a > 0,\ a \neq 1$）

6. $(\ln x)' = \dfrac{1}{x}$

7. $(\sin x)' = \cos x$

8. $(\cos x)' = -\sin x$

9. $(\tan x)' = \sec^2 x$

10. $(\cot x)' = -\csc^2 x$

11. $(\sec x)' = \tan x \sec x$

12. $(\csc x)' = -\cot x \csc x$

13. $(\arcsin x)' = \dfrac{1}{\sqrt{1 - x^2}}$

14. $(\arccos x)' = -\dfrac{1}{\sqrt{1 - x^2}}$

15. $(\arctan x)' = \dfrac{1}{1 + x^2}$

16. $(\text{arccot } x)' = -\dfrac{1}{1 + x^2}$

（二）求导法则

1. 四则运算法则

设 $f(x)$，$g(x)$ 均在点 x 可导，则有：

(1) $[f(x) \pm g(x)]' = f'(x) \pm g'(x)$

(2) $[f(x)g(x)]' = f'(x)g(x) + f(x)g'(x)$

特别地，$[Cf(x)]' = Cf'(x)$（C 为常数）

(3) $\left[\dfrac{f(x)}{g(x)}\right]' = \dfrac{f'(x)g(x) - f(x)g'(x)}{g^2(x)}$（$g(x) \neq 0$）

特别地，$\left[\dfrac{1}{g(x)}\right]' = -\dfrac{g'(x)}{g^2(x)}$

2. 复合函数求导法则

(1) 设函数 $y = f(u)$，$u = \varphi(x)$ 均可导，则 $y = f[\varphi(x)]$ 关于 x 的导数恰为 $f(u)$ 及 $\varphi(x)$ 的导数的乘积，即

$$\frac{\mathrm{d}y}{\mathrm{d}x} = \frac{\mathrm{d}f(\varphi(x))}{\mathrm{d}x} = \frac{\mathrm{d}y}{\mathrm{d}u} \cdot \frac{\mathrm{d}u}{\mathrm{d}x} = f'(u) \cdot \varphi'(x) \quad (y'_x = y'_u \cdot u'_x)$$

(2) 推广:若 $y = f(u)$，$u = \varphi(v)$，$v = \psi(x)$，则

$$\frac{\mathrm{d}y}{\mathrm{d}x} = \frac{\mathrm{d}y}{\mathrm{d}u} \cdot \frac{\mathrm{d}u}{\mathrm{d}v} \cdot \frac{\mathrm{d}v}{\mathrm{d}x} = f'(u) \cdot \varphi'(v) \cdot \psi'(x) \quad (y'_x = y'_u \cdot u'_v \cdot v'_x)$$

三、微分

(一) 微分基本公式

1. $\mathrm{d}C = 0(C$ 为常数) 　　2. $\mathrm{d}(x^a) = \alpha x^{\alpha-1}\mathrm{d}x$ 　　3. $\mathrm{d}(a^x) = a^x \ln a \mathrm{d}x \ (a > 0,\ a \neq 1)$

4. $\mathrm{d}(e^x) = e^x \mathrm{d}x$ 　　5. $\mathrm{d}(\log_a x) = \dfrac{\mathrm{d}x}{x \ln a} \ (a > 0,\ a \neq 1)$ 　6. $\mathrm{d}(\ln x) = \dfrac{1}{x}\mathrm{d}x$

7. $\mathrm{d}(\sin x) = \cos x \mathrm{d}x$ 　　8. $\mathrm{d}(\cos x) = -\sin x \mathrm{d}x$ 　　9. $\mathrm{d}(\tan x) = \sec^2 x \mathrm{d}x$

10. $\mathrm{d}(\cot x) = -\csc^2 x \mathrm{d}x$ 　　11. $\mathrm{d}(\sec x) = \tan x \sec x \mathrm{d}x$ 　　12. $\mathrm{d}(\csc x) = -\cot x \csc x \mathrm{d}x$

13. $\mathrm{d}(\arcsin x) = \dfrac{1}{\sqrt{1-x^2}}\mathrm{d}x$ 　14. $\mathrm{d}(\arccos x) = -\dfrac{1}{\sqrt{1-x^2}}\mathrm{d}x$ 　　15. $\mathrm{d}(\arctan x) = \dfrac{1}{1+x^2}\mathrm{d}x$

16. $\mathrm{d}(\operatorname{arccot} x) = -\dfrac{1}{1+x^2}\mathrm{d}x$

(二) 微分法则

1. 四则运算法则

设函数 $u = u(x)$，$v = v(x)$ 均可微,则有

(1) $\mathrm{d}(u \pm v) = \mathrm{d}u \pm \mathrm{d}v$ 　　　　(2) $\mathrm{d}(uv) = v\mathrm{d}u + u\mathrm{d}v$

(3) $\mathrm{d}(Cu) = C\mathrm{d}u(C$ 为常数) 　　(4) $\mathrm{d}\left(\dfrac{u}{v}\right) = \dfrac{v\mathrm{d}u - u\mathrm{d}v}{v^2} \ (v \neq 0)$

2. 复合函数微分法则——微分形式不变性

若函数 $y = f(u)$，$u = \varphi(x)$ 均可微,则复合函数 $y = f[\varphi(x)]$ 也可微,且有

$$\mathrm{d}y = f'(u)\mathrm{d}u = f'(u)\varphi'(x)\mathrm{d}x$$

四、中值定理

1. 罗尔中值定理: $f'(\xi) = 0$
2. 拉格朗日中值定理: $f(b) - f(a) = f'(\xi)(b-a)$
3. 柯西中值定理: $\dfrac{f(b) - f(a)}{g(b) - g(a)} = \dfrac{f'(\xi)}{g'(\xi)}$

当 $f(a) = f(b)$ 时,拉格朗日中值定理就是罗尔中值定理;

当 $g(x) = x$ 时,柯西中值定理就是拉格朗日中值定理

五、不定积分

(一) 不定积分基本公式

1. $\displaystyle\int 0\mathrm{d}x = C$ 　　　　　　　　2. $\displaystyle\int x^a \mathrm{d}x = \dfrac{1}{\alpha+1}x^{\alpha+1} + C \ (\alpha \neq -1)$

3. $\displaystyle\int \dfrac{1}{x}\mathrm{d}x = \ln|x| + C$ 　　　　　4. $\displaystyle\int e^x \mathrm{d}x = e^x + C$

5. $\displaystyle\int a^x \mathrm{d}x = \dfrac{a^x}{\ln a} + C \ (a > 0,\ a \neq 1)$ 　　6. $\displaystyle\int \cos x \mathrm{d}x = \sin x + C$

7. $\displaystyle\int \sin x \mathrm{d}x = -\cos x + C$ 　　　　8. $\displaystyle\int \sec^2 x \mathrm{d}x = \tan x + C$

9. $\displaystyle\int \csc^2 x \mathrm{d}x = -\cot x + C$ 　　　　10. $\displaystyle\int \sec x \tan x \mathrm{d}x = \sec x + C$

11. $\int \csc x \cot x \mathrm{d}x = -\csc x + C$

12. $\int \dfrac{1}{\sqrt{1-x^2}} \mathrm{d}x = \arcsin x + C = -\arccos x + C_1$

13. $\int \dfrac{1}{1+x^2} \mathrm{d}x = \arctan x + C = -\operatorname{arccot} x + C_1$

(二) 不定积分的运算法则和性质

1. $\left[\int f(x)\mathrm{d}x\right]' = f(x)$ 或 $\mathrm{d}\left[\int f(x)\mathrm{d}x\right] = f(x)\mathrm{d}x$

2. $\int F'(x)\mathrm{d}x = F(x) + C$ 或 $\int \mathrm{d}F(x) = F(x) + C$

3. $\int [f(x) \pm g(x)]\mathrm{d}x = \int f(x)\mathrm{d}x \pm \int g(x)\mathrm{d}x$

4. $\int k f(x)\mathrm{d}x = k \int f(x)\mathrm{d}x$ (k 为常数,且 $k \neq 0$)

(三) 不定积分的计算方法

1. 凑微分法

设 $F(u)$ 是 $f(u)$ 的原函数, $u = \varphi(x)$ 可导,则 $F[\varphi(x)]$ 是 $f[\varphi(x)]\varphi'(x)$ 的原函数. 即若 $\int f(x)\mathrm{d}x = F(x) + C$,则

$$\int f[\varphi(x)]\varphi'(x)\mathrm{d}x = \int f[\varphi(x)]\mathrm{d}\varphi(x) = F[\varphi(x)] + C$$

2. 换元积分法

设 $x = \varphi(t)$ 可导,且 $\varphi'(t) \neq 0$, 又 $f[\varphi(t)]\varphi'(t)$ 有原函数 $F(t)$,则

$$\int f(x)\mathrm{d}x = \int f[\varphi(t)]\varphi'(t)\mathrm{d}t = F(t) + C = F[\varphi^{-1}(x)] + C,$$

其中 $t = \varphi^{-1}(x)$ 是 $x = \varphi(t)$ 的反函数.

3. 分部积分法

$$\int u(x)v'(x)\mathrm{d}x = u(x)v(x) - \int v(x)u'(x)\mathrm{d}x$$

或简写成

$$\int u\mathrm{d}v = uv - \int v\mathrm{d}u$$

六、定积分

(一) 定积分的计算公式

1. 定积分运算性质

(1) $\int_a^b [k_1 f(x) + k_2 g(x)]\mathrm{d}x = k_1 \int_a^b f(x)\mathrm{d}x + k_2 \int_a^b g(x)\mathrm{d}x$,其中 k_1, k_2 为任意常数

(2) $\int_a^b f(x)\mathrm{d}x = \int_a^c f(x)\mathrm{d}x + \int_c^b f(x)\mathrm{d}x$

2. 牛顿-莱布尼茨公式

$$\int_a^b f(x)\mathrm{d}x = [F(x)]_a^b = F(b) - F(a),\text{其中 } F'(x) = f(x)$$

(二) 定积分的计算方法

1. 换元积分法

设函数 $f(x)$ 在区间 $[a, b]$ 上连续,作变换 $x = \varphi(t)$, 如果:

(1) $\varphi'(t)$ 在区间 $[\alpha, \beta]$ 上连续;

(2) 当 t 从 α 变到 β 时,$\varphi(t)$ 从 $\varphi(\alpha) = a$ 单调地变到 $\varphi(\beta) = b$.

则有

$$\int_a^b f(x)\mathrm{d}x = \int_\alpha^\beta f[\varphi(t)]\varphi'(t)\mathrm{d}t$$

2. 分部积分法

设 $u(x)$，$v(x)$ 在 $[a, b]$ 上具有连续导数 $u'(x)$，$v'(x)$，则

$$\int_a^b u(x)\mathrm{d}v(x) = [u(x)v(x)]_a^b - \int_a^b v(x)\mathrm{d}u(x)$$

(三) 定积分应用的有关公式

功：$W = F \cdot s$　　　　　　　　　　水压力：$F = p \cdot A$

引力：$F = k\dfrac{m_1 m_2}{r^2}$，$k$ 为引力系数　　函数的平均值：$\bar{y} = \dfrac{1}{b-a}\int_a^b f(x)\mathrm{d}x$

七、常微分方程

(一) 一阶线性微分方程

一阶线性微分方程：$\dfrac{\mathrm{d}y}{\mathrm{d}x} + P(x)y = Q(x)$

当 $Q(x) = 0$ 时为齐次方程，通解为 $y = Ce^{-\int P(x)\mathrm{d}x}$

当 $Q(x) \neq 0$ 时为非齐次方程，通解为 $y = \left(\int Q(x)e^{\int P(x)\mathrm{d}x}\mathrm{d}x + C\right)e^{-\int P(x)\mathrm{d}x}$

(二) 二阶常系数齐次线性微分方程

$y'' + py' + qy = 0$，其中 p，q 为常数；

求解步骤：

(1) 写出特征方程：$r^2 + pr + q = 0$，其中 r^2，r 的系数及常数项恰好是方程中 y''，y'，y 的系数；

(2) 求出特征方程的两个根 r_1，r_2；

(3) 根据 r_1，r_2 的不同情况，按下表写出方程的通解：

r_1，r_2 的形式	方 程 的 通 解
两个不相等实根（$p^2 - 4q > 0$）$r_1 \neq r_2$	$y = c_1 e^{r_1 x} + c_2 e^{r_2 x}$
两个相等实根（$p^2 - 4q = 0$）$r_1 = r_2$	$y = (c_1 + c_2 x)e^{r_1 x}$
一对共轭复根（$p^2 - 4q < 0$） $r_1 = \alpha + \mathrm{i}\beta$，$r_2 = \alpha - \mathrm{i}\beta$ $\alpha = -\dfrac{p}{2}$，$\beta = \dfrac{\sqrt{4q - p^2}}{2}$	$y = e^{\alpha x}(c_1 \cos\beta x + c_2 \sin\beta x)$

附录四　全国硕士研究生招生考试试题
（一元函数微积分部分）

试题精选

一、选择题

1. 当 $x \to 0$ 时，若 $x - \tan x$ 与 x^k 是同阶无穷小，则 $k = $（　　）. (2019 年数学一、二、三)

　　A. 1　　　　　　　　B. 2　　　　　　　　C. 3　　　　　　　　D. 4

2. 下列无穷小量最高阶是（　　）. (2020 数学一、二)

　　A. $\displaystyle\int_0^x (e^{t^2} - 1)\mathrm{d}t$　　　　　　　　B. $\displaystyle\int_0^x \ln(1 + \sqrt{t^3})\mathrm{d}t$

　　C. $\displaystyle\int_0^{\sin x} \sin t^2 \mathrm{d}t$　　　　　　　　D. $\displaystyle\int_0^{1-\cos x} \sqrt{\sin^3 t}\,\mathrm{d}t$

3. 当 $x \to 0^+$ 时，$\displaystyle\int_0^{x^2}(e^{t^3} - 1)\mathrm{d}t$ 是 x^7 的（　　）. (2021 年数学二、三)

　　A. 低阶无穷小　　　　　　　　　　B. 等价无穷小

　　C. 高阶无穷小　　　　　　　　　　D. 同阶但非等价无穷小

4. 设函数 $f(x) = \begin{cases} x|x|, & x \leqslant 0, \\ x\ln x, & x > 0, \end{cases}$ 则 $x = 0$ 是 $f(x)$ 的（　　）. （2019 年数学一）

　　A．可导点，极值点　　　　　　　　　　B．不可导点，极值点

　　C．可导点，非极值点　　　　　　　　　　D．不可导点，非极值点

5. 设函数 $f(x)$ 在区间 $(-1, 1)$ 内有定义，且 $\lim\limits_{x\to 0} f(x) = 0$，则（　　）. （2020 年数学一）

　　A．当 $\lim\limits_{x\to 0} \dfrac{f(x)}{\sqrt{|x|}} = 0$，$f(x)$ 在 $x = 0$ 可导

　　B．当 $\lim\limits_{x\to 0} \dfrac{f(x)}{x^2} = 0$，$f(x)$ 在 $x = 0$ 可导

　　C．当 $f(x)$ 在 $x = 0$ 处可导时，$\lim\limits_{x\to 0} \dfrac{f(x)}{\sqrt{|x|}} = 0$

　　D．当 $f(x)$ 在 $x = 0$ 处可导时，$\lim\limits_{x\to 0} \dfrac{f(x)}{x^2} = 0$

6. $y = x\sin x + 2\cos x \left(-\dfrac{\pi}{2} < x < \dfrac{3\pi}{2}\right)$ 的拐点坐标是（　　）. （2019 年数学二）

　　A．$\left(\dfrac{\pi}{2}, \dfrac{\pi}{2}\right)$　　　　B．$(0, 2)$　　　　C．$(\pi, -2)$　　　　D．$\left(\dfrac{3\pi}{2}, -\dfrac{3\pi}{2}\right)$

7. 已知方程 $x^5 - 5x + k = 0$ 有 3 个不同的实根，则 k 的取值范围是（　　）. （2019 年数学三）

　　A．$(-\infty, -4)$　　　B．$(4, +\infty)$　　　C．$\{-4, 4\}$　　　D．$(-4, 4)$

8. 函数 $f(x) = \dfrac{e^{\frac{1}{x-1}}\ln|1+x|}{(e^x - 1)(x - 2)}$ 的第二类间断点个数为（　　）. （2020 年数学二、三）

　　A．1　　　　　　　　B．2　　　　　　　　C．3　　　　　　　　D．4

9. 已知极限 $f(x) = \dfrac{f(x) - a}{x - a} = b$，则 $\lim\limits_{x\to a} \dfrac{\sin f(x) - \sin a}{x - a} = $（　　）. （2020 年数学三）

　　A．$b\sin a$　　　　　B．$b\cos a$　　　　　C．$b\sin f(a)$　　　　D．$b\cos f(a)$

10. 函数 $f(x) = \begin{cases} \dfrac{e^x - 1}{x}, & x \neq 0 \\ 1, & x = 0 \end{cases}$，在 $x = 0$ 处（　　）. （2021 年数学一、二、三）

　　A．连续且取极大值　　　　　　　　　　B．连续且取极限值

　　C．可导且导数为 0　　　　　　　　　　D．可导且导数不为 0

11. 设函数 $f(x) = \dfrac{\sin x}{1 + x^2}$ 在 $x = 0$ 处的 3 次泰勒多项式为 $ax + bx^2 + cx^3$，则（　　）. （2021 年数学一）

　　A．$a = 1, b = 0, c = -\dfrac{7}{6}$　　　　　　B．$a = 1, b = 0, c = \dfrac{7}{6}$

　　C．$a = -1, b = -1, c = -\dfrac{7}{6}$　　　　　D．$a = -1, b = -1, c = \dfrac{7}{6}$

12. 设函数 $f(x) = \sec x$ 在 $x = 0$ 处的 2 次泰勒多项式为 $1 + ax + bx^2$，则（　　）. （2021 年数学二）

　　A．$a = 1, b = -\dfrac{1}{2}$　　　　　　　　B．$a = 1, b = \dfrac{1}{2}$

　　C．$a = 0, b = -\dfrac{1}{2}$　　　　　　　　D．$a = 0, b = \dfrac{1}{2}$

13. 有一圆柱体底面半径与高随时间变化的速率分别为 $2\ \text{cm/s}$、$-3\ \text{cm/s}$，当底面半径为 $10\ \text{cm}$、高为 $5\ \text{cm}$ 时，圆柱体的体积与表面积随时间变化的速率分别为（　　）. （2021 年数学二）

　　A．$125\pi\ \text{cm}^3/\text{s}, 40\pi\ \text{cm}^2/\text{s}$　　　　　　B．$125\pi\ \text{cm}^3/\text{s}, -40\pi\ \text{cm}^2/\text{s}$

　　C．$-100\pi\ \text{cm}^3/\text{s}, 40\pi\ \text{cm}^2/\text{s}$　　　　D．$-100\pi\ \text{cm}^3/\text{s}, -40\pi\ \text{cm}^2/\text{s}$

14. 函数 $f(x) = x^2\ln(1 - x)$，当 $n \geqslant 3$ 时，$f^{(n)}(0) = $（　　）. （2020 年数学二）

　　A．$-\dfrac{n!}{n-2}$　　　　B．$\dfrac{n!}{n-2}$　　　　C．$-\dfrac{(n-2)!}{n!}$　　　　D．$\dfrac{(n-2)!}{n!}$

15. 函数 $f(x)$ 在区间 $[-2, 2]$ 上可导，且 $f'(x) > f(x) > 0$，则（　　）. （2020 年数学二）

　　A．$\dfrac{f(-2)}{f(-1)} > 1$　　B．$\dfrac{f(0)}{f(-1)} > e$　　C．$\dfrac{f(1)}{f(-1)} < e^2$　　D．$\dfrac{f(2)}{f(-1)} < e^3$

16. 设函数 $f(x) = ax - b\ln x (a > 0)$ 有两个零点，则 $\dfrac{b}{a}$ 的取值范围是( )．（2021 年数学二、三）

A．$(\mathrm{e}, +\infty)$ 　　　B．$(0, \mathrm{e})$ 　　　C．$\left(0, \dfrac{1}{\mathrm{e}}\right)$ 　　　D．$\left(\dfrac{1}{\mathrm{e}}, +\infty\right)$

17. 设奇函数 $f(x)$ 在 $(-\infty, +\infty)$ 上具有连续导数，则下列说法正确的是( )．（2020 年数学三）

A．$\displaystyle\int_0^x [\cos f(t) + f'(t)]\mathrm{d}t$ 是奇函数

B．$\displaystyle\int_0^x [\cos f(t) + f'(t)]\mathrm{d}t$ 是偶函数

C．$\displaystyle\int_0^x [\cos' f(t) + f(t)]\mathrm{d}t$ 是奇函数

D．$\displaystyle\int_0^x [\cos' f(t) + f(t)]\mathrm{d}t$ 是偶函数

18. $\displaystyle\int_0^1 \dfrac{\arcsin\sqrt{x}}{\sqrt{x(1-x)}}\mathrm{d}t = ($)．（2020 年数学二）

A．$\dfrac{\pi^2}{4}$ 　　　B．$\dfrac{\pi}{4}$ 　　　C．$\dfrac{\pi^2}{8}$ 　　　D．$\dfrac{\pi}{8}$

19. 下列反常积分发散的是( )．（2019 年数学二）

A．$\displaystyle\int_0^{+\infty} x\mathrm{e}^{-x}\mathrm{d}x$ 　　B．$\displaystyle\int_0^{+\infty} x\mathrm{e}^{-x^2}\mathrm{d}x$ 　　C．$\displaystyle\int_0^{+\infty} \dfrac{\arctan x}{1+x^2}\mathrm{d}x$ 　　D．$\displaystyle\int_0^{+\infty} \dfrac{x}{1+x^2}\mathrm{d}x$

20. 设函数 $f(x)$ 在区间上连续，则 $\displaystyle\int_0^1 f(x)\mathrm{d}x = ($)．（2021 年数学二）

A．$\displaystyle\lim_{n\to\infty}\sum_{k=1}^n f\left(\dfrac{2k-1}{2n}\right)\dfrac{1}{2n}$ 　　　　B．$\displaystyle\lim_{n\to\infty}\sum_{k=1}^n f\left(\dfrac{2k-1}{2n}\right)\dfrac{1}{n}$

C．$\displaystyle\lim_{n\to\infty}\sum_{k=1}^n f\left(\dfrac{k-1}{2n}\right)\dfrac{1}{n}$ 　　　　D．$\displaystyle\lim_{n\to\infty}\sum_{k=1}^n f\left(\dfrac{k}{2n}\right)\dfrac{2}{n}$

21. 已知微分方程 $y'' + ay' + by = c\mathrm{e}^x$ 的通解为 $y = (C_1 + C_2 x)\mathrm{e}^{-x} + \mathrm{e}^x$，则 a, b, c 依次为( )．（2019 年数学二、三）

A．$1, 0, 1$ 　　　B．$1, 0, 2$ 　　　C．$2, 1, 3$ 　　　D．$2, 1, 4$

二、填空题

1. $\displaystyle\lim_{x\to\infty}(x + 2^x)^{\frac{2}{x}} = \underline{\hspace{2cm}}$．（2019 年数学二）

2. $\displaystyle\lim_{n\to\infty}\left[\dfrac{1}{1\cdot 2} + \dfrac{1}{2\cdot 3} + \cdots + \dfrac{1}{n(n+1)}\right]^n = \underline{\hspace{2cm}}$．（2019 年数学三）

3. $\displaystyle\lim_{n\to\infty}\left[\dfrac{1}{\mathrm{e}^x - 1} - \dfrac{1}{\ln(1+x)}\right] = \underline{\hspace{2cm}}$．（2020 年数学一）

4. 设 $\begin{cases} x = \sqrt{t^2+1} \\ y = \ln(t + \sqrt{t^2+1}) \end{cases}$，则 $\dfrac{\mathrm{d}^2 y}{\mathrm{d}x^2}\Big|_{t=1} = \underline{\hspace{2cm}}$．（2020 年数学一）

5. 设函数 $y = y(x)$ 由参数方程 $\begin{cases} x = 2\mathrm{e}^t + t + 1, & x < 0 \\ y = 4(t-1)\mathrm{e}^t + t^2, & x \geqslant 0 \end{cases}$ 确定，则 $\dfrac{\mathrm{d}^2 y}{\mathrm{d}x^2}\Big|_{t=0} = \underline{\hspace{2cm}}$．（2021 年数学一、二）

6. 若 $y = \cos\mathrm{e}^{\sqrt{x}}$，则 $\dfrac{\mathrm{d}y}{\mathrm{d}x}\Big|_{x=1} = \underline{\hspace{2cm}}$．（2021 年数学三）

7. 若函数 $f(x)$ 满足 $f''(x) + af'(x) + f(x) = 0 (a > 0)$，且 $f(0) = m$，$f'(0) = n$，则 $\displaystyle\int_0^{+\infty} f(x)\mathrm{d}x = \underline{\hspace{2cm}}$．（2020 年数学一）

8. 微分方程 $2yy'^2 - y'^2 - 2 = 0$ 满足条件 $y(0) = 1$ 的特解 $y = \underline{\hspace{2cm}}$．（2019 年数学一）

9. 设 $y = y(x)$ 满足 $y'' + 2y' + y = 0$，且 $y(0) = 0$，$y'(0) = 1$，则 $\displaystyle\int_0^{+\infty} y(x)\mathrm{d}x = \underline{\hspace{2cm}}$．（2020 年数学二）

10. 欧拉方程 $x^2 y'' + xy' - 4y = 0$ 满足条件 $y(1) = 1$，$y'(1) = 2$ 的解为 $y = \underline{\hspace{2cm}}$．（2021 年数学一）

11. 曲线 $x + y + \mathrm{e}^{2xy} = 0$ 在点 $(0, -1)$ 处的切线方程为 $\underline{\hspace{2cm}}$．（2020 年数学三）

12. 曲线 $\begin{cases} x = t - \sin t \\ y = 1 - \cos t \end{cases}$ 在 $t = \dfrac{3}{2}\pi$ 对应点处切线在 y 轴上的截距为_____.（2019 年数学二）

13. Q 表示产量, 成本函数 $C(Q) = 100 + 13Q$, 单价为 p, 需求量 $Q(p) = \dfrac{800}{p+3} - 2$, 则工厂取得利润最大时的产量为_____.（2020 年数学三）

14. 斜边长为 $2a$ 的等腰直角三角形平板铅直地沉没在水中, 且斜边与水面齐平, 设重力加速度为 g, 水的密度为 ρ, 则该平板一侧所受的水压力为_____.（2020 年数学二）

15. 设平面区域 $D = \left\{ (x, y) \,\middle|\, \dfrac{x}{2} \leqslant y \leqslant \dfrac{1}{1+x^2},\ 0 \leqslant x \leqslant 1 \right\}$, 则 D 绕 y 轴旋转所成旋转体体积为_____.（2020 年数学三）

16. 设平面区域 D 由曲线 $y = \sqrt{x}\sin \pi x (0 \leqslant x \leqslant 1)$ 与 x 轴围成, 则 D 绕 x 轴旋转所成旋转体的体积为_____.（2021 年数学三）

17. 已知函数 $f(x) = \displaystyle\int_1^x \sqrt{1+t^4}\,\mathrm{d}t$, 则 $\displaystyle\int_0^1 x^2 f(x)\,\mathrm{d}x = $_____.（2019 年数学三）

18. $\displaystyle\int_0^{+\infty} \dfrac{\mathrm{d}x}{x^2 + 2x + 2} = $_____.（2021 年数学一、二）

19. $\displaystyle\int_{\sqrt{5}}^{5} \dfrac{x}{\sqrt{|x^2 - 9|}}\,\mathrm{d}x = $_____.（2021 年数学三）

20. 已知函数 $f(x) = x\displaystyle\int_1^x \dfrac{\sin t^2}{t}\,\mathrm{d}t$, 则 $\displaystyle\int_0^1 f(x)\,\mathrm{d}x = $_____.（2019 年数学二）

21. $\displaystyle\int_{-\infty}^{+\infty} |x|\, 3^{-x^2}\,\mathrm{d}x = $_____.（2021 年数学二）

三、解答题

1. 设 $a_n = \displaystyle\int_0^1 x^n \sqrt{1-x^2}\,\mathrm{d}x\ (n = 1, 2, 3, \cdots)$.

　　(1) 证明: $\{a_n\}$ 单调递减, 且 $a_n = \dfrac{n-1}{n+2} \cdot a_{n-2}\ (n = 2, 3, \cdots)$;

　　(2) 求 $\displaystyle\lim_{n \to \infty} \dfrac{a_n}{a_{n-1}}$.（2019 年数学一、三）

2. 求曲线 $y = \dfrac{x^{1+x}}{(1+x)^x}\ (x > 0)$ 的斜渐近线方程.（2020 年数学二）

3. 已知函数 $f(x)$ 连续且 $\displaystyle\lim_{x \to 0} \dfrac{f(x)}{x} = 1$, $g(x) = \displaystyle\int_0^1 f(xt)\,\mathrm{d}t$, 求 $g'(x)$, 并证明 $g'(x)$ 在 $x = 0$ 处连续.（2020 年数学二）

4. 求极限 $\displaystyle\lim_{x \to 0} \left(\dfrac{1 + \displaystyle\int_0^x \mathrm{e}^{t^2}\,\mathrm{d}t}{\mathrm{e}^x - 1} - \dfrac{1}{\sin x} \right)$.（2021 年数学一、二）

5. 已知 $\displaystyle\lim_{x \to 0} \left[a\arctan \dfrac{1}{x} + (1 + |x|)^{\frac{1}{x}} \right]$ 存在, 求 a 的值.（2021 年数学三）

6. 已知函数 $f(x) = \begin{cases} x^{2x}, & x > 0 \\ x\mathrm{e}^x + 1, & x \leqslant 0 \end{cases}$, 求 $f'(x)$, 并求 $f(x)$ 的极值.（2019 年数学二、三）

7. 已知 a, b 为常数, $\left(1 + \dfrac{1}{n}\right)^n - \mathrm{e}$ 是 $\dfrac{b}{n^a}$ 在 $n \to \infty$ 的等价无穷小, 求 a, b.（2020 年数学三）

8. 已知 $f(x) = \dfrac{x|x|}{1+x}$, 求 $f(x)$ 的凹凸性及渐进线.（2021 年数学二）

9. 求不定积分 $\displaystyle\int \dfrac{3x+6}{(x-1)^2(x^2+x+1)}\,\mathrm{d}x$.（2019 年数学二）

10. $n \in \mathbf{N}^+$, S_n 是 $f(x) = \mathrm{e}^{-x}\sin x$ 的图像与 x 轴所围图形的面积, 求 S_n, 并求 $\displaystyle\lim_{n \to \infty} S_n$.（2019 年数学二、三）

11. 已知函数 $f(x, y)$ 在 $[0, 1]$ 上具有二阶导数, 且 $f(0) = 0$, $f(1) = 1$, $\displaystyle\int_0^1 f(x)\,\mathrm{d}x = 1$, 证明:

　　(1) 存在 $\xi \in (0, 1)$, 使得 $f'(\xi) = 0$;

(2) 存在 $\eta \in (0, 1)$,使得 $f''(\xi) < -2$. (2019 年数学二)

12. $f(x)$ 满足 $\int \dfrac{f(x)}{\sqrt{x}}\mathrm{d}x = \dfrac{1}{6}x^2 - x + C$, L 为曲线 $y = f(x)(4 \leqslant x \leqslant 9)$, L 的弧长为 s, L 绕 x 轴旋转一周所形成的曲面的面积为 A, 求 s 和 A. (2021 年数学二)

13. 设函数 $y(x)$ 是微分方程 $y' + xy = \mathrm{e}^{-\frac{x^2}{2}}$ 满足条件 $y(0) = 0$ 的特解.
    (1) 求 $y(x)$;
    (2) 求曲线 $y = y(x)$ 的凹凸区间及拐点. (2019 年数学一)

14. $y = y(x)$ 是微分方程 $y' - xy = \dfrac{1}{2\sqrt{x}}\mathrm{e}^{\frac{x^2}{2}}$ 满足条件 $y(1) = \sqrt{\mathrm{e}}$ 的特解.

    (1) 求 $y(x)$;
    (2) 设平面区域 $D = \{(x, y) \mid 1 \leqslant x \leqslant 2, 0 \leqslant y \leqslant y(x)\}$, 求 D 绕 x 轴旋转一周所得旋转体的体积.
    (2019 年数学二、三)

15. 已知 $y'' + 2y' + 5y = 0$, $f(0) = 1$, $f'(0) = -1$,
    (1) 求 $f(x)$ 的表达式;

    (2) $a_n = \displaystyle\int_{n\pi}^{+\infty} f(x)\mathrm{d}x$, 求 $\displaystyle\sum_{n=1}^{\infty} a_n$. (2020 年数学三)

16. 函数 $y = y(x)$ 的微分方程 $xy' = 6y = -6$, 满足 $y(\sqrt{3}) = 10$.
    (1) 求 $y(x)$.
    (2) P 为曲线 $y = y(x)$ 上的一点, 曲线 $y = y(x)$ 在点 P 的法线在 y 轴上的截距为 I_y. 为使 I_y 最小, 求点 P 的坐标. (2021 年数学二)

习题答案与提示

第一章

练习题 1-1

1. (1) $(-\infty, 0) \cup (0, 4) \cup (4, +\infty)$； (2) $(2, 3)$； (3) $(-\infty, -2] \cup [2, +\infty)$； (4) $[-2, 3)$.

2. (1) 不相同； (2) 相同. **3.** (1) $y = \sqrt{x^2 - 2}, x \geqslant \sqrt{2}$； (2) $y = \log_3(x+1), x > -1$.

4. (1) 偶函数； (2) 奇函数； (3) 奇函数； (4) 偶函数.

5. (1) 在 $(-\infty, +\infty)$ 内无界, 在 $(-1, 1]$ 内有界； (2) 在 $(1, 2)$ 内无界, 在 $(2, +\infty)$ 内有界.

6. (1) $y = \sin u, u = 3x + 2$； (2) $y = u^3, u = \cos v, v = 2x - 1$；

 (3) $y = \ln u, u = \sqrt{v}, v = \cos x$； (4) $y = e^u, u = v^2, v = \tan x$.

7. $f(x) = x^2 - 5x + 4, f(x-1) = x^2 - 7x + 10$.

8. $f[g(x)] = \begin{cases} 1, & x < 0, \\ 0, & x = 0, \\ -1, & x > 0, \end{cases} g[f(x)] = \begin{cases} \mathrm{e}, & |x| < 1, \\ 1, & |x| = 1, \\ \mathrm{e}^{-1}, & |x| > 1. \end{cases}$

9. $V = \pi h \left(R^2 - \dfrac{h^2}{4} \right), h \in (0, 2R)$.

10. $y = \begin{cases} 0.15x, & 0 \leqslant x \leqslant 50, \\ 0.25x - 5, & x > 50. \end{cases}$ **11.** $y = \begin{cases} 10x, & 0 \leqslant x \leqslant 3, \\ 7x + 9, & x > 3. \end{cases}$ 79 元.

12. $y = \begin{cases} 2.4x, & 0 \leqslant x \leqslant 4.5, \\ 4.8x - 10.8, & x > 4.5. \end{cases}$ 9.6 元, 13.2 元, 18 元.

练习题 1-2

1. (1) 0； (2) 没有； (3) 2； (4) 0. **2.** (1) 0； (2) 0； (3) 0； (4) 2.

3. $1, -1,$ 不存在. **4.** $-1, 1,$ 不存在. **5.** $1,$ 不存在, 2. **6.** 2, e. **7.~9.** 略.

练习题 1-3

1. (1) -1； (2) 1； (3) $\dfrac{1}{2}$； (4) 4； (5) 1； (6) $\dfrac{1}{2}$； (7) 0； (8) $\dfrac{1}{2}$； (9) n； (10) na^{n-1}；

 (11) 1； (12) 2. **2.** $b = 1, 1$.

3. (1) 5； (2) $\dfrac{2}{3}$； (3) 0； (4) 1； (5) e^2； (6) e^2； (7) e^{-3}； (8) $\cos a$； (9) e^2； (10) x；

 (11) e^{-1}； (12) e^{-2}. **4.** 略. **5.** 150 m.

6. $p \left(1 + \dfrac{r}{n} \right)^{nt}$, 1 126.49, 1 127.16, 1 127.49, 1 127.50, 用复利计息时, 只要年利率不大, 按季、月、日连续计算所得结果相差不大.

练习题 1-4

1. (1) $x \to -2, x \to \infty$； (2) $x \to \infty, x \to -1$； (3) $x \to 0, x \to +\infty$； (4) $x \to 0^-, x \to 0^+$.

2. (1) 高阶无穷小； (2) 同阶无穷小； (3) 高阶无穷小； (4) 等价无穷小.

3. (1) 0； (2) 0； (3) $\dfrac{1}{3}$； (4) $\dfrac{1}{2}$. **4.** 略.

5. 两个无穷小的商不一定是无穷小. 两个无穷大的商不一定是无穷大. 两个无穷大的差有可能是无穷小, 但两个无穷大的和不一定是无穷大. **6.** 略.

练习题 1－5

1. 连续. **2.** $(-\infty, -3) \cup (-3, 2) \cup (2, +\infty)$; ∞, $-\dfrac{1}{5}$, $-\dfrac{1}{2}$.

3. (1) $x=-2$, $x=1$ 是无穷间断点; (2) $x=-3$ 是可去间断点, $x=3$ 是无穷间断点;

(3) $x=0$ 是振荡间断点; (4) $x=0$ 是跳跃间断点; (5) $x=n \in \mathbf{Z}$ 是跳跃间断点;

(6) $x=0$ 是无穷间断点, $x=1$ 是跳跃间断点.

4. $a=b=2$. **5.** (1) 0; (2) 1; (3) e^3; (4) 1. **6.～7.** 略.

8. $y = \begin{cases} 5, & 0 < x < 20, \\ 10, & 20 \leqslant x < 40, \text{ 不连续.} \\ 15, & x \geqslant 40. \end{cases}$ **9.** 略. **10.** $a=0$.

练习题 1－6

1. 略. **2.** help limit　which limit　type limit. **3.** (1) 91.123 1; (2) 7.366 8.

4. (1) $(x+2*y)^2$; (2) $(x+3*y-2)*(x-2*y+3)$.

5. (1) $1/2*(x^2-2*x-6)/x/(x-1)$; (2) $2/\cos(t)$.

6. (1) $\cos(x)*\cos(y)-\sin(x)*\sin(y)$;

(2) $z = x^8+4*x^6*y^3+6*x^4*y^6+4*x^2*y^9+y^12$.

7. (1) $x=1, -2, 3$; (2) $\begin{cases} x=-2 \\ y=-3 \end{cases}, \begin{cases} x=-3 \\ y=-2 \end{cases}, \begin{cases} x=3 \\ y=2 \end{cases}$ 和 $\begin{cases} x=2 \\ y=3 \end{cases}$.

8. ff $= (1-(1-x)/(1+x))/(1+(1-x)/(1+x)) = x$. **9.** (1) 6; (2) 0; (3) 1/2.

练习题 1－7

1. (1) 49 g/cm; (2) 27 g/cm. **2.** 1 800, 2 400, 1 800.

3. (1) 1, 当时间趋向无穷时, 所有人都会知道这一消息; (2) 4 h.

4. (1) $p(1+r)^n$; (2) $p\left(1+\dfrac{r}{12}\right)^{12n}$; (3) $p\left(1+\dfrac{r}{m}\right)^{mn}$; (4) pe^{rn}.

5. $A_0 e^{kt}$. **6.** (1) 400; (2) 10 761 200. **7.** 存在.

习题一

1. (1) 0; (2) $\dfrac{x+1}{x+2}$; (3) $(-4, -\pi] \cup [0, \pi]$; (4) 2.

2. (1) 不正确; (2) 不正确; (3) 正确; (4) 不正确.

3. (1) $[-2, 1)$; (2) $[2, 4]$; (3) $(-\infty, 0) \cup (0, 3]$; (4) $(-\infty, -1) \cup (-1, 3) \cup (3, +\infty)$.

4. (1) 奇函数; (2) 奇函数; (3) 偶函数; (4) 非奇非偶函数.

5. $f(x) = x^2+2x-5$, $f(x-1) = x^2-6$.

6. (1) $y=u^3$, $u=x^2+5$; (2) $y=u^3$, $u=\sin v$, $v=2x+1$; (3) $y=e^u$, $u=\sqrt{v}$, $v=x+1$;

(4) $y=\ln u$, $u=\cos v$, $v=\sqrt{w}$, $w=x^2+3$.

7. (1) 0; (2) 2; (3) 1; (4) 2; (5) 1; (6) 0; (7) $\dfrac{2}{3}$; (8) e^6; (9) e; (10) $\dfrac{1}{2}$; (11) 1;

(12) $\cos a$. **8.** $a=1$, $b=-1$. **9.** (1) 0; (2) 3; (3) 1; (4) 1. **10.** 略.

11. (1) $(-\infty, -5) \cup (-5, 2) \cup (2, +\infty)$; (2) $(-\infty, 1) \cup (2, +\infty)$.

12. (1) 不连续, 可去间断点; (2) 不连续, 跳跃间断点.

13. $a=\ln 2$. **14.** $y = \begin{cases} 0, & 0 \leqslant x \leqslant 20, \\ 0.2x-4, & 20 < x \leqslant 50, \\ 0.3x-9, & x > 50. \end{cases}$ **15.** v_0. **16.～18.** 略.

第二章

练习题 2－1

1. $v=10$. **2.** $r_0 \alpha$. **3.** (1) $2f'(x_0)$; (2) $-\dfrac{3}{2}f'(x_0)$. **4.** (1) 正确; (2) 正确.

5. (1) $\dfrac{1}{2}$；　(2) -1；　(3) 1.　**6.** 略.　**7.** $(1,1),(-1,-1)$.

8. (1) $3x-y-2=0$，$x+3y-4=0$；　(2) $\dfrac{\sqrt{2}}{2}x+y-\dfrac{\sqrt{2}}{2}-\dfrac{\sqrt{2}}{8}\pi=0$，$\sqrt{2}x-y+\dfrac{\sqrt{2}}{2}-\dfrac{\sqrt{2}}{4}\pi=0$.

9. $f(x)$在 $x=1$ 不连续，也不可导.　**10.** $f(x)$在 $x=0$ 连续，但不可导.

11. (1) $f'(x)=\begin{cases}\cos x,&x\geqslant 0\\1,&x<0\end{cases}$；　(2) $f'(x)=\begin{cases}2x,&x>0\\1,&x<0\end{cases}$.　**12.** 略.　**13.** $\dfrac{\mathrm{d}T}{\mathrm{d}t}=T'(t)$.

练习题 2-2

1. (1) $10x^4+\dfrac{1}{x^2}+\cos x$；　(2) $8x+3$；　(3) $x^3(4\ln x+1)$；　(4) $\cos x+1$；　(5) $-2\sin x+3$；

(6) $2^x\ln 2+3^x\ln 3$；　(7) $\dfrac{1}{x\ln 2}+2x$；　(8) $1+\dfrac{1}{x}$；　(9) $\mathrm{e}^x(x^2+1)(\cos x-\sin x)+2x\mathrm{e}^x\cos x$；

(10) $-\dfrac{2}{(1+x)^2}$.

2. (1) $26x+14$；　(2) $-14(1-2x)^6$；　(3) $\cos 2x$；　(4) $\mathrm{e}^x\cot \mathrm{e}^x$；　(5) $-8\sin 8x$；

(6) $\mathrm{e}^x\sin 2x+2\mathrm{e}^x\cos 2x$；　(7) $\dfrac{2}{1+4x^2}$；　(8) $(2x+1)\mathrm{e}^{2x}$；　(9) $\dfrac{\cos\ln\sqrt{2x+1}}{2x+1}$；　(10) $\dfrac{1}{x\ln x}$.

3. (1) $\dfrac{y-2x}{2y-x}$；　(2) $\dfrac{2\mathrm{e}^{2x}-1}{1+\mathrm{e}^y}$；　(3) $\dfrac{2\mathrm{e}^{2x}-2xy}{x^2-\cos y}$；　(4) $-\sqrt[3]{\dfrac{y}{x}}$；　(5) $-\dfrac{2\mathrm{e}^{2x+y}+y\sin(xy)}{\mathrm{e}^{2x+y}+x\sin(xy)}$；

(6) $\dfrac{y-x}{x+y}$.

4. (1) $x^x(1+\ln x)$；　(2) $x\sqrt{\dfrac{x-1}{1+x^2}}\left(\dfrac{1}{x}+\dfrac{1}{2x-2}-\dfrac{x}{1+x^2}\right)$；　(3) $\left(\dfrac{x}{1+x}\right)^x\left(\ln\dfrac{x}{1+x}+\dfrac{1}{1+x}\right)$；

(4) $\dfrac{2}{3}y\left(\dfrac{1}{x+1}+\dfrac{1}{x+2}+\dfrac{1}{x+3}-\dfrac{3}{x}-\dfrac{1}{x+4}\right)$.

5. (1) $\dfrac{\sqrt{1-t^2}}{t-1}$；　(2) $-\tan t$；　(3) $\dfrac{t}{2}$；　(4) $\dfrac{\sin\theta+\theta\cos\theta}{1+\cos\theta-\theta\sin\theta}$.

6. (1) 切线方程为 $2x-4y+\pi-2=0$，法线方程为 $2x+y-\dfrac{\pi}{4}-2=0$；

(2) 切线方程为 $x-y=0$，法线方程为 $x+y=0$；

(3) 切线方程为 $x-y-4=0$，法线方程为 $x+y=0$；

(4) 切线方程为 $x-y-2=0$，法线方程为 $x+y-6=0$.

7. 切线方程为 $x+y-\mathrm{e}^{\frac{\pi}{2}}=0$，法线方程为 $x-y+\mathrm{e}^{\frac{\pi}{2}}=0$.

8. $y'=\dfrac{1}{[1+\ln(1+x)](1+x)}$.　**9.** $y'=f'(\sin x^2)\cdot 2x\cdot\cos x^2$.　**10.** $144\pi\ \mathrm{m}^2/\mathrm{s}$.

练习题 2-3

1. $y'=4x^3+\mathrm{e}^x$，$y''=12x^2+\mathrm{e}^x$，$y'''=24x+\mathrm{e}^x$，$y^{(4)}=24+\mathrm{e}^x$.

2. (1) 1；　(2) 16；　(3) 1；　(4) -1；　(5) 2；　(6) $4\mathrm{e}^\pi$.

3. (1) $a^n\mathrm{e}^{ax}$；　(2) $(-1)^{n+1}\dfrac{(n-1)!}{(1+x)^n}$；　(3) $(x+n)\mathrm{e}^x$；　(4) $2^n\mathrm{e}^{2x}\left[x^2+nx+\dfrac{1}{4}n(n-1)\right]$.

4. $\dfrac{\mathrm{d}y}{\mathrm{d}x}=t$，$\dfrac{\mathrm{d}^2 y}{\mathrm{d}x^2}=\dfrac{t^2}{1+t^2}$.　**5.** 1.　**6.** 略.

练习题 2-4

1. (1)，(2)，(3)三个命题全正确.

2. (1) $2x+C$；　(2) $\dfrac{x^3}{3}+C$；　(3) $\arctan t+C$；　(4) $-\dfrac{1}{4}\cos 4x+C$；　(5) $\arcsin t+C$；　(6) $2\sin x$；

(7) $\mathrm{e}^{\sin x}$；　(8) $\sec^2(x+1)$.

3. (1) $(2x+\cos x)\mathrm{d}x$；　(2) $-2\sin(2x+1)\mathrm{d}x$；　(3) $\mathrm{e}^x(x+1)\mathrm{d}x$；　(4) $300(3x-1)^{99}\mathrm{d}x$；　(5) $\csc x\mathrm{d}x$；

(6) $(\sin x)\cdot\sin(\cos x)\mathrm{d}x$；　(7) $-4x\tan(1-x^2)\sec^2(1-x^2)\mathrm{d}x$；　(8) $\dfrac{2\sqrt{x+1}+1}{4\sqrt{x+1}\sqrt{x+\sqrt{x+1}}}\mathrm{d}x$.

4. (1) 1.006 7; (2) 0.484 9; (3) -0.02; (4) 0.97.

5. $\mathrm{d}f(x)\big|_{\substack{x=2\\ \Delta x=0.01}}=\dfrac{1}{300}$. **6.** $\mathrm{d}y=\dfrac{y-\mathrm{e}^{x+y}}{\mathrm{e}^{x+y}-x}\mathrm{d}x$. **7.** $\mathrm{e}^{f(x)}\left[\dfrac{1}{x}f'(\ln x)+f'(x)f(\ln x)\right]\mathrm{d}x$. **8.** 23.55 cm³.

练习题 2-5

1. (1) dy1 = 3*(2*x+sin(x)^2)^2*(2+2*sin(x)*cos(x));

  (2) dy2 = 2*exp(2*x+1)*sin(3*x+2)+3*exp(2*x+1)*cos(3*x+2).

2. dy =(cos(t)−sin(t))/(sin(t)+cos(t)). **3.** −(−y+exp(x+y))/(−x+exp(x+y)).

练习题 2-6

1. (1) 125 m; (2) 10 m/s 或 -10 m/s; (3) 10 s.

2. (1) $\dfrac{t}{10}-1(0\leqslant t\leqslant 10)$; (2) 水刚放尽那一刻水位下降最慢,此时的水深下降率为 0,水阀刚打开那一刻水位下降最快,此时水深下降率为 1.

3. (1) 售出第 100 台电视机时的边际收入为 5 元; (2) 略.

4. $N'(x_0)$. **5.** 该地区在 2006 年大约以 5 281 人/年的速度增长.

6. (1) 每天减少 $\dfrac{1}{4\pi r^2}$ cm 的速率; (2) 每天减少 $\dfrac{2}{r}$ cm² 的速率; (3) 约 4 188 791 天.

7. (1) 180 m/s; (2) 0.048 rad/s.

习题二

1. (1) ×; (2) ×; (3) √; (4) ×. **2.** (1) B; (2) B; (3) C; (4) C; (5) B; (6) D.

3. (1) $\dfrac{A}{2}$, $4A$; (2) $\dfrac{1}{2}$; (3) $\dfrac{1}{6}$; (4) >1; (5) $x-y-1=0$; (6) $-2\mathrm{e}^{-2x}$; (7) $\dfrac{1}{1-\cos y}$;

  (8) -1; (9) 100!; (10) $\mathrm{e}^{2x}(1+2x)$; (11) 3.

4. (1) $9x^2-2x+3$; (2) $2x\sin\dfrac{1}{x}-\cos\dfrac{1}{x}$; (3) $(\sin x)^{\cos x}[\cos x\cdot\cot x-\sin x\cdot\ln(\sin x)]$;

  (4) $\dfrac{2}{(1-x)^2}\sec^2\dfrac{1+x}{1-x}$; (5) $-\csc^2(x+y)$; (6) $\tan t$.

5. $a=b=1$. **6.** $x+y-2=0$, $y=(-10\mp 6\sqrt{3})(x-2)$. **7.** π. **8.** $\dfrac{(1+t^2)(y^2-\mathrm{e}^t)}{2(1-ty)}$.

9. (1) $\mathrm{d}y=\dfrac{2^x\ln 2}{1+2^x}\mathrm{d}x$; (2) $\mathrm{d}y=-\sec^2 x\cdot\sin(\tan x)\mathrm{d}x$;

  (3) $\mathrm{d}y=-\dfrac{3}{x}\csc^3(\ln x)\cdot\cot(\ln x)\mathrm{d}x$; (4) $\mathrm{d}y=\dfrac{2x}{1+x^2}\sec^2[\ln(1+x^2)]\mathrm{d}x$;

  (5) $\mathrm{d}y=x^{\frac{1}{x}}\cdot\dfrac{1-\ln x}{x^2}\mathrm{d}x$; (6) $\mathrm{d}y=-\dfrac{2x\mathrm{e}^y}{x^2\mathrm{e}^y+2y}\mathrm{d}x$.

10. $y^{(n)}=(\sqrt{2})^n\mathrm{e}^x\sin\left(x+\dfrac{n\pi}{4}\right)$. **11.** $-\dfrac{1}{a(1-\cos t)^2}$. **12.** $\dfrac{1}{\mathrm{e}^2}$. **13.** 17.28 s.

14. $\dfrac{4}{3}$ m/s; $\dfrac{10}{3}$ m/s. **15.** 0.64 cm/min. **16.** (1) $\dfrac{3}{8}$ m/s; (2) 0.2 rad/s.

第三章

练习题 3-1

1. (1) $\xi_1=2-\dfrac{\sqrt{3}}{3}$, $\xi_2=2+\dfrac{\sqrt{3}}{3}$; (2) $\xi=1$. **2.** $\xi=\dfrac{\pi}{4}$.

3. 有分别位于区间$(-2,-1)$,$(-1,0)$,$(0,1)$及$(1,2)$内的四个根.

4. 提示:反证法. **5.** 提示:运用三次罗尔中值定理. **6.** ~**8.** 略.

练习题 3-2

1. 略.

2. (1) $\dfrac{a}{b}$; (2) $a^a(\ln a-1)$; (3) 3; (4) $\dfrac{1}{6}$; (5) 0; (6) 0; (7) 0; (8) 1; (9) $\dfrac{1}{4}$; (10) 0;

(11) 0; (12) -2; (13) e^1; (14) 1; (15) 1; (16)1.

练习题 3 - 3

1. 略. 2. $f(x)=(x-4)^4+11(x-4)^3+37(x-4)^2+21(x-4)-56$.

3. $\dfrac{1}{x}=-\left[1+(x+1)+(x+1)^2+\cdots+(x+1)^n\right]+(-1)^{n+1}\dfrac{(x+1)^{n+1}}{[-1+\theta(x+1)]^{n+2}}(0<\theta<1)$.

4. $\tan x=x+\dfrac{1+2\sin^2(\theta x)}{3\cos^4(\theta x)}x^3(0<\theta<1)$.

5. $(1+x)^m=1+mx+\dfrac{m(m-1)}{2!}x^2+\cdots+\dfrac{m(m-1)\cdot\cdots\cdot(m-n+1)}{n!}x^n+$

$\dfrac{m(m-1)\cdot\cdots\cdot(m-n)}{(n+1)!}x^{n+1}(1+\theta x)^{m-n-1}$

或$(1+x)^m=1+mx+\dfrac{m(m-1)}{2!}x^2+\cdots+\dfrac{m(m-1)\cdot\cdots\cdot(m-n+1)}{n!}x^n+o(x^n)$.

练习题 3 - 4

1. (1) 错; (2) 错; (3) 错.

2. (1) 在$\left(0,\dfrac{1}{2}\right)\searrow$,在$\left(\dfrac{1}{2},+\infty\right)\nearrow$; (2) 在$(-\infty,-1)\bigcup(3,+\infty)\nearrow$,在$(-1,3)\searrow$;

(3) 在$(2,+\infty)\nearrow$,在$(0,2)\searrow$; (4) 在$(-\infty,1)\searrow$,在$(1,+\infty)\nearrow$;

(5) 在$(-\infty,-1)\bigcup(1,+\infty)\searrow$,在$(-1,1)\nearrow$; (6) 在$(-\infty,0)\nearrow$,在$(0,+\infty)\searrow$;

(7) 在$\left(-\infty,\dfrac{1}{2}\right)\searrow$,在$\left(\dfrac{1}{2},+\infty\right)\nearrow$; (8) 在$(-\infty,+\infty)$内$\nearrow$.

3. 略.

4. (1) 极小值$y\big|_{x=0}=0$; (2) 极小值$y\big|_{x=e}=e$; (3) 极小值$y\big|_{x=1}=2$;

(4) 极大值$y\big|_{x=0}=0$,极小值$y\big|_{x=1}=-1$;

(5) 极小值$y\big|_{x=\frac{5}{4}\pi+2k\pi}=-\dfrac{\sqrt{2}}{2}e^{\frac{5}{4}\pi+2k\pi}$,极大值$y\big|_{x=\frac{\pi}{4}+2k\pi}=\dfrac{\sqrt{2}}{2}e^{\frac{\pi}{4}+2k\pi}(k=0,\pm1,\pm2,\cdots)$;

(6) 极小值$y\big|_{x=-\frac{1}{2}\ln 2}=2\sqrt{2}$; (7) 极大值$y\big|_{x=\pm1}=1$,极小值$y\big|_{x=0}=0$;

(8) 极大值$y\big|_{x=\frac{3}{4}}=\dfrac{5}{4}$; (9) 无极值;

(10) 极大值$y\big|_{x=\frac{\pi}{2}}=1$,$y\big|_{x=\frac{5}{4}\pi}=-\dfrac{\sqrt{2}}{2}$;极小值$y\big|_{x=\frac{\pi}{4}}=\dfrac{\sqrt{2}}{2}$,$y\big|_{x=\pi}=-1$,$y\big|_{x=\frac{3}{2}\pi}=-1$;

(11) 极大值$y\big|_{x=e}=e^{\frac{1}{e}}$; (12) 没有极值.

5. $a=2,f\left(\dfrac{\pi}{3}\right)=\sqrt{3}$ 为极大值.

练习题 3 - 5

1. (1) 最大值$y\big|_{x=0}=10$,最小值$y\big|_{x=8}=6$; (2) 最大值$y\big|_{x=\frac{\pi}{2}}=\dfrac{\pi}{2}$,最小值$y\big|_{x=-\frac{\pi}{2}}=-\dfrac{\pi}{2}$;

(3) 最小值$y\big|_{x=0}=0$; (4) 最大值$y\big|_{x=2}=\ln 5$,最小值$y\big|_{x=0}=0$;

(5) 最大值$y\big|_{x=4}=80$,最小值$y\big|_{x=-1}=-5$; (6) 最大值$y\big|_{x=3}=11$,最小值$y\big|_{x=2}=-14$;

(7) 最大值$y\big|_{x=4}=\dfrac{3}{5}$,最小值$y\big|_{x=0}=-1$; (8) 最大值$y\big|_{x=\pm1}=\dfrac{1}{e}$,最小值$y\big|_{x=0}=y\big|_{x=\pm\infty}=0$.

2. 圆桶的高与底面直径相等时,所用材料最省. 3. $r=5$ cm.

4. 企业生产 3 000 件产品时,平均成本最小.

5. 梯形上底等于半圆半径时,梯形的面积最大. 6. 25 棵.

练习题 3 - 6

1. (1) 凸区间:$\left(0,\dfrac{2}{3}\right)$,凹区间:$(-\infty,0)\bigcup\left(\dfrac{2}{3},+\infty\right)$,拐点:$(0,1)$与$\left(\dfrac{2}{3},\dfrac{11}{27}\right)$;

(2) 凸区间:$(-\infty,-1)\bigcup(1,+\infty)$,凹区间$(-1,1)$,拐点:$(\pm1,\ln 2)$;

(3) 处处凹,无拐点; (4) 凸区间:$\left(\dfrac{1}{2},+\infty\right)$,凹区间:$\left(-\infty,\dfrac{1}{2}\right)$,拐点:$\left(\dfrac{1}{2},e^{\arctan\frac{1}{2}}\right)$;

(5) 凸区间：$\left(-\infty, -\dfrac{\sqrt{2}}{2}\right) \cup \left(0, \dfrac{\sqrt{2}}{2}\right)$，凹区间：$\left(-\dfrac{\sqrt{2}}{2}, 0\right)$ 与 $\left(\dfrac{\sqrt{2}}{2}, +\infty\right)$，拐点：$(0, 0)$，$\left(-\dfrac{\sqrt{2}}{2}, \dfrac{7}{8}\sqrt{2}\right)$

和 $\left(\dfrac{\sqrt{2}}{2}, -\dfrac{7}{8}\sqrt{2}\right)$；

(6) 凹区间：$(-2, +\infty)$，凸区间：$(-\infty, -2)$，拐点 $(-2, -2\mathrm{e}^{-2})$；

(7) 在 $(-\infty, +\infty)$ 上是凹的，无拐点；

(8) 在 $(-\infty, 0) \cup (0, 1)$ 上是凸的，在 $(1, +\infty)$ 上是凹的，拐点 $(1, 6)$；

(9) 在 $(0, +\infty)$ 上是凹的，无拐点；　(10) 在 $(-\infty, +\infty)$ 上是凹的，无拐点.

2. $a = -\dfrac{3}{2}$，$b = \dfrac{9}{2}$.　3. 略.　4. $a = 1$，$b = -3$，$c = -24$，$d = 16$.　5. 略.

练习题 3–7

1. (1) 垂直渐近线 $x = 0$；　(2) 垂直渐近线 $x = 0$，水平渐近线 $y = 1$；　(3) 垂直渐近线 $x = 0$；

(4) 水平渐近线 $y = 1$，垂直渐近线 $x = -3$.　2. 略.

练习题 3–8

1. $C(1\,000) = 1\,012\,000$，$C'(1\,000) = 3\,010$.

2. $R(50) = 9\,975$，$R'(50) = 199$.　3. 250.　4. 50.

5. (1) $R(20) = 120$，$R(30) = 20$，$R'(20) = 2$，$R'(30) = -2$；　(2) 25.

6. $\eta = \dfrac{P}{4}$，$\eta(3) = \dfrac{3}{4}$，$\eta(4) = 1$，$\eta(5) = \dfrac{5}{4}$.　7. $\varepsilon = \dfrac{3P}{2+3P}$，$\varepsilon(2) = \dfrac{3}{4}$.

8. (1) $P(x) = 550 - \dfrac{x}{10}$；　(2) 175(元)；　(3) 100(元).

9. (1) $Q'(4) = -8$；　(2) $\eta(4) \approx 0.54$；　(3) 增加；　(4) 减少；　(5) $P = 5$.

练习题 3–9

1. 在 $(-\infty, 3]$ 内单调递减；在 $(3, +\infty)$ 内单调递增；$x = 3$ 是极小值点，极小值是 -17.

2. 在 $[0, 2]$ 上是凸的；在 $(-\infty, 0]$ 和 $[2, +\infty)$ 内是凹的；$(0, 10)$ 和 $(2, -6)$ 是拐点.

3. 最大值是 $y(4) = 142$，最小值是 $y(1) = 7$.　**4.～7.** 略.

练习题 3–10

1. $v_{\min} = 47.316\ \mathrm{km/h}$.　2. 1 301 件，1 998 件.

3. $\theta_2 = \arccos\left(\dfrac{\cos\theta_1}{a}\right)$. (提示：建立直角坐标系，设航母在 $A(0, b)$ 处、护卫舰在 $B(0, -b)$ 处，两者之间的距离为 $2b$. 设航母沿 x 轴正向夹角为 θ_1，以常速 v_1 行驶，护卫舰沿与 x 轴正向夹角为 θ_2 的方向以速度 v_2 行驶，它们的会合点位 $P(x, y)$，记 $\dfrac{v_2}{v_1} = a$.)　4. 略.

习题三

1. (1) ×；　(2) ×；　(3) ×；　(4) ×；　(5) ×；　(6) ✓.

2. ka.　3. 略.　4. (1) $\dfrac{1}{2}$；　(2) 1；　(3) $\dfrac{1}{2}$；　(4) 1.

5. 在 $(-\infty, 0) \cup (1, 2)$ 内单调减少，在 $(0, 1) \cup (2, +\infty)$ 内单调增加，极小值 $y|_{x=0} = 0$，极大值 $y|_{x=1} = 1$，极小值 $y|_{x=2} = 0$.

6. 极大值 $y|_{x=1} = \dfrac{1}{\mathrm{e}}$，拐点为 $\left(2, \dfrac{2}{\mathrm{e}^2}\right)$.

7. (1) 最大值 $y|_{x=\pm 2} = 29$，最小值 $y|_{x=0} = 5$；　(2) 最大值 $y|_{x=0} = 2$，最小值 $y|_{x=-1} = 0$.

8. 略.　9. $x + 2y - 6 = 0$.

10. (1) 在 $\left(-\infty, \dfrac{5}{3}\right]$ 内是凸的，在 $\left[\dfrac{5}{3}, +\infty\right)$ 内是凹的，拐点 $\left(\dfrac{5}{3}, \dfrac{20}{27}\right)$；

(2) 在 $(0, 1]$ 内是凸的，在 $[1, +\infty)$ 内是凹的，拐点 $(1, -7)$.　**11.～13.** 略.

第四章

练习题 4－1

1. (1) $\sin^2 x$, $\cos 2x dx$;　(2) $\ln|x|$, $-\dfrac{1}{x^2}$;　(3) $e^x + \cos x$;　(4) $2x(x+1)e^{2x}$.

2. (1) ×;　(2) ×;　(3) ×;　(4) ×.　**3.** (1) D.　(2) D.　(3) B.　(4) C.

4. (1) $-\dfrac{1}{x}+C$;　(2) $\dfrac{2}{5}x^{\frac{5}{2}}+C$;　(3) $-\dfrac{2}{3}x^{\frac{3}{2}}+C$;　(4) $\dfrac{5}{4}x^4+C$;　(5) $\dfrac{1}{5}x^5+\dfrac{2}{3}x^3+x+C$;

(6) $\dfrac{1}{3}x^3-\dfrac{3}{2}x^2+2x+C$;　(7) $\dfrac{1}{3}x^3+\dfrac{2}{5}x^{\frac{5}{2}}-\dfrac{2}{3}x^{\frac{3}{2}}-x+C$;　(8) $\sqrt{\dfrac{2h}{g}}+C$;

(9) $x-\arctan x+C$;　(10) $x^3+\arctan x+C$;　(11) $\dfrac{4}{7}x^{\frac{7}{4}}-\dfrac{4}{15}x^{\frac{15}{4}}+C$;

(12) $3\arctan x-2\arcsin x+C$;　(13) $2e^x+3\ln|x|+C$;　(14) $e^x-2\sqrt{x}+C$;

(15) $2x+\dfrac{3}{\ln 3-\ln 2}\left(\dfrac{2}{3}\right)^x+C$;　(16) $\tan x-\sec x+C$;　(17) $\dfrac{1}{2}(x+\sin x)+C$;

(18) $\dfrac{1}{2}\tan x+C$;　(19) $\sin x-\cos x+C$;　(20) $-(\cot x+\tan x)+C$.

5. $y=\ln|x|+1$.　**6.** 略.

练习题 4－2

1. (1) $\dfrac{1}{9}$;　(2) $\dfrac{1}{7}$;　(3) $\dfrac{1}{2}$;　(4) $\dfrac{1}{10}$;　(5) $\dfrac{1}{2}$;　(6) -2;　(7) $\dfrac{1}{5}$;　(8) $\dfrac{1}{3}$;　(9) -1;　(10) -1.

2. (1) $F(e^x)+C$;　(2) $-F(\cos x)+C$;　(3) $\dfrac{1}{2}F(x^2+1)+C$;　(4) $-2F(-\sqrt{x})+C$.

3. (1) B;　(2) D;　(3) C;　(4) A.

4. (1) $\dfrac{1}{5}e^{5x}+C$;　(2) $-\dfrac{1}{8}(3-2x)^4+C$;　(3) $-\dfrac{1}{2}\ln|1-2x|+C$;　(4) $-\dfrac{1}{2}(2-3x)^{\frac{2}{3}}+C$;

(5) $-\dfrac{1}{a}\cos at-be^{\frac{t}{b}}+C$;　(6) $\dfrac{t}{2}+\dfrac{1}{12}\sin 6t+C$;　(7) $-2\cos\sqrt{t}+C$;　(8) $\dfrac{1}{11}\tan^{11}x+C$;

(9) $\ln|\ln\ln x|+C$;　(10) $\ln|\tan x|+C$;　(11) $\arctan e^x+C$;　(12) $-\dfrac{1}{2}e^{-x^2}+C$;　(13) $\dfrac{1}{2}\sin(x^2)+C$;

(14) $-\dfrac{1}{3}(2-3x^2)^{\frac{1}{2}}+C$;　(15) $-\dfrac{3}{4}\ln|1-x^4|+C$;　(16) $\dfrac{2}{9}(1+x^3)^{\frac{3}{2}}+C$;

(17) $\dfrac{1}{2}\arctan(\sin^2 x)+C$;　(18) $\dfrac{1}{2}\sec^2 x+C$;　(19) $-2\sqrt{1-x^2}-\arcsin x+C$;

(20) $\dfrac{1}{2}\arcsin\dfrac{2}{3}x+\dfrac{1}{4}\sqrt{9-4x^2}+C$;　(21) $\sin x-\dfrac{1}{3}\sin^3 x+C$;　(22) $\dfrac{3}{2}\sqrt[3]{1-\sin 2x}+C$;

(23) $\dfrac{1}{2}\cos x-\dfrac{1}{10}\cos 5x+C$;　(24) $\dfrac{1}{3}\sin\dfrac{3x}{2}+\sin\dfrac{x}{2}+C$;　(25) $\dfrac{1}{4}\sin 2x-\dfrac{1}{24}\sin 12x+C$;

(26) $\dfrac{1}{3}\sec^3 x-\sec x+C$;　(27) $(\arctan\sqrt{x})^2+C$;　(28) $-\dfrac{1}{\arcsin x}+C$;　(29) $-\dfrac{1}{x\ln x}+C$;

(30) $\dfrac{1}{2}\left(a^2\arcsin\dfrac{x}{a}-x\sqrt{a^2-x^2}\right)+C$;　(31) $\sqrt{x^2-9}-3\arccos\dfrac{3}{x}+C$;　(32) $\dfrac{x}{a^2\sqrt{a^2-x^2}}+C$;

(33) $\dfrac{x}{a^2\sqrt{a^2+x^2}}+C$;　(34) $-\dfrac{x}{a^2\sqrt{x^2-a^2}}+C$.

练习题 4－3

1. $-x\cos x+\sin x+C$.　**2.** $x(\ln x-1)+C$.　**3.** $x\arcsin x+\sqrt{1-x^2}+C$.　**4.** $-e^{-x}(x+1)+C$.

5. $\dfrac{1}{3}x^3\ln x-\dfrac{1}{9}x^3+C$.　**6.** $\dfrac{1}{2}(x^2-1)\ln(x-1)-\dfrac{1}{4}x^2-\dfrac{1}{2}x+C$.

7. $x\left(\ln\dfrac{x}{2}-1\right)+C$.　**8.** $2x\sin\dfrac{x}{2}+4\cos\dfrac{x}{2}+C$.

9. $\dfrac{1}{3}x^3\arctan x-\dfrac{1}{6}x^2+\dfrac{1}{6}\ln(1+x^2)+C$.　**10.** $-\dfrac{1}{2}x^2+x\tan x+\ln|\cos x|+C$.

11. $x^2\sin x+2x\cos x-2\sin x+C.$　**12.** $-\dfrac{1}{2}e^{-2t}\left(t+\dfrac{1}{2}\right)+C.$

13. $x\ln(x+\sqrt{x^2+1})-\sqrt{x^2+1}+C.$　**14.** $x(\ln x)^2-2x\ln x+2x+C.$

15. $-\dfrac{1}{2}\left(x^2-\dfrac{3}{2}\right)\cos 2x+\dfrac{x}{2}\sin 2x+C.$　**16.** $-\dfrac{1}{4}x\cos 2x+\dfrac{1}{8}\sin 2x+C.$

17. $\dfrac{1}{4}x^2+\dfrac{x}{4}\sin 2x+\dfrac{1}{8}\cos 2x+C.$　**18.** $\dfrac{1}{6}x^3+\left(\dfrac{1}{2}x^2-1\right)\sin x+x\cos x+C.$

19. $x(\arcsin x)^2+2\sqrt{1-x^2}\arcsin x-2x+C.$　**20.** $-\dfrac{1}{x}\left[(\ln x)^3+3(\ln x)^2+6\ln x+6\right]+C.$

21. $3e^{\sqrt[3]{x}}(\sqrt[3]{x^2}-2\sqrt[3]{x}+2)+C.$　**22.** $\dfrac{1}{2}e^{-x}(\sin x-\cos x)+C.$

23. $-\dfrac{2}{17}e^{-2x}\left(\cos\dfrac{x}{2}+4\sin\dfrac{x}{2}\right)+C.$　**24.** $\dfrac{1}{a^2+b^2}e^{ax}(a\cos bx+b\sin bx)+C.$

练习题 4−4

1. $\dfrac{1}{4}\ln\left|\dfrac{2+x}{2-x}\right|+C.$　**2.** $\dfrac{1}{3}x^3-\dfrac{3}{2}x^2+9x-27\ln|x+3|+C.$

3. $\dfrac{1}{2}x^2-\dfrac{9}{2}\ln(x^2+9)+C.$　**4.** $2\ln\left|\dfrac{x-1}{x}\right|+\dfrac{1}{x}+C.$　**5.** $\dfrac{1}{3}\ln\left|\dfrac{x-2}{x+1}\right|+C.$

6. $\ln|x^2+3x-10|+C.$　**7.** $\ln|x+1|-\dfrac{1}{2}\ln|x^2-x+1|+\sqrt{3}\arctan\dfrac{2x-1}{\sqrt{3}}+C.$

8. $\dfrac{1}{x+1}+\dfrac{1}{2}\ln|x^2-1|+C.$　**9.** $2\ln|x+2|-\dfrac{1}{2}\ln|x+1|-\dfrac{3}{2}\ln|x+3|+C.$

10. $x-4\sqrt{x+1}+4\ln(\sqrt{x+1}+1)+C.$　**11.** $2\sqrt{x}-4\sqrt[4]{x}+4\ln(\sqrt[4]{x}+1)+C.$

12. $\ln\left|1+\tan\dfrac{x}{2}\right|+C.$

练习题 4−5

1. $-\dfrac{1}{x}-\arctan x+C.$　**2.** $-x+\ln(1+e^x)+C.$

3. $(x+1)\arctan\sqrt{x}-\sqrt{x}+C.$　**4.** $\ln|x+\sqrt{x^2-a^2}|+C.$

练习题 4−6

1. $h=-\dfrac{1}{2}gt^2+v_0t+x_0,\ t\in[0,T]$,其中 x_0 为质点抛出时刻 $t=0$ 时所在的位置，h 为时刻 t 时质点的位置高度，$t=0$ 为质点落地的时刻.

2. $s=\dfrac{t^4}{12}+\dfrac{t^2}{2}+t.$　**3.** $s=2\sin t+s_0.$　**4.** $Q=20$ 万 t.

习题四

1. (1) $\dfrac{x^2}{2}-\cos x,\ 1+\cos x$;　(2) $-\dfrac{1}{x^2}$;　(3) $2^x\ln 2-\sin x$;　(4) $2\sqrt{x}+C.$

2. (1) B;　(2) D;　(3) A;　(4) D.

3. (1) $-F(e^{-x})+C$;　(2) $2F(\sqrt{x})+C$;　(3) $F(\ln x)+C$;　(4) $F(\sin x)+C.$

4. $-\dfrac{1}{2}(1-x^2)^2+C.$

5. (1) $\dfrac{1}{3}\sin(3x+4)+C$;　(2) $\dfrac{1}{2}e^{2x}+C$;　(3) $\dfrac{(1+x)^{n+1}}{n+1}+C$;　(4) $\dfrac{2^{2x+3}}{2\ln 2}+C$;

　　(5) $-\sqrt{1-x^2}+C$;　(6) $\ln|\ln x|+C$;　(7) $\dfrac{1}{8\sqrt{2}}\ln\left|\dfrac{x^4-\sqrt{2}}{x^4+\sqrt{2}}\right|+C$;　(8) $\ln|\tan x|+C$;

　　(9) $\dfrac{1}{4}(\arcsin x)^2+\dfrac{x}{2}\sqrt{1-x^2}\arcsin x-\dfrac{x^2}{4}+C$;　(10) $-\dfrac{\ln x}{2x^2}-\dfrac{1}{4x^2}+C$;

(11) $x(\ln x)^2 - 2x\ln x + 2x + C$;　(12) $(x+1)\arctan\sqrt{x} - \sqrt{x} + C$;　(13) $\dfrac{4}{5}x^{\frac{5}{4}} - \dfrac{24}{13}x^{\frac{13}{12}} - \dfrac{4}{3}x^{\frac{3}{4}} + C$;

(14) $\dfrac{x^2}{2}\arcsin x + \dfrac{x}{4}\sqrt{1-x^2} - \dfrac{1}{4}\arcsin x + C$;　(15) $\dfrac{1}{2}x[\cos(\ln x) + \sin(\ln x)] + C$;

(16) $\left(\dfrac{1}{2} - \dfrac{1}{5}\sin 2x - \dfrac{1}{10}\cos 2x\right)e^x + C$.

6. 27 m.　**7.** $f(x) = x^4 + 2$.　**8.** 略.

第五章

练习题 5 − 1

1. 略.

2. (1) $10 \leqslant \displaystyle\int_{-1}^1 (4x^2 - 2x^3 + 5)\mathrm{d}x \leqslant 22$;　(2) $2\mathrm{e}^{-\frac{1}{4}} \leqslant \displaystyle\int_0^2 \mathrm{e}^{x^2-x}\mathrm{d}x \leqslant 2\mathrm{e}^2$;　(3) $\dfrac{15}{8} \leqslant \displaystyle\int_{\frac{1}{2}}^2 (1+x^2)\mathrm{d}x \leqslant \dfrac{15}{2}$;

(4) $\mathrm{e}^2 - \mathrm{e} \leqslant \displaystyle\int_{\mathrm{e}}^{\mathrm{e}^2} \ln x\,\mathrm{d}x \leqslant 2(\mathrm{e}^2 - \mathrm{e})$.

3. (1) $\displaystyle\int_0^1 x\,\mathrm{d}x \geqslant \int_0^1 \sin x\,\mathrm{d}x$;　(2) $\displaystyle\int_0^1 \mathrm{e}^x \mathrm{d}x \geqslant \int_0^1 (1+x)\mathrm{d}x$;　(3) $\displaystyle\int_0^1 \sqrt{1+x^3}\,\mathrm{d}x \leqslant \int_0^1 \left(1 + \dfrac{1}{2}x^3\right)\mathrm{d}x$;

(4) $\displaystyle\int_1^2 \ln x\,\mathrm{d}x \geqslant \int_1^2 (\ln x)^2 \mathrm{d}x$.

练习题 5 − 2

1. $y'(0) = 0,\ y'\left(\dfrac{\pi}{4}\right) = \dfrac{\sqrt{2}}{2}$.　**2.** (1) $\cos(x^2)$;　(2) $\dfrac{-1}{\sqrt{1+x^2}}$.　**3.** (1) 0;　(2) $\dfrac{1}{2}$.

4. (1) $-\dfrac{11}{6}$;　(2) $4\sqrt{3} - \dfrac{10}{3}\sqrt{2}$;　(3) $4\dfrac{5}{6}$;　(4) $3 + \ln 2$;　(5) $-\dfrac{1}{\mathrm{e}} + 1 - \arctan \mathrm{e} + \dfrac{\pi}{4}$;

(6) $\dfrac{\pi}{12} - \dfrac{\sqrt{3}}{3} + 1$;　(7) $45\dfrac{1}{6}$;　(8) $\dfrac{\pi}{3a}$;　(9) $1 - \dfrac{\pi}{4}$;　(10) 1.

练习题 5 − 3

1. (1) $3\ln 3$;　(2) $\dfrac{\pi}{16}$;　(3) $\dfrac{22}{3}$;　(4) $\dfrac{2}{3}\pi + \sqrt{3}$;　(5) 0;　(6) $\dfrac{\sqrt{2}}{a^2}$.

2. (1) 1;　(2) $\dfrac{\pi}{4} - \dfrac{1}{2}\ln 2$;　(3) 0;　(4) $-\dfrac{2}{\mathrm{e}} + 1$;　(5) $\dfrac{\pi^2}{32}$;　(6) $4 - 2\sqrt{\mathrm{e}}$.　**3. ~4.** 略.

练习题 5 − 4

1. (1) $\dfrac{1}{3}$;　(2) π;　(3) $+\infty$;　(4) 1.　**2.** 不正确.

3. (1) $\alpha \geqslant 1$ 时收敛;　(2) 当 $0 < p < 1$ 时收敛, 当 $p \geqslant 1$ 时发散;　(3) 收敛;

(4) 当 $p < 1$ 时收敛, 当 $p \geqslant 1$ 时发散.

练习题 5 − 5

1. (1) $\dfrac{32}{3}$;　(2) 5;　(3) 2;　(4) 32.　**2.** (1) $\dfrac{32}{3}\pi$;　(2) 8π;　(3) $\dfrac{3}{10}\pi$;　(4) $\dfrac{\pi^2}{2}$.

3. (1) $\dfrac{124}{5}\pi$;　(2) 16π;　(3) 24π;　(4) $\dfrac{\pi}{2}$.

4. $\dfrac{1}{\mathrm{e}}$.　**5.** 10.348 8 N.　**6.** π.　**7.** $\mathrm{e} - \dfrac{1}{\mathrm{e}}$.　**8.** $\dfrac{59}{24}$.　**9.** $\dfrac{a}{2}\pi^2$.　**10.** $\dfrac{\sqrt{1+a^2}}{a}(\mathrm{e}^{a\varphi} - 1)$.

练习题 5 − 6

1. (1) 10.871 0;　(2) 1.464 1;　(3) $2\sin 1 - 2\cos 1$;　(4) $\dfrac{1}{3a}\pi$.　**2.** (1) 1;　(2) $-\dfrac{1}{2}\ln 2$.

3. (1) $\cos^2 x$;　(2) $3x^2 \mathrm{e}^{x^6}$.　**4.** (1) 1;　(2) $\dfrac{1}{2\mathrm{e}}$.　**5.** $\dfrac{9}{2}$.

练习题 5 - 7

1. 左矩形法 47.6，右矩形法 48，梯形法 47.8，辛普森法 47.3. **2.** 3 300 万只. **3.** 6.29 L/min.

习题五

1. (1) $\dfrac{\pi r^2}{2}$; (2) $e + \dfrac{1}{e} - 2$; (3) $>$; (4) $\dfrac{1}{2}$; (5) $\dfrac{\pi}{4}$.

2. (1) D; (2) D; (3) B; (4) D; (5) B. **3.** (1) $\checkmark$; (2) $\checkmark$; (3) $\times$; (4) $\checkmark$; (5) $\times$.

4. (1) 2; (2) $\dfrac{1}{4}$; (3) $\dfrac{7}{3}$; (4) $2\ln 2$; (5) $\dfrac{\pi}{16}$; (6) $2\ln 2 - \dfrac{3}{4}$; (7) 2; (8) $\ln 2$.

5. $2(\sqrt{2} - 1)$. **6.** 2π, $\dfrac{8}{5}\pi$. **7.** $\approx 1.37 \times 10^0$ J. **8.** $\dfrac{2}{3}\rho r^3$.

9. $e^2 - \dfrac{7}{8}$. **10.** (1) $\dfrac{4}{3}$; (2) $\ln(1+\sqrt{2})$; (3) $1 + \dfrac{1}{2}\ln\dfrac{3}{2}$.

11. 4. **12.** $\ln\dfrac{3}{2} + \dfrac{5}{12}$. **13.** $\ln 3 - \dfrac{1}{2}$. **14.** 略.

第六章

练习题 6 - 1

1. (1) 一阶; (2) 二阶; (3) 三阶; (4) 五阶; (5) 四阶; (6) 三阶.

2. (1) 是; (2) 是; (3) 否; (4) 否.

3. (1) 提示：对隐函数 $x^2 - xy + y^2 = C$ 求导，即可得结果;

(2) 提示：对函数 $y = \ln(xy)$ 求一阶导数和二阶导数，代入原方程可得.

4. (1) $C = -25$; (2) $C_1 = 0, C_2 = 1$; (3) $C_1 = \pm 1, C_2 = 2k\pi \pm \dfrac{\pi}{2}$.

5. $y = \dfrac{1}{3}x^3$. **6.** $y^2(y'^2 + 1) = 1$. **7.** $xy' - y + 2 = 0$.

8. $\dfrac{dx}{dt} = k(a - x)$, $x|_{t=0} = 0 (k > 0)$ 或 $\dfrac{d(a-x)}{dt} = -k(a-x)$, $x|_{t=0} = 0 (k > 0)$.

练习题 6 - 2

1. (1) $y = e^{Cx}$; (2) $y = \dfrac{1}{5}x^3 + \dfrac{1}{2}x^2 + C$; (3) $\arcsin x - \arcsin y = C$; (4) $y = \dfrac{1}{a\ln|1-x-a| + C}$;

(5) $e^{y^2} = C(1 + e^x)^2$; (6) $1 + y^2 = Ce^{-\frac{1}{x}}$; (7) $\ln y = Ce^{\arctan x}$; (8) $y = Cxe^{\frac{1}{x}}$;

(9) $\sin x \sin y = C$; (10) $10^x + 10^{-y} = C$; (11) $y = xe^{Cx+1}$; (12) $x^3 - 2y^3 = Cx$.

2. (1) $e^y = \dfrac{1}{2}(1 + e^{2x})$; (2) $\cos x = \sqrt{2}\cos y$; (3) $y = e^{\tan\frac{x}{2}}$; (4) $(e^x + 1)\sec y = 2\sqrt{2}$; (5) $x^2 y = 4$.

3. $v = \sqrt{72\,500} \approx 269.3$ cm/s. 提示：根据题意列出关于 v 和 t 的微分方程，然后分离变量，求通解，再根据已知条件求特解，最后代入数据即得结果.

4. $y = e^x$. **5.** $\omega = CL^3$. **6.** 有嫌疑.

练习题 6 - 3

1. (1) $y = e^x(x + C)$; (2) $y = \dfrac{x^2}{3} + \dfrac{3x}{2} + 2 + \dfrac{C}{x}$; (3) $y = e^{-\sin x}(x + C)$; (4) $y = C\cos x - 2\cos^2 x$;

(5) $y = 2 + Ce^{-x^2}$; (6) $y = -x\cos x + Cx$; (7) $y = \left(\dfrac{ab}{a^2+1}e^{ax}\sin x - \dfrac{b}{a^2+1}e^{ax}\cos x + C\right)e^{-ax}$;

(8) $y = \dfrac{2}{3} + Ce^{-3x}$; (9) $y = -x + \tan(x + C)$; (10) $\dfrac{3}{2}x^2 + \ln\left(1 + \dfrac{3}{y}\right) = C$.

2. (1) $y = x\sec x$; (2) $y = \dfrac{1}{x}(\pi - 1 - \cos x)$; (3) $y = \dfrac{2}{3}(4 - e^{-3x})$; (4) $2y = x^3 - x^3 e^{\frac{1}{x^2} - 1}$;

(5) $y = (x^2 + 1)e^x$; (6) $y\sin x + 5e^{\cos x} = 1$.

3. (1) $y = \dfrac{3}{2}x^2 + C$; (2) $y = \dfrac{3}{2}x^2 - 1$; (3) $y = \dfrac{3}{2}x^2 - \dfrac{1}{3}$.

4. (1) $y' = x^2$;   (2) $yy' = -2x$.   **5.** $v = \dfrac{k_1}{k_2}t - \dfrac{k_1 m}{k_2^2}\left(1 - \mathrm{e}^{-\frac{k_2 t}{m}}\right)$.

6. $f(x) = 2\left(1 - \mathrm{e}^{\frac{x}{2}}\right)$.   **7.** $y(t) = \dfrac{1\,000 - 3^{\frac{t}{3}}}{9 + 3^{\frac{t}{3}}}$.

练习题 6-4

1. (1) $y = \dfrac{1}{6}x^3 - \sin x + C_1 x + C_2$;   (2) $y - C_1 \ln|y + C_1| = x + C_2$, $y = C_3$ 也是方程的解;

(3) $y = x\arctan x - \dfrac{1}{2}\ln(1 + x^2) + C_1 x + C_2$;   (4) $y = C_1 \mathrm{e}^x - \dfrac{1}{2}x^2 - x + C_2$;   (5) $y = C_1 \ln|x| + C_2$;

(6) $y = C_1(x - \mathrm{e}^{-x}) + C_2$;   (7) $y = -\ln|\cos(x + C_1)| + C_2$;   (8) $C_1 y^2 - 1 = (C_1 x + C_2)^2$.

2. (1) $y = \dfrac{1}{8}\mathrm{e}^{2x} - \dfrac{\mathrm{e}^2}{4}x^2 + \dfrac{\mathrm{e}^2}{4}x - \dfrac{\mathrm{e}^2}{8}$;   (2) $y = \ln\sec x$;   (3) $y = \left(\dfrac{x}{2} + 1\right)^4$;   (4) $y = \ln\dfrac{\mathrm{e}^x + \mathrm{e}^{-x}}{2}$.

3. $y = \dfrac{1}{6}x^3 + \dfrac{1}{2}x + 1$.   **4.** $s = \dfrac{m}{C^2}\ln\dfrac{\mathrm{e}^{C\sqrt{\frac{g}{m}}t} + \mathrm{e}^{-C\sqrt{\frac{g}{m}}t}}{2}$.

练习题 6-5

1. 是两个解，$y = C_1 y_1 + C_2 y_2$ 不是该方程的通解，因为 y_1 与 y_2 线性相关.

2. 提示：求 y 的一阶导数和二阶导数，代入原方程即可.

3. $y = C_1 \mathrm{e}^{2x} + C_2 \mathrm{e}^{-x}$, $y = \dfrac{1}{2}\mathrm{e}^{2x} + \dfrac{1}{2}\mathrm{e}^{-x}$.

4. (1) $y = C_1 \mathrm{e}^{-3x} + C_2 \mathrm{e}^{3x}$;   (2) $y = C_1 + C_2 \mathrm{e}^{4x}$;   (3) $y = C_1 \mathrm{e}^{(1+\sqrt{2})x} + C_2 \mathrm{e}^{(1-\sqrt{2})x}$;

(4) $y = \mathrm{e}^{-2x}(C_1 \sin 3x + C_2 \cos 3x)$;   (5) $y = \mathrm{e}^{-\frac{x}{2}}\left(C_1 \cos\dfrac{\sqrt{3}}{2}x + C_2 \sin\dfrac{\sqrt{3}}{2}x\right)$;   (6) $y = (C_1 + C_2 x)\mathrm{e}^x$;

(7) $y = \mathrm{e}^{2x}(C_1 \cos x + C_2 \sin x)$;   (8) $y = \mathrm{e}^{-3x}(C_1 \cos 2x + C_2 \sin 2x)$.

5. (1) $y = 4\mathrm{e}^x + 2\mathrm{e}^{3x}$;   (2) $y = \mathrm{e}^{-\frac{x}{2}}(2 + x)$;   (3) $y = \mathrm{e}^{-x} - \mathrm{e}^{4x}$;   (4) $y = \mathrm{e}^{2x}\sin 3x$.

6. $y'' - 2y' + 2y = 0$.

练习题 6-6

1. (1) $y^* = b_0 \mathrm{e}^{3x}$;   (2) $y^* = x(b_0 x + b_1)\mathrm{e}^{-2x}$;   (3) $y^* = x^2(b_0 x^2 + b_1 x + b_2)\mathrm{e}^{-x}$.

2. (1) $y = C_1 \mathrm{e}^{-x} + C_2 \mathrm{e}^{-3x} + \dfrac{1}{3}x - \dfrac{10}{9}$;   (2) $y = C_1 \mathrm{e}^{2x} + C_2 \mathrm{e}^{3x} - (x^2 + 3x)\mathrm{e}^{2x}$;

(3) $y = C_1 \mathrm{e}^x + C_2 x\mathrm{e}^x + \dfrac{1}{6}x^3 \mathrm{e}^x$;   (4) $y = C_1 \cos x + C_2 \sin x - \dfrac{3}{2}x\cos x$;

(5) $y = C_1 \cos x + C_2 \sin x + x + \dfrac{1}{2}\mathrm{e}^x$;   (6) $y = C_1 \mathrm{e}^x + C_2 x\mathrm{e}^x + \left(\dfrac{1}{2}x^2 - 2\right)x^2 \mathrm{e}^x + x + 3$.

3. (1) $y = -5\mathrm{e}^x + \dfrac{7}{2}\mathrm{e}^{2x} + \dfrac{5}{2}$;   (2) $y = \mathrm{e}^x(x^2 - x + 1) - \mathrm{e}^{-x}$;   (3) $y = \mathrm{e}^x + \sin x$;

(4) $y = -\cos x - \dfrac{1}{3}\sin x + \dfrac{1}{3}\sin 2x$.

练习题 6-7

1. (1) $y1 = (1 + C1*x^2 - 2*C1*x + C1)^{(1/2)} - (1 + C1*x^2 - 2*C1*x + C1)^{(1/2)}$;

(2) $y2 = (-\cos(x) + C1)/x$;   (3) $y3 = -1/2*x^2 + \exp(x)*C1 - x + C2$;

(4) $y4 = x^2*\exp(x) - 3*x*\exp(x) + 7/2*\exp(x) - \exp(-x)*C1 + C2$.

2. (1) $y1 = 1/\cos(x)*x$;   (2) $y2 = -\exp(11*x) + \exp(-x)$.

练习题 6-8

1. 200.   **2.** $M = M_0 \mathrm{e}^{-\lambda t}$.   **3.** $W = \dfrac{1\,296}{16} - \dfrac{1\,296 - 16W_0}{16}\mathrm{e}^{-\frac{16t}{10\,000}}$.

4. 发生在上午约 7 时 36 分.   **5.** $y = A_0(1 - 0.5^{t/20})$.   **6.** 狼追不上兔子.

7. 乙舰行驶 5/24 时，它将被导弹击中.   **8.** 余下部分约用 20 h 融化完.

9. (1) $\dfrac{\mathrm{d}p(t)}{\mathrm{d}t}=0.003p(t)-0.001p^2(t)-0.002$; （2）$t\to\infty$时，还剩下两条鲑鱼.

10. 事故发生时，司机血液中的酒精浓度已超出规定.

11. $x(t)=\dfrac{Nx_0\mathrm{e}^{kNt}}{N-x_0+Nx_0\mathrm{e}^{kNt}}$. 　　**12.** $y=\dfrac{x}{1+x^3}(x>1)$.

习题六

1. (1) $\times$;　(2) $\checkmark$;　(3) $\checkmark$;　(4) $\checkmark$.

2. (1) 一阶线性;　(2) 二阶常系数齐次线性;　(3) $y=\dfrac{x^4}{4}+C_1x+C_2$;　(4) $y=C_1\cos 2x+C_2\sin 2x$;

(5) $y''-y'-2y=0$;　(6) $y=C_1\ln|x|+C_2$;　(7) $y=x^2$;　(8) 0.

3. (1) B;　(2) C;　(3) A;　(4) C;　(5) B;　(6) B.

4. (1) $y=\sin(x+C_1)+C_2$;　(2) $y=\dfrac{1}{2}(\sin x+\cos x)+C\mathrm{e}^{-x}$;　(3) $y=C_1\mathrm{e}^{-2x}+C_2\mathrm{e}^x$;

(4) $y=\dfrac{1}{6}x^3\ln x-\dfrac{5}{36}x^3+C_1x+C_2$;　(5) $\ln^2 x+\ln^2 y=C$;　(6) $y=C_1x^2+C_2$;

(7) $y=C_1+C_2\mathrm{e}^{-x}+\dfrac{1}{3}x^3-x^2+2x$;　(8) $y=C_1\cos x+C_2\sin x-\dfrac{1}{3}x\cos 2x+\dfrac{4}{9}\sin 2x$.

5. (1) $y=(4+26x)\mathrm{e}^{-6x}$;　(2) $\cos x=\sqrt{2}\cos y$;　(3) $y=2\mathrm{e}^{-\sin x}-1+\sin x$;　(4) $y=(x+3)\mathrm{e}^{-\frac{1}{3}x}$.

6. $y=x(1-\ln x)$.　　**7.** $s=\dfrac{v_0^2}{2k}$.　　**8.** $N(t)=2\,500-2\,490\mathrm{e}^{-0.1t}$.　　**9.** $y=3\mathrm{e}^{3x}-2\mathrm{e}^{2x}$.　　**10.** $\varphi(x)=\sin x+\cos x$.

附录四

一、选择题

1. C　**2.** D　**3.** C　**4.** B　**5.** C　**6.** C　**7.** D　**8.** C　**9.** B　**10.** D　**11.** A　**12.** D　**13.** C　**14.** A

15. B　**16.** A　**17.** A　**18.** A　**19.** D　**20.** B　**21.** D

二、填空题

1. $4\mathrm{e}^2$　**2.** $\dfrac{1}{\mathrm{e}}$　**3.** -1　**4.** $-\sqrt{2}$　**5.** $\dfrac{2}{3}$　**6.** $\dfrac{\sin\frac{1}{\mathrm{e}}}{2\mathrm{e}}$　**7.** $n+am$

8. $y=\sqrt{3\mathrm{e}^x-2}$　**9.** 1　**10.** x^2　**11.** $y+1=x$　**12.** $\dfrac{3\pi}{2}+2$　**13.** $Q=8$

14. $\dfrac{1}{3}\rho g a^3$　**15.** $\pi\ln 2-\dfrac{\pi}{3}$　**16.** $\dfrac{\pi}{4}$　**17.** $\dfrac{1-2\sqrt{2}}{18}$　**18.** $\dfrac{\pi}{4}$　**19.** 9　**20.** $\dfrac{\cos 1-1}{4}$　**21.** $\dfrac{1}{\ln 3}$

三、解答题

1. (1) 略.　(2) $\lim\limits_{n\to\infty}\dfrac{a_n}{a_{n-1}}=1$.

2. 曲线的斜渐近线方程为 $y=\dfrac{1}{\mathrm{e}}x+\dfrac{1}{2\mathrm{e}}$.　　**3.** 略.　　**4.** $\dfrac{1}{2}$.　　**5.** $\alpha=\dfrac{1}{\pi}\left(\dfrac{1}{\mathrm{e}}-\mathrm{e}\right)$.

6. 极小值为 $f\left(\dfrac{1}{\mathrm{e}}\right)=\mathrm{e}^{-\frac{2}{\mathrm{e}}}$, $f(-1)=1-\dfrac{1}{\mathrm{e}}$;极大值为 $f(0)=1$.　　**7.** $a=1,b=-\dfrac{\mathrm{e}}{2}$.

8. 凹区间 $(-\infty,-1)$, $(0,+\infty)$,凸区间 $(-1,0)$. $x=-1$ 是垂直渐近线.斜渐近线是 $y=x-1$, $y=-x-1$.

9. $-2\ln|x-1|-\dfrac{3}{x-1}+\ln(x^2+x+1)+C$.

10. $S_n=\dfrac{1}{2}(1+\mathrm{e}^{-\pi})\sum\limits_{k=0}^{n-1}\mathrm{e}^{-k\pi}=\dfrac{1}{2}(1+\mathrm{e}^{-\pi})\dfrac{1-\mathrm{e}^{-(n-1)\pi}}{1-\mathrm{e}^{-\pi}}$, $\lim\limits_{n\to\infty}S_n=\dfrac{1}{2}\dfrac{\mathrm{e}^\pi+1}{\mathrm{e}^\pi-1}$.

11. 略.

12. $\dfrac{22}{3}$, $\dfrac{425\pi}{9}$.

13. (1) $y(x) = x e^{-\frac{x^2}{2}}$; (2) 凹区间 $(-\sqrt{3}, 0)$, $(\sqrt{3}, +\infty)$, 凸区间 $(-\infty, -\sqrt{3})$, $(0, \sqrt{3})$, 拐点为 $(0, 0)$,
$(-\sqrt{3}, -\sqrt{3}e^{-\frac{3}{2}})$, $(\sqrt{3}, \sqrt{3}e^{-\frac{3}{2}})$.

14. (1) $y = \sqrt{x} e^{\frac{x^2}{2}}$; (2) $V = \frac{\pi}{2}(e^4 - e)$. **15.** (1) $f(x) = e^{-x}\cos 2x$; (2) $\frac{1}{5}\frac{1}{e^{\pi}-1}$.

16. (1) $y(x) = 1 + \frac{x^6}{3}$; (2) $P\left(1, \frac{4}{3}\right)$.

参考文献

[1] 同济大学数学系. 高等数学. 6 版. 北京:高等教育出版社,2007.

[2] 张爱真,刘大彬,等. 高等数学. 北京:北京师范大学出版社,2009.

[3] 林益,李伶,等. 高等数学. 北京:北京大学出版社,2005.

[4] 谢季坚,李启文. 大学数学. 北京:高等教育出版社,2004.

[5] 颜文勇,柯善军. 高等应用数学. 北京:高等教育出版社,2004.

[6] 侯风波. 高等数学. 北京:高等教育出版社,2003.

[7] 盛祥耀. 高等数学. 北京:高等教育出版社,2008.

[8] 侯风波. 应用数学. 北京:高等教育出版社,2007.

[9] 李心灿. 高等数学应用 205 例. 北京:高等教育出版社,1997.

[10] 陆宜清. 应用高等数学. 北京:高等教育出版社,2010.

[11] 陆宜清. 高等数学. 郑州:郑州大学出版社,2007.

[12] 王仲英. 应用数学. 北京:高等教育出版社,2009.

[13] 徐强. 高等数学. 北京:高等教育出版社,2009.

[14] 王仲英. 电类高等数学. 北京:高等教育出版社,2006.

[15] 肖海军. 数学实验初步. 北京:科学出版社,2007.

[16] 龚漫奇. 高等数学. 北京:高等教育出版社,2000.

[17] 吕保献. 高等数学. 北京:北京大学出版社,2005.

[18] 丁勇. 高等数学. 北京:清华大学出版社,2005.

[19] 邢春峰,李平. 应用数学基础. 北京:高等教育出版社,2000.

[20] 同济大学数学系. 高等数学及其应用:上、下册. 2 版. 北京:高等教育出版社,2008.

[21] 殷锡鸣. 高等数学:上、下册. 北京:高等教育出版社,2010.

[22] 彭年斌,张秋燕. 微积分与数学模型:上册. 北京:科学出版社,2014.

[23] 陈晓龙,邵建峰,施庆生,等. 大学数学应用. 北京:化学工业出版社,2015.

[24] 吴赣昌. 实用高等数学:微积分与线性代数. 2 版. 北京:中国人民大学出版社,2011.

[25] 韩中庚. 数学建模实用教程. 北京:高等教育出版社,2012.

[26] 陈殿友,白岩,高彦伟. 全国硕士研究生招生考试强化教材:数学. 北京:清华大学出版社,2017.